Die
Förderung von Massengütern

Von

Dipl.-Ing. Georg v. Hanffstengel
a. o. Professor an der Technischen Hochschule zu Berlin

Zweiter Band, 2. Teil

Krane und zusammengesetzte
Förderanlagen

Dritte, vollständig umgearbeitete Auflage

Mit 431 Textabbildungen

Springer-Verlag Berlin Heidelberg GmbH

ISBN 978-3-662-01787-6   ISBN 978-3-662-02082-1 (eBook)
DOI 10.1007/978-3-662-02082-1

Vorwort zur dritten Auflage.

Wie beim 1. Teil des zweiten Bandes ist es mir gelungen, auch für den 2. Teil Sachverständige zur Bearbeitung der einzelnen Abschnitte zu gewinnen, und zwar haben übernommen die Herren:

Oberingenieur A. Meves, Duisburg, die Abschnitte I bis VII, die den Bau und die Berechnung der Krane mit starrem Gerüst einschließlich Selbstgreifer und Winden behandeln;

Dr.-Ing. Werner Franke, Technische Hochschule Dresden, den Abschnitt VIII über Kabelkrane;

Hermann Schmarje, Direktor der J. Pohlig A.-G., Köln-Zollstock, den Abschnitt IX betreffend zusammengesetzte Förderanlagen.

Allen Herren möchte ich auch an dieser Stelle verbindlichst für ihre Mitarbeit danken, die das Erscheinen des 2. Teiles in vollständig umgearbeiteter und stark erweiterter Form, dem heutigen Stande der Technik entsprechend, ermöglicht hat, so daß Abbildungen und Text der zweiten Auflage nur in mäßigem Umfange erhalten geblieben sind.

Ganz neu hinzugekommen ist Abschnitt VI, Die gebräuchlichsten Gerüstformen, und Abschnitt VII, Die rechnerische Behandlung der Gerüste. Herr Meves hat diese Abschnitte neu geschaffen und dabei die reichen Erfahrungen verwertet, die er in seiner früheren Tätigkeit bei der Demag sammeln konnte. Die Abschnitte werden, wie ich glaube, den Benutzern des Buches sehr willkommen sein.

So gut wie neu ist auch Abschnitt VIII, Kabelkrane. In der zweiten Auflage ist dieses Gebiet nur gestreift worden; inzwischen hat es sehr an Bedeutung gewonnen. Herr Dr. Franke hat in der umfangreichen Bearbeitung nicht nur seine in mehrjähriger Tätigkeit als Oberingenieur bei der Firma Bleichert gewonnenen Kenntnisse, sondern auch die Ergebnisse zweier in den letzten Jahren unternommener Studienreisen nach den Vereinigten Staaten verwertet.

In dem neu hinzugefügten Abschnitt IX, Zusammengesetzte Förderanlagen, hat Herr Schmarje in klarer und übersichtlicher Form unter Heranziehung einer größeren Zahl von Beispielen die technischen und wirtschaftlichen Gesichtspunkte zusammengefaßt, die sich ihm aus der Bearbeitung zahlreicher Projekte und Ausführungen großer Förderanlagen für die verschiedensten Gattungen von Betrieben und für die am häufigsten vorkommenden örtlichen Verhältnisse ergeben haben. Die Hinzufügung dieses Abschnittes werden u. a. die leitenden Persönlichkeiten von Werken begrüßen, bei denen Förderanlagen beschafft werden sollen, weil sie hier, auch ohne sich mit der Konstruktion der Förderer im einzelnen befassen zu müssen, wertvolle Winke für die Gestaltung ihrer Einrichtungen erhalten können.

Ich darf endlich dankend hervorheben, daß mein Wunsch nach weitestgehender Erneuerung der Abbildungen bei der Verlagsbuchhandlung volles Verständnis gefunden hat.

Charlottenburg, im März 1929.
Ahornallee 50.

G. v. Hanffstengel.

Inhaltsverzeichnis.

I. Mittel der Lastaufnahme.

Bearbeitet von Oberingenieur A. Meves, Duisburg.

II. Die Seilführung an Winden und Kranen.

Bearbeitet von Oberingenieur A. Meves, Duisburg.

III. Winden und Fahrantriebe.

Bearbeitet von Oberingenieur A. Meves, Duisburg.

IV. Laufkatzen.

Bearbeitet von Oberingenieur A. Meves, Duisburg.

V. Ausführungs- und Anwendungsformen der Krane.

Bearbeitet von Oberingenieur A. Meves, Duisburg.

VI. Die gebräuchlichsten Gerüstformen.

Bearbeitet von Oberingenieur A. Meves, Duisburg.

VII. Die rechnerische Behandlung der Gerüste.

Bearbeitet von Oberingenieur A. Meves, Duisburg.

VIII. Kabelkrane.

Bearbeitet von Dr.-Ing. Werner Franke, Technische Hochschule, Dresden.

IX. Zusammengesetzte Förderanlagen.

Bearbeitet von Hermann Schmarje, Direktor der J. Pohlig A.-G.,
Köln-Zollstock.

I. Mittel der Lastaufnahme.

Bearbeitet von

Oberingenieur **A. Meves**, Duisburg.

Steht der Kran in unmittelbarer Verbindung mit einer Bahnanlage, so können deren Wagenkästen bei entsprechender Ausbildung als Fördergefäße dienen, indem sie beispielsweise im Schiffsrumpf gefüllt, dann durch den Kran gehoben und auf die Fahrgestelle gesetzt werden. Bei Förderwagen mit geringem Eigengewicht werden häufig die Fahrgestelle mit gehoben. In den weitaus meisten Fällen aber kommen besondere Gefäße zur Anwendung, die nach Vollendung des Kranspiels entleert und sofort an die Beladestelle zurückbefördert werden.

Diese Gefäße werden stets so ausgeführt, daß sie sich durch Kippen oder Aufklappen leicht entleeren lassen. Je nachdem, ob das Füllen durch Handarbeit oder selbsttätig geschieht, spricht man von F ö r d e r - k ü b e l n oder G r e i f e r n (Selbstgreifern).

A. Förderkübel.

Die in Abb. 1, 2 skizzierte Bauart des K l a p p k ü b e l s[1] ist in Deutschland am meisten gebräuchlich. Das Gefäß besteht aus zwei gelenkig miteinander verbundenen Viertelkreiszylindern, an deren Drehachse die Lastketten angreifen. Das Eigengewicht der Schaufeln und der Füllung hält das Gefäß geschlossen. Die gleichfalls gegabelte Steuerkette greift an den äußeren Schaufelrändern an. Durch Festhalten dieser Kette und Nachlassen der Hubkette kann der Kübel in beliebiger Höhe entleert werden.

Wird der gefüllte Kübel nicht unmittelbar entleert, sondern zur Weiterbeförderung nach einer andern Stelle geschlossen abgesetzt, so müssen die vier Kettenenden abgehängt werden. Um diesen immerhin zeitraubenden Vorgang zu vereinfachen, baut die Demag das in Abb. 3, 4 wiedergegebene Kübelgehänge, bei dem die Ketten durch vier, in zwei Querträgern paarweise aufgehängte Haken ersetzt sind. Eine geringe Drehung des Gehänges genügt zum Ein- und Aushängen der Lasthaken,

---

[1] Entnommen aus K a m m e r e r: Die Technik der Lastenförderung einst und jetzt, S. 137.

während die beiden anderen Haken i durch Sperrhebel am Einfallen verhindert werden. Erst beim Anziehen des Steuerseiles f wird diese

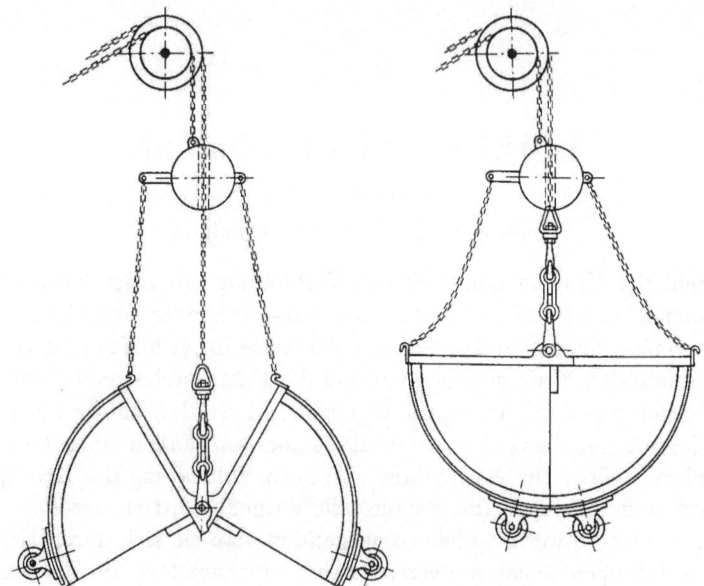

Abb. 1 u. 2.   Aufklappbares halbzylindrisches Fördergefäß.

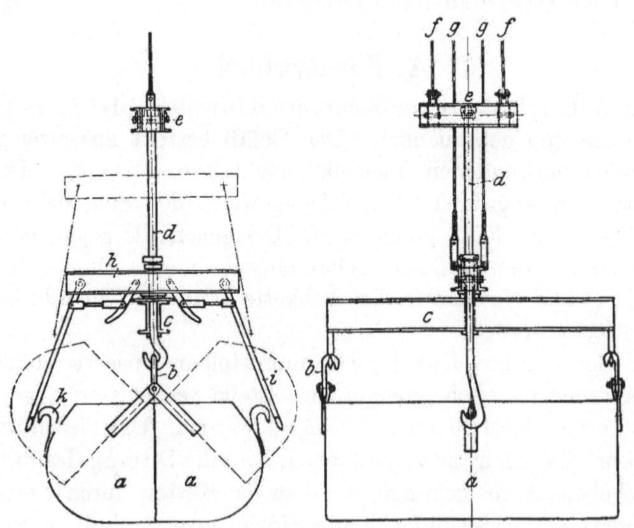

Abb. 3 u. 4.   Durch Drehung lösbares Kübelgehänge (Demag).

Sperrung gelöst, die Haken fallen ein und öffnen beim weiteren Anziehen den Kübel.

Für die Beförderung der abgehängten Kübel nach einer entfernten Verwendungsstelle benutzt man vielfach eigens hierfür gebaute Bahnwagen [1]. Um das Öffnen der Kübel bei Rangierstößen zu verhindern, gibt man ihnen schräge Kübelfüße, die den zwangläufigen Schluß der Schaufeln sichern. Bei nassem Gut (Baggersand, nasse Kohle und Koks u. dgl.) erhält der Kübel zweckmäßig einen etwas geneigten Boden, um das Tropfwasser zur Schonung der Eisenbahnschienen nach der Gleismitte abzuführen.

An Stelle der zusammengenieteten Kübel werden neuerdings auch geschweißte Gefäße verwendet, die bei gleicher Steifigkeit etwas leichter sind, bei nassem Gut weniger zum Rosten neigen und infolge der glatten Flächen und Ecken leichter entleeren.

Bei Hochbahnkranen und Katzen mit nur einer Seiltrommel findet sich vorzugsweise der in Abb. 5 dargestellte Kippkübel amerikanischen Ursprungs, dessen Form ein bequemes Einschaufeln von der Böschung eines aufgeschütteten

Abb. 5. Selbsttätig kippendes und sich wieder aufrichtendes Fördergefäß (Bleichert).

Haufens zuläßt. Im leeren Zustande kehrt das Gefäß infolge seiner tiefen Schwerpunktslage in die aufrechte Stellung zurück, wo es sich selbsttätig mit dem Gehänge verriegelt, während es gefüllt nach vorn umzukippen strebt, sich also nach Lösen der Verriegelung von selbst entleert.

Der Riegel wird als einfache Stütze ausgebildet, die von Hand oder durch das Aufsetzen auf den Boden oder bei der wagrechten Bewegung durch einen an der Fahrbahn befestigten Anschlag herausgehoben wird. In anderen Fällen ist zwischen den Flacheisen des Bügels auf jeder Seite ein Riegelhebel drehbar gelagert. Die Entriegelung geschieht

---

[1] Vgl. hierzu Band II, Teil 1, S. 28ff.

häufig in der Weise, daß ein Hebelende beim Aufziehen gegen einen an der Katze befindlichen Anschlag stößt.

Bei der in Abb. 6 bis 8 dargestellten Bauweise der Demag kann durch das an einer Öse des Hebels A angreifende, magnetisch betätigte Steuerseil die Verriegelung bei beliebiger Laststellung vom Führerstand ausgelöst werden. Der gefüllte Kübel wird durch die innerhalb des

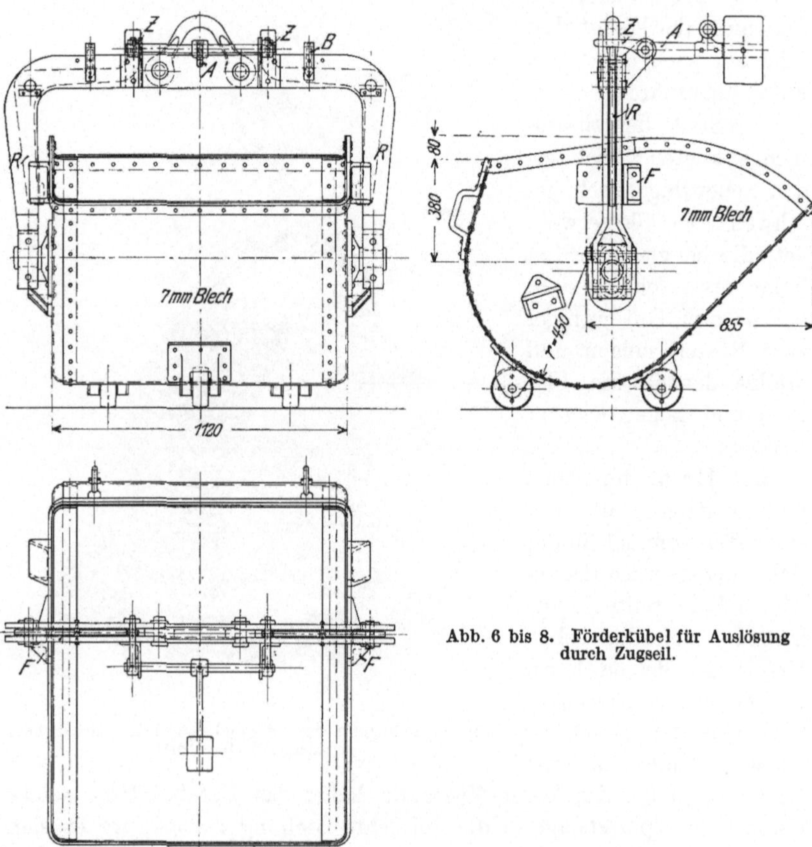

Abb. 6 bis 8. Förderkübel für Auslösung durch Zugseil.

Gehänges gelagerten Riegelhebel R am Kippen verhindert. Diese greifen in zwei an der Gefäßwand befindliche Fallen ein und werden durch die in den Bügeln B gelagerten Federn in ihrer Schließlage erhalten. Beim Anheben des Auslösehebels A durch das Steuerseil drücken die mit ihm auf einer Achse sitzenden Zungen Z die Enden der Riegelhebel R nieder, so daß diese ausklinken und der Kübel kippt. Beim Zurückkippen fallen die Hebel von selbst wieder ein.

Ist auch heute der Kübel vielfach durch den Greifer verdrängt, so findet er doch noch mannigfache Verwendung, u. a. für gewisse

Abb. 9. Materialaufnahme mit Schürfkübel.

harte und großstückige Erze, die andernfalls nur von Spezialgreifern mit besonders großer Schließkraft gefaßt werden können. Auch für den schon erwähnten Fall, daß der Kübel zur Weiterbeförderung des Gutes dient, ist diese Form des Fördergefäßes nicht zu entbehren.

Bei hoch aufgeschüttetem Gut mit steilem Böschungswinkel läßt sich der hierfür besonders geformte Kübel auch zur selbsttätigen Aufnahme von Kohle und Erz vom Lagerplatz benutzen, indem er von der Laufkatze über die Böschung geschleift wird (Abb. 9). Dieser in Amerika häufiger verwendete Schürfkübelbetrieb hat sich in Europa kaum eingeführt[1]. Er besitzt dem Greifer gegenüber den Vorzug einfacherer

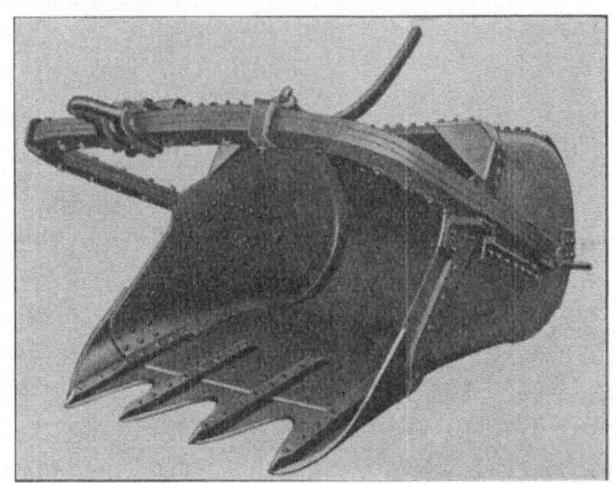

Abb. 10. Schürfkübel von Brown. Schwere Ausführung.

---

[1] Vgl. indessen Abschnitt Kabelbagger, S. 269 ff.

Arbeitsweise, dagegen den Nachteil höheren Kraftverbrauches. Die Gefäße werden für diese Arbeitsweise sehr kräftig, vielfach mit besonderen Grabzähnen ausgeführt (Abb. 10).

Erwähnt seien auch des geschichtlichen Interesses wegen die früher in süddeutschen Häfen für Getreideausladung vereinzelt benutzten „Muschelkästen", die eine den amerikanischen Förderkübeln ähnliche Form haben und ein Sperrgetriebe besitzen, das durch wiederholtes Anziehen und Nachlassen der Krankette be-

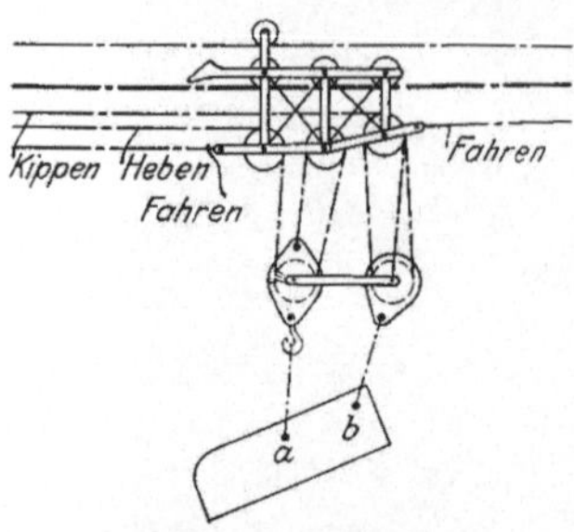

Abb. 11. Schaufel zur Förderung ausgeschachteten Materials.

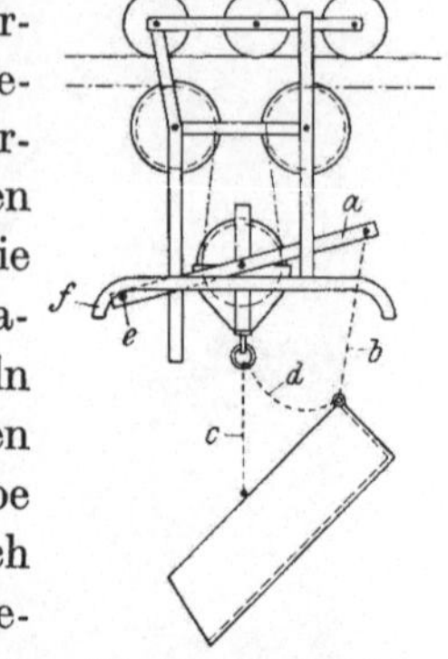

Abb. 12. Kippeinrichtung für flache Förderschalen.

tätigt wird. Hierdurch dreht sich das durch sein Eigengewicht einsinkende Gefäß, wobei es sich selbsttätig füllt.

Flache Schaufeln nach Abb. 11 werden zur Förderung von Erde und Steinen beim Ausschachten von Kanälen angewandt; sie lassen sich schneller und bequemer füllen als hohe Gefäße. Die Last der Schale wird zum größten Teil von dem Hauptflaschenzug bei a aufgenommen, der bei b angreifende Hilfsflaschenzug dient zum Auskippen der Schaufel.

Verzichtet man darauf, den Kübel in jeder beliebigen Höhe entleeren zu können, so läßt sich die Einrichtung durch die Anordnung nach Patent 266925 (Bleichert) vereinfachen. Während des Hebens hängt die Schaufel mit den Ketten c und d (Abb. 12) in der Unterflasche. Kurz vor der höchsten Stellung stößt der drehbare Doppelhebel a, der durch die Kette b mit dem hinteren Ende der Schale verbunden ist, mit dem Zapfen e unter den Fanghebel f, so daß beim weiteren Anziehen die Schale gekippt wird, ohne daß hierzu ein besonderes Steuerseil erforderlich ist.

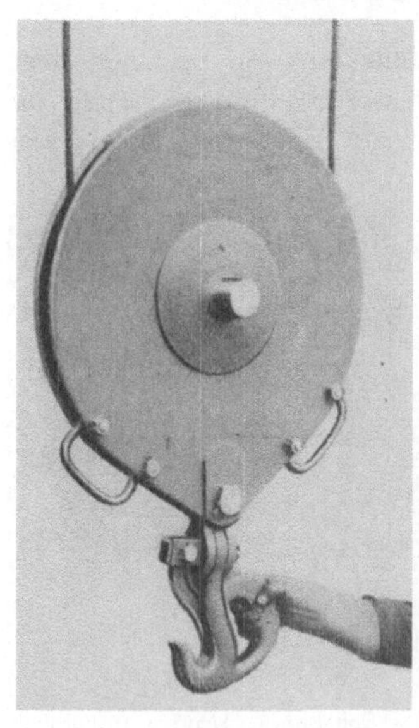
Abb. 13. Sicherheitshaken nach Bleichert.

Wohl zu beachten ist, daß bei Anwendung von Gefäßen mit starrem Bügel der Kranhaken als sog. Sicherheitshaken, etwa nach Abb. 13

ausgebildet sein muß, bei dem die Last durch einen selbsttätig sich vorschiebenden Riegel gesperrt wird, sobald der Haken freigegeben wird. Es kann sonst leicht vorkommen, daß z. B. bei unbeabsichtigtem Aufsetzen auf den Schiffsrand sich der Bügel heraushebt und das Gefäß herabstürzt.

B. Selbstgreifer.

Alle Selbstgreifer für Schüttgut bestehen aus zwei symmetrischen, schaufelartigen Hälften, die mit ihren Schneiden auf das Fördergut niedergelassen und durch irgendeine Kraft gegeneinander bewegt werden. Die Schneiden dringen infolge der Doppelwirkung des Greifergewichtes und der schließenden Kraft in das Material ein und füllen die Schaufeln, bis diese sich fest gegeneinanderlegen, indem sie dazwischengeratenes grobes Material zerdrücken.

Die Schaufeln werden in der Regel aus Blech, bei schwer zu fassendem Fördergut auch wohl aus einzelnen Vierkantstäben hergestellt und drehbar miteinander oder mit einem Rahmen verbunden, zuweilen auch quer verschieblich an ein Führungsgerüst angeschlossen.

Diese Doppelschaufel kann nun auf sehr verschiedene Art geöffnet und geschlossen werden. Die meisten Bauarten benutzen hierzu die schwingende Bewegung der Schaufel um eine Achse, die sowohl durch die Innenkante wie durch die Außenkante der Schaufel gelegt werden kann. Werden bei geöffnetem Greifer die Außenkanten in geeigneter Weise festgehalten und die Innenkanten durch ein entsprechend ausgebildetes Zugorgan angehoben, so wird der Greifer geschlossen, während er sich beim Nachlassen des Zuges unter der Wirkung des Eigengewichtes öffnen muß. Das gleiche erreicht man auch, wenn man — umgekehrt — die Innenkanten festhält und die Außenkanten hebt und senkt.

Als Schließkraft benutzt man gewöhnlich die Zugspannung des Huborganes (Seil oder Kette), die, vergrößert durch Flaschenzug-, Trommel-, Zahnrad- oder Hebelübersetzung, an den Schaufelinnenkanten angreift; man spricht daher von Hub- oder Schließseil (bzw. -kette). Ebenso sind die Außenkanten der Schaufeln bzw. das ihre Achsen tragende Greifergerüst an ein zweites Tragseil, das sog. Kopf-, Halte-, Entleer- oder Steuerseil, angeschlossen. Der vorher skizzierte Vorgang beim Öffnen und Schließen des Greifers beruht demnach stets auf einer Relativbewegung dieser beiden Zugorgane, dagegen müssen diese beim Heben und Senken des geöffneten oder geschlossenen Greifers eine gleichgerichtete, gleichschnelle Bewegung machen.

Anfänglich galt die Kette als allein brauchbares Zugorgan für Greiferbetrieb, weil man fand, daß die Seile sich zu schnell abnutzten. Als mit der Entwicklung der Hochbahnkrane die Einführung von Seilgreifern unumgänglich nötig wurde, hat man sich indessen mit dem

raschen Seilverschleiß abgefunden oder ihn durch Ausbildung geeigneter
Konstruktionen heruntergesetzt. Vielfach verbindet man jetzt den
durch den Flaschenzug laufenden, dem Verschleiß besonders ausgesetzten
Teil des Seiles mit dem eigentlichen Hubseil durch ein
Seilschloß [lösbares Kettenglied (Abb. 14)], so daß das
untere Ende des Seiles leicht ausgewechselt werden
kann. Es ist jedoch zu beachten, daß diese Kupplung
nicht auf die Seiltrommel aufläuft; auch müssen etwaige
Seilablenkrollen entsprechend breitere Rillen für den
Durchgang des Seilschlosses erhalten.

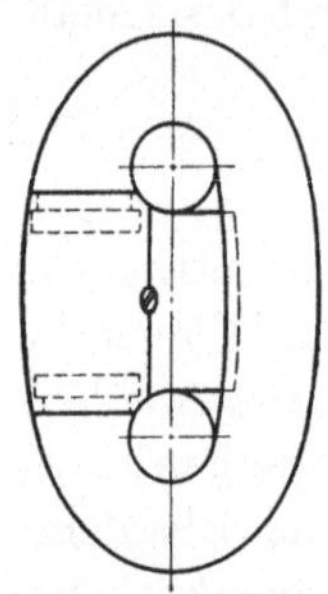

Abb. 14. Verbindung zweier Seilenden durch ein Seilschloß.

Bei guten Ausführungen betragen selbst unter den
ungünstigsten Umständen die Kosten für Seilersatz
nicht mehr als 1 Pf. für die Tonne geförderter Kohle,
ein geringer Betrag, wenn man bedenkt, daß für das
Einschaufeln von 1 t Kohle in Förderkübel mindestens
30 bis 40 Pf. zu bezahlen sind. Wesentlich für die
Lebensdauer der Seile wie für den erforderlichen Kraftaufwand ist, daß
die Leitrollen, namentlich bei vielrolligen Flaschenzügen, genügend große
Durchmesser erhalten. Um die durch den Seildrall bedingte Neigung
des Geifers zum Drehen zu beseitigen, teilt man das Hubseil, meist
auch das Steuerseil, in zwei Stränge und führt diese symmetrisch in
den Greifer ein, wodurch zugleich vermieden wird, daß sich Hub- und
Steuerseil umeinanderwickeln. Aus demselben Grunde verwendet man
zweckmäßig für symmetrisch liegende Seile solche mit Rechts- und
Linksschlag (rechts- bzw. linksgewundene Spirale!), so daß ihre Neigung
zum Verdrehen sich gegenseitig aufhebt.

Das Carlswerk, Köln-Mülheim, stellt neuerdings unter der Bezeichnung Trulay-Neptun-Drahtseil ein Seil mit vorgeformten
Drähten und Litzen her, das äußerst geschmeidig und fast drallfrei ist,
im schlaffen Zustand keine Schlingen bildet und bei größerer Tragfähigkeit eine wesentlich höhere Lebensdauer als ein gewöhnliches Drahtseil besitzt. Diese günstigen Eigenschaften dürften dem Seil sehr bald
die Verwendung im Hebezeug-, besonders im Greiferbetrieb, sichern.

Die ältesten Greifer haben viertelkreiszylindrische Schaufeln, deren
Drehachsen mit der Zylindermittellinie zusammenfallen, so daß die
Mäntel sich in sich selbst verschieben.

Die Abb. 15 bis 17 geben die Anordnung der ersten Ausführung
des Priestmanschen Greifers, der bei Baggerarbeiten ausgedehnte
Verwendung gefunden hat.

In dem durch Bleche versteiften, hohen Winkeleisengerüst sind
unten die Schaufeln aufgehängt und darüber eine Trommelwelle unverschiebbar gelagert. Die mittlere Trommel nimmt die Lastkette

(Schließkette) auf, während auf den beiden Seitentrommeln die Ketten
a sich aufwickeln, die einen im Verhältnis der Trommeldurchmesser
größeren Zug als die Lastkette ausüben und an dem Querbalken *b*
angreifen, dessen Enden sich zwischen den Winkeleisen des Gestelles
führen. Wird die Lastkette angezogen, so wickeln sich die Ketten *a*
auf und ziehen den Querbalken abwärts, der mittels vier Druckstangen
die Schaufeln schließt. Die Schaufeln, die vorher auf der Oberfläche
lagen oder mit ihren Schneiden eben eingedrungen waren, wie Abb. 15
andeutet, graben sich dabei in das Gut ein. Das Gerüst und mit
ihm die Drehpunkte sollen unveränderlich liegen bleiben. Das wird

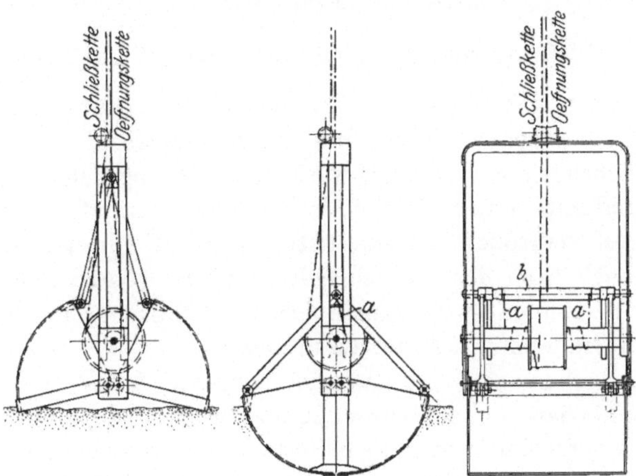

Abb. 15 bis 17. Stangengreifer mit Trommelantrieb (Priestmann).

aber nur der Fall sein, solange der Kettenzug nicht größer ist als das
Eigengewicht des Greifers, das durch den im Verlaufe der Schaufel-
drehung stetig zunehmenden Kohleinhalt sowie durch Reibungs- oder
Kohäsionswiderstände im Fördergut unterstützt wird. Der Kettenzug
wächst proportional dem Schneidwiderstand. Überwindet er die genannten Widerstände gegen das Anheben, so reißt der Greifer ab und
füllt sich nicht vollständig.

Soll der Greifer entleert werden, so ist die Lastkette nachzulassen
und die an dem Querbalken befestigte Entleerungskette anzuziehen
bzw. mit der Bremse festzuhalten. Dann drückt das Greifergerüst
durch sein Gewicht die Schaufeln auseinander bis zu der in Abb. 15
gezeichneten Stellung, wo der Querbalken gegen einen Anschlag stößt.
Dabei wickeln sich die Ketten *a* ab und die Lastketten auf.

Die Vorgänge beim Eindringen der Schaufeln lassen sich auf folgende
Weise veranschaulichen[1]. Man denke sich zunächst eine ebene, sehr

---

[1] Z. V. d. I. 1886, S. 995f. (B. Salomon: Die Naßbagger).

dünne, glatte Schaufel in der Richtung ihrer Ebene in losen Sand eingetrieben. Dann wird nur dadurch ein Schneidwiderstand entstehen, daß die Sandkörner, die gerade vor der Schneide liegen, zur Seite gedrängt werden müssen. Hat die Schaufel dagegen eine gewisse Stärke und ist zugeschärft (Abb. 18), so muß sie nach der Seite der Abschrägung hin Material verdrängen. Dabei preßt sich entweder der Sand zusammen, oder es löst sich, bei geringerer Eindringtiefe, ein Sandkörper nach der Linie ab los und wird auf der schiefen Ebene aufwärts verschoben. Nach der Theorie des Erddrucks

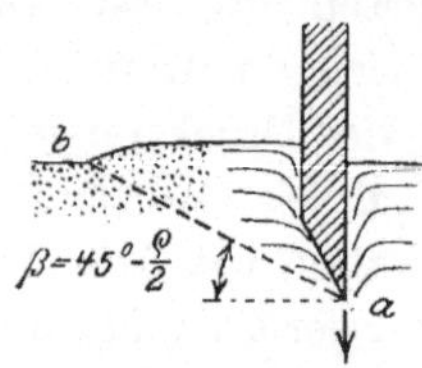

Abb. 18. Eindringen einer flachen Schaufel.

schließt die Linie ab mit der Wagrechten den Winkel $\beta = 45° - \dfrac{\varrho}{2}$ ein, wenn ϱ der natürliche Böschungswinkel des Schüttgutes ist. Der hierdurch entstehende Widerstand wächst beträchtlich, wenn die Schaufelflächen rauh sind und, wie in Abb. 18 angedeutet, beim Eindringen Sand mitnehmen, da sich hierdurch gewissermaßen das Volumen der Schaufel vergrößert. Dann tritt die das Eindringen hemmende Wirkung auch nach der anderen Seite hin ein. Hierzu kommen endlich noch die Reibungswiderstände der Schaufelflächen am Sande und der des mitgenommenen Materials in sich.

Diese Überlegungen sind auf eine um ihre Achse sich drehende zylindrische Schaufel ohne weiteres zu übertragen. Die Schaufeln heben einen Block heraus, in dem geringe innere Verschiebungen stattgefunden haben, der aber im wesentlichen seine Form nicht verändert hat (Abb. 19).

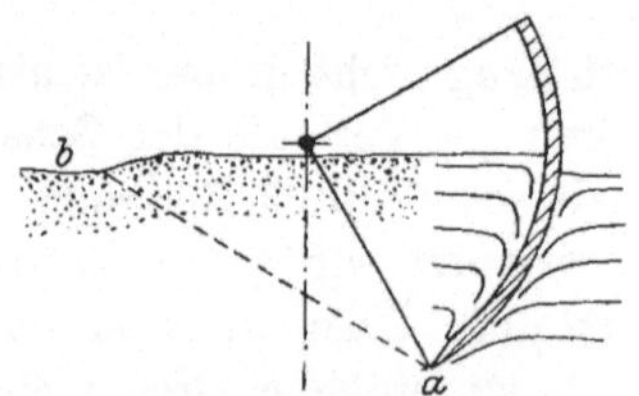

Abb. 19. Eindringen einer zylindrischen Schaufel.

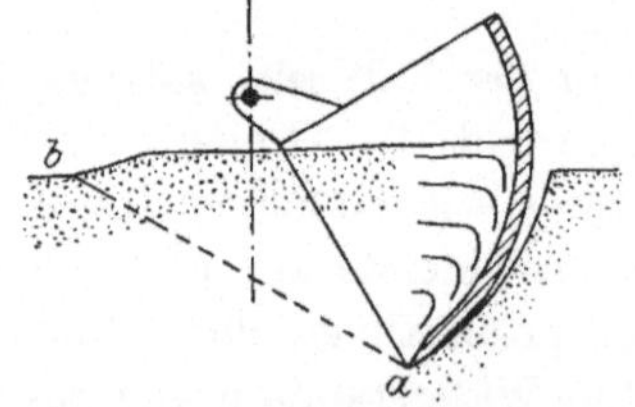

Abb. 20. Eindringen einer exzentrisch drehbaren Schaufel.

Legt man jedoch die Drehachse aus der Zylinderachse heraus (Abb. 20), so muß das ausgeschnittene Material sich ganz neuen Begrenzungsflächen anpassen. Damit ist starke innere Verschiebung und bei zusammenhängendem Material erheblicher Kraftverlust verbunden. Diese Greiferform eignet sich deshalb nur für loses Gut, ist aber hierfür auch vorteilhafter insofern, als die Schneidkanten bei gleicher Winkeldrehung mehr Material ausheben und sich daher selbst dann füllen, wenn die Drehachse sich im Verlauf des Schließvorganges hebt, während bei konzentrischer Bewegung eine solche Hebung zu ungenügender Füllung

Veranlassung gibt. Dieser Punkt ist um so wichtiger, als bei losem Fördergut der Kohäsionswiderstand fehlt, der im anderen Falle dem Abheben des Greifers entgegenwirkt.

Die Schaufeln können jetzt beliebig gestaltet werden. Maßgebend sind folgende Gesichtspunkte:

Die steilen Wände zylindrischer Schaufeln verhindern das freie Gleiten des Förderguts beim Schließen des Greifers, so daß dieses gequetscht wird und starke innere Reibung bei der Umlagerung auftritt. Der in Abb. 21 wiedergegebene Querschnitt einer Greiferfüllung, den Salomon bei seinen Versuchen mit trockenem Sand erhielt, veranschaulicht die Vorgänge. Der Keil BAC muß in die Höhe gepreßt werden, wozu bei dem kleinen Keilwinkel eine erhebliche Kraft nötig ist, wie die Messungen von Salomon beweisen. Bei grobstückigem, scharfkantigem Gut muß sich dieser Verschiebungswiderstand in noch weit höherem Maße geltend machen und einerseits das Schließen sehr erschweren,

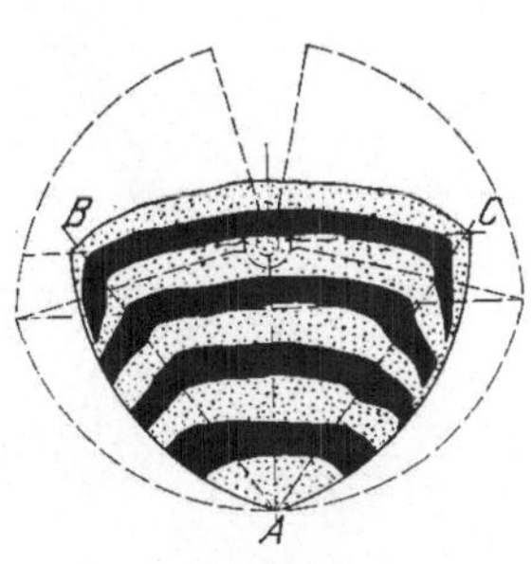

Abb. 21. Querschnitt einer Greiferfüllung nach den Versuchen von Salomon.

anderseits zum Zerreiben und Zerdrücken des Fördergutes Anlaß geben.

Flache Schaufeln nach Abb. 24 sind von diesem Gesichtspunkte aus am zweckmäßigsten. Sie sind aber nur für Stoffe von großem spezifischem Gewicht, wie Erz, benutzbar, weil der Rauminhalt der Füllung gering ist. Kohle- und Koksgreifer müssen eine Rückwand erhalten (Abb. 22 und 23). Werden die Schaufeln nach Abb. 23 tiefer ausgeführt,

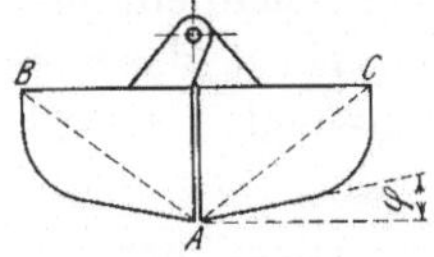

Abb. 22. Flache Schaufeln mit Rückwand für leichtere Stoffe.

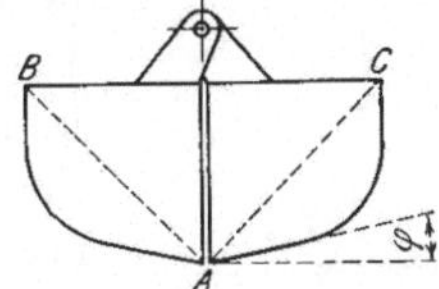

Abb. 23. Schaufeln tieferer Form.

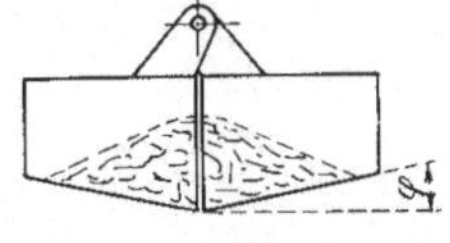

Abb. 24. Flache Greiferschaufeln für spezifisch schwere Stoffe.

so verkleinert sich der Keilwinkel BAC, so daß der Schließwiderstand steigt. Doch läßt sich eine derartige Form nicht immer vermeiden, weil andernfalls die Breite BC des Greifers bei gegebenem Rauminhalt zu groß ausfallen kann.

In allen Fällen pflegt man die Schneide um einen gewissen Winkel φ gegen die Schneidrichtung schräg zu stellen, weil sie dadurch veranlaßt wird, sich tiefer einzugraben.

Der in Abb. 25 dargestellte Greifer von Hayward ist in der erörterten Weise durch Verlegung der Drehachse aus dem Priestmann-

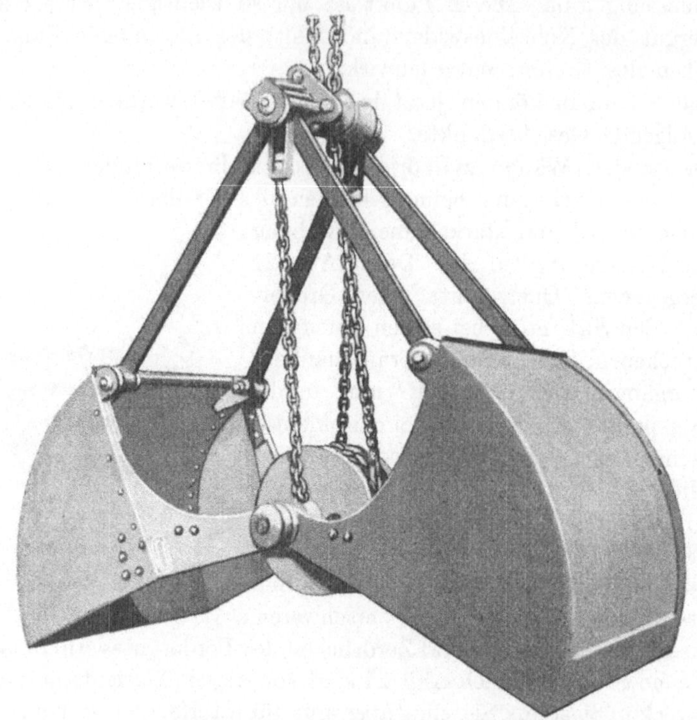

Abb. 25. Greifer nach Bauart Hayward mit Trommelübersetzung.

Greifer entstanden. Der Schließmechanismus ist ganz ähnlich wie dort, doch fehlt das lange Führungsgerüst, so daß der eigentliche Greifer nur noch aus den Schaufeln und Druckstangen nebst Querverbindungen besteht. Greifer dieser Art haben sich heute fast allgemein eingeführt.

Der Greifer der G. H. Williams Co. in Cleveland (Abb. 26 und 27) hat dieselbe Grundform, doch dient zum Schließen ein Flaschenzug, dessen Wirkung durch Hebelübersetzung verstärkt wird[1].

Bei einigen deutschen Bauarten sind die Gelenkstangen

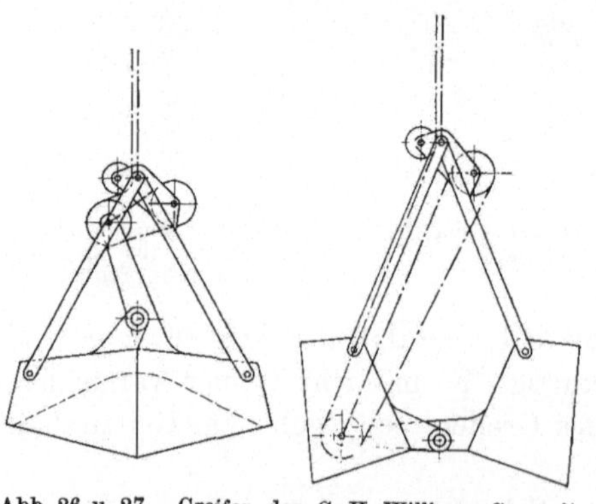

Abb. 26 u. 27.   Greifer der G. H. Williams Co. mit Flaschenzug- und Hebelübersetzung.

der in Abb. 25 bis 27 dargestellten Greifer, die allgemein als Stangengreifer bezeichnet werden, durch ein starres Dreieckgerüst ersetzt; diese

[1] Nach Iron Age, 10. August 1905.

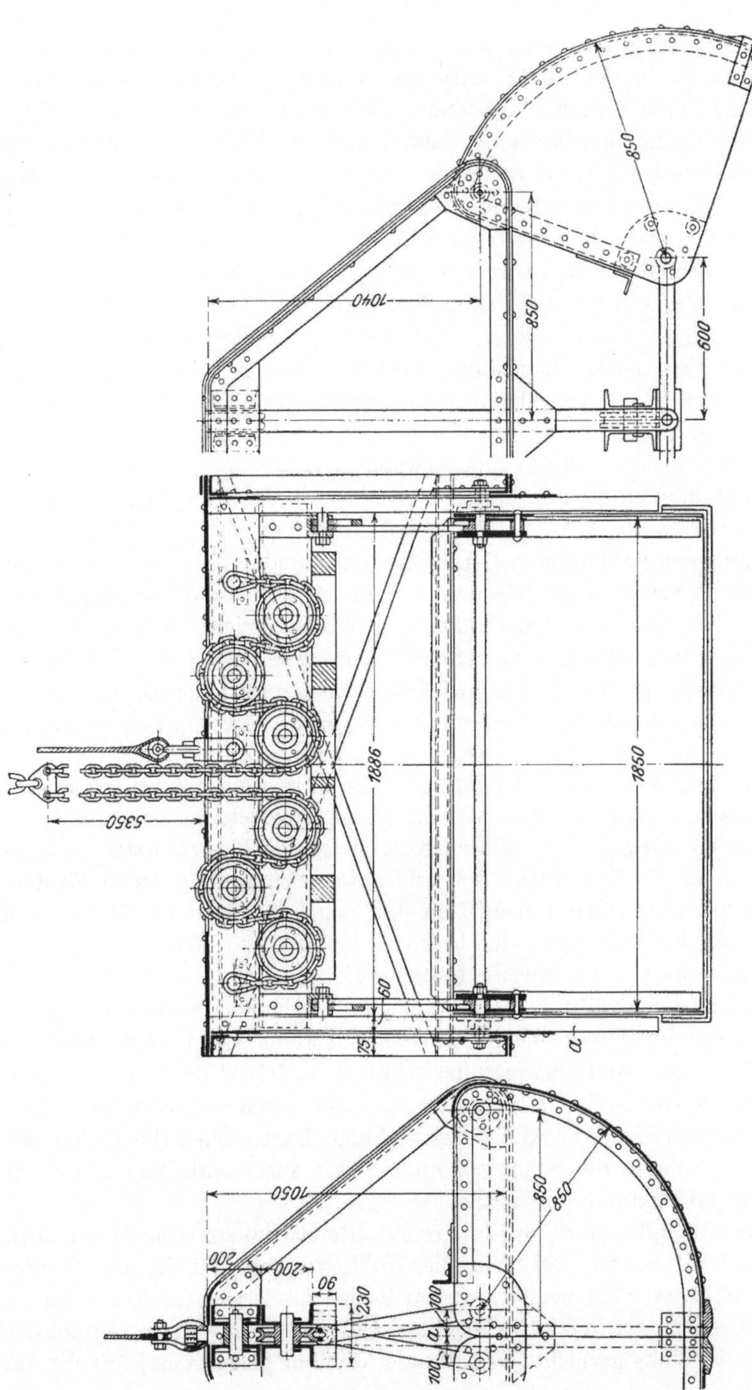

Abb. 28 bis 30. Jägerscher Greifer mit starrem Gerüst und Kniehebelanschluß.

Bauart führt gewöhnlich die Bezeichnung Rahmengreifer. Da hier die äußeren Drehpunkte der Schaufeln gegenseitig unverschieblich gelagert sind, so ist in der Mitte statt des einfachen Drehzapfens eine Verbindung durch Ketten oder Stangen nötig, die gleichzeitig zum Anschluß an den Schließmechanismus dienen und als Übersetzungsmittel mit benutzt werden können, so bei der ältesten Ausführung dieser Art, dem in Abb. 28 bis 30 dargestellten und für viele spätere deutsche Bauarten vorbildlich gewordenen Greifer von Jäger.

Zwischen die beiden trapezförmigen Seitenschilde des Greifergestells, die aus Winkeleisen mit Eckblechen hergestellt und durch Flacheisenverkreuzung verbunden sind, ist oben ein Querbalken aus zwei $\sqsubset$-Eisen gelegt. Ein zweiter Querbalken führt sich an den seitlich angenieteten Vierkanteisen a und steht mit den Schaufeln durch zwei Kniehebelpaare in Verbindung, die in den Krümmungsmittelpunkten der Schaufeln angreifen. Diese sind in den Eckpunkten des Gerüstes drehbar aufgehängt und unten mit kräftigen Stahlschneiden versehen.

Die Lastkette wird, ehe sie in den Greifer eintritt, geteilt und greift infolgedessen vollkommen symmetrisch an. Jedes Trum läuft über drei in den $\sqsubset$-Eisenbalken gelagerte Rollen, so daß ein Flaschenzug entsteht, der die beiden Querbalken gegeneinanderzieht. Mit der für die Schlußstellung ungefähr zutreffenden Annahme, daß jeder Querbalken die Hälfte des ganzen Greifergewichtes zu übertragen habe, ist die zwischen den beiden Querbalken wirkende Kraft, wenn man von den Reibungsverlusten absieht, gleich dem $3^{1}/_{2}$fachen Kettenzuge.

Bei geöffnetem Greifer hängt fast das ganze Gewicht an dem oberen Querbalken, und es würde sich vierfache Übersetzung ergeben.

Der Wirkungsgrad des Flaschenzuges ergibt sich zu etwa 0,80 bis 0,86, wenn man in Anbetracht der schlechten Schmierung einen Zapfenreibungskoeffizienten von 0,15 bis 0,20 zugrunde legt. Damit läßt sich für jede Stellung des Querbalkens das größte mögliche Schaufeldrehmoment näherungsweise berechnen.

Das Öffnungsseil faßt an den oberen Querbalken etwas einseitig an, so daß sich der Greifer beim Entleeren ein wenig schief stellt. Läßt die Lastkette nach und hält man das Seil fest, so drückt der durch ein gußeisernes Gewicht beschwerte untere Querbalken die Schaufeln auseinander bis in die in Abb. 30 gezeichnete Lage. Ohne die Kniehebelwirkung würden die Schaufeln nur so weit auseinandergehen, daß ihr Schwerpunkt unter der Drehachse läge.

Abb. 31 gibt einen Kettengreifer älterer Bauart von Mohr und Federhaff wieder, bei dem die Hubkette ungeteilt in den Greifer eingeführt ist. Die beiden unteren Rollen des Flaschenzuges befinden sich in einem schweren, gußeisernen Querhaupt, das in einem Blechschild der links gezeichneten Schaufel drehbar gelagert ist, mit ihr um

die linke Schaufelachse schwingt und daher keiner besonderen Führung
bedarf. Die rechte Schaufel wird durch Stangen von der linken mitgenommen, macht infolge-
dessen eine ungleichmäßige
Bewegung. Dagegen sind
die Schließkräfte an den
Schneiden stets gleich groß,
da sich ihre wagrechten
Seitenkräfte in jeder Lage
aufheben müssen.

Als Übersetzungsmittel
können auch, wie beim
Priestman-Greifer, Trom-
meln dienen, deren Achse
entweder an einer Schaufel
oder am Gerüst fest gelagert
ist (Abb. 32). Vergrößerung
der Schneidenkraft beim
Schluß wird durch unrunde
Form der kleinen Trommel
erreicht. Da ein die Schau-

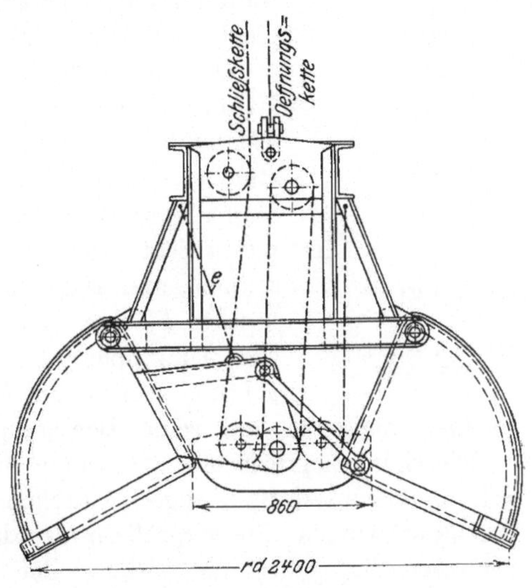

Abb. 31. Kettengreifer von Mohr & Federhaff.

feln auseinanderdrückendes Gewicht bei festgelagerter Trommelachse
fehlen würde, so muß das Entleerseil geteilt werden und außerhalb der
Drehpunkte an den Schaufeln angreifen, so daß das Gewicht des Gerüstes die Schaufeln öffnet. Werden sehr
große Schließkräfte verlangt, so stehen
Zahnräder zur Verfügung, indessen wird
dieses Hilfsmittel selten benutzt.

Der Greifer mit Kettenantrieb wird
in neuerer Zeit immer mehr durch den
Seilgreifer verdrängt, der zuweilen als
Rahmengreifer, hauptsächlich aber in der
Form des Stangengreifers in verschiedenen Bauweisen zur Ausführung gelangt.
Die Überlegenheit des Stangengreifers
gegenüber der Bauart mit festen Schaufel-
gelenken wurde von Prof. Kammerer[1]
durch Versuche zuerst festgestellt und hat

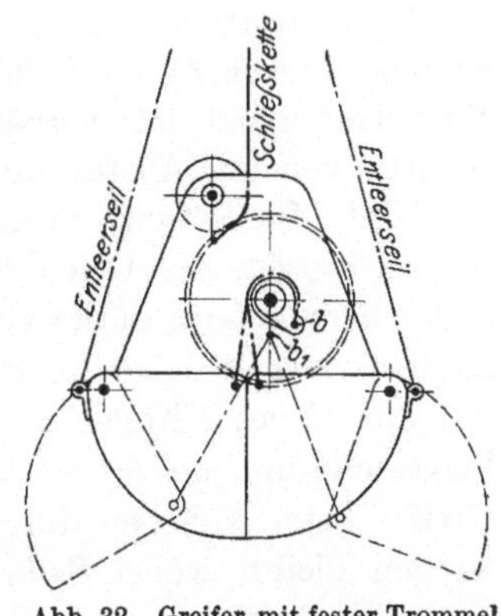

Abb. 32. Greifer mit fester Trommel
und unrunder Scheibe.

dazu geführt, daß die Mehrzahl der Kranbaufirmen sich hauptsächlich dieser Ausführungsform und ihrer weiteren Verbesserung zugewandt haben.

Einen Rahmengreifer älterer Bauweise von Pohlig zeigt Abb. 33;
er stellt gewissermaßen eine Übergangsform dar. Die Schaufeln haben

---

[1] Vgl. Z. V. d. I. 1912, S. 617.

nicht mehr die festen Gelenke, sondern sind an kurzen Lenkstangen a aufgehängt, wodurch ihre Greifweite entsprechend vergrößert wird, während die Innenkanten durch den Bolzen b an die Unterflasche angeschlossen sind.

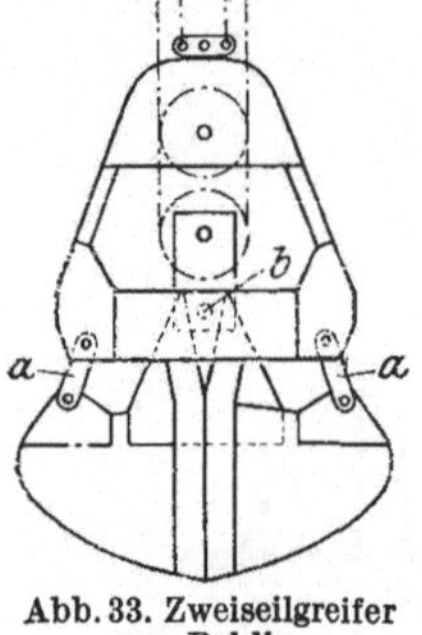
Abb. 33. Zweiseilgreifer von Pohlig.

Der Stangengreifer, bei dem an die Stelle des Rahmenkörpers mit den unverschieblichen Schaufeldrehpunkten vier im Greiferkopf angelenkte Druckstäbe treten, baut sich im allgemeinen etwas leichter als der Rahmengreifer gleichen Inhalts. Sein Schwerpunkt liegt meist tiefer, er ist daher weniger „kopfschwer" und zeigt deshalb beim Aufsetzen auf geböschte Flächen des Fördergutes geringere Neigung zum Umkippen. Da kein Rahmenwerk die Beobachtung von oben behindert, kann der Greifer genauer angesetzt und seine Bewegung sicherer gesteuert werden.

Die Stangen bilden eine pendelnde Aufhängung der Schaufeln, die sich um das untere Stangengelenk drehen und gleichzeitig um das obere Gelenk schwingen. Sie vergrößern also die Greifweite und lassen beim Schließen die scharrende Wirkung der Schaufelschneiden besser zur Geltung kommen. Weniger günstig ist diese Bauweise, wenn große Endschließkraft angestrebt wird. Trotzdem während des Schließens Seilzüge und Stangenkräfte stetig wachsen, nimmt das schließende Drehmoment verhältnismäßig langsam zu, da die Hebelarme der Kräfte gleichzeitig stetig abnehmen.

Als Vertreter dieser zur Zeit wohl am meisten verwendeten Bauart kann der in Abb. 34 und 35 dargestellte Greifer der Demag gelten, dessen Einzelheiten sich mit verhältnismäßig geringen Abweichungen bei den meisten neueren Ausführungen wiederfinden.

Kopf, Querhaupt, Stangen und Schalen werden gewöhnlich aus Schmiedeeisen, die Gelenkteile und Schneiden aus Stahl hergestellt. Jeder Schaufelarm dieses Greifers hat sein eignes mittleres Gelenk; die Arme brauchen daher nicht gekröpft zu werden wie bei der Bauweise mit nur einem Mittelgelenk, so daß die Schaufeln völlig symmetrisch hergestellt und gegebenenfalls vertauscht werden können. Damit der Greifer beim Anheben durch enge Luken nicht an den Lukenrändern hängen bleibt, wobei Seile und Windwerk leicht überlastet werden, sind die Oberkanten des die Unterflasche aufnehmenden Querhauptes abgerundet und überragen etwas die Schaufelarme und Gelenke, wirken daher beim Anstoßen als Abweiser. Zwei kräftige Führungsbleche an den Stirnseiten der Schaufeln verhindern deren seitliches Ausweichen in der Schließlage, während kurze Zahnbögen in den Mittelgelenken der Stangen die zwangläufig symmetrische Bewegung der beiden Schaufeln sichern.

Bei dem dargestellten Greifer liegen die Schaufeldrehachsen parallel zu der Ebene der vier Lastseile, deren Lage durch die Anordnung des Windwerkes oder der Leitrollen (Schnabelrollen eines Drehkrans) jeweils gegeben ist; der Greifer kann demnach — da er sich nicht drehen läßt — nur in einer bestimmten Richtung öffnen und schließen. Sollen bei gleicher Lage der Lastseile die Schaufeln in einer zur Seilebene rechtwinkligen Ebene ausschwingen, so müssen die Achsen der Flaschenzugrollen im Greiferkopf und Querhaupt um 90° gedreht angeordnet

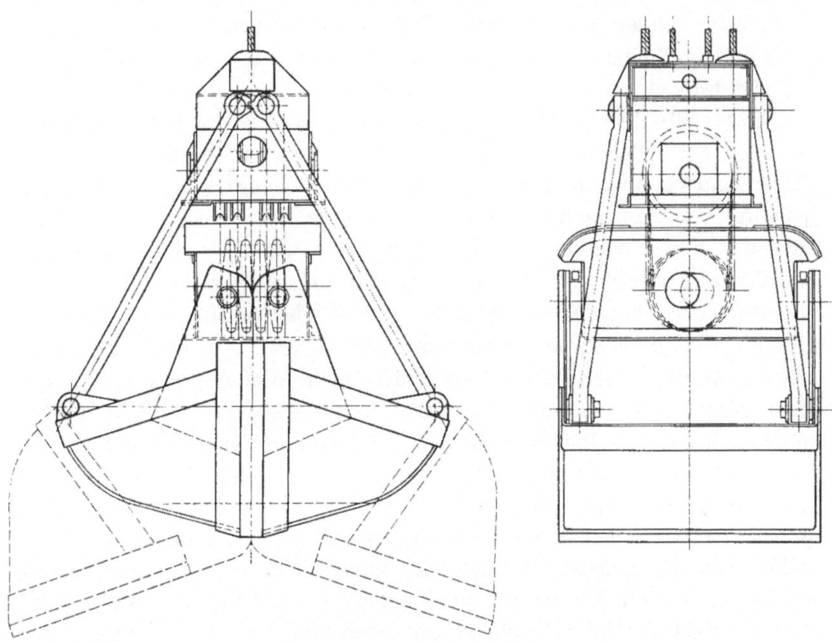

Abb. 34 u. 35. Normaler Stangengreifer der Demag.

werden. Von·Bedeutung ist dies besonders dann, wenn der Greifer das Gut aus Bahnwagen aufnimmt, deren Abmessungen meist nur ein Schließen in der Längsrichtung des Wagenkastens zulassen. In diesem Falle müssen daher die Schaufelachsen rechtwinklig zur Gleisrichtung bzw. zur Lastseilebene angeordnet sein.

Da die Schließkraft eines Greifers — abgesehen von dem Übersetzungsverhältnis des Antriebes — unmittelbar abhängig ist vom Zuge des Schließseiles, dieser aber das Gewicht des gefüllten Greifers nicht überschreiten kann, so ist ein entsprechend hohes Eigengewicht Vorbedingung für eine ausreichende Schließwirkung. Je nach der Beschaffenheit des Fördergutes, d. h. nach dessen Härte und Korngröße, verwendet man bei gleichem Fassungsvermögen bzw. gleichen Abmessungen Greifer von verschiedenem Gewicht mit entsprechend wachsenden Seilstärken.

So baut beispielsweise die Demag einen Greifer von rd. 1,5 cbm Inhalt:

1. Für feinkörnige Kohle und Koks sowie leichtere, mulmige Erze und andere mineralische Stoffe von etwa gleicher Beschaffenheit mit einem Gewicht von rd. 1800 kg und einer Seilstärke von 15 mm.

2. Für die Förderung von harter, stückiger Kohle, mittelschwerem Erz, zähem oder halbtrockenem Schlamm, Kies, Sand u. dgl. mit einem Gewicht von 3000 kg und einer Seilstärke von 19 mm.

3. Zum Fassen von besonders harten, grobstückigen Erzen, Kalkstein und ähnlichen, schwer greifbaren Stoffen mit einem Gewicht von 4100 kg und einer Seilstärke von 22 mm.

Die Größe der Schließkraft für einen gegebenen, beliebig großen Zug des Schließseiles läßt sich aus dem Übersetzungsverhältnis des Flaschenzuges und dem Schaufeldrehmoment rechnerisch oder durch Zeichnung sehr einfach bestimmen. Dagegen stößt die genaue Ermittlung der den einzelnen Greiferstellungen tatsächlich entsprechenden Seilzüge auf erhebliche Schwierigkeiten, weil zu ihrer Bestimmung die Kenntnis des Schneidwiderstandes — d. h. der Kräfte, die dem Eindringen der Schaufelschneiden entgegenwirken — nötig ist. Eine angenäherte Untersuchung des Kräftespiels in einem Stangengreifer, deren Ergebnisse mit entsprechenden Abänderungen auch auf andere Greiferarten anwendbar sind, kann in folgender Weise vor sich gehen.

Die Untersuchung ist an die Voraussetzung gebunden, daß es sich um Material von gleichartigem Gefüge und geringer Korngröße handelt und daß seine Kohäsion vernachlässigt werden kann. Diese Annahmen treffen für die meisten Schüttgüter angenähert zu. Eine erhebliche Kohäsion, die dem Eindringen der Schneiden nicht nur Gleitwiderstand sondern auch Schubwiderstand entgegensetzt, ist hauptsächlich bei gewachsenen tonigen Erdarten vorhanden.

Ist die Greiferschale (vgl. Abb. 36) derart gestaltet, daß sie vorwiegend auf den Schneiden aufsitzt, sich also „freigräbt", so greifen die bei der Schließbewegung des Greifers auftretenden Widerstände H und W gegen das Eindringen hauptsächlich an diesen an.

Der im geöffneten Zustand aufgesetzte Greifer sinkt infolge seines Gewichtes G ohne nennenswerten Schließzwang ein gewisses Stück s in das Schüttgut ein, erzeugt also nur einen senkrecht nach oben gerichteten Widerstand $W = G$, der aber beim weiteren Schließen, entsprechend der wachsenden Füllung Q, um deren Gewicht zunimmt. Wie weit die Schneiden infolge der Belastung in das Material eindringen, hängt von dessen Beschaffenheit und der Form und Stellung der Schneiden ab und kann rechnerisch nicht genau erfaßt werden, solange hierüber keine ausreichenden Versuchsergebnisse vorliegen.

Die Schließbewegung des Greifers veranlaßt aber auch (wie bereits auf S. 10 erwähnt) eine anfänglich geringere, dann aber zunehmende

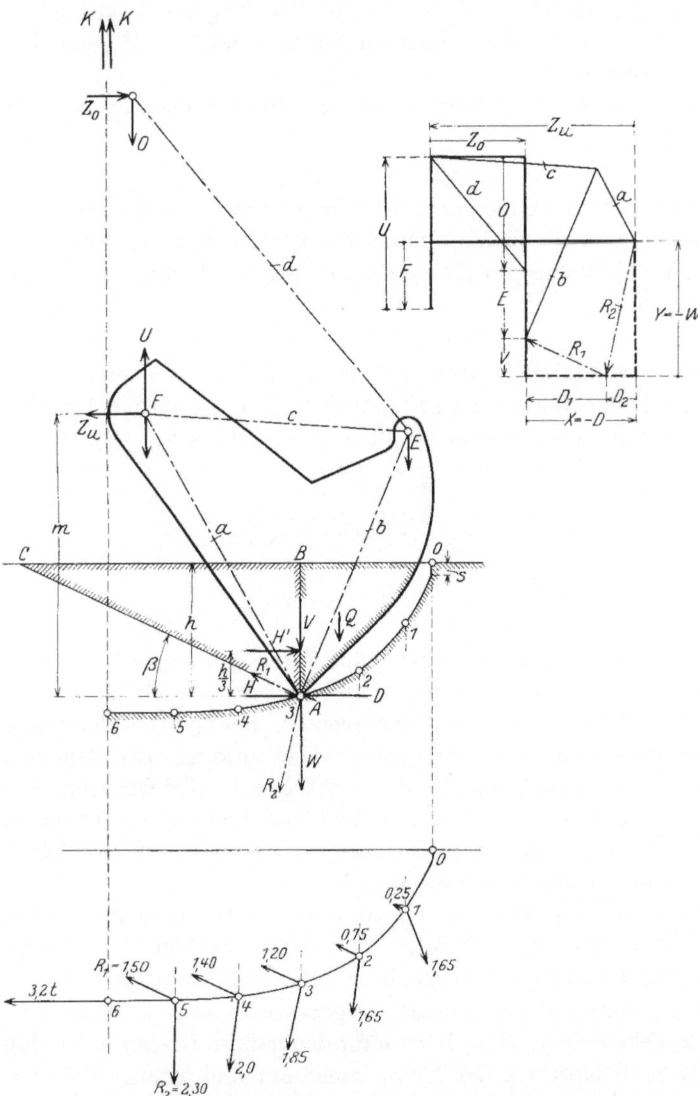

Abb. 36 bis 38. Ermittelung der Schließkräfte eines Stangengreifers.

Umlagerung des vor der Schneide stehenden Fördergutes, die mit einer beträchtlichen Reibung des Materials in sich und an den einschließenden Schaufelflächen verbunden ist. Die hierbei auftretenden Gleitwiderstände lassen sich angenähert nach der Theorie des passiven Erddrucks bestimmen. Nach dieser ist die senkrechte Ebene AB als Stützfläche für den Materialkörper ABC anzusehen; bei ihrer Bewegung nach links muß dieser längs einer Gleitebene von der Neigung β verschoben und die auf die Stützfläche wirkenden Gleitwiderstände H' und V überwunden werden.

Bezeichnet ϱ den Reibungs- oder Böschungswinkel des betreffenden Materials, so ist

$$\beta = 45° - \tfrac{1}{2}\varrho$$

derjenige Gleitwinkel, bei dem der Widerstand gegen eine Verschiebung des Materialprismas ein Minimum wird. Bezeichnet ferner b die Schaufelbreite, γ die Dichte des Materials, so wird bei diesem Gleitwinkel der Widerstand

$$H' = \tfrac{1}{2}\gamma \cdot b \cdot h^2 \cdot \mathrm{tg}^2\,(45° + \tfrac{1}{2}\varrho).$$

Er greift im unteren Drittelpunkt der Höhe h an; bei seiner Verlegung nach der Schneidkante A verringert er sich im Verhältnis der Abstände dieser Punkte vom Schaufeldrehpunkt F, demnach:

$$H = \frac{1}{2}\,\frac{m - \dfrac{h}{3}}{m} \cdot \gamma \cdot b \cdot h^2 \cdot \mathrm{tg}^2\left(45° + \frac{1}{2}\varrho\right)$$

und

$$V = H \cdot \mathrm{tg}\,\beta.$$

Die Schließbewegung wird eingeleitet durch den Zug K des Hubseiles, der das nutzbare Greifergewicht um die jeweilige Größe von K vermindern würde, falls keine senkrechten Bewegungswiderstände (V) vorhanden wären. Die günstigste Schließwirkung tritt demnach ein, wenn K ebenso groß wie V ist, so daß gerade Gleichgewicht in senkrechter Richtung vorhanden ist. Geht man hiervon aus, so lassen sich die bei der weiteren Schließbewegung auftretenden Kräfte leicht verfolgen und zeichnerisch bestimmen.

Die Abbildung zeigt in schematischer Darstellung die eine Hälfte eines Stangengreifers. Infolge der symmetrischen Anordnung und Belastung der beiden Greiferhälften heben sich die wagrechten Seitenkräfte Z_o und Z_u der Bolzendrücke gegenseitig auf. Der für eine Seite erforderliche Seilzug $K = V$ wäre für den ganzen Greifer zu verdoppeln. Das Hubseil läuft auf der Unterflasche auf und erzeugt bei vier Seilsträngen — wenn vorerst der Wirkungsgrad des Flaschenzuges vernachlässigt wird — die Zugkräfte

$$U = 4 \cdot K = 4\,V \quad \text{und} \quad O = 3\,K = 3\,V.$$

Ersetzt man die Greiferschale durch die die Gelenke verbindenden Stäbe a, b, c und verteilt das Eigengewicht G und die Belastung Q als

Knotenlasten auf die Gelenke E und F, so ergibt der Kräfteplan (Abb. 37) die für das Gleichgewicht des Systems erforderlichen Stützkräfte X und Y (in der Abbildung als gestrichelte Linien wiedergegeben). Diese stellen aber nach Größe und Lage auch die zwei Seitenkräfte der Schneid- oder Schließkraft des Greifers dar, so daß also

$$D = -X \quad \text{und} \quad W = -Y$$

ist. Ein Anteil D_1 der wagrechten Seitenkraft D setzt sich mit dem Seilzug $K = -V$ zu der Mittelkraft R_1 zusammen, die den Material- körper ABC längs der Gleitebene AC verschiebt. Der verbleibende Rest $D_2 = D - D_1$ vereinigt sich mit dem senkrechten Druck $W = G + Q$ zu einer Mittelkraft R_2, die das weitere Einsinken des Greifers bewirkt. R_1 und R_2 stellen demnach die beiden wirklich auftretenden Seitenkräfte der Gesamtschließkraft des Greifers dar; sie wurden zeichnerisch für dessen verschiedene Stellungen ermittelt und in Abb. 38 nach Größe und Richtung eingetragen.

Ihr Verhältnis bedingt die Bahn der Schaufelschneide, also die Grabkurve des Greifers. R_1 wächst anfänglich schnell, während R_2 langsam und gleichmäßig zunimmt, so daß die Kurve — immer unter der Voraussetzung gleichbleibenden Materialwiderstandes — eine parabelartige Form annehmen wird. Da beim Beginn der Bewegung die Schneiden für das Eingraben der Schaufeln wesentlich günstiger stehen als gegen Ende, verflacht sich die Kurve in der Nähe ihres Scheitels, und die grabende Wirkung geht immer mehr in eine scharrende über.

Die Grabkurve bildet, streng genommen, den Ausgangspunkt für die vorstehend entwickelten Beziehungen und ist, wenn man den Greifer als zwangläufig geführten Stabzug auffaßt, als Leitkurve für dessen Bewegungen zu betrachten. Kann man ihren Verlauf auch von vornherein nicht scharf festlegen, so läßt sie sich doch mit ausreichender Genauigkeit durch die Bedingung ermitteln, daß ihre größte Abszisse gleich der halben Maulweite des Greifers und die ausgehobene Material- menge gleich dem Greiferinhalt sein muß.

Die Darstellung berücksichtigt nicht den Umstand, daß im Verlauf der Schließbewegung die Neigung β der Gleitebene zunimmt, bedingt durch die Auflast des sich über der Niveaulinie BC aufstauenden Ma- terials und den Gegendruck der andern Greiferhälfte. Die dem Seilzug $K = V$ entsprechende Schließkraft D genügt gegen Ende der Bewegung nicht mehr zur Überwindung von H und V. K muß demnach ver- größert werden, entlastet hierdurch das nutzbare Gewicht $G + Q$ stärker und vermindert dabei stetig das Grabvermögen des Greifers. In der Schlußstellung wird $K = G + Q$ und die Schließkraft D erreicht ihren Größtwert, während $W = O$ wird; bei weiter verstärktem Seilzug hebt sich der Greifer ab.

Wesentlich für den ganzen Vorgang sind auch die Geschwindigkeiten der Bewegungen. Wird, besonders im Anfang der Bewegung, zu schnell geschlossen, also der Seilzug unnötig gesteigert, so entlastet dieser das Greifergewicht, verhindert daher das tiefere Einsinken, und die Bahn der Schneide wird flacher. Daraus folgt, daß schneller Greiferschluß für eine gute Füllung nicht günstig ist, eine Schlußfolgerung, deren Richtigkeit die Praxis bestätigt. Es besteht hierbei auch die Gefahr, daß der Greifer zu früh abhebt und zuschlägt, wobei Seil und Triebwerksteile stoßartig beansprucht werden.

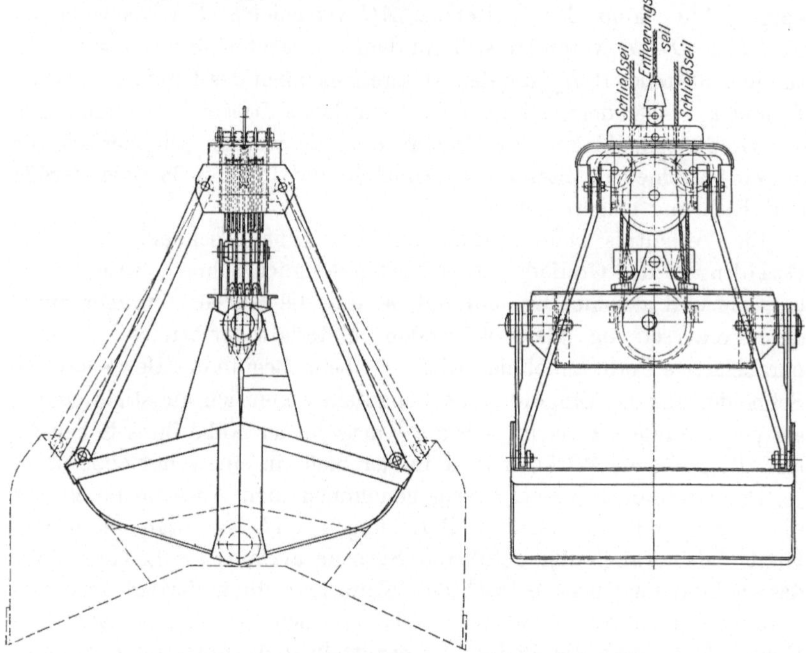

Abb. 39 u. 40. Stangengreifer von Mohr & Federhaff.

Eine dem Demag-Greifer ähnliche Bauart besitzt der in Abb. 39 und 40 wiedergegebene neuere Stangengreifer von Mohr und Federhaff, dessen Schaufelarme nur ein gemeinsames Mittelgelenk haben, so daß die Arme der einen Schaufel über diejenigen der anderen Schaufel greifen. Als Vorteil dieser Anordnung ergibt sich ein größerer Hebelarm für die Stangenkraft und damit eine höhere Schließkraft in der Endlage der Schaufeln. Die Abbildung zeigt auch die vorher erwähnte Lage der Schaufeldrehachse rechtwinklig zur Ebene der Lastseile. Um den Schließzwang der Schaufeln weiter zu vergrößern, ist die Unterflasche in 2×5 Seilsträngen (statt der üblichen 2×4 Stränge) aufgehängt. Die beiden von der Oberflasche ablaufenden Seilenden sind in einer auf der Achse der Unterflasche drehbaren Schwinge eingeschert, und zwar mittels einer gut zugänglichen, leicht lösbaren Keilverbindung, so daß sich die Seile bei ungleichmäßiger Längung bequem nachspannen lassen.

In eigenartiger Weise ist bei dem Greifer Bauart Laudi die endgültige Schließkraft vergrößert (vgl. Patent 232740). Nach Abb. 41 sind in das Schließgestänge zwei Stangen a eingebaut, an deren Verbindungszapfen die oberen Rollen des Flaschenzuges angreifen. Die

Abb. 41. Greifer mit verstärktem Schließzwang, Bauart Laudi.

Stangen a bilden in der Schließstellung des Greifers einen nahezu gestreckten Kniehebel, der auf die als Doppelhebel ausgebildeten Arme b wirkt und die Schaufeln gegen Schluß besonders stark gegeneinanderpreßt. Diese Anordnung begünstigt zugleich das schnelle und sichere Öffnen des Greifers, da das gesamte Greifergewicht bzw. der volle Zug des Entleerseiles, verstärkt durch die Wirkung der Kniehebel, das Öffnen einleitet.

Der Greifer wird auch mit einer zwischen den beiden Blöcken des Flaschenzuges eingebauten Flüssigkeitsbremse[1] ausgeführt, die derart angeordnet ist, daß sie erst gegen Ende der Schließbewegung zur Wirkung

---

[1] Vgl. Patent 378592.

gelangt und ein stetiges, sanftes Schließen des Greifers herbeiführt, ohne dessen Schließkraft nennenswert zu beeinträchtigen. Beim Greifen harter, stückiger Kohle und Erze kommt es bei allen Greiferbauarten vor, daß sich einzelne Stücke zwischen die Schneiden klemmen und zerdrückt oder durchgebissen werden müssen, wobei der Greifer plötzlich zuschnappt. Geschieht dies erst, wenn der Greifer bereits ein Stück weit gehoben ist, so fällt er infolge Nachgebens der Schließseile so weit durch, bis er sich in den gestrafften Seilen wieder fängt. Windwerk und Seile werden hierbei hart beansprucht, und ein Seilbruch hat fast immer ein Herabstürzen des Greifers zur Folge. Die erwähnte Dämpferpumpe

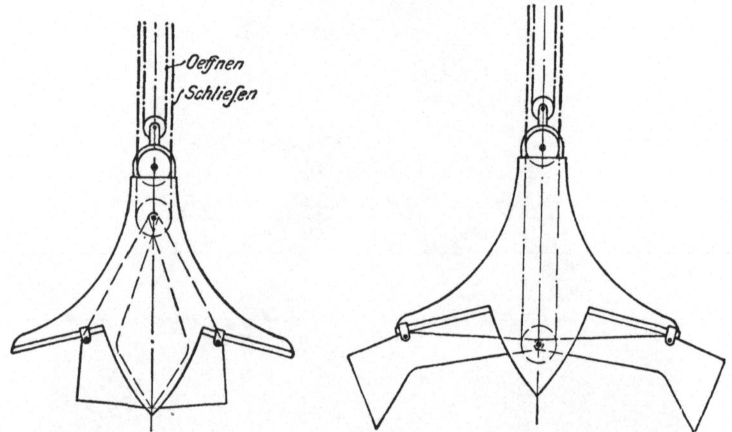

Abb. 42 u. 43. Greifer von Brown mit Gleitbewegung der Schaufeldrehpunkte.

(Flüssigkeitsbremse) verringert daher die Gefahr beim Arbeiten mit grobstückigem Schüttgut.

Auch im amerikanischen Greiferbau ist man bemüht, die Greiferweite dadurch zu vergrößern, daß sich die Schaufeldrehachsen beim Öffnen voneinander entfernen, um einerseits eine bessere Füllung, anderseits vollkommenes Ausräumen von Schiffen mit engen Luken zu erreichen.

Abb. 42 und 43 geben das Schema des Greifers von Brown. Die Schaufeln sind in Schlitten gelagert, die sich an geraden Gleitbahnen des Gestelles verschieben können. Die verlängerten Schaufelarme treffen sich an einem senkrecht gerade geführten Punkt, an dem das Schließseil mittels eines Flaschenzuges angreift. Der Greifer öffnet sich beim Anziehen des Halteseiles und Nachlassen des Schließseiles durch das Eigengewicht der Schaufeln. Wie aus der Skizze des geöffneten Greifers hervorgeht, kann durch Verlängerung der Schaufelarme, d. h. durch Vergrößerung des Abstandes zwischen dem Schaufeldrehpunkt und dem Angriffspunkt des Flaschenzuges, die Greifweite

auf ein beliebiges Maß gebracht werden. Auch läßt sich auf diese
Weise die Übersetzung und damit die Schließkraft noch weiter erhöhen.

Diese Bauart erreicht ihren Zweck in einfacher Weise mit wenigen
bewegten Teilen. Die Schlitten haben sich im Betriebe bewährt. Als
Nachteil muß hervorgehoben werden, daß die ausladenden Führungs-
arme des Gestelles auch bei geschlossenen Schaufeln ziemlich viel Raum
einnehmen, so daß der Greifer beim Fördern aus dem Schiff vorsichtig
herabgelassen und aufgezogen werden muß.

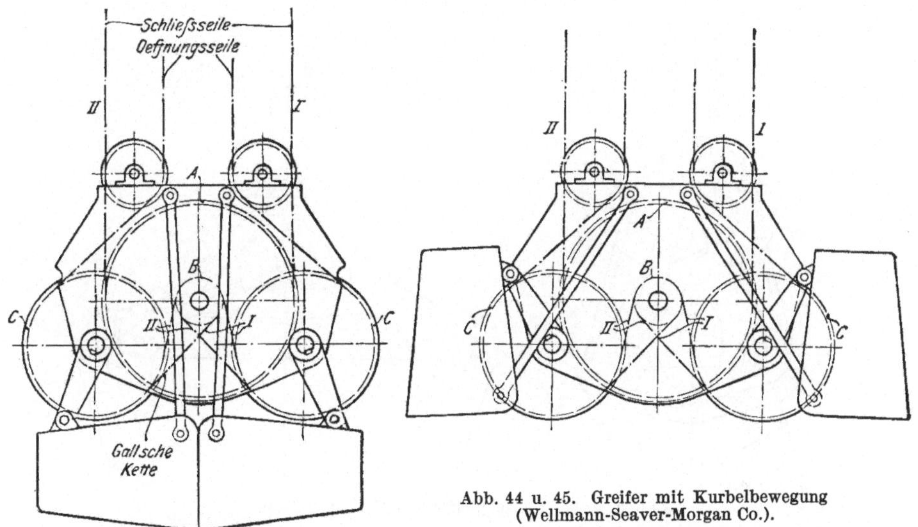

Abb. 44 u. 45. Greifer mit Kurbelbewegung
(Wellmann-Seaver-Morgan Co.).

Bei dem Greifer der Wellman-Seaver-Morgan Co. (Abb. 44
und 45) sind die Schaufeln auf der inneren Seite an Hängestangen,
außen an Kurbeln befestigt, die durch eine am Gestell fest gelagerte
Welle um etwa 120° gedreht werden und so den Greifer öffnen und
schließen.

Die Schließseile wirken an zwei nahe der Greifermitte nebeneinander-
liegenden Trommeln A, mit denen die kleinen Trommeln B für die
Gallschen Ketten zusammengegossen sind. Diese greifen wieder an
größeren Rädern C an und drehen auf diese Weise die Kurbelwellen.
Durch das Seil I werden die auf einer Seite des Greifers, z. B. in der
Abbildung vorn liegenden Ketten I, I gespannt, während die Ketten II,
II entsprechend an den hinten liegenden Kettenrädern angreifend zu
denken sind. Die Entleerseile wirken auf dieselben Scheiben C und
damit auf die Kurbelwellen im umgekehrten Sinne.

Diese Ausführung baut sich gedrängter, ist aber vielteiliger als
die von Brown.

Für eine der besten Bauweisen gilt in Amerika der in Abb. 46 und 47 dargestellte Greifer von Hoover & Mason. Die Schaufeln sind innen an zangenartig geformten Gliedern Z_1 und Z_2 aufgehängt, die in A ihren gemeinsamen Drehpunkt haben. Das an den Rollen C_1 und C_2 angreifende Schließseil preßt die unteren Hälften der Zange und damit die Schaufeln gegeneinander. Das Entleerseil greift mit Trommelübersetzung im oberen Teil der Zange an, sucht sie also zu öffnen. Die richtige, für das Einsetzen zweckmäßige Stellung der Schaufeln wird durch außen angreifende Lenkstangen L_1 und L_2 herbei-

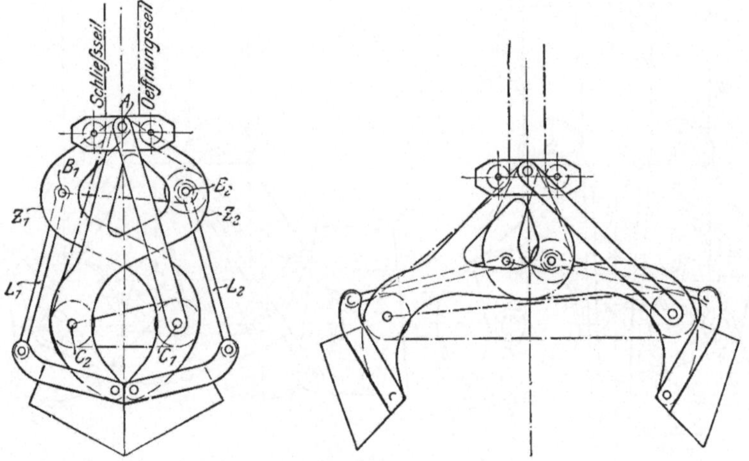

Abb. 46 u. 47. Zangengreifer von Hoover & Mason.

geführt, deren obere Endpunkte B_1 und B_2 sich beim Öffnen nach innen bewegen.

Daß bei der inneren Zange Z_1 die Punkte A und C_1 durch eine außenliegende Gelenkstange verbunden sind, während das Glied Z_2 voll geschmiedet ist, hat lediglich einen konstruktiven Grund. Die Verbindungsstange würde, wenn sie in derselben Ebene mit Z_1 läge, beim Öffnen mit der Achse B_2 zusammenstoßen.

Die Bauart ist einfach und scheint sich sehr gut zu bewähren. Allerdings ist die Bauhöhe groß und die Herstellung der Zangen ziemlich kostspielig.

Die Literatur des letzten Jahrzehnts[1] bringt eine große Anzahl neuer deutscher Ausführungen, denen das Bestreben zugrunde liegt, die Greifweite und Schließkraft zu vergrößern oder eine geringe Bauhöhe zu erreichen. Die Mehrzahl dieser Bauformen hat sich indessen nicht

---

[1] Vgl. Hänchen: Lastaufnahmemittel; Maschinenbau 1923/24, S. 567, und Wintermeyer: Neuzeitliche Greifer; Z. V. d. I. 1915, S. 976.

dauernd einführen können und wird daher gegenwärtig nicht mehr oder nur für ganz ungewöhnliche Verwendungszwecke gebaut.

Seiner eigenartigen Anordnung halber sei der Greifer von Weigner [1] (Abb. 48) erwähnt, bei dem die stielartig verlängerten Schaufelarme eine ungewöhnlich große Greifweite ermöglichen. Die Rollen des Flaschenzuges sind in den Schaufelarmen gelagert, so daß die schließenden Seilzüge wagerecht angreifen. Ihr Kraftmoment nimmt beim Schließen des Greifers in dem Maße zu, wie ihr Abstand vom Schaufeldrehpunkt wächst, ist demnach in der Schlußstellung am größten. Die Schneiden der geöffneten Schaufeln liegen fast senkrecht auf dem Fördergut auf und dringen daher leicht ein, während die hohe Lage der Schaufeldrehachsen die Scharrbewegung der Schaufeln begünstigt; der Greifer hat deshalb einen hohen Füllungsgrad auch bei grobstückigem, schwerem Fördergut. Die Stangen greifen hier nicht an den Schaufeln, sondern an besonderen Kragarmen an; sie nehmen in der Schließstellung eine flachgestreckte Lage ein, wirken demnach ähnlich wie die Kniehebel des Laudi-Greifers, indem sie den Schließ- und Öffnungszwang vergrößern. Infolge seiner weit ausladenden Schaufeln kann der Greifer ohne Neigung zum Kippen auf stark geneigte Böschungen aufgesetzt werden. Ein Nachteil ist dagegen die ungeschützte Lage der Flaschenzugseile.

Abb. 48. Greifer von Weigner, Bauart Simmering, Wien.

Geeignet zum Ausheben nicht allzuharter Bodenarten ist der von Menck und Hambrock gebaute Greifer nach Abb. 49, dessen Bauart und Wirkungsweise derjenigen eines normalen Stangengreifers ähnelt. Mit Rücksicht auf die sehr beträchtlichen Arbeitswiderstände ist für die Schaufeln und Rollenträger Stahlguß als Material verwendet; die aus zähem Stahl geschmiedeten Zähne sind auswechselbar an den Schaufeln befestigt. Dieser Greifer wird vorzugsweise für Bagger-

---

[1] Gebaut von der Simmeringer Maschinen- und Waggonbaufabrik A.-G., Wien.

arbeiten benutzt, kann aber auch mit Vorteil zum Abbau in Braun-
kohlen- und Mergelgruben verwendet werden.

Abb. 49.   Stangengreifer   für
Bodenaushub
(Menck & Hambrock).

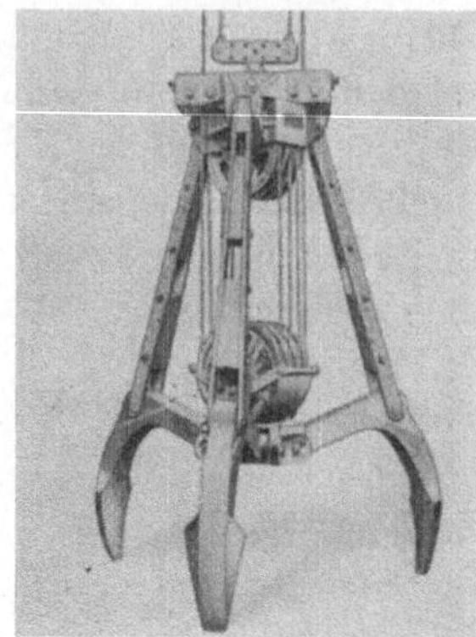

Abb. 50. Dreiarmiger Greifer zum
Fassen von Steinen
(Menck & Hambrock).

Zum Fassen großer Steine hat sich der von der gleichen Firma her-
gestellte Sondergreifer Abb. 50 bewährt, bei dem die beiden Greiferschalen durch drei Stahlklauen ersetzt sind.

Abb. 51 u. 52. Demag-Rundholzgreifer.

Auch beim Verladen gestapelter Rundhölzer, insbesondere für
kürzere Längen, wie sie zur Auszimmerung der Gruben benutzt und
in Zellstoffabriken verarbeitet werden, verwendet man immer mehr

besonders hierfür gebaute Holzgreifer, die von den verschiedenen Firmen ziemlich gleichartig hergestellt werden. Der von der Demag ausgeführte Holzgreifer nach Abb. 51 und 52 ist ein Rahmengreifer mit Kettenantrieb und zangenartig ausgebildeten Schaufeln, deren Schneiden abgestumpft sind, damit die Hölzer nicht beschädigt werden. Die Hölzer rollen beim Greifen aufeinander ab und werden hierdurch, auch wenn sie im Stapel nicht ganz regelmäßig liegen, parallel gerichtet, so daß sich der Greifer leicht füllt.

Um die Vorteile des Greiferbetriebes auch bei Kranen auszunutzen, deren Windwerk keine besondere Halteseiltrommel besitzt, hat man sich bereits vor längerer Zeit mit dem Bau von Greifern befaßt, die mit einem einzigen Huborgan arbeiten. Bei diesen sog. Einseilgreifern tritt an die Stelle des Halteseiles eine feste, aber in ihrer Höhenlage verstellbare Fangvorrichtung, die meist aus einem schweren gußeisernen Ringkörper, der Glocke, besteht und in besonderen Seilen aufgehängt ist (vgl. Abb. 55 bis 60). In dieser fangen sich mehrere im Greiferkopf

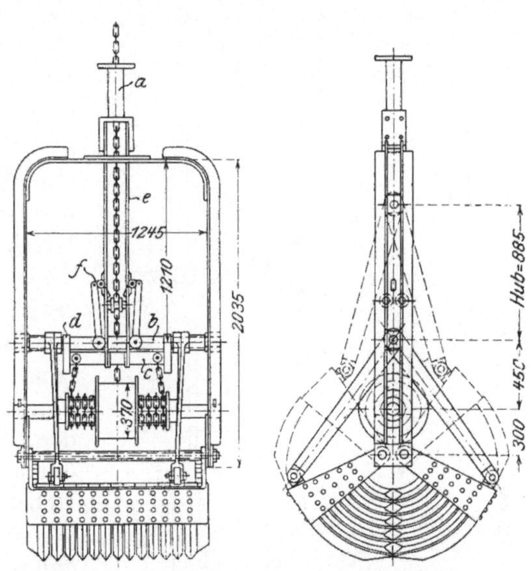

Abb. 53 u. 54. Einkettengreifer von Bünger & Leyrer.

angebrachte Hakenhebel und halten den Greifer fest, so daß er sich beim Nachlassen des Hubseiles öffnet. Der Greifer kann daher auch für Krane verwendet werden, die ursprünglich für Kübelbetrieb eingerichtet waren, später aber ohne eine Änderung des Windwerkes mit Greifer arbeiten sollen.

Der Einkettengreifer von Bünger & Leyrer (Abb. 53 und 54) entspricht in seiner Gesamtanordnung der Priestmannschen Bauart. Der Schließvorgang ist genau derselbe wie dort. Soll der Greifer, nachdem er gehoben ist, entleert werden, so ist das Querhaupt *b* bzw. die mit ihm durch Zugstangen verbundene Glocke *a* festzuhalten und die Krankette nachzulassen. Dann senkt sich das Gestell, dessen Gewicht jetzt frei auf die Schaufeldrehpunkte wirkt, und drückt die Schaufeln auseinander. In Abb. 54 ist die geöffnete Lage der Schaufeln gegenüber dem Rahmen punktiert eingezeichnet; in Wirklichkeit hat man natürlich bei dem Öffnungsvorgang das Querhaupt, als den Scheitelpunkt des Kniehebels, festliegend zu denken, während der Rahmen sich senkt.

Sobald die Glocke *a* freigegeben wird, hängt der Greifer wieder an der Krankette und würde sich schließen. Da er aber geöffnet niedergelassen werden muß, so ist eine besondere Vorrichtung vorhanden, die das Querhaupt während des Senkens unverrückbar gegenüber dem Rahmen festhält. Die Hilfsketten greifen nicht unmittelbar an dem Querhaupt *b*, sondern zunächst an einem Bügel *c* an, der jener gegenüber geringen Spielraum hat. Die Zugkraft wird durch die beiden Bänder *d* übertragen. Ist jetzt die Glocke *a* und damit durch die Zugstangen *e* der Balken *c* festgehalten, so überträgt sich das Gewicht des Rahmens und der Schaufeln durch den Kniehebel auf das Querhaupt *b*, dieses senkt sich also um den erwähnten Spielraum und stützt sich auf *c*, während die Zugbänder schlaff werden. Bei dieser Verschiebung drehen sich die an den Stangen *e* gelagerten, mit *b* durch Gelenkstäbe verbundenen Hebel *f* so, daß sich ihre Zungen von beiden Seiten an die Kette anlegen. Beim Abwärtsgang gleitet die Kette zwischen den Zungen durch, sperrt sich aber, sobald sie wieder angezogen wird, so bald sie wieder angezogen wird, so

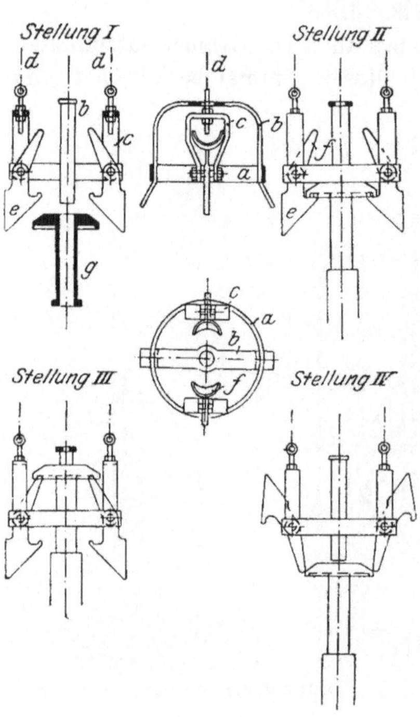

Abb. 55 bis 60. Fangvorrichtung des Einkettengreifers von Bünger & Leyrer.

daß der Kettenzug sich vollständig auf das Querhaupt überträgt und der Greifer geöffnet bleibt. Erst wenn die Schaufeln aufsetzen, also die Kette schlaff wird, löst sich die Sperrung, und der Balken *c* geht zurück, so daß die Zungen die von neuem angezogene Kette frei passieren lassen und der Greifer sich schließt.

Zum Festhalten der Glocke *a* kann eine Gabel benutzt werden, die am Rollenkopf drehbar aufgehängt ist und vom Kranführer mit einer Stange vor- und zurückgeschoben wird. Soll dem Manne diese Arbeit erspart werden, so findet eine Vorrichtung nach Abb. 55 bis 60 Verwendung, die folgendermaßen wirkt.

Der Flacheisenring *a* hängt an zwei Bügeln *c*, die von den beiden am Ausleger befestigten Ketten *d* gehalten werden. Ein mittlerer

Bügel *b* versteift den Ring und führt die Krankette mittig. Die Sperrhaken *e* sind gelenkig mit dem Ring verbunden und nehmen, sich selbst überlassen, die in Stellung I gezeichnete Lage ein. Wird jetzt der Greifer aufgezogen, so drängt die Glocke *g* die Haken zur Seite. Beim weiteren Aufziehen der Glocke schwingen die Haken in die alte Stellung zurück und halten sie beim Nachlassen der Krankette fest (Stellung II). Durch weiteres Nachlassen wird der Greifer entleert. Bei Wiederanziehen der Kette bleiben die Schaufeln, wie vorher beschrieben,

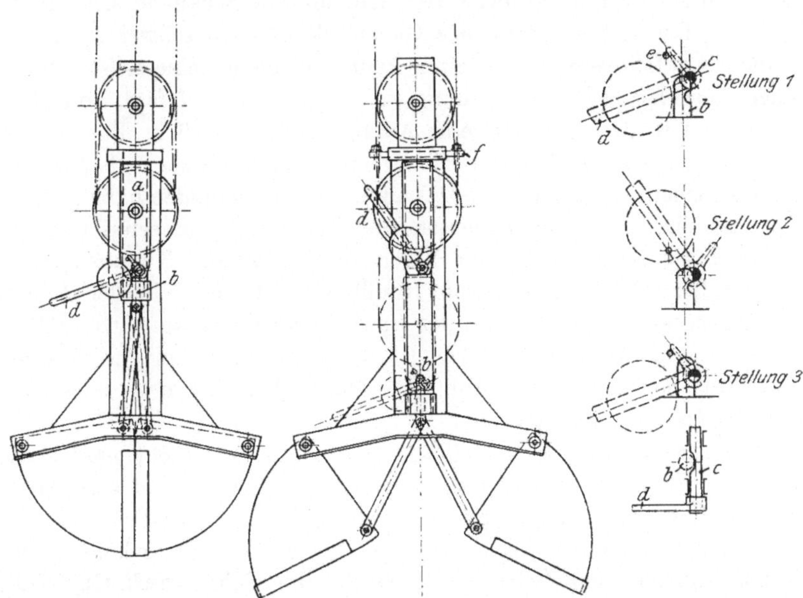

Abb. 61 bis 63. Einseilgreifer mit Auslösevorrichtung nach Hone, gebaut von Pohlig.

geöffnet. Die Glocke *g* wird über die Arme *f* hinausgehoben (Stellung III) und kann dann beim Niedergehen frei passieren, da sie die Sperrhaken vollständig zur Seite dreht (Stellung IV). Durch ihr Eigengewicht schwingen diese nachher in die Anfangslage zurück.

Einseilgreifer für Verladezwecke werden immer in der Weise angeordnet, daß zwischen die Unterflasche und das Schließgestänge eine Kupplung eingeschaltet wird, deren Lösung Öffnen des Greifers zur Folge hat. Ein Beispiel ist der früher von Pohlig gebaute Greifer nach G. J. Hone (Abb. 61 bis 63). Die oberen Rollen des Flaschenzuges sind fest im Gerüst, die unteren in einem Gleitstück *a* gelagert, das mit dem gleichfalls im Gestell geführten Zapfen *b* durch eine besondere Vorrichtung nach Abb. 63 gekuppelt wird. An *b* greifen die Zugstangen an, welche die Schaufeln schließen. Der Arbeitsvorgang ist folgender:

Wird der Greifer in geschlossenem Zustande (Abb. 61) gehoben, so sind die Teile a und b durch den in a gelagerten Bolzen c fest miteinander verbunden. Bolzen c ist mit einer Aussparung versehen, die es möglich macht, ihn bei richtiger Stellung an dem Zapfen b vorbeizuführen, augenblicklich ist er jedoch in die Aussparung von b hineingedreht und wird in dieser Lage (Stellung 3) durch den Gewichtshebel d gehalten, dessen Ausschlag durch den Stift e begrenzt ist. Dreht man jetzt den Hebel aufwärts (Stellung 2 in Abb. 63), so wird die Kupplung gelöst, so daß b frei wird und die Schaufeln sich öffnen können. Das mit b verbundene Gleitstück muß so schwer sein, daß es die Schaufeln genügend spreizen kann und bis in seine tiefste, durch einen Anschlag begrenzte Stellung sinkt. Der Hebel d fällt, sobald er losgelassen wird, wieder in seine Anfangsstellung zurück. Der Greifer kann erst wieder geschlossen werden wenn er auf die Kohle niedergelassen ist, die Schaufeln also eine feste Unterstützung gefunden haben. Läßt man nämlich in dieser Lage das Seil weiter nach, so senkt sich der untere Rollenblock durch sein Eigengewicht, bis der Kuppelbolzen c auf den Kopf des Zapfens b stößt (Stellung 1, Abb. 63). Da der Rollenblock sich weiter senkt, muß der Gewichtshebel sich aufwärts drehen, bis die Aussparung von b erreicht ist. Jetzt fällt er zurück und stellt die Kupplung her (Stellung 3, Abb. 63). Durch Anziehen des Seiles wird nun der Greifer geschlossen.

Einen wichtigen Bestandteil bildet noch eine hier nicht gezeichnete Dämpferpumpe, die mit Öl oder dergleichen gefüllt ist und verhindert, daß bei Lösung der Kupplung das untere Gleitstück plötzlich herunterfällt. Eine allmähliche Entleerung ist sowohl für die Schonung der Kohle wie auch der Behälter, in welche die Kohle geschüttet wird, von Wichtigkeit, besonders wenn Eisenbahnwagen oder Fuhrwerke beladen werden.

Die Schaufeln können, wenn auch nicht vom Maschinisten, so doch vom Bedienungspersonal jederzeit durch Lüften des Hebels geöffnet werden. Das ist z. B. dann erwünscht, wenn der Greifer, wie es beim Herausholen der Reste vorkommt, sich im Schiff nicht vollständig gefüllt hat und noch einmal fassen soll. Findet die Entleerung immer an bestimmter Stelle statt, wie bei Schrägbahnkranen, so wird der Hebel hier durch einen festen Anschlag ausgelöst.

Wird der Greifer nach Abb. 64 und 65 eingebaut, wie es meistens geschieht, so ergibt sich ein verhältnismäßig starker Seilverschleiß, da das Seil während der ganzen Dauer des Hubes durch sämtliche Flaschenzugrollen läuft. Bei der Aufhängung nach Abb. 66 und 67 fällt dies fort, da der Flaschenzug in zwei symmetrische Hälften aufgelöst ist und die Seilenden im Greifergerüst befestigt sind.

Bei dem Einseilgreifer von Steinbrecher[1] hängt die Glocke an zwei durch ein Gegengewicht gespannten Seilen und kann durch eine Klemmvorrichtung in beliebiger Höhe festgehalten werden. Wird diese gelüftet, so nimmt der Greifer beim Senken die Glocke mittels der vorerwähnten Hakenhebel bis zu der erwünschten Höhenlage, in der er entleeren soll, mit hinab. Soll der Greifer dagegen in einer höheren Lage öffnen, so zieht bei gelöster Klemmvorrichtung das Gegengewicht die unbelastete Glocke nach oben.

Einseilgreifer können für Schiffsentladung nur dann gebraucht werden, wenn es sich um offene Kähne handelt, weil der Greifer nicht geschlossen gesenkt werden kann und deshalb nicht durch enge Luken

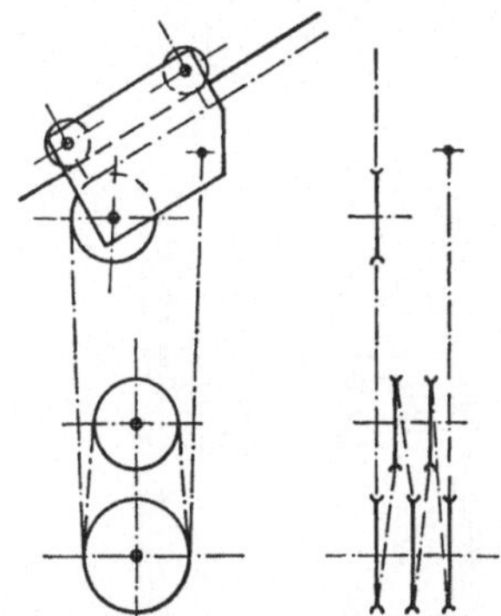

Abb. 64 u. 65. Anbringung des Einseilgreifers an einem Schrägbahnkran.

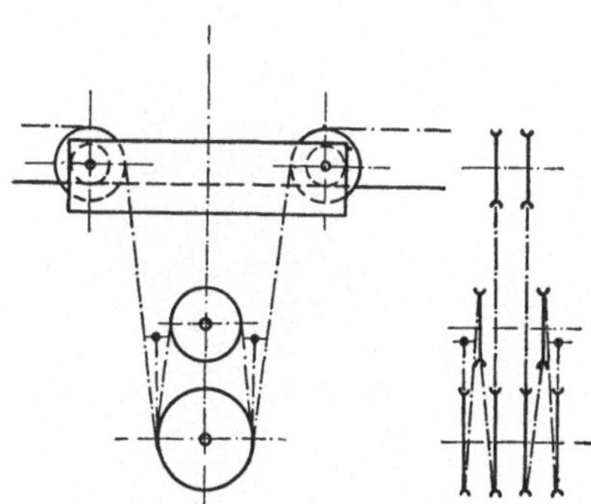

Abb. 66 u. 67. Anbringung des Einseilgreifers an der Seilkatze einer Verladebrücke.

hindurchzubringen ist. Außerdem ist erwünscht, daß die Entladung immer an einer bestimmten Stelle, z. B. über einem in das Krangerüst eingebauten Füllrumpf, erfolgt, oder daß wenigstens die Entladestellen nicht zu häufig wechseln, so daß der Entleerungsanschlag nur von Zeit zu Zeit versetzt zu werden braucht. Für Elektrohängebahnen, bei denen die Entleerung ohnehin meistens durch Anschläge bewerkstelligt wird, sind Einseilgreifer recht gut geeignet, zumal der Einbau des komplizierteren Windwerkes für Zweiseilgreifer in die Elektrohängebahnwagen Schwierigkeiten macht. Es ist aber auch, wie schon bei dem Greifer von Bünger und Leyrer beschrieben, möglich, mit einem Entleerungsring zu arbeiten, der heb- und senkbar am Ausleger des Kranes bzw. an der Laufkatze befestigt wird, und mit dem der Greifer an beliebiger Stelle und in beliebiger Höhe geöffnet werden kann, indem man den Greifer zunächst durch den Ring hindurchzieht und dann ein kurzes Stück wieder senkt.

Ganz abweichend von den bisher angeführten Greiferarten, für die zum Öffnen und Schließen der Schaufeln die Relativbewegung zweier

---

[1] Vgl. Z. V. D. J. 1923, S. 1071.

Seile oder die Bewegung eines Seiles gegenüber einem festen Punkt benutzt wird, wirkt der Motorgreifer, bei dem die Schaufelbewegungen von einem besonderen, in den Greifer selbst eingebauten Motor ausgehen.

Der Motorgreifer wird unmittelbar in den Lasthaken des Kranes gehängt, kann demnach — ebenso wie der Einseilgreifer — für jeden Kran und jede Katze mit einfachem Windwerk verwendet werden. Hierbei entfällt — ein weiterer Vorteil — das beim Einseilgreifer unvermeidliche Zusammenkuppeln des Flaschenzugseiles (Schließseiles)

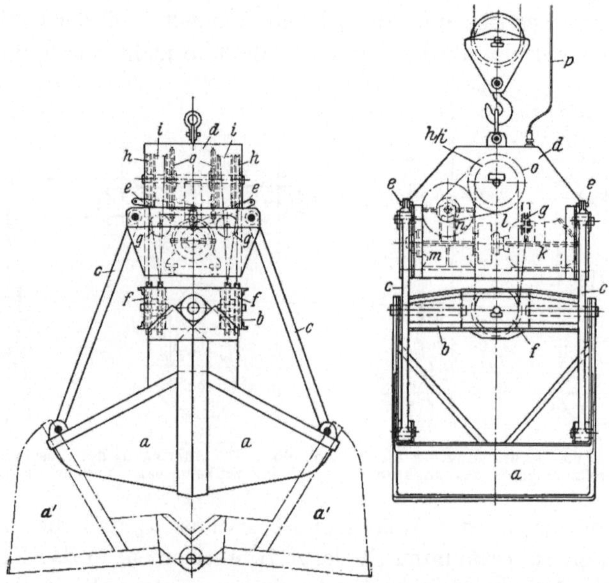

Abb. 68 u. 69. Motorgreifer (Losenhausen).

mit dem Hubseil des Kranes. Der Motorgreifer eignet sich daher besonders für solche Umschlagbetriebe, die abwechselnd Stückgüter mit Schlingkette am Lasthaken und Massengüter mit Greifern zu verladen haben.

Durch die Wahl des Motors und der Übersetzungsgetriebe läßt sich die Endschließkraft des Greifers innerhalb gewisser Grenzen beliebig steigern. Auch wirkt das durch den Schließmotor und das Windwerk vergrößerte Greifergewicht günstig auf seine Fähigkeit, sich in das zu fassende Gut einzugraben. Ein weiterer Vorteil ist, daß die beim Schließen und „Durchfallen" des Zweiseilgreifers unter Umständen auftretenden Stöße fortfallen. Ferner werden beim Motorgreifer die Böden der Fahrzeuge, aus denen das Gut aufgenommen wird, mehr geschont. Ein Nachteil ist jedoch das höhere Eigengewicht des Greifers, das bei jedem Kranspiel mitgehoben werden muß.

Bei dem Motorgreifer von Losenhausen (Abb. 68 und 69), der im übrigen wie ein normaler Stangengreifer wirkt, ist der motorische Antrieb in dem Greiferkopf eingebaut, der Greifer ist daher ziemlich „kopfschwer". Der Motor k arbeitet über eine Rutschkupplung l mittels Schnecke m und Kettenrollen n, o auf die Seiltrommeln i, auf deren Achse auch die oberen Rollen h des geteilten Flaschenzuges lose laufen. Den Seil-

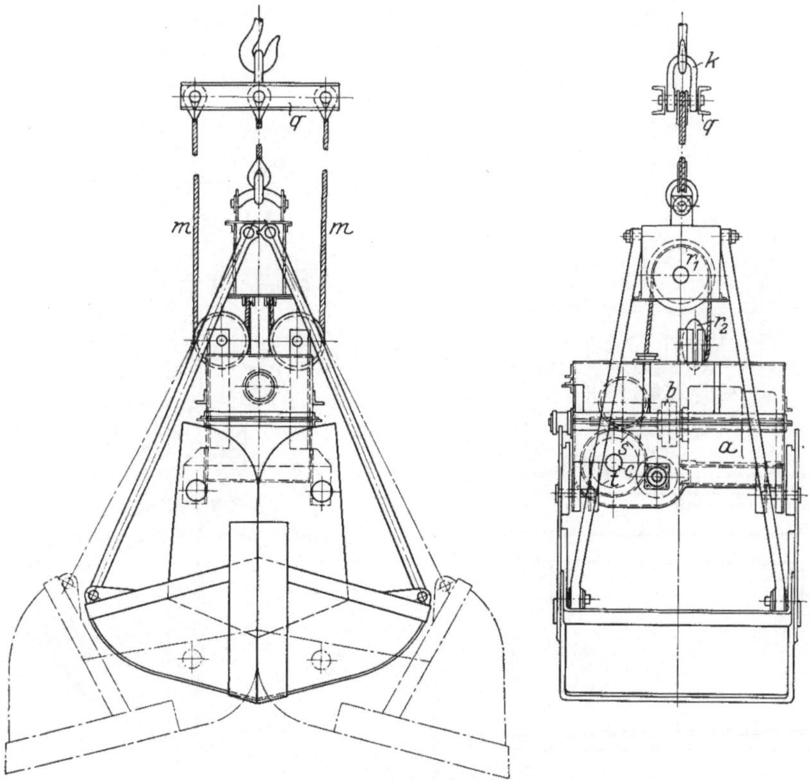

Abb. 70 u. 71. Motorgreifer (Demag).

ausgleich vermitteln die Rollen g. Der Strom wird durch ein biegsames, mittels Steckkontaktes angeschlossenes Kabel zugeleitet und der Motor durch einen einfachen Schalter vom Führerstand gesteuert.

Die Demag baut einen Motorgreifer nach Abb. 70 und 71, dessen gesamter Antrieb im unteren Querhaupt angeordnet ist und durch sein Gewicht dessen Wirkung beim Öffnen des Greifers unterstützt. Der Schwerpunkt des geöffneten Greifers liegt daher sehr tief, so daß er auch auf stark geböschtem Fördergut ungewöhnlich standfest ist. Der Antrieb geht vom Motor a über eine Bolzenkupplung b, die als magnetisch betätigte Backenbremse ausgebildet ist, auf das Schneckenrad s, das mittels eines Stirnradvorgeleges die auf der gleichen Achse c lose laufenden Seiltrommeln t antreibt. Das geteilte Flaschenzugseil ist über die Rollen r_1 und r_2 nach einem kurzen Querstück q geführt, das, drehbar im Schäkel k gelagert, als Seilausgleich dient. Diese Aufhängung schützt gleichzeitig Motor, Getriebe und Schließseile vor Überlastung. Wird nämlich durch Unachtsamkeit des Kranführers der

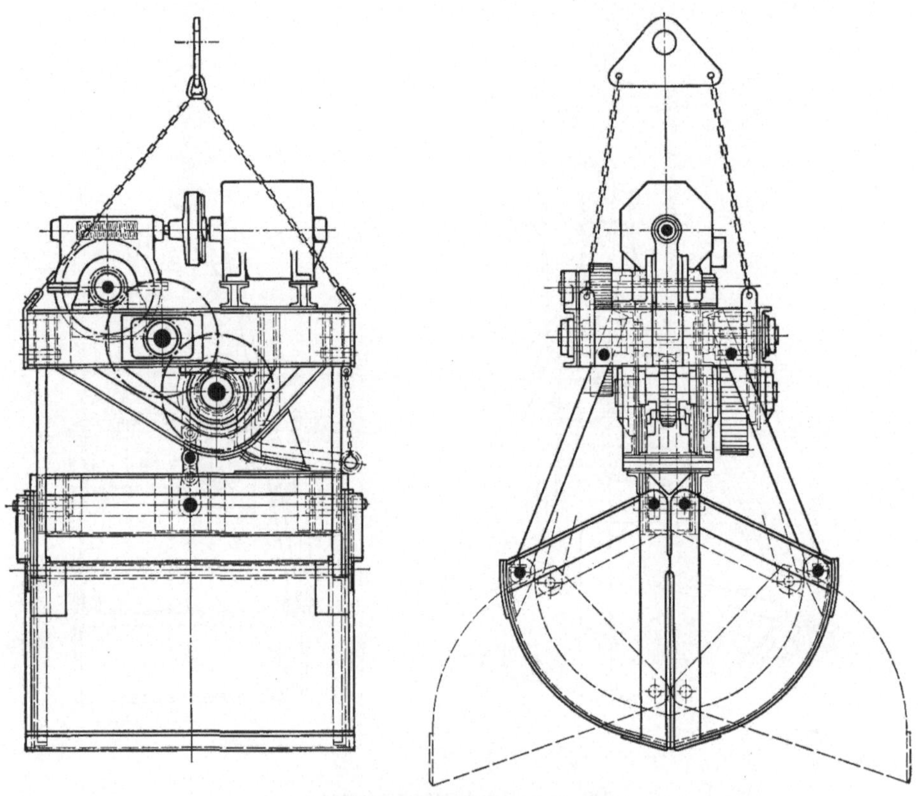

Abb. 72 u. 73. Motorgreifer (Maschinenfabrik Augsburg-Nürnberg).

Strom beim Greiferschluß nicht rechtzeitig unterbrochen, so heben die sich weiter aufwickelnden Seile den Greifer an, er „klettert" gewissermaßen an den Strängen m solange empor, bis das Drehmoment des Ankers aufgezehrt ist. Um eine große Endschließkraft zu erreichen, werden kräftige Motoren und Getriebe eingebaut; so ist beispielsweise ein Greifer von 2 cbm Inhalt und rd. 3500 kg Eigengewicht mit einem Motor von 15 PS ausgerüstet.

Bei dem von der Maschinenfabrik Augsburg-Nürnberg ausgeführten Motorgreifer (Abb. 72 und 73) treibt der Motor mittels Schnecke und zwei Zahnradvorgelegen ein Kettenrad, das die an den Greiferschaufeln angreifende Gelenkkette eingeholt und nachläßt. Der Greifer wiegt bei 2 cbm Inhalt 6000 kg und greift bis zu 3150 kg Thomasschlacke, wobei der Motor 15 PS leistet. Eine Rutschkupplung sichert den Motor vor Überlastung.

Eine Sonderstellung nimmt der Kübel- oder Schalengreifer ein, der als Zweiseilgreifer von einigen Firmen bereits früher gebaut wurde, jedoch nur in beschränktem Maße Anwendung gefunden hat.

Die Maschinenfabrik Augsburg-Nürnberg baut einen in Abb. 74 dargestellten Kübelgreifer mit motorischem Antrieb und erreicht durch gedrängte Anordnung des Triebwerks eine sehr geringe Bauhöhe des Greifers, die ihn auch in verhältnismäßig niedrigen Räumen

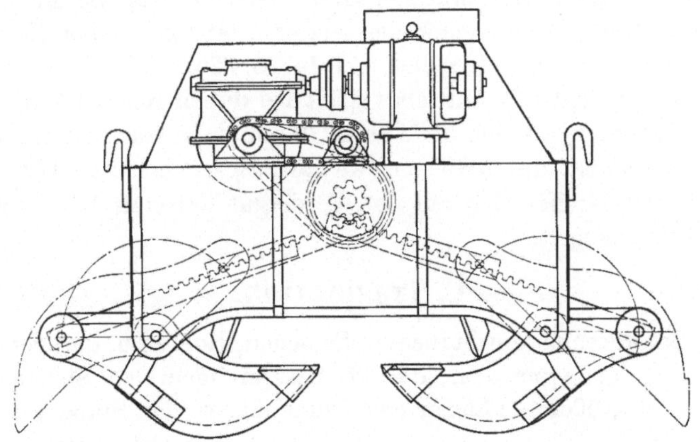

Abb. 74. Motorschalengreifer (Maschinenfabrik Augsburg-Nürnberg).

und bei beschränkter Hubhöhe anwendbar macht. Die beiden Schalen führen hierbei nur eine Drehbewegung um ihre Achsen aus, wobei sie das Fördergut ohne die bei den andern Greiferarten unvermeidliche Pressung aufschaufeln; das Material wird daher bedeutend mehr geschont. Bei dieser Arbeitsweise ist der Kraftbedarf für jede Schalenstellung annähernd der gleiche, so daß der Motor ziemlich gleichmäßig belastet und voll ausgenutzt wird. Die Entleerung kann in jeder Schalenstellung unterbrochen werden, außerdem gestattet die stetige Drehbewegung beim Entleeren eine gleichmäßige Schichtung des Fördergutes, beides Vorteile, die z. B. in Gießereien beim Arbeiten mit Formsand in Betracht kommen. Die Greifweite kann durch eine Verschiebung der Drehachsen nach außen ohne nennenswerte Vergrößerung der Bauhöhe des Greifers gesteigert werden. Auch ist eine Überlastung des Windwerkes und Motors, hervorgerufen durch ruckweises Zuschnappen beim Durchbeißen sperrender Stücke, ausgeschlossen.

Während bei den älteren Schalengreifern die Drehbewegung der Schalen durch Gelenkketten ausgeführt wurde, besitzt der MAN-Greifer hierfür Zahnstangenantrieb, der sich, besonders für grobstückiges Gut, wie Kalksteine, Schlacke und Erze, als sehr geeignet erwiesen hat. Auch bei dieser Bauart wird eine Schnecke als Übersetzungsmittel verwendet. Zwei auf der Schneckenradwelle aufgekeilte Kettenritzel treiben, um die gegenläufige Drehbewegung der beiden Zahnstangenritzel zu erreichen, einmal unmittelbar auf deren Kettenrad, das andere mal über ein Vorgelege mit der gleichen Übersetzung. Obgleich eine Überlastung des Motors bei der Arbeitsweise des Greifers nicht leicht eintreten kann, ist eine Rutschkupplung hinter dem Motor angeordnet.

Bei einer in Deutschland bisher nicht eingeführten Kranbauart, den Hulett-Entladern (vgl. S. 165), sind Motorgreifer in größerem Umfange angewandt worden, und zwar sowohl mit elektrischem wie mit hydraulischem Antrieb. Ein Greifer der letzteren Art ist in der Zeitschrift des Vereins deutscher Ingenieure 1914, S. 326, Abb. 71, dargestellt. Das große Gewicht des Antriebes spielt bei diesen Kranen keine Rolle, weil der Ausleger, an dem der Greifer durch einen starren, senkrechten Mast befestigt ist, durch Gegengewichte ausgeglichen ist. Der Druck, mit dem der Greifer sich auf das Fördergut aufsetzt, wird von dem Kranführer geregelt.

C. Tragpratzen.

Zur Beförderung von Stabeisen, Schienen, Rohren u. dgl. verwendet man häufig Tragpratzen, die die Last an mehreren Stellen unterstützen, bei größeren Längen das Durchhängen der Stäbe wesentlich verringern und sie parallel geschichtet auf den Eisenbahnwagen oder in besondere Stapel abgeben. Die als Winkelhebel ausgebildeten Pratzen (Abb. 75 und 76) sind an einen in den Hubseilen hängenden Zwillingsträger (die sog. Traverse) gewöhnlich starr angeschlossen; sie werden durch eine

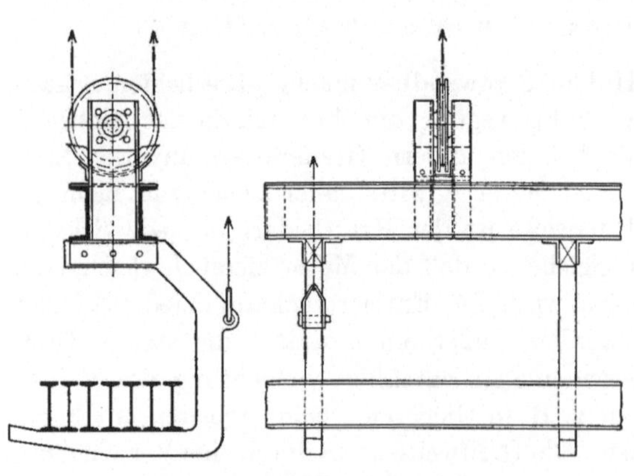

Abb. 75 u. 76. Kippbares Pratzengehänge.

Katzenbewegung unter das auf Rosten oder in besonderen Hürden lagernde Gut eingefahren und dann angehoben. Unmittelbar auf Flur ohne Unterlagen abgelegtes Material muß allerdings von Hand auf die Pratzen gelegt werden, falls hierzu nicht ein Hebemagnet (vgl. S. 40) zur Verfügung steht. Beim Anziehen der an zwei Pratzen angreifenden Entleerseile kippt das ganze Gehänge um die Rollenachse, und das Material gleitet ab. Um das genaue Einsetzen der Pratzen zu erleichtern, das Schwanken beim Fahren und die Schlingerbewegung des Querträgers beim Abwerfen der Last zu verringern, wird die Unterflasche der Hubseile häufig in einem an der Katze angebrachten Gerüst starr geführt. Diese Anordnung erleichtert und beschleunigt die Aufnahme und Abgabe des Eisens wesentlich und macht besondere Hilfsarbeiter zur Bedienung auf Flur meist entbehrlich.

Soll das Gut in beliebiger Richtung aufgenommen oder abgegeben werden, so kann das Gehänge samt seiner Führung und den Hubwerken an einer in die Katze eingebauten Drehscheibe aufgehängt werden (vgl. auch Abb. 145 und 146, S. 91); diese Bauart

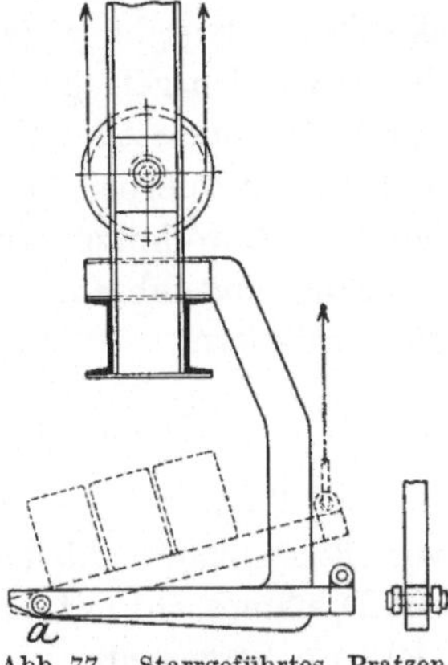

Abb. 77. Starrgeführtes Pratzengehänge mit besonderen Kippbügeln.

empfiehlt sich besonders dann, wenn die Zufuhrgleise die Bahn des Kranes unter verschiedenen Winkeln kreuzen.

Um das Abwerfen langer Stäbe besser zu regeln, verzichtet man zuweilen auf die Kippbewegung des Pratzengehänges und läßt das Gut (Abb. 77) durch Anheben der in a drehbar angeschlossenen Hilfspratzen abgleiten. Da hierbei die Außenkante der Pratze — im Gegensatz zu der vorher beschriebenen Anordnung — fast stillsteht, beherrscht der Kranführer sicherer die Bewegung des herausgleitenden Materials.

Für sehr eng stehende Hürden hat sich eine von der Demag gebaute Anordnung bewährt, bei welcher die um ihren senkrechten

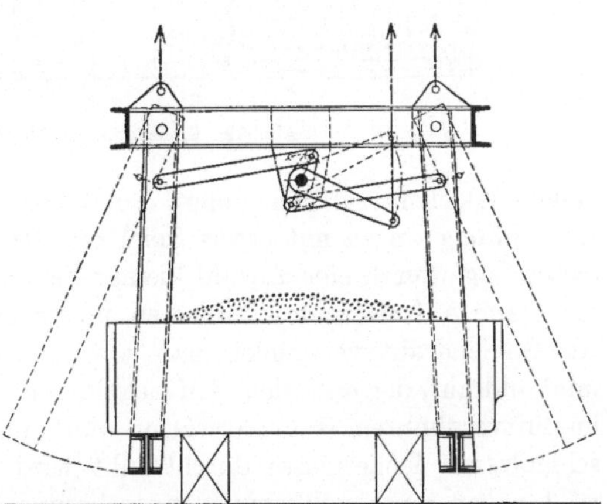

Abb. 78. Muldengreifer-Gehänge (Kippbügel).

Schaft drehbaren Pratzen durch einen auf dem Querträger stehenden kleinen Hilfsmotor um 90° geschwenkt werden können, so daß sie dann, parallel zum Querträger stehend, zwischen die Hürden gesenkt werden können. Nach dem Zurückdrehen in ihre Arbeitstellung heben sie das Material lagenweise heraus.

Erwähnt sei hier noch eine den Pratzen ähnliche Einrichtung zur Aufnahme von Fördergefäßen wie Schrottmulden u. dgl. Die in Abb. 78 skizzierten Kippbügel (auch Muldengreifer genannt), die an einen von den Hubseilen getragenen Rahmen drehbar angeschlossen sind, werden durch ein vom Steuerseil betätigtes Gestänge auf- und heruntergeklappt und fassen hierbei gleichzeitig mehrere auf Unterlagen abgesetzte Mulden. Gewöhnlich wird das Gehänge in seiner oberen Lage in eine Führung eingefahren, um das Schwanken der Last während der Fahrt zu verhindern.

D. Hebemagnete.

Der Magnet eignet sich hervorragend zum Fassen und Befördern von Eisenspänen, kleinstückigem Schrot und Gußmasseln. Er wird aus Dynamostahl mit vorwiegend kreisförmigem, seltener rechteckigem Gehäuse hergestellt.

Der in Abb. 79 schematisch dargestellte Glockenmagnet besitzt einen mittleren Pol, um den sich die Drahtspule legt, während der

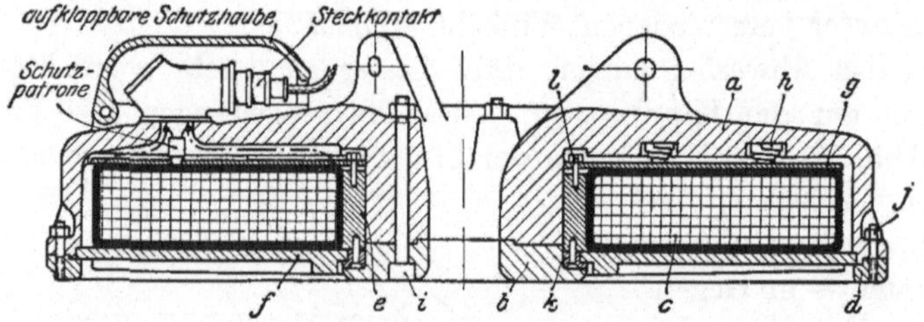

Abb. 79. Glockenmagnet (Demag).

äußere Glockenrand den andern Pol bildet. Die Spule ist der freien Ausdehnung wegen mit etwas Spiel um den Kern gelegt und wird in dieser Lage durch eine Anzahl kleiner Federn erhalten, die gleichzeitig die beim Aufsetzen des Magneten unvermeidlichen Stöße abfangen. Als Spulendraht verwendet man sowohl isolierten Kupfer- wie Aluminiumdraht, der nach dem Aufwickeln zum Schutz gegen Feuchtigkeit im luftverdünnten Raum erwärmt und unter hohem Druck mit geschmolzener Isoliermasse durchtränkt wird. Durch dieses Verfahren wird neben einer vollkommenen Isolierung der einzelnen Windungen und Lagen auch deren Unverschieblichkeit gesichert, so daß sie sich nicht blankscheuern und Kurzschluß verursachen können.

Das recht beträchtliche Eigengewicht des Magneten muß bei jedem Spiel mitgehoben werden; man sucht es deshalb möglichst zu verringern. Da nun ein Aluminiumdraht nur etwa ein Drittel des Gewichtes eines Kupferdrahtes von gleicher Länge und gleichem Querschnitt besitzt, so ist bei gleichem Gesamtgewicht der Magnet mit Aluminiumdraht trotz dessen geringeren Leitungsvermögens demjenigen mit Kupferdrahtspule bedeutend überlegen.

Die am Magneten haftende Last schließt mehr oder weniger vollkommen die Kraftlinien des magnetischen Feldes. Der Strom hat hierbei keine Bewegungsarbeit zu leisten, sondern setzt sich in Wärme um und erhitzt die Spulen. Zur rascheren Ableitung der Wärme nach außen vermeidet man tunlichst Luftzwischenräume im Innern des Magnetgehäuses oder füllt solche mit einem unmagnetischen Stoffe (u. a. Glaswolle) aus. Bei einer für die Spule gefährlichen Temperaturerhöhung unterbricht eine der Spule vorgeschaltete, leicht schmelzbare Schutzpatrone selbsttätig den Erregerstrom, der dem Magneten gewöhnlich durch ein biegsames Leitungskabel mittels Steckkontaktes zugeführt wird.

Die Tragfähigkeit eines Magneten ist in hohem Maße abhängig von der Beschaffenheit des zu hebenden Gutes und wird nur bei schweren Vollkörpern wie Blöcken, Walzen und starken Platten voll ausgenutzt. So kann ein normaler Rundmagnet von etwa 1500 mm Durchmesser und rd. 2500 kg Eigengewicht eine 120 mm starke Platte von 30 000 kg Gewicht tragen, faßt dagegen nur rd. 800 kg Gußspäne oder kleinstückigen Schrot. Um die anziehende Kraft auch bei unebener oder gewölbter Oberfläche der Last oder bei geschichtetem Material durch vermehrte Berührungsflächen zu vergrößern, baut man auch Magnete mit beweglichen Polen, etwa nach der in Abb. 80 und 81 dargestellten Anordnung. Dieser Magnet hat rechteckige Grundrißform und besitzt zwei Außenpole und einen Innenpol, in deren nutenförmige Aussparungen von der Stirnseite aus eine Reihe senkrecht verschiebliche

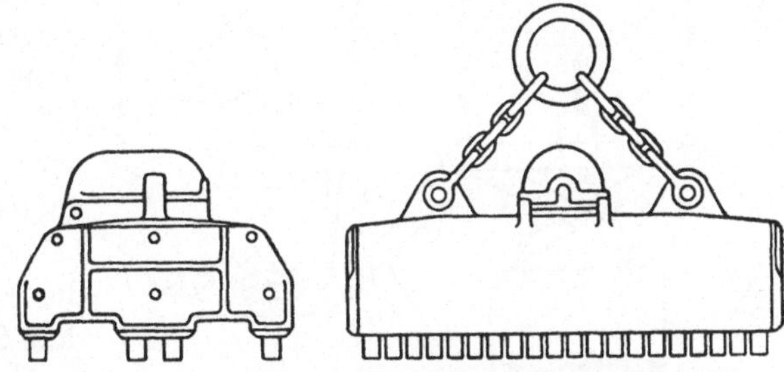

Abb. 80 u. 81. Rechteckiger Magnet mit beweglichen Polen.

Eisenkerne (auch Magnetfinger genannt) eingeschoben werden. Diese schmiegen sich der Oberfläche der Last besser an und setzen sich in ihrer tiefsten Lage mit einem Kopf auf die Nutenränder auf.

Beim Anheben von sperrigem, fest zusammenhängendem Schrot, besonders lockenförmigen Stahlspänen, arbeitet der Magnet allein unvorteilhaft; man kann jedoch seine Wirkung durch eine greiferartige Einrichtung nach Abb. 82 und 83 wesentlich verbessern. Dieser

sog. Magnetschrotgreifer (Bauart D e m a g) besitzt vier drehbar in einem
Ringkörper gelagerte Klauen, die sich mit wenigen Handgriffen an
dem gewöhnlichen Rundmagneten befestigen lassen. Der Magnet wird
stromlos aufgesetzt, wobei die Klauen bereits mit Schließneigung in

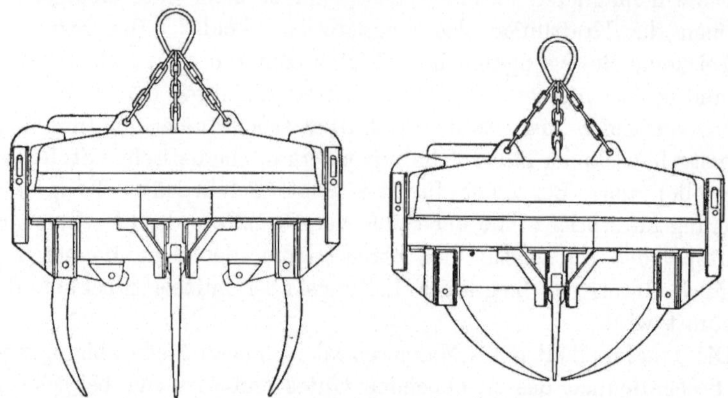

Abb. 82 u. 83. Magnetschrotgreifer (Demag).

die Schrotmasse eindringen; sie werden beim Einschalten des Magneten
durch kurze Kniehebel in ihre obere Schließlage gezogen und darin
festgehalten und fassen das sperrige Gut so energisch, daß es mit Gewalt aus den verschlungenen Schrotmassen herausgezogen werden kann.

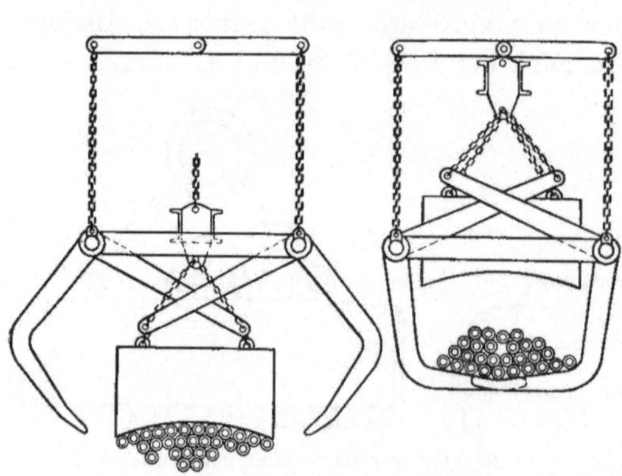

Abb. 84 u. 85. Magnet für Stabeisen mit Sicherheitsbügeln.

Um bei unbeabsichtig-
ter Stromunterbrechung
oder beim Hängenbleiben
langer Stücke das Los-
reißen und Herunter-
fallen der Last zu verhindern, kann man den Ma-
gneten auch mit Sicher-
heitsbügeln ausrüsten,
die durch eine beson-
dere Steuerkette geöffnet
und geschlossen werden.
Abb. 84 und 85 zeigt eine
ältere Bauart, bei der die
in der festgehaltenen Steuerkette hängenden zangenartigen Doppelhebel durch den angehobenen Magneten geschlossen werden. Die in
Abb. 86 bis 88 wiedergegebene Ausführungsform der D e m a g läßt die
von der Steuerkette bewegten Bügel mit ihren entsprechend geformten
Innenrändern an zwei Rollen entlanggleiten, so daß sie sich in der
oberen wie in der unteren Stellung in der Schließlage befinden und

infolge ihrer geringen Breite beim Aufsetzen des Magneten nicht hinder-
lich werden.

Immerhin beeinträchtigen derartige Schutzbügel das flotte Arbeiten
— den größten Vorzug des Magnetbetriebes —, so daß sie selten zur
Verwendung gelangen. Meist sucht man durch Absperrungen, Warnungs-
tafeln und Signale das Arbeitsfeld unter dem Magneten frei zu halten.

Wichtig ist der Magnet als Zubringer des Materials für solche Fördergefäße, zu deren Bedienung sonst besondere Hilfsarbeiter nötig waren,

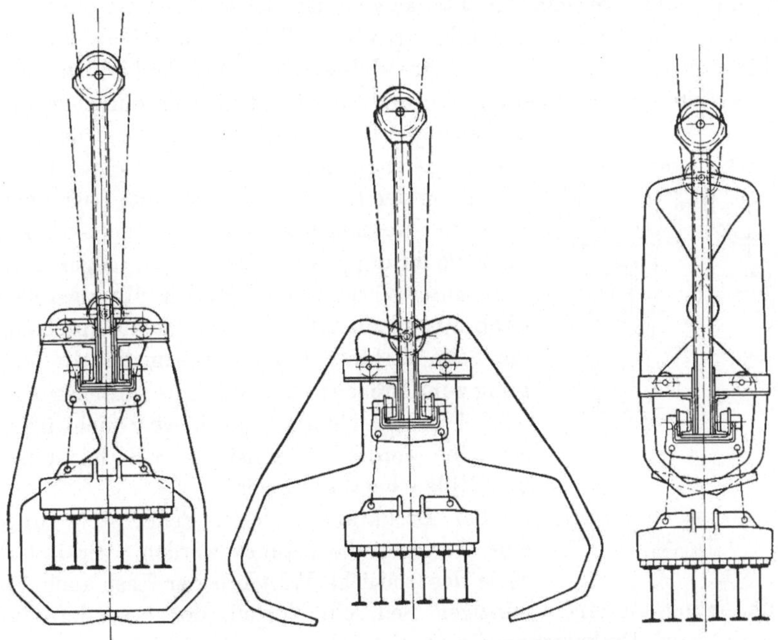

Abb. 86 bis 88. Stabeisenmagnet mit gesteuerten Sicherheitsbügeln (Bauart Demag).

so z. B. zum Füllen der abgesetzten Schrotmulden und zum Beladen
der vorher beschriebenen Tragpratzen bei Stabeisen-Verladekranen.
Für diese Arbeitsweise hängt man den Magneten vorteilhaft an zwei vom
Kranführer gesteuerten Lenkerarmen auf, die seine Bewegungen zwangläufig regeln und die Abgabe des Materials in der geeigneten Stellung
erleichtern.

Unentbehrlich ist der Magnet heute im Hochofenbetrieb, um die
noch heißen Roheisenmasseln vom Masselbett abzuheben, sobald deren
Temperatur unter etwa 400° C liegt. Häufig gibt der Magnet die auf-
gegriffenen Masseln an eine an derselben Katze aufgehängte Sammel-
tasche ab, um mit einem Kranspiel eine größere Menge Masseln zu
befördern.

II. Die Seilführung an Winden und Kranen.

Bearbeitet von

Oberingenieur **A. Meves**, Duisburg.

A. Allgemeine Gesichtspunkte.

Die einfachste Anordnung der Seilführung ergibt sich für ein-schienige und zweischienige Laufkatzen, bei denen die Last ohne Be-nutzung von Umführungsrollen (Ablenkrollen) unmittelbar an der Seiltrommel aufgehängt ist. Während des Hebens und Senkens wandert das Seil an der Trommel entlang und verschiebt die am einfachen Seil

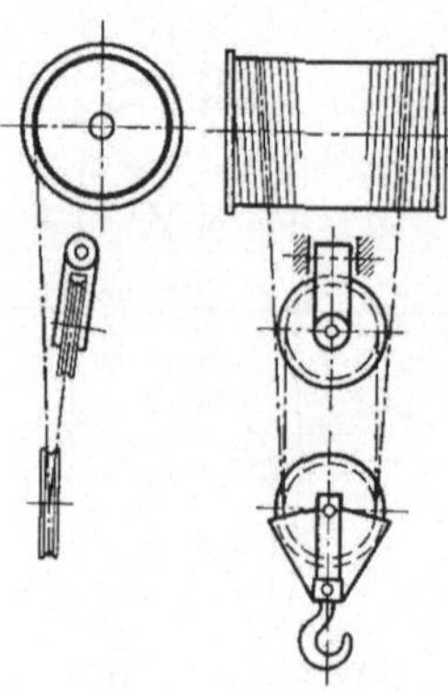

Abb. 89 u. 90. Aufhängung der Last in doppelten Seil-strängen.

aufgehängte Last auch in seitlicher Richtung, wobei gleichzeitig eine unerwünschte Dreh-bewegung der Last eintritt. Soll die Last senk-recht und drehungsfrei gehoben werden, so hängt man sie in doppelten Seilsträngen, gegebenen-falls unter Verwendung von Umführungsrollen (Abb. 89 und 90) auf. Eine genügende Spreizung der Seile verhindert am wirksamsten die Nei-gung zum Drehen; ein bestimmter Ablenkungs-winkel (etwa 4 bis 5°) sollte hierbei nicht über-schritten werden, da sonst die Seile leicht aus den Rillen herausspringen[1].

Bei Drehkranen, deren Seile stets über eine Auslegerrolle geführt werden, verhindert diese das seitliche Wandern der Last auch bei Aufhängung an einem einzigen Seil, ein Vorteil, der besonders für Einseil- bzw. Einkettengreifer in Betracht kommt. Die beträchtliche Entfernung zwischen Trommel und Auslegerrolle gleicht auch die Seilablenkung im günstigen Sinne aus und gestattet daher bei Ver-wendung doppelter Seile einen größeren seitlichen Abstand der beiden Trommeln.

Die Aufhängung des Zweiseilgreifers erfordert vier Seilstränge, demnach auch vier Umführungsrollen im Auslegerkopf, die so an-zuordnen sind, daß die Seile symmetrisch am Greifer anfassen und eine ausreichende Spreizung der außen liegenden Hubseile eintritt, die das Verdrehen des Greifers während des Hebens und Senkens verhindert.

Aus demselben Grunde verwendet man neuerdings auch für Ein- und Zweischienenkatzen ähnlich gelagerte Umführungsrollen (auch Schnabelrollen genannt). Der Nachteil der teureren Bauart und der

---

[1] Vgl. auch die Ausführungen auf S. 8.

größeren Baulänge wird durch den erwähnten Vorteil reichlich aufgewogen; außerdem können bei dieser Bauweise die Umführungsrollen,
wie in Abb. 91 angedeutet, federnd gelagert oder aufgehängt werden,
so daß sie die beim Anheben oder Zuschnappen des Greifers auftretenden
Seilstöße elastisch auffangen und abschwächen.

Für ungewöhnlich große Hubhöhen und dementsprechend große
Trommellängen kann bei dieser Bauart die Seilablenkung zwischen
Trommel und Rollen das zulässige Maß überschreiten; zur Vermeidung
dieses Übelstandes pflegt man in solchen Fällen den Abstand zwischen
Trommel und Rollen dadurch zu vergrößern, daß man die letzteren
in einem angebauten kurzen Ausleger oder Schnabel lagert. Diese
beiden Ausführungsformen haben sich gut
bewährt und werden
daher in neuerer Zeit
für Katzen mit Führerbegleitung bevorzugt,
da sie außerdem infolge
der schrägen Sicht die
Beobachtung des Hakens oder Greifers erleichtern.

Vor der allgemeinen
Einführung des Zweiseilgreifers und des
Mehrmotorenantriebes
wurden die Verlade

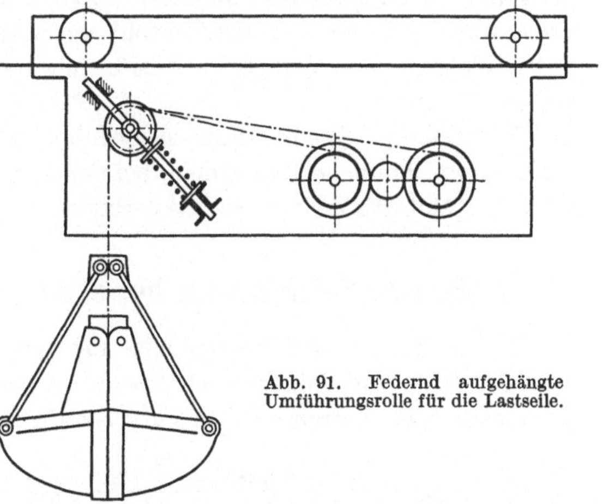

Abb. 91. Federnd aufgehängte
Umführungsrolle für die Lastseile.

brücken, zum Teil auch Laufkrane, mit ortsfesten, im Krangerüst
aufgestellten Winden betrieben, von denen die Last- und Fahrseile —
meist über mehrere Ablenkrollen — zu der nur die Last tragenden Katze
führten. Bei dieser Bauweise hat der Führer seinen festen Stand gewöhnlich in unmittelbarer Nähe der Winde und kann häufig, besonders
bei weitgespannten Verladebrücken, sein Arbeitsfeld nur unvollkommen
übersehen, ein Mangel, der sich auch durch Verwendung von Teufen-
und Fahrzeigern im Windenhaus nicht einwandfrei beheben läßt. Solange es sich um die Förderung von Einzellasten oder um Kübelbetrieb
handelte und nicht zu hohe Arbeitsgeschwindigkeiten und Leistungen
verlangt wurden, waren diese Mängel noch erträglich. Mit der Einführung des Zweiseilgreifers in Verbindung mit der Mehrmotorenwinde
ging man aber bald von dieser Bauweise fast ganz ab und heute ist für
den Zweiseilgreiferbetrieb und für hohe Leistungen die Laufkatze mit
eingebautem Windwerk und Führerbegleitung wohl die bestgeeignete,
jedenfalls aber die am häufigsten verwendete Ausführungsform.

Erst in neuerer Zeit, nachdem es gelungen ist, auch von einer festen Winde aus den Zweiseilgreifer in einwandfreier Weise zu steuern, und nach Einführung zuverlässiger elektrischer Fernsteuerungen kommt in einzelnen Fällen die ortsfeste Winde für Verladebrücken und Auslegerkrane wieder mehr zur Geltung, und zwar gerade für Anlagen von besonders großer Stundenleistung. Die vermehrte Tragfähigkeit bei gleichzeitig sehr hoher Fahrgeschwindigkeit bedingt bei Ausführungen mit Motorlaufkatzen ganz ungewöhnlich große Abmessungen und Eigenlasten der Katze, die als tote Massen bei jedem Kranspiel beschleunigt, mitgeschleppt und wieder abgebremst werden müssen. Die ortsfeste Winde dagegen gestattet die Verwendung einer viel leichteren Seilkatze mit entsprechend höherer Fahrgeschwindigkeit bei geringerem Stromverbrauch, so daß sich sowohl die Anlagekosten wie auch die Betriebskosten einer derartigen Ausführung nicht unerheblich niedriger stellen dürften.

Unentbehrlich bleibt diese Anordnung für Kabelkrane, Schrägentlader und ähnliche Bauformen, bei denen sich die Verwendung einer schweren Motorkatze von selbst verbietet.

B. Die Seilführung bei ortsfestem Antrieb.

Eine einfache Ausführungsform für Krane mit Seilkatze zeigt Abb. 92. Hub- und Fahrseil wickeln sich auf zwei getrennt angetriebenen Trommeln oder Kettenscheiben auf. Beim Fahren der Katze wird das

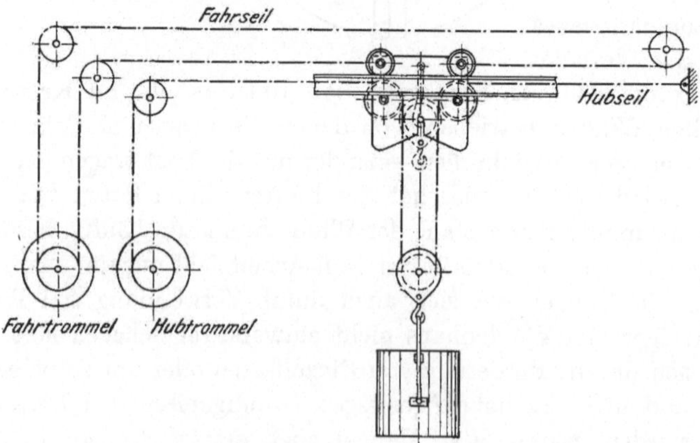

Abb. 92. Dreiseilkran mit durchlaufendem Hubseil.

Hubseil durch die Umlenkrollen der Katze und der Unterflasche durchgezogen, wodurch eine erhebliche Vermehrung des Fahrwiderstandes und des Seilverschleißes entsteht.

Für Hochbahnkrane mit großem Katzenweg hat man deshalb, wie
in der Abbildung angedeutet, die Anordnung dadurch zu verbessern gesucht, daß das Hubseil durch Einhängen der Unterflasche in die Katze
entlastet wird. Die Katze erhält zu dem Zweck einen Haken, in den sich
die überstehenden Enden der Rollenachsen beim Aufziehen einhängen,
um sich beim Senken — nach kurzem Wiederanheben — selbsttätig
zu lösen (vgl. auch Abb. 165).

Den gleichen Zweck — das Hubseil während der Katzenfahrt nicht
mit durchzuziehen — verfolgt auch die bei amerikanischen Seilkranen
verwendete Anordnung nach Abb. 93, bei der zwei lose, in einer Hilfslaufkatze gelagerte Rollen in den Zug des Hubseiles eingeschaltet
sind. Der von der Trommel ablaufende Teil des Hubseils (Schließseil I)
läuft über die eine Rolle der Hilfskatze nach dem Punkt *a* am Kran-

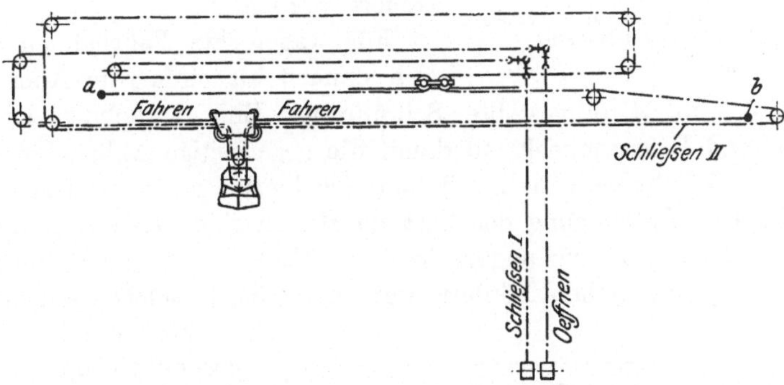

Abb. 93. Amerikanischer Vierseilkran für Greiferbetrieb mit Hilfskatze.

gerüst. Ein zweites, über die andere Rolle der Hilfskatze geführtes
Seil (Schließseil II) läuft durch den Flaschenzug des Greifers und
bildet einen geschlossenen Seilzug, der sich beim Katzenfahren nur
über die verschiedenen Umlenkrollen bewegt, während die Greifer-
Flaschenzugrollen stillstehen. Das Anziehen oder Nachlassen des
Schließseiles I verschiebt die Hilfskatze, kürzt oder längt damit den
Lauf des Schließseiles II und bewirkt hierdurch die Bewegungen des
Greifers. Das Halteseil ist unmittelbar von der Trommel über die
Katze zum Festpunkt *b* am Gerüst geführt und wird daher während
des Katzenfahrens durch die Rollen der Katze gezogen, wenn auch
unter geringer Spannung, da die Last im Hubseil hängt. — Die Führung
der Katzenfahrseile bietet nichts besonderes; sie werden von einer
besonderen Fahrtrommel angetrieben, die nicht mit der Hubtrommel gekuppelt wird. Der mit der eingeschalteten Hilfskatze erzielte Vorteil
geringeren Seilverschleißes und verminderten Fahrwiderstandes wird
bei dieser Ausführung, die eine zweite Katze nebst Fahrbahn erfordert, etwas teuer erkauft.

Das Durchziehen der Hubseile beim Fahren der Katze läßt sich dadurch vermeiden, daß man ihr freies Ende nicht am Krangerüst, sondern in der Katze befestigt oder das Seil zur Hubtrommel zurückführt und während der Katzfahrt Hub- und Fahrtrommel gleich schnell dreht. Bei ersterer Anordnung dienen die Hubseile gleichzeitig als Fahrseile für eine Fahrtrichtung, während in der anderen Richtung die Fahrseile den Gegenzug der Hubseile überwinden müssen. Mit einer solchen Seilführung und einer weiteren Trommel mit gleichartiger Führung des Entleerseiles, etwa nach Anordnung der Abb. 100 und 102, können auch Zweiseilgreifer gesteuert werden.

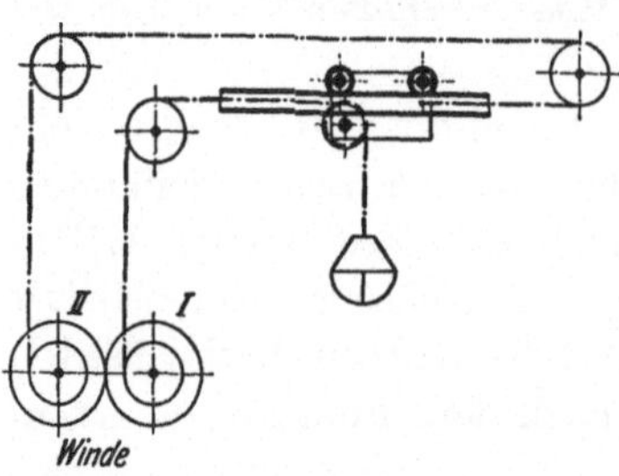

Abb. 94. Zweiseilkran mit in der Katze befestigtem Hubseil.

Für wagerechte Fahrbahnen ergibt sich danach als einfachste Anordnung die in Abb. 94 dargestellte Seilführung. Eine Kupplung zwischen Hub- und Fahrtrommel und damit die gegenseitige Abhängigkeit der Hub- und Fahrgeschwindigkeit läßt sich hierbei nicht vermeiden. Bei einfacher Aufhängung der Last im Haken sind beide Geschwindigkeiten gleich groß, ein ungünstiges Verhältnis, wenn es sich um große Fahrlängen und höhere Förderleistung handelt. In solchen Fällen wendet man wie in Abb. 95 gewöhnlich doppelte, auch dreifache Aufhängung an und erreicht damit, daß die Fahrgeschwindigkeit auf das Doppelte bzw. Dreifache der Hubgeschwindigkeit steigt. Diese Anordnung wird häufig für Verladebrücken mit langer Katzenfahrbahn sowie für weitgespannte Kabelkrane benutzt. Sie hat jedoch den Nachteil, daß beim Senken des leeren Hakens oder Rollen-

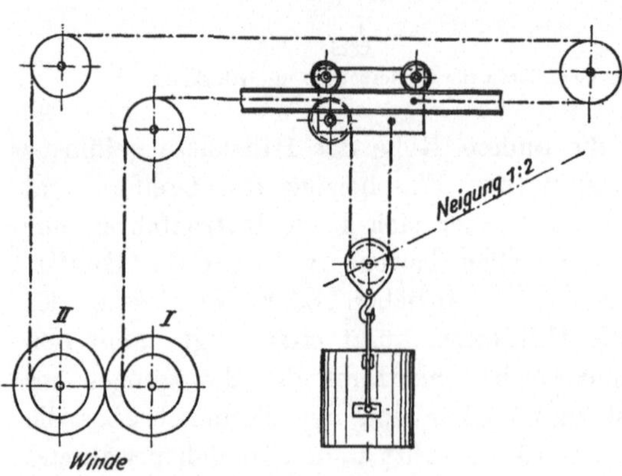

Abb. 95. Zweiseilkran mit loser Rolle und in der Katze befestigtem Hubseil.

blocks — beim Greiferbetrieb nach dem Aufsetzen des Greifers — auch nur die Hälfte oder ein Drittel der ohnehin geringen Last zum Durchziehen der Seile zur Wirkung gelangt. Diese würden daher bei großen Stützweiten, vor allem bei Kabelkranen, in unzulässiger Weise durchhängen und müssen deshalb bei Kabelkranen durch besondere

Seilreiter[1], bei Verladebrücken durch ausschwenkbare Stützrollen (Abb. 156) in gewissen Abständen gestützt werden.

Auf derselben Grundlage beruht auch eine Seilführung der Firma Jäger nach Abb. 96. Um Fahren und Heben voneinander unabhängig zu machen, ist aber hier eine Hilfskatze im Seillauf des Fahrseiles angeordnet, dessen eines Ende am Katzenrahmen unmittelbar angreift. Sein anderer Strang ist über die Rolle R der Hilfskatze zur Lastkatze geführt und trägt in dieser — mit oder ohne Unterflasche — die Last. Das Seil wird durch die Last gespannt und wirkt bei einer Verschiebung der Hilfskatze durch die Hubtrommel zugleich als Hubseil.

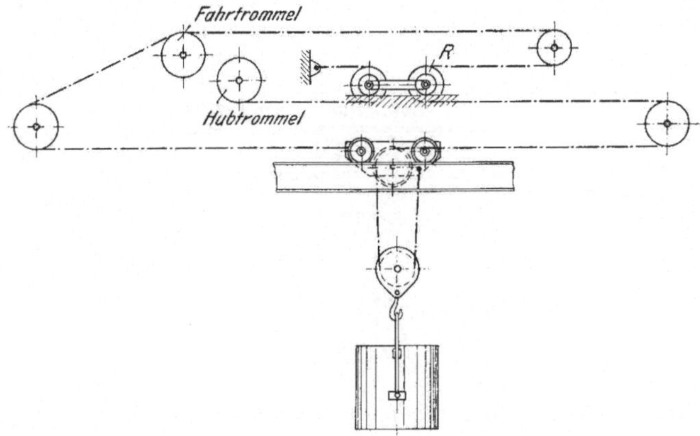

Abb. 96. Jägersche Seilführung mit Hilfskatze.

Bei der zuletzt beschriebenen Ausführung kann die Last unter dem Einfluß der durch die Hubtrommel verschobenen Hilfskatze auch während der Fahrt gehoben oder gesenkt werden, wobei sie sich, wie in Abb. 95 angedeutet, in schräger Richtung bewegt.

Der Jägersche Gedanke läßt sich in anderer Form auch auf Zweiseilgreiferbetrieb übertragen (Abb. 97). Zur Ausführung der Greiferbewegungen dienen die beiden Trommeln S und H für die Schließ- und Halteseile des Greifers, die in doppelten Strängen über entsprechende Rollen einer Hilfskatze zur Lastkatze führen. Das von der Fahrtrommel F angetriebene Fahrseil läuft auf der einen Seite über die Hilfskatze zum Festpunkt a am Brückengerüst, während das andere Ende unmittelbar an der Lastkatze angreift. Die Hilfskatze ist also bei dieser Seilführung im Laufe des Fahrseiles eingeschaltet.

Werden die beiden Trommeln S und H festgebremst und das Fahrseil um eine Länge a bewegt, so verschiebt sich die Hilfskatze infolge

---

[1] Vgl. Abschnitt Kabelkrane, S. 244.

der Flaschenzugwirkung um $\frac{a}{2}$ und verlängert hierbei die zur Lastkatze ablaufenden Greiferseile um a. Da die Fahrtrommel das an der
Lastkatze angreifende Fahrseil auch um a einzieht, ändert sich die
Höhenlage des Greifers während der Katzenfahrt nicht. Verwendet
man als Hubwerk eine der im folgenden Kapitel beschriebenen Zweimotorenwinden, die eine Relativbewegung der beiden Greiferseile zulassen, so lassen sich sämtliche Greiferbewegungen gleichzeitig und von
der Fahrbewegung unabhängig ausführen.

Der Verschiebeweg der Hilfskatze ist hierbei immer gleich dem
halben Weg der Lastkatze, daher können beide Katzen hintereinander
auf der gleichen, etwas verlängerten Fahrbahn laufen. Der Fortfall

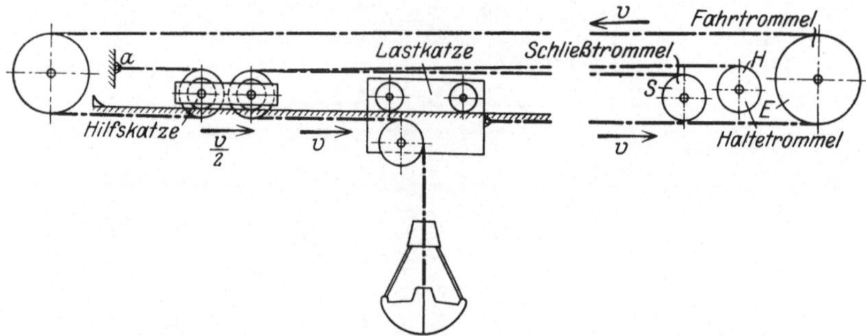

Abb. 97. Seilführung für Zweiseilgreifer mit Hilfskatze im Fahrseilstrang (Demag).

einer besonderen Bahn für die Hilfskatze und die Vereinfachung der
Seilführung bei einer verhältnismäßig kleinen Zahl von Seilablenkungen
— wodurch Seilverschleiß und Reibungsverluste verringert werden —
lassen diese Anordnung für Verladebrücken und Uferentlader mit ortsfestem Windwerk besonders geeignet erscheinen.

Eine weitere Vereinfachung der Seilführung ist bei Kranen mit
schräger Katzenbahn möglich, bei denen das Lastseil gleichzeitig
als Fahrseil für die Aufwärtsbewegung der Katze dient, also nur einen
einseitigen Zug auf diese ausübt. Während des Hebens wird durch
einen Sperriegel (Temperley) oder durch ausreichende Neigung der
Fahrbahn (Hunt) das Fahren der Katze verhindert.

Bei der Anordnung nach Abb. 98 eines Temperley-Elevators ist die
Fahrbahn mit Einschnitten a oder Anschlägen versehen, welche die
Katze während der Hubbewegung festhalten. Anschlagen der Lastrolle
gegen die Katze entriegelt die Haltevorrichtung, während sich gleichzeitig die Lastrolle in die Katze einhängt. Beim Nachlassen des Lastseiles fährt dann die Katze abwärts; ein Senken der Last kann erst
stattfinden, wenn der Fanghaken durch einen weiter unten liegenden

Anschlag (fest oder verstellbar) wieder ausgelöst wird. Falls die Neigung der Fahrbahn nicht genügt — man pflegt 1:4 als geringste Neigung

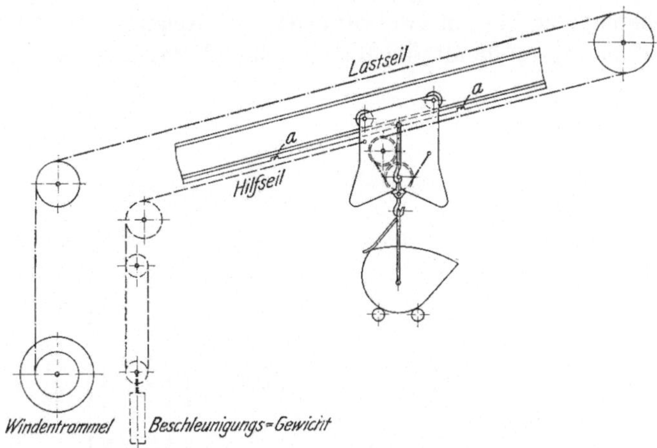

Abb. 98. Seilführung für Einseilkrane mit Verriegelung der Katze.

anzusehen — wird zur Beschleunigung des Rücklaufes ein Gegengewicht mit Flaschenzug benutzt, ein Mittel, das nur bei nicht sehr großen Fahrwegen anwendbar ist.

Die Einfachheit der Gesamtanordnung hat für manche Fälle etwas Bestechendes, namentlich bei Anlagen, die vorübergehenden Zwecken dienen. Bei angestrengtem Dauerbetrieb und großen Leistungen machen sich jedoch der verwickelte Bau der Einzelteile und die Abhängigkeit der Bewegungen voneinander in störender Weise geltend:

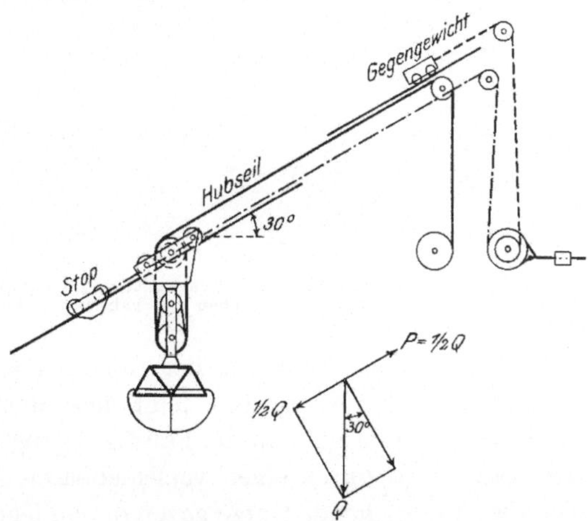

Abb. 99. Seilführung für einen Schrägbahnkran.

auch ist die Anordnung ungeeignet für Greiferbetrieb. Für den modernen Kranbau hat sie daher keine irgendwie erhebliche Bedeutung mehr.

Neigt man die Fahrbahn so stark, daß die Mittelkraft aus Seilzug und Katzenbelastung senkrecht zur Bahn steht oder, was dasselbe bedeutet, die parallel zur Bahn gerichteten Kräfte sich aufheben, so ruft der Seilzug keine Verschiebung der Katze hervor. Die Anordnung ist zuerst von Hunt angegeben worden (Huntscher Elevator).

Wie aus Abb. 99 hervorgeht, muß bei Anwendung einer losen Rolle (Aufhängung der Last in zwei Strängen) die Neigung der Bahn etwas über 30° betragen, damit die Katze während des Hebens nicht nach

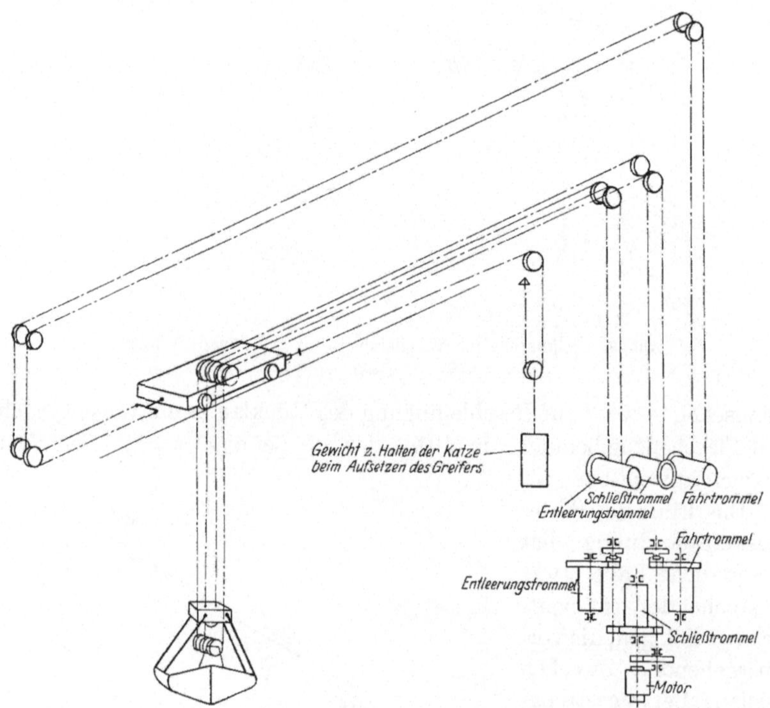

Abb. 100 u. 101. Seilführung eines Schrägentladers für Zweiseilgreifer mit einem Antriebsmotor. Heben und Fahren getrennt.

oben fährt. Erst wenn sich der Rollen- oder Greiferkopf gegen einen Prellklotz an der Katze legt, folgt diese dem Zuge des Lastseiles und die Hubbewegung geht in die Fahrbewegung über. Die untere Stellung der Katze wird durch einen verschiebbaren Anschlag begrenzt; sobald sich die niedergehende Katze gegen diesen legt, senkt sich beim weiteren Nachlassen des Seiles die Last. Um den Arbeitsplatz wechseln zu können, ist der Anschlag (stop) an einem Seil aufgehängt, das über eine bremsbare Trommel zu einem Gegengewicht führt. Bei gelüfteter Bremse zieht das Gegengewicht den Anschlag nach oben; soll weiter unten gesenkt werden, so nimmt ihn die niedergehende Katze bis in die gewünschte Stellung mit, wo er durch die Bremse wieder festgehalten wird.

Diese Bauart und Seilführung ist auch für Betrieb mit Einseilgreifer ohne weiteres verwendbar; sie ist verhältnismäßig billig auszuführen und einfach zu bedienen.

Werden jedoch höhere Leistungen gefordert und mit Zweiseilgreifer und häufigem Wechsel der Arbeitsstelle gearbeitet, so würde die umständliche Verschiebung des Anschlages zu zeitraubend werden. Um aber die vorteilhafte Seilführung der Huntschen Anordnung auch für solche

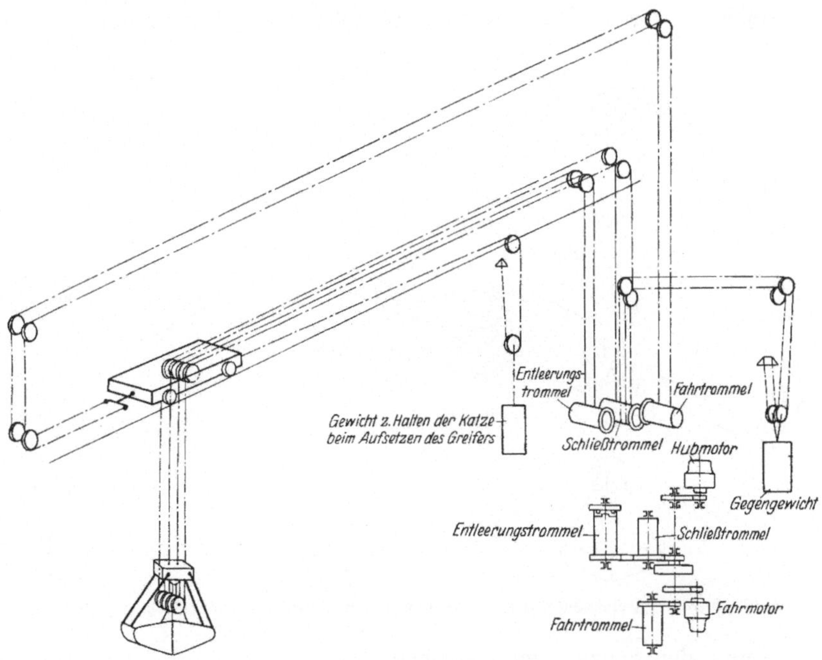

Abb. 102. Seilführung eines Schrägentladers für Zweiseilgreifer mit zwei Antriebsmotoren. Heben und Fahren gleichzeitig.

Ausführungen beizubehalten, hat die Firma Pohlig die Anordnung für Schrägentlader weiter durchgebildet und vervollkommnet. Abb. 100 u. 101 zeigen eine derartige Ausführung für den Fall, daß Heben und Fahren nacheinander erfolgen. Die drei Trommeln für das Fahr-, Schließ- und Entleerseil werden von einem Motor durch eine gemeinsame Welle angetrieben, mit der sie lösbar gekuppelt sind. Nach dem Schließen des Greifers wickeln Schließ- und Entleertrommel gemeinsam auf und heben die Last senkrecht, während die festgebremste Fahrtrommel die Katze festhält. Um den Greifer zu öffnen, wird die abgekuppelte Entleertrommel durch ihre Bremse gehalten, indessen die Schließtrommel abwickelt. Da beim Aufsetzen des Greifers auf das Fördergut die Lastseile schlaff werden, muß die hierbei entstehende Neigung der Katze zum Abwärtsfahren durch ein Gegengewicht aufgehoben werden, das die in Richtung der Bahn wirkende Seitenkraft des Katzengewichtes ausgleicht.

Will man zur Beschleunigung der Arbeitspiele gleichzeitig heben und fahren und außerdem die Hubarbeit für die Totlast der Katze verringern, so ergibt sich die (ebenfalls von Pohlig ausgeführte) Anordnung nach Abb. 102. Sie unterscheidet sich von der vorbeschriebenen dadurch, daß hier die Fahrtrommel durch einen besonderen Motor, unabhängig von der Hubbewegung, betrieben wird. Die Schließtrommel

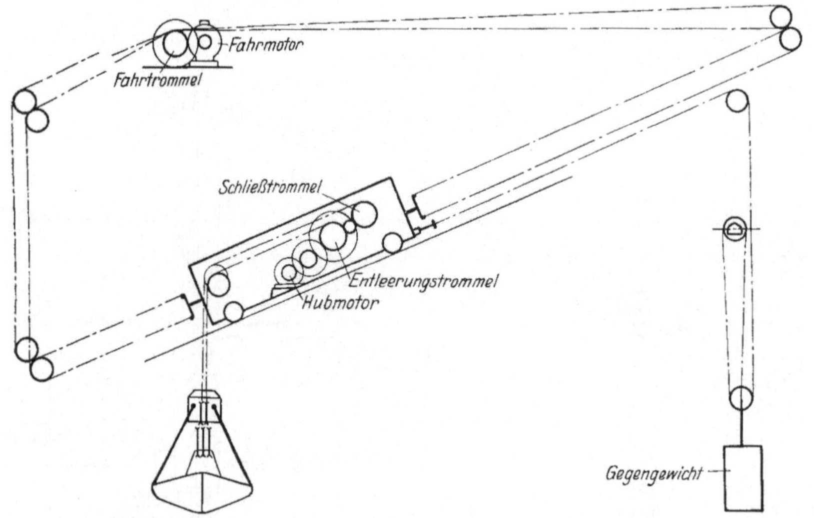

Abb. 103. Seilführung eines Schrägentladers bei Verwendung einer Katze mit eingebautem Hubwerk.

ist durch den Seilzug eines Gegengewichtes, entsprechend dem Anteil des Katzengewichtes, entlastet.

Die zuletzt beschriebenen Seilführungen sind mit einigen Abänderungen auch für Verladebrücken mit wagerechter Katzenbahn verwendbar.

Bei großen Katzenbahnlängen macht sich der wachsende Durchhang der Seile störend geltend und behindert die Steuerung der einzelnen Bewegungen beträchtlich; unter Umständen genügt das Gewicht der leeren Greiferschalen dann nicht mehr, um die Seile durchzuziehen und den Greifer zu öffnen. Für solche Krane empfiehlt sich die auch von Pohlig verwendete und in Abb. 103 dargestellte Bauweise, bei der die Hubwinde mit ihrem Motor in die Katze eingebaut ist, jedoch von einem festen Führerstand aus durch Fernsteuerung bedient wird. Der Fahrantrieb dagegen ist im Krangerüst ortsfest aufgestellt und durch ein Gegengewicht entlastet, dessen Seilzug das Eigengewicht der Katze und des Greifers sowie einen Teil des Greiferinhalts ausgleicht. Hierdurch erreicht man, daß die mit vollem Greifer aufwärts fahrende Katze annähernd das gleiche Drehmoment am Fahrmotor erfordert, wie die abwärts fahrende Katze mit leerem Greifer. Heben und Fahren können auch bei dieser Anordnung gleichzeitig oder nacheinander ausgeführt werden.

III. Winden und Fahrantriebe.

Bearbeitet von

Oberingenieur **A. Meves,** Duisburg.

Die Bauweise der Kranwinde hängt ab von der zur Verfügung stehenden Betriebskraft, sodann von der Gesamtanordnung des Kranes und seinem Verwendungszweck.

A. Die Antriebsmaschine.

Als Kraftträger dient heute fast ausschließlich der elektrische Strom, während Dampfantrieb nur für die selteneren Fälle in Betracht kommt, wo elektrische Kraft nicht oder nur mit hohen Kosten zu beschaffen ist oder ihre Zuleitung den Kranbetrieb — wie etwa auf Fabrikhöfen[1] — behindert. Im letzten Fall kann man sich durch Verwendung von Akkumulatoren von der Zuleitung unabhängig machen, doch kommt diese Kraftquelle nur für vereinzelte Fälle in Betracht.

Eine gewisse Bedeutung besitzt immer noch der Antrieb mit Druckwasser. Es kommt hier und da vor, daß bei einem großen Kran für bestimmte, wichtige Bewegungen Druckwasser besonders hergestellt wird, und es sind auch noch ausgedehnte hydraulische Anlagen in einzelnen Häfen in Betrieb. Krane dieser Art sind sehr betriebsicher, lassen sich ausgezeichnet steuern und haben geringen Verschleiß. Schwierigkeiten macht vor allem die Zuleitung des Druckwassers, namentlich wegen der Frostgefahr[2].

Zu Beginn der elektrischen Kraftübertragung rüstete man allgemein die Kranwindwerke nur mit einem einzigen Motor aus, der — in Übereinstimmung mit dem Dampfmaschinenantrieb — von einer Hauptantriebswelle aus mittels mehrerer Kupplungen die einzelnen Bewegungen ausführte. Das häufige und umständliche Aus- und Einkuppeln der verschiedenen Getriebe und Trommeln bedeutet einen

---

[1] Vgl. auch unter Dampfdrehkran, S. 108.
[2] Vgl. Eilert, P.: Der Kraftverbrauch von elektrischen und hydraulischen Hebezeugen. ZVDI 1912, S. 1061.

beträchtlichen Zeit- und Kraftverlust, so daß man bald dazu überging, für jeden Antrieb einen besonderen Motor zu verwenden. Für stark wechselnden Kraftbedarf rüstet man das Hubwerk zuweilen mit einem zweiten kleineren Hilfsmotor für leichtere Lasten aus, während Schwerlastwinden Doppelmotoren für jede Bewegung erhalten.

Für Verladebrücken mit ortsfester Winde, für Uferentlader und vor allem bei Kabelkranen hat sich bei mittleren Leistungen die Bauart mit einem gemeinsamen Motor für Hub- und Katzenfahrwerk noch erhalten, wenngleich man neuerdings auch hier getrennte Motoren für jeden Antrieb vorzieht. Es ist zu berücksichtigen, daß die hohen Arbeitsgeschwindigkeiten heute bereits sehr kräftige Motoren erfordern; solange daher Hub- und Fahrbewegung nicht gleichzeitig auszuführen sind, verringert die Verwendung eines gemeinsamen Motors für beide Bewegungen erheblich die Kosten der elektrischen Ausrüstung und den Raumbedarf im Windenhaus, ein Umstand, der bei beschränkten räumlichen Verhältnissen besondere Bedeutung gewinnt. Außerdem gestattet der kräftige Hubmotor ein schnelles Anfahren der belasteten Katze.

Das Fahrwerk des Kranes oder der Verladebrücke — mit Ausnahme der durch Dampf betriebenen Krane — wird dagegen stets durch besondere Motoren angetrieben.

Die Eignung der im Kran- und Hebezeugbau verwendeten Elektromotoren ist nach folgenden Gesichtspunkten zu beurteilen.

Der Kranbetrieb erfordert wie keine andere Förderanlage einen raschen und häufigen Wechsel der verschiedenen Lastbewegungen nach Größe und Richtung, stellt daher in dieser Richtung hohe Anforderungen an Leistung und Steuerfähigkeit des Motors. Dagegen verlangt er als „aussetzender" Betrieb keine Dauerleistung des Motors, dessen Einschaltdauer bei jedem Kranspiel nur ein Bruchteil der folgenden Arbeitspause ist; er kann deshalb für die kurze Zeit des Anfahrens höher beansprucht bzw. überlastet werden. Das bei den gebräuchlichen Motortypen hierbei entwickelte Anzugmoment ist etwa 2- bis 3mal so groß wie ihr normales Drehmoment bei der Beharrungsleistung unter Vollast, eine Eigenschaft, die für das flotte Anfahren und die hierzu erforderliche kräftige Beschleunigung der Massen besonders wertvoll ist. Die Fähigkeit gewisser Motoren, sich dem wechselnden Kraftbedarf anzupassen und bei geringerer Belastung entsprechend schneller zu laufen, hängt einerseits von der Stromart ab, kann aber auch durch die Wicklung und Schaltung des Motors in Verbindung mit geeigneten Steuergeräten mehr oder weniger vollkommen erreicht werden.

Anfänglich benutzte man für die einmotorigen Kranwinden hauptsächlich den Gleichstrom-Nebenschlußmotor. Er hat die für Hebezeuge nicht erwünschte Eigenschaft, daß er seine Drehzahl der

Belastung nicht anpaßt. Anderseits hat er keine Neigung zum Durchgehen, sondern behält seine Drehzahl auch beim Leerlauf oder beim Absenken des unbelasteten Hakens und erfordert eine ziemlich einfache Anlaßvorrichtung.

Sehr geeignet für den Kranbetrieb ist der Gleichstrom-Hauptstrommotor, da er beim Anlaufen ein hohes Anzugmoment entwickelt und seine Drehzahl selbsttätig regelt, bei geringerer Belastung und Kraftbedarf oder sinkender Last also eine entsprechend höhere Drehzahl annimmt. Zum feinfühligen Absenken der Last unter Strom ist eine besondere Bremsschaltung erforderlich.

Kollektorlose Motoren für einphasigen Wechselstrom eignen sich nicht, da sie unter Vollast nicht anlaufen, um so besser aber Kollektormotoren mit verstellbaren Bürsten — z. B. der Derymotor —, die hinsichtlich des Anzugmomentes und der Anpassungsfähigkeit an wechselnden Kraftbedarf den Gleichstrommotoren mit Hauptstromcharakteristik ziemlich ebenbürtig sind. Ihr großer Raumbedarf und die höheren Kosten stehen ihrer häufigeren Verwendung zur Zeit noch entgegen. Die Regelung durch Verstellung der Bürsten ist sehr einfach auszuführen, solange der Führer seinen Stand in unmittelbarer Nähe der Winde behält, während andernfalls eine ziemlich umständliche Fernsteuerung nötig wird. Erwähnt sei, daß dieser Motor auch aus einem Drehstromnetz gespeist werden kann, wenn man ihn zwischen den Mittelleiter und einen Außenleiter legt.

Die weitere Entwicklung der elektrischen Kraftübertragung führte zu immer steigender Anwendung des Drehstromes als der für ausgedehnte Leitungsnetze günstigsten Stromart. Der Drehstrommotor strebt unvermittelt seine normale (synchrone) Drehzahl an, die er auch bei kleinen Lasten, selbst bei Leerlauf, nicht nennenswert ändert, während er bei Überlastung stehenbleibt bzw. nicht anläuft. Er besitzt demnach ein gutes Anzugmoment, bedarf aber zur Geschwindigkeitsregelung umständlicher Steuergeräte und Steuerschaltungen, besonders wenn es sich um langsames Absenken der Last handelt, bei dem die Umdrehungen des Motors noch unter seiner synchronen Drehzahl bleiben.

Für weitergehende Ansprüche an die Regelbarkeit des Motors bleibt die Umformung des Drehstromes in Gleichstrom die beste Lösung. Umständlich zwar, aber mit vorzüglicher Wirkung erreicht man dies durch die Leonard-Schaltung, bei der der Antriebsmotor den Strom von einer Gleichstromdynamo erhält, die von einem am Netz liegenden Drehstrommotor angetrieben wird. Bei dieser Anordnung wird der als Nebenschlußmotor gewickelte Antriebsmotor nur durch die geänderte Erregerspannung der stromliefernden Dynamo gesteuert und kann daher innerhalb bestimmter Grenzen jede Drehzahl für beliebige Belastung und wechselnde Drehrichtung annehmen.

Die hier erörterten Eigenschaften der verschiedenen Motoren kommen in erster Linie für den Antrieb des Hubwerkes in Betracht. Die Fahr- und die Drehbewegungen können heute ohne Schwierigkeit durch Gleichstrom- wie durch Drehstrommotoren ausgeführt und mit ausreichender Genauigkeit gesteuert werden.

B. Winden für Hubbewegung.

Man unterscheidet reine Hubwinden zum Heben und Senken der Last, wie sie bei Dreh- und Laufkranen und Führerstandskatzen benutzt werden, und solche Windwerke, die außer der Hubbewegung auch die Längsbewegung der Last auszuführen haben. Diese sind in der Regel ortsfest im Krangerüst eingebaut; sie kommen hauptsächlich für Kabelkrane, Ufer- und Schrägbahnkrane sowie für Verladebrücken mit sehr langen Auslegern in Betracht — allgemein in solchen Fällen, wo die Entlastung des Krangerüstes vom Gewicht der mitfahrenden Windwerke von ausschlaggebender Bedeutung ist[1].

Für die Dreh- bzw. Schwenkbewegung der Drehkrane wird meist ein unabhängig vom Hubwerk arbeitendes Triebwerk angeordnet, ebenso für das Einziehen oder Wippen des Auslegers bei Drehkranen und Verladebrücken. Auch die Fahrbewegung des Brücken- und Portalgerüstes und der Führerstandskatze erfordert ein besonderes, von einem eignen Motor angetriebenes Fahrwerk.

1. Einfache Trommelwinden.

kommen vorwiegend für Einzellasten im Hafenbetrieb, in Hüttenwerken und sonstigen industriellen Betrieben für alle Arten von Hebezeugen zur Verwendung. Bei den älteren Winden arbeitet der Motor über mehrere Stirnradvorgelege auf die Trommel; die Senkbewegung regelt gewöhnlich eine Senksperrbremse auf der ersten Vorgelegewelle, so daß beim Senken das Räderwerk unter Last mitläuft. Zu dem Verschleiß im Getriebe tritt hierbei noch eine gewisse Unsicherheit in der mechanischen Bremse und im Nachlauf des Motors bei leerem Haken oder kleiner Last. Auch die früher häufig verwendete Lastdruckbremse bietet infolge der stark wechselnden Reibungsverhältnisse beim Senken keine befriedigende Sicherheit.

Einen Fortschritt bedeutet die bei Schrägbahnkranen früher beliebte Anordnung mit abkuppelbarer Trommel, deren Drehmoment während des Senkens der Last durch eine Hand- oder Fußtrittbremse beliebig geregelt werden kann. Sie gestattet eine wesentlich größere Senk-

---

[1] Vgl. hierzu auch die Ausführungen auf S. 46 ff. über verschiedenartige Seilführungen.

geschwindigkeit auch für kleine Lasten und schont das während des Senkens stillstehende Getriebe, erfordert aber eine größere Geschicklichkeit und Achtsamkeit des Führers beim Abbremsen.

Die neueren Trommelwinden arbeiten fast ausnahmslos mit einer auf der Motorwelle angeordneten, magnetisch gesteuerten Arbeitsbremse, die zur Herabminderung einer stoßweisen Beanspruchung der Getriebeteile vielfach mit einer elastischen Kupplung zusammengebaut ist. Beim Abstellen des Motors fällt die Bremse selbsttätig ein, verhindert daher bei etwaigem Versagen des Stromes zuverlässig das Herabstürzen der Last. Da sie aber nur als Haltebremse wirkt, so werden zum geregelten Absenken der Last besondere elektrische Schaltungen für den Motor nötig. Für Drehstrommotoren eignet sich hierzu die am meisten gebräuchliche Gegenstrom-Senkbremsschaltung, bei besonders hohen Anforderungen an die Geschwindigkeitsregelung die Zweimotorenschaltung, während bei Gleichstrom eine Senkbremsschaltung mit Fremderregung ein sehr feinfühliges Absenken gestattet[1].

Für die Vorgelege bevorzugt man des besseren Wirkungsgrades wegen meist Stirnräder und erzielt mit möglichst spielfrei geschnittenen Zähnen bei kleiner Teilung und großen Zahnbreiten (4 bis 5 t) einen ruhigen Gang und geringe Abnutzung der Getriebe auch bei großen Drehzahlen. Die aus Gußeisen, bei hohen Umlaufzahlen aus Stahlguß hergestellten Räder laufen meist in einem geschlossenen Schutzgehäuse. Neuerdings verwendet man hierzu häufiger einen kräftigen gußeisernen Kasten, der gleichzeitig die Wellenlager aufnimmt, deren genaue Bearbeitung wesentlich vereinfacht und ein völlig fehlerfreies Zusammenarbeiten der einzelnen Getriebeteile gewährleistet. Die bisher gebräuchliche Ausführung der Zahngetriebe mit verhältnismäßig großen Teilungen führt bei schweren Winden vielfach zu Abmessungen, die einen genieteten schmiedeeisernen Rahmen für die Lager der Vorgelegewellen unvermeidlich machen. Der große Abstand der Windenschilder solcher Rahmen erschwert die genaue Bearbeitung erheblich. Ihre für den ruhigen Lauf des Getriebes sehr unerwünschte elastische Nachgiebigkeit läßt sich durch gute Eckverbindungen und aussteifende Rippen herabmindern, aber nicht völlig beseitigen, zumal die wirksamere Aussteifung durch räumliche Verstrebungen mit Rücksicht auf die dazwischenliegenden Triebwerksteile selten anwendbar ist. Auf alle Fälle sollte man versandfähige Abmessungen für die zusammengebaute Winde anstreben, um das Wiederzusammenpassen der für die Beförderung getrennten Teilstücke auf der Baustelle zu vermeiden.

Winden für Einseil- und Einkettengreifer unterscheiden sich von den gewöhnlichen Trommelwinden nur durch eine weitere, brems-

---

[1] Vgl. die eingehende Abhandlung von R. Krüger und A. Müller in Michenfelder: Krane und Transportanlagen.

bare Hilfstrommel, die durch eine Reibungskupplung von der Hubtrommel mitgenommen werden kann und die Höhenlage des am Hilfs-
seil aufgehängten Entleerungsringes (Glocke) des Greifers regelt[1].

2. Winden für Zweiseilgreifer mit einem Antriebsmotor.

Die Bewegungen des Zweiseilgreifers beruhen auf der eingangs erörterten Relativbewegung zwischen Hub- und Halteseilen und erfordern
daher ein Hubwerk mit zwei unabhängig voneinander drehbaren Seiltrommeln. Werden diese durch einen gemeinsamen Motor angetrieben,
so muß beim Heben und Senken des Greifers die Halteseiltrommel durch
Zwischengetriebe und Kupplung an die Hubtrommel angeschlossen
und mitgedreht werden, so daß sich
die Seile gleich schnell auf- oder
abwickeln. Wird die abgekuppelte
Haltetrommel und mit ihr der Greiferkopf durch eine Bremse festgehalten,
so öffnet oder schließt die sich weiter
drehende Hubtrommel den Greifer.
Ein besonderes Kennzeichen für diese
Bauart ist der Umstand, daß die Hub-
und Senkbewegung des Greifers nicht
gleichzeitig mit dem Schließen bzw.
Öffnen ausführbar ist. Zur Steuerung
der Winde sind außer dem Anlasser
(Steuerwalze, Kontroller) mehrere
durch Hand oder Fußtritt betätigte
Steuerzüge für Kupplung und Bremse
nötig, deren flotte Bedienung die

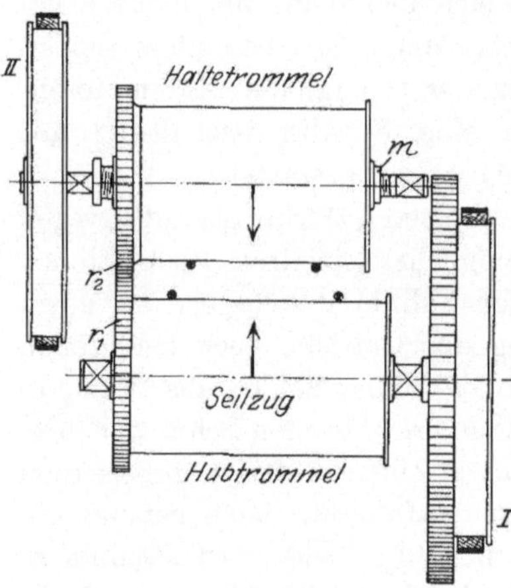

Abb. 104. Greiferwinde mit Gewindekupp-
lung zwischen den Trommeln (Jäger).

stete Aufmerksamkeit, bei schweren Ausführungen auch recht er-
heblichen Kraftaufwand des Führers verlangt. Bei fahrbaren Winden
(Laufkatzen) hat der Führer in der Regel seinen Stand in unmittelbarer
Nähe der Winde (Führerstandskatzen); bei räumlicher Trennung des
Führerstandes vom Windwerk kann dessen Bedienung auch durch
elektrische Fernsteuerung erfolgen.

Die älteste Bauart der in Deutschland gebräuchlichen Zweitrommel-
winden ist diejenige von Jäger (Abb. 104), deren Haltetrommel durch
Reibungsschluß von der Hubtrommel — und zwar nur in der dem
Heben entsprechenden Drehrichtung — mitgenommen wird. Das lose
laufende Stirnrad r_2 der Haltetrommel sitzt auf Gewinde der Trommelachse und legt sich während des Greiferschließens an die Trommel an,
so daß diese beim Heben und Senken des geschlossenen Greifers mitläuft. Wird die Haltetrommel durch Anziehen der Bremse II fest-

---

[1] Vgl. S. 29.

gehalten, während die Hubtrommel abwickelt, so löst sich Rad r_2 von seiner Trommel, ohne die Drehung der andern Trommel zu hindern, und der Greifer öffnet sich. Er kann aber, da der Reibungsschluß jetzt fehlt, im geöffneten Zustand nicht gesenkt, sondern muß vorher wieder geschlossen werden. Zum Aufsetzen auf das Greifgut öffnet man ihn nochmals und läßt ihn dann bei gelüfteten Bremsen fallen, wobei Schiffs- oder Wagenböden nicht gerade geschont werden. Durch eine Stellmutter m auf der anderen Trommelseite läßt sich die vom Schließhub des Greifers abhängige Wanderung des Rades r_2 und damit der Drehbeginn der Haltetrommel genau einstellen. — Trotz ihrer Mängel ist diese Winde bei älteren Krananlagen auch heute noch in Gebrauch.

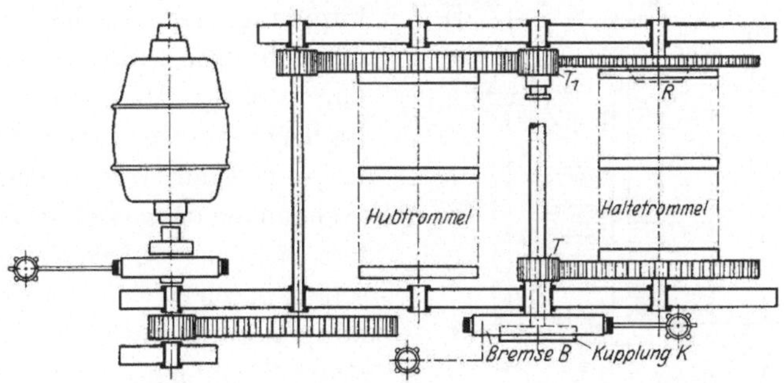

Abb. 105. Greiferwinde mit Reibungs- und Bremsbandkupplung zwischen den Trommeln.

Die heute unerläßliche Bedingung, den Greifer auch geöffnet senken zu können, führte zu verschiedenen Lösungen.

Eine ältere, heute noch vorwiegend beim Umbau von Stückgutkranen beliebte Bauweise zeigt Abb. 105, bei der die Haltetrommel durch zwei unabhängig voneinander wirkende Kupplungen an die starr angetriebene Hubtrommel angeschlossen werden kann. Der Hauptantrieb der Haltetrommel erfolgt über eine Zwischenradwelle, auf der die Bremsbandkupplung K aufgekeilt ist, die, eingerückt, die Bremsscheibe B und das mit ihr auf einer Rohrwelle sitzende Trommelritzel T mitnimmt. Da die mitlaufende Hubtrommel gleiche Längen Hubseil abwickelt, kann der in den Halteseilen hängende Greifer offen gesenkt werden. Für die Schließbewegung des Greifers wird die Haltetrommel durch Anziehen der Bremse B festgestellt und dann durch Ausrücken der Kupplung die Verbindung mit dem Antrieb gelöst, wobei die schwach gespannte Rutschkupplung R gleitet. Beim Heben und Senken des geschlossenen Greifers genügt ihre Reibung zum Mitnehmen oder Nachlassen der unbelasteten Halteseile. Die Steuerung der Kuppelbremse kann sowohl mechanisch durch Steuergestänge und Handhebel oder, wie in der Abbildung angedeutet, durch Bremsmagnete betätigt werden und eignet sich in dieser Form auch für ferngesteuerte Hubwinden. Einige Achtsamkeit erfordert die Bedienung der Kuppelbremse B insofern, als sie beim Absenken des offenen Greifers erst gelüftet werden darf, wenn die Kupplung eingerückt, die Haltetrommel also mit dem Antrieb starr verbunden ist; andernfalls würde der haltlos werdende Greifer ruckweise so weit sinken, bis er sich in den Hubseilen fängt, oder, falls diese dem Anprall nicht standhalten, völlig abstürzen. Soll die Winde für Stückgutförderung verwendet werden, also nur mit der Hubtrommel arbeiten, so wird durch Ausrücken des Zwischenrades T_1 die Haltetrommel ganz ausgeschaltet.

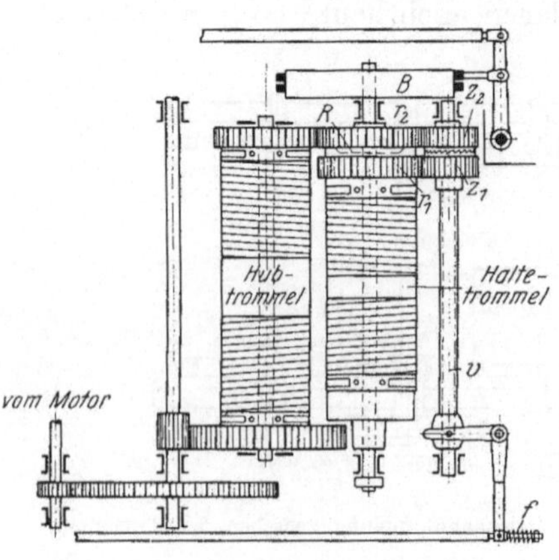

Abb. 106. Greiferwinde mit Reibungs- und Klauenkupplung zwischen den Trommeln (Demag).

Eine Anordnung, bei der die Haltetrommel durch eine Klauenkupplung starr an das Triebwerk angeschlossen wird, ist in Abb. 106 dargestellt. Haltetrommel und Steuerbremse B sitzen auf ihrer Achse fest und werden beim Heben und Senken des geschlossenen Greifers, also bei unbelasteten Halteseilen, durch eine einstellbare Reibkupplung R mitgenommen. Als starre Kupplung wirken durch ihre Flankenverzahnung die beiden Zwischenräder z_1 und z_2, von denen das letztere im Eingriff mit r_2 ständig mitläuft, während z_1 durch das Verbindungsrohr v und ein Gestänge eingerückt werden kann und dann den Zahnkranz r_1 der Haltetrommel antreibt. Eine Feder f im Gestänge sichert den elastischen Schluß der Zahnkupplung, falls beim Einrücken Zahn auf Zahn trifft. Eine Winde dieser Bauart benutzt die Demag bei Einschienenkatzen für Greiferbetrieb.

Abb. 107 gibt eine Einmotorenwinde der Firma Mohr & Federhaff wieder, bei der die gegenseitige Abhängigkeit der Trommelbewegungen ebenfalls durch eine mechanische Kupplung gesichert wird. Die durch ihre eigenartige Ausbildung bemerkenswerte Kupplung Abb. 108 und 109 wird unter Vermeidung von Gestängen und Zügen durch zwei Magnete zwangläufig gesteuert und durch den Handhebel eines Magnetschalters ohne nennenswerten Kraftaufwand seitens des Führers bedient.

Der Motor treibt über das Vorgelege I die Trommelachse an, auf der die beiden seitlich angeordneten Hubtrommeln festgekeilt sind, die dazwischenliegende Haltetrommel mit ihrem Antriebrad aber lose läuft. Auf einer Vorgelegewelle II sitzt fest das Ritzel R und die

Kupplungshälfte H zum Einrücken der Haltetrommel, während die mit dem Trieb T zusammengegossene Kupplungshälfte K lose läuft und vom Hubtrommelrad mitgenommen wird. Beide Kupplungshälften sind als Bremsscheiben für Bandbremsen ausgebildet; die Haltebremse der Hälfte H wird durch den Magneten B gelüftet, die Kuppelbremse

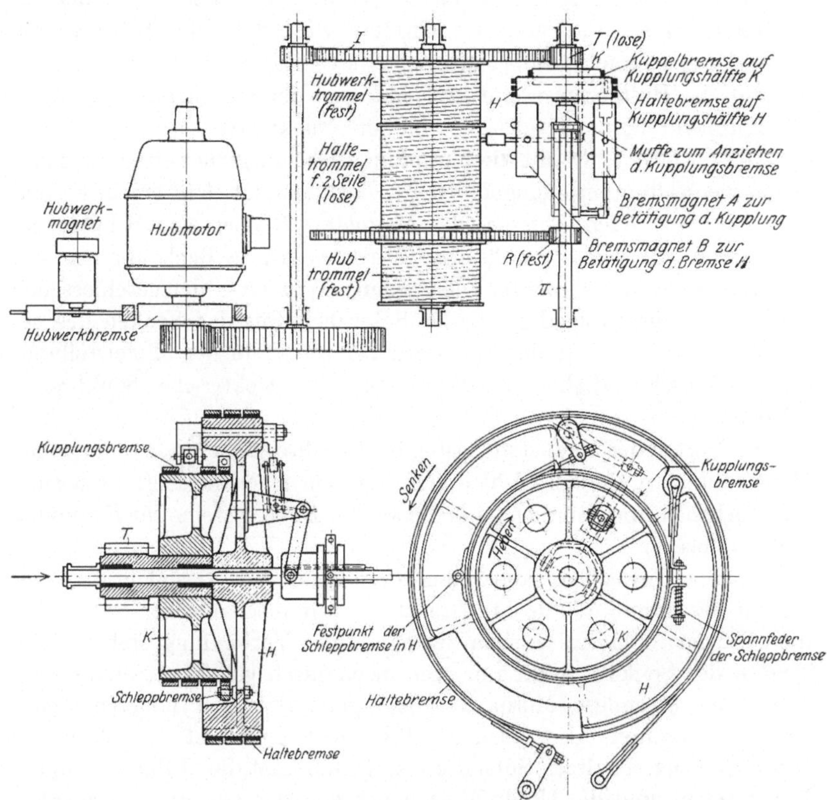

Abb. 107 bis 109. Greiferwinde mit magnetgesteuerter Bremsbandkupplung zwischen den Trommeln (Mohr & Federhaff).

der Hälfte K durch den Magneten A ausgerückt. Zwischen beiden Kupplungshälften ist noch eine weitere Verbindung durch eine an die äußere Scheibe angeschlossene Schleppbandbremse möglich. Sie ist durch eine Spannfeder so eingestellt, daß sie bei beginnender Hubbewegung die Haltetrommel selbsttätig mitnimmt, bis die Kuppelbremse anzieht und beide Hälften gleich schnell laufen. Bei der Senkbewegung ist dagegen die Schleppbremse wirkungslos.

In der Anfangsstellung des Magnetschalters erhalten beide Magnete Strom, so daß Kuppel- und Haltebremse gelüftet sind; beim Anlassen des Motors läuft nur die Hubtrommel, und der Greifer schließt. In der

Mittelstellung des Schalters wird Magnet A stromlos, sein Bremsgewicht rückt die Kuppelbremse ein, und die Haltetrommel dreht sich mit, die Halteseile gleich schnell aufwickelnd. Wird beim beginnenden Heben des geschlossenen Greifers der Steuerhebel nicht rechtzeitig in die Mittelstellung gebracht, so kuppelt die erwähnte Schleppbremse selbsttätig und elastisch beide Trommeln und verhindert das Schlaffwerden der Halteseile. Zum Entleeren des Greifers wird der Schalthebel in die Endstellung gebracht, wobei Magnet B stromlos wird und sein Bremsgewicht die Haltebremse einrückt, indessen der anziehende Magnet A die Kuppelbremse ausrückt, so daß der rückwärts gesteuerte Motor den Greifer öffnet. Damit die Kupplung nicht ausgerückt werden kann, bevor die Haltebremse eingefallen ist, liegt Magnet A in einem Stromkreis, der erst nach Abfallen des Magneten B über eine Schütze geschlossen wird. Die ebenfalls magnetisch betätigte Backenbremse auf der Motorwelle hält — wie bei allen neueren Winden — den geschlossenen Greifer in jeder Höhenlage in der Schwebe. Für das Senken des geöffneten Greifers steht der Schalterhebel wieder in der Mittelstellung; die Senkgeschwindigkeit regelt hierbei eine elektrische Senkbremsschaltung.

Der Vorteil der Magnetsteuerung liegt in ihrer sicheren und einfachen Handhabung und dem Fehlen der bei der mechanischen Steuerung erforderlichen, umständlich zu bedienenden Hebelsysteme für Kupplung und Bremsen.

Dieselbe Firma baut auch eine vorwiegend zum Absenken schwerer Lasten bestimmte Winde für Drehstrom mit mechanischer Steuerung, die aber mit dem Anlasser in zwangläufiger Verbindung steht. Beim Beginn des Senkens wirkt nur eine mechanisch gelüftete Senkbremse, wobei der stromlose Motor durchgezogen wird; bei höheren Senkgeschwindigkeiten, also stärker gelüfteter Bremse, ist der Motor im Senksinne zugeschaltet. Sobald die sinkende Last die Hubgeschwindigkeit erreicht und die Umdrehungen des von der Last durchgezogenen Motors seine synchrone Umlaufzahl zu überschreiten beginnen, wirkt er als elektrische Bremse und verzögert selbsttätig ein unzulässiges Anwachsen der Senkgeschwindigkeit.

3. Winden für Zweiseilgreifer mit mehreren Antriebsmotoren.

Die bisher besprochenen Winden mit einem Motor besitzen als gemeinsames Merkmal die Eigenschaft, daß sich mit ihnen die einzelnen Greiferbewegungen nicht gleichzeitig, sondern nur nacheinander ausführen lassen. Die weitere Entwicklung der Krane zu großen Leistungen führte zur Steigerung der Tragkraft und der Arbeitsgeschwindigkeiten der Winden, drängte aber anderseits dazu, die einzelnen Arbeitsvorgänge bei jedem Kranspiel dadurch abzukürzen, daß man auch die verschiedenen Greiferbewegungen nun gleichzeitig auszuführen trachtete. In diesem Bestreben entstanden für den Greiferbetrieb eine Reihe von Hubwinden, bei denen die Verwendung eines zweiten Motors (Steuermotor) das Öffnen und Schließen des Greifers gleichzeitig mit dessen Hub- und Senkbewegung, und zwar in beliebiger Reihenfolge, gestattet.

Mit einer solchen Winde kann auch der Greifer, wenn er sich bei der Materialaufnahme an vorstehenden Teilen des Schiff- oder Wagenbodens festbeißen will, während des Schließens etwas angehoben und freigemacht werden. Bei einem gewöhnlichen, einmotorigen Hubwerk läßt sich der Greifer erst nach vollendetem Schließen heben; einmal festgeklemmt, öffnet er sich auch beim Nachlassen der Schließseile meist nicht freiwillig, sondern muß in der Regel gewaltsam und dann mit beträchtlichem Zeitverlust wieder geöffnet werden. Eine weitere Zeitersparnis ergibt die Möglichkeit, den offen gesenkten Greifer beim Durchfahren enger Schiffsluken während des Senkens ganz oder teilweise zu schließen und sofort wieder zu öffnen. Hat sich der Greifer beim Aufnehmen des Fördergutes nicht völlig geschlossen, etwa infolge harter, zwischen den Schneiden eingeklemmter Brocken, die beim weiteren Anziehen des schon schwebenden Greifers zertrümmert werden, so fällt bei der Einmotorenwinde der nur in den Hubseilen hängende Greifer ruckweise vollends zu und gefährdet hierbei Seile

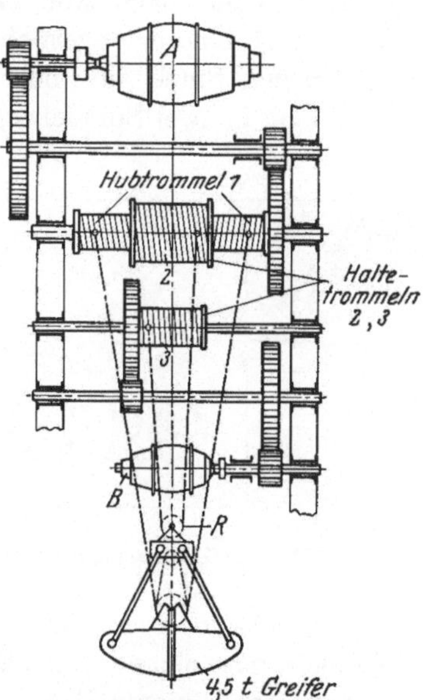

Abb. 110. Greiferwinde mit drei Seiltrommeln (Demag).

und Winde. Die beim Zuschnappen auftretende (unbeabsichtigte) Relativbewegung der Seile kann bei der Zweimotorenwinde willkürlich nicht stattfinden, da sie bei ihr nur unter dem Einfluß des Steuermotors ausführbar ist.

Die von der Demag häufig verwendete Zweimotorenwinde nach Abb. 110 besitzt drei Trommeln. Die geteilte Hubtrommel 1 und eine Haltetrommel 2 sitzen auf einer gemeinsamen Achse fest und laufen daher, durch den Hubmotor A angetrieben, gleich schnell, wobei sich der einfache Strang des Halteseiles etwas doppelt so schnell bewegt wie die beiden Hubseile. Der zweite Strang des durch eine lose Rolle R im Greiferkopf gezogenen Halteseiles ist an einer vom Steuermotor B angetriebenen Trommel 3 befestigt. Solange diese stillsteht, heben oder senken sich Greiferkopf und Schaufelachse gleich schnell, so daß der

Greifer geöffnet oder geschlossen bleibt. Wird aber auch Trommel 3 gedreht, so beschleunigt oder verzögert — je nach deren Drehrichtung — der Greiferkopf seine Bewegung gegenüber der Schaufelachse, der Greifer öffnet oder schließt also unabhängig von seiner sonstigen Bewegung. Die Senkbewegung der Last wird, ebenso wie bei den nachstehend beschriebenen Zweimotorenwinden, durch eine elektrische Senkbremsschaltung geregelt.

Wesentlich anders arbeitet die vom Eisenwerk Lauchhammer gebaute Winde nach Abb. 111, bei der Hub- und Haltetrommel auf der vom Hubmotor angetriebenen Welle fest aufgekeilt sind, also stets im gleichen Sinne auf- oder abwickeln. Die Seile laufen aber über besondere, in zwei Spindelwagen gelagerte Ablenkrollen, die durch eine

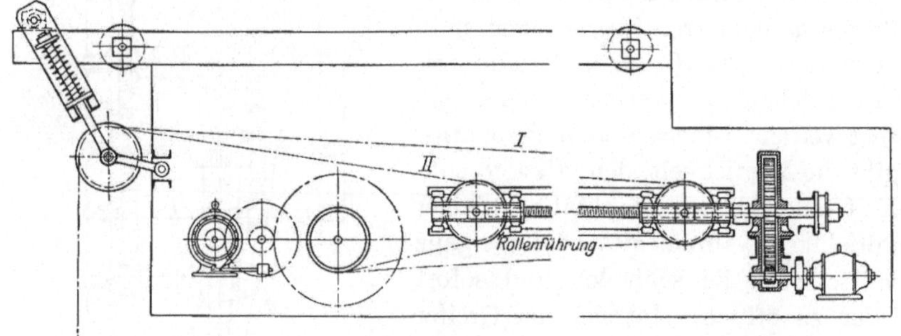

Abb. 111. Greiferwinde mit verschieblich gelagerten Ablenkrollen (Lauchhammer).

vom Steuermotor angetriebene Schraubenspindel mit Rechts- und Linksgewinde einander genähert oder voneinander entfernt werden können[1]. Im letzteren Fall z. B. wird das Hubseil I schneller eingezogen als das Halteseil II und hierdurch die Schließbewegung des Greifers eingeleitet. Bei einem bestimmten Verhältnis zwischen der Umfangsgeschwindigkeit der Trommel und der geradlinigen Bewegung der Ablenkrolle II nach rechts steht der senkrechte Strang des Halteseiles und damit der Greiferkopf still, indessen das mit gesteigerter Geschwindigkeit ablaufende Hubseil den Greifer öffnet. Bei mehrrolligen Greiferflaschenzügen mit entsprechend großem Schließhub erfordert diese Relativbewegung der beiden Seile eine ausgiebige Verschiebbarkeit der beiden Ablenkrollen, daher erhebliche Spindellängen.

Die für den Betrieb mit einem amerikanischen Greifer ausgeführte Winde baut sich bei Verwendung eines normalen deutschen Greifers dadurch einfacher und auch kürzer, daß die Ablenkrollen des Halteseiles fest gelagert sind, so daß zum Schließen und Öffnen des Greifers nur die Rollen der Schließseile verschoben zu werden brauchen.

---

[1] Bei der Ausführung liegen Motor, Bremse und Antriebsritzel nicht unter, sondern neben der Spindelwelle.

Bei der von Tigler-Demag ausgeführten Zweimotorenwinde, die in ihrer ursprünglichen Form in Abb. 112 wiedergegeben ist, gelangte in Deutschland zuerst das Planetengetriebe als Kupplung zur Anwendung. Auch bei dieser Bauweise hat der eine Motor A nur das Heben und Senken auszuführen, der Motor B übernimmt, unabhängig von A, das Schließen und Öffnen des Greifers.

Die beiden Trommeln und das Planetenrad P sitzen hier lose auf ihrer gemeinschaftlichen Achse. Während die Hubseiltrommel II mittels eines gewöhnlichen Vorgeleges vom Motor A angetrieben bzw. durch dessen Bremse festgehalten wird, kann die Schließtrommel I von jedem Motor bzw. von beiden zugleich gedreht werden. Ist z. B. beim Greiferschließen die Hubtrommel durch die Bremse des Motors A festgesetzt, während Motor B den Planeten-radkörper P antreibt, so wälzen sich dessen Kegelräder K auf dem ruhenden Zahnkranz der Trommel II ab und drehen daher die Trommel I im gleichen Sinne mit P, aber mit höherer Geschwindigkeit; die

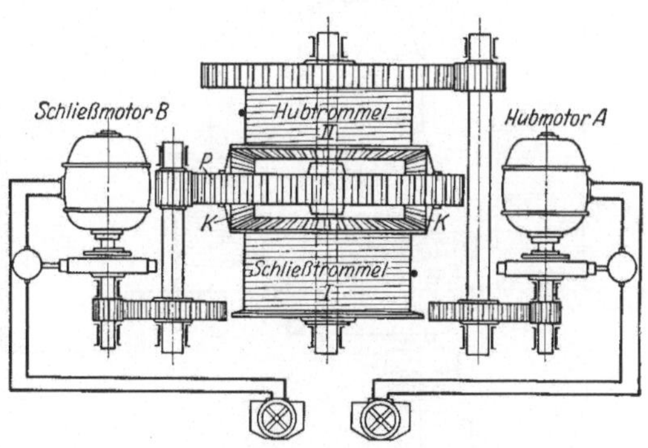

Abb. 112. Greiferwinde mit durch Wendegetriebe gekuppelten Trommeln (Tigler-Demag).

Schließseile werden aufgewickelt, und der Greifer schließt. Die Umkehr der Drehrichtung öffnet den geschlossenen Greifer. Wird dagegen P durch die Bremse des Motors B stillgesetzt und die Trommel II durch ihren Motor A gedreht, so wirken die Kegelräder K wie gewöhnliche Zwischen-räder und treiben die Schließtrommel mit gleicher Winkelgeschwindigkeit, aber im entgegengesetzten Drehsinn. Da die Seile auf den gegenüber-liegenden Seiten der beiden Trommeln auflaufen, so werden sie hierbei gleich schnell auf- oder abgewickelt und der Greifer ohne Schließ- oder Öffnungszwang gehoben oder gesenkt. Durch gleichzeitiges Einschalten beider Motoren bei wechselnder Drehrichtung können die einzelnen Greiferbewegungen beliebig zusammengefaßt werden.

Bei der neuesten, auf dem gleichen Gedanken beruhenden Aus-führung der Demag (Abb. 113) befindet sich das Planetengetriebe nicht mehr auf der Trommelachse, sondern ist auf die Welle des Schließ-motors verlegt worden. Diese Bauweise der Winde, insbesondere die Anordnung des Steuergetriebes auf einer Antriebswelle mit verhältnis-mäßig kleinem Drehmoment, ermöglicht es, das Getriebe mit ungewöhn-lich geringen Abmessungen, zum Teil in hochwertigem Stahl, auszuführen und es in einem verhältnismäßig kleinen aber kräftigen Gußgehäuse völlig geschützt unterzubringen, nach dem die Winde auch die Bezeichnung „Kastenwinde" führt. Die Arbeitsweise der Winde ist im wesentlichen dieselbe wie die der vorstehend beschriebenen Tiglerschen Winde.

Diese Anordnung vereinfacht und erleichtert erheblich die genaue Bearbeitung in der Werkstatt und gewährleistet die unveränderlich parallele Lage der kurzen Wellen und die Rädereingriffe besser als ein sperriger und immer etwas nachgiebiger, aus Walzeisen zusammengenieteter Windenrahmen. Zur weiteren Verminderung der Reibungswiderstände laufen die Vorgelegewellen in Walzenlagern, die Rädereingriffe unter der Wirkung besonderer Schmiervorrichtungen dauernd in Öl, so daß die Winde einen mechanischen Wirkungsgrad von etwa 0,96 erreichen soll. Sie spart demnach an Betriebsstrom und läßt sich mit geringem Kraftaufwand feinfühlig steuern.

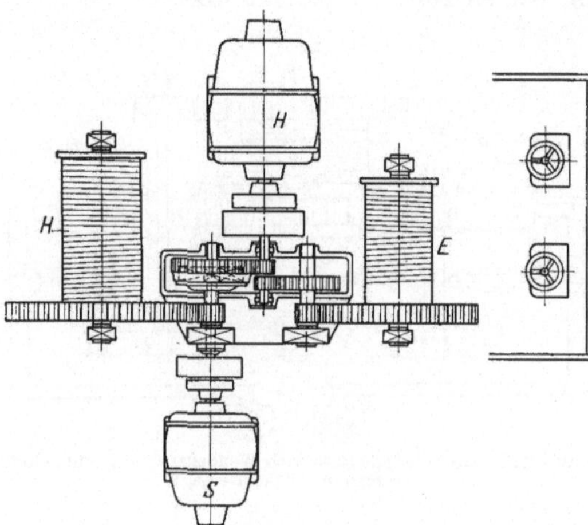

Abb. 113.   Greiferwinde mit Wendegetriebe auf einer Motorwelle (Demag).

Eine Zweimotorenwinde, bei der die beiden Trommeln, auch beim Absenken des geöffneten Greifers, ohne eine mechanische Kupplung zusammen arbeiten, führt die MAN nach Abb. 114 aus. Die Anordnung des Hubwerkes zeigt das gleiche Bestreben, durch Vermeiden der langen Vorgelegewellen die Bearbeitung der Lagerstellen des Getriebes zu erleichtern. Die drei Vorgelege jeder Trommel befinden sich daher auf derselben Trommelseite und laufen in schmalen, geschlossenen Schutzkästen.

Für die beiden Drehstrommotoren gilt als Voraussetzung, daß sie auch für verschiedene Leistungen möglichst gleiche Drehzahl haben oder durch entsprechende Widerstände auf eine solche gebracht werden können[1], so daß sie beim Heben des gefüllten Greifers die Seile gleich schnell aufwickeln. Sie teilen sich dann in die Hubarbeit und können daher entsprechend kleiner gewählt werden. Beide Motore werden durch ein Schützenschaltwerk angelassen und durch einen einzigen Hebel

---

[1] Vgl. hierzu den Aufsatz von Dr. Behne in den „Bergmann-Mitteilungen" vom September 1925.

einer Meisterwalze in Verbindung mit einer Umschaltwalze gesteuert, eine Anordnung, die die Bedienung des Windwerks wesentlich vereinfacht und erleichtert. Beim Senken des geöffneten Greifers arbeitet der von der Last durchgezogene Motor der Haltetrommel als Generator und liefert Strom in das Netz, während der Schließmotor Strom aus dem Netz erhält. Durch eine elektrische Sonderschaltung wird nun die Drehzahl des Schließmotors auf diejenige des Haltemotors abgestimmt, so daß sich beide Seile gleich schnell abwickeln.

Die Anordnung hat sich für Drehstrom betriebsmäßig gut bewährt und ist bei entsprechend ausgebildeter Schaltung auch für Gleichstrom ausführbar. Sie eignet sich vorzugsweise für schwere Greifer, für die

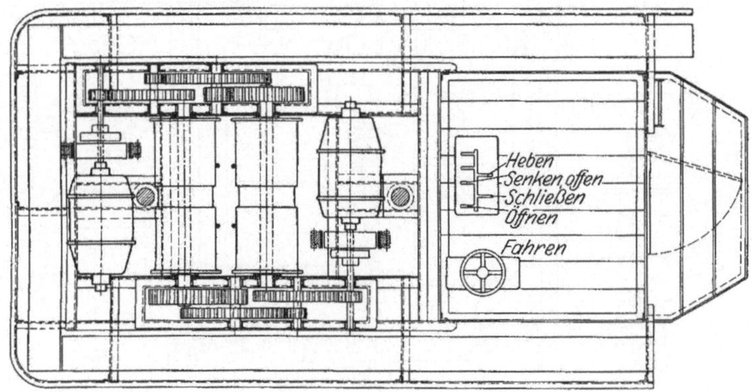

Abb. 114. Greiferwinde ohne mechanische Kupplung zwischen den durch Schaltung gesteuerten Trommeln (MAN).

das Schützenschaltwerk ohnehin erforderlich oder von Vorteil ist und die Betätigung mechanischer Bremsen und Kupplungen des beträchtlichen Kraftaufwandes wegen Schwierigkeiten bereitet. Das Fehlen der mechanischen, die Abhängigkeit der Trommelbewegungen zwangläufig sichernden Kupplung wird von manchen Fachleuten als ein Mangel empfunden, der die Betriebsicherheit der Winde von der Geschicklichkeit und Achtsamkeit des Führers abhängig macht. Diese Unsicherheit kann jedoch heute zufolge zweckentsprechender Ausbildung der elektrischen Steuerschaltungen als überwunden gelten.

Dem erwähnten Bedenken trägt eine Anordnung der Bamag-Meguin A.G. Rechnung. Bei der in Abb. 115 dargestellten Winde liegt zwischen den beiden, unabhängig voneinander angetriebenen Seiltrommeln eine Zwischenradwelle A, die durch zwei Ritzel mit den beiden Trommelrädern in Eingriff steht. Da jedoch nur das eine Ritzel auf der Welle festsitzt, das andere mittels einer Schraubenbandkupplung K durch den Magneten M ein- und ausgerückt wird, können die Trommeln nach Bedarf getrennt oder starr gekuppelt laufen. Im letzteren Fall

wirkt die Winde wie ein Hubwerk, bei dem jeder Motor nur die halbe
Hubarbeit zu leisten hat, ohne daß für die gleichmäßige Lastverteilung
eine besondere elektrische Schaltung erforderlich ist. Der elektrische
Antrieb wird demnach auch bei dieser Windenbauart voll ausgenutzt.
Damit beim Heben und Senken des Greifers die beiden Trommeln zwangläufig gekuppelt werden, ist der Magnet M in zwei Stromkreise gelegt,
die von jeder der beiden Steuerwalzen durch die der jeweiligen Greifer-
bewegung entsprechende Hebelstellung selbsttätig geschlossen werden.
Soll jedoch, etwa zum langsamen Anheben des sich schließenden Greifers,

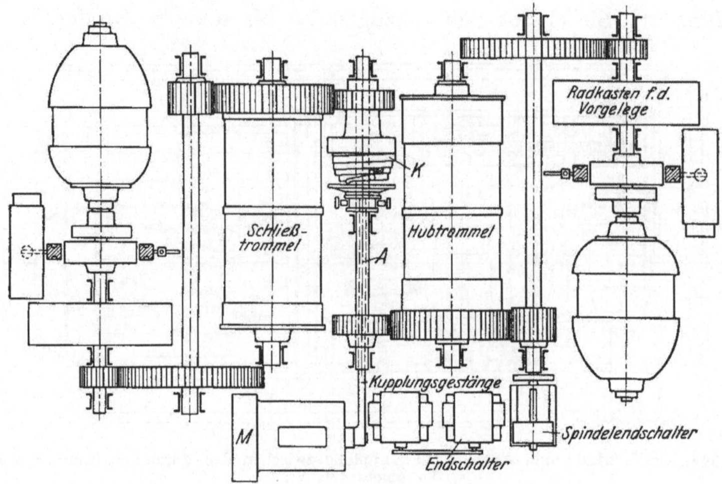

Abb. 115. Greiferwinde mit magnetgesteuerter Schraubenbandkupplung zwischen den Trommeln
(Bamag-Meguin A.-G.).

das Halteseil nur etwas anziehen, die Trommeln also nicht gleich schnell
aufwickeln, so unterbricht ein Handgriff des Führers vorübergehend den
Stromkreis des Bremsmagneten und löst damit die Kupplung der
beiden Trommeln. Zur vermehrten Sicherheit sind die magnetisch
gesteuerten Bremsen auf den Motorwellen so kräftig gehalten, daß jede
allein den gefüllten Greifer in der Schwebe hält.

Die Steuerung dieser Winde erfordert zwei einfache Steuerwalzen.

C. Winden für Hub- und Fahrbewegung.

Wie auf S. 46 erörtert, gewinnt die Anordnung, bei der die Triebwerke nicht auf der Katze, sondern im Krangerüst ortsfest aufgestellt
sind, neuerdings wieder an Bedeutung.

Eine derartige Winde älterer Bauart für Kübelbetrieb zeigt Abb. 116
und 117. Beide Trommeln werden von demselben Motor angetrieben,
die Hubseiltrommel T_1 starr über das Vorgelege V_1. Die Fahrseil-

trommel kann durch eine auf der verlängerten Motorwelle sitzende Reibkupplung R zwangläufig mitgenommen oder — bei ausgerückter Kupplung — durch die zugehörige Bremse B_2 festgehalten werden. Abb. 117 gibt die Einzelheiten der Steuerung für Reibkupplung und Fahrbremse, die im zwangläufigen Zusammenhang betätigt werden. Die Schlingbandbremse B_1 der Hubtrommel wird durch den im Stromkreis des Motors liegenden Bremsmagneten selbsttätig gelüftet; durch

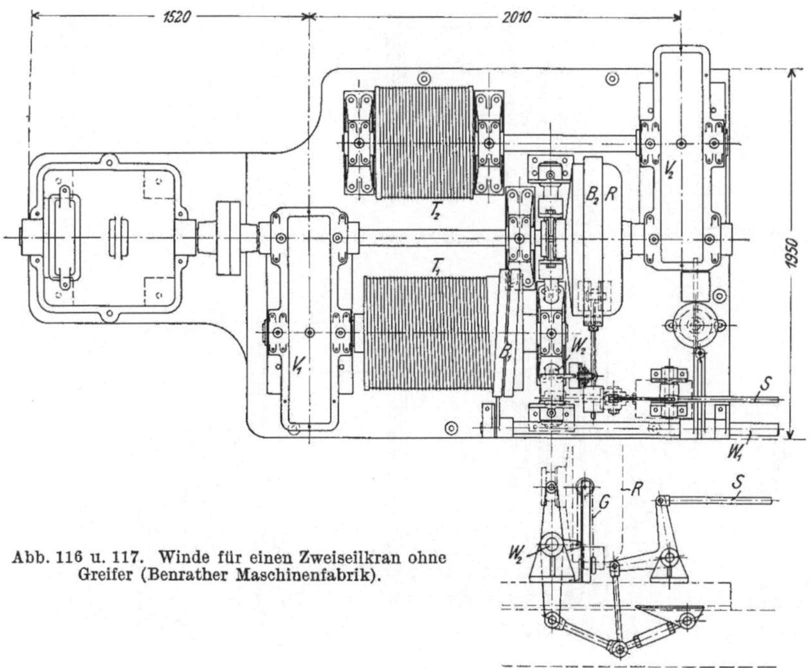

Abb. 116 u. 117. Winde für einen Zweiseilkran ohne
Greifer (Benrather Maschinenfabrik).

ein Bremsgewicht geschlossen, hält sie die Last in der Schwebe. Werden die Seile nach Abb. 94 und 95 geführt, so hebt bei festgebremster Fahrtrommel die aufwickelnde Hubtrommel die Last, ohne die Katze zu verfahren. Zum Senken der Last kann die Bremse B_1 durch einen Handhebel der Steuerwelle W_1 gelüftet werden und wirkt dann als Senkbremse. Laufen bei eingerückter Reibkupplung und gelöster Fahrbremse beide Trommeln gleich schnell, so zieht die eine ebensoviel Seil ein, wie die andere abwickelt, die Last wird also ohne Heben und Senken verfahren.

Ein zweites Fahrseil läuft von der anderen Seite der Trommel T_2 ab und wird in der Regel leer mitgezogen. Es hat nur dann Arbeit zu leisten, wenn bei abgehängtem Kübel die Spannung im Hubseil nicht mehr ausreichen sollte, um die Katze zu verschieben, und kann ferner verhindern, daß bei schnellem Anhalten die Katze unter der Wirkung ihrer lebendigen Kraft zu weit läuft. Denn das Hubseil ist nur kraftschlüssig mit der Katze verbunden und kann daher nur eine beschränkte Bremswirkung ausüben. Ein entsprechender Fall könnte eintreten, wenn der Motor mit starkem Anfahrmoment die Fahrbewegung einleitet.

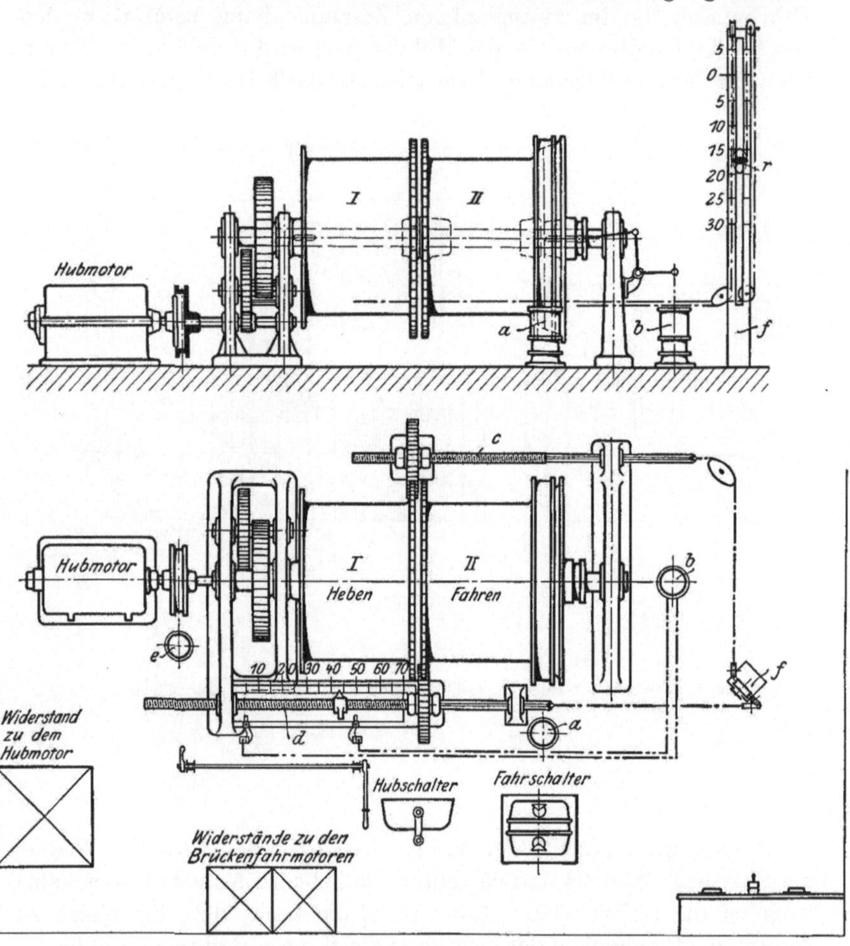

Abb. 118 u. 119. Winde mit elektrischer Steuerung (Pohlig).

Eine ähnliche Bauart, bei der aber die Fahrtrommel durch die Magnete a und b angekuppelt bzw. festgebremst wird, zeigen Abb. 118 und 119[1]. Die Hubtrommel I sitzt fest auf der Achse, auf der die Fahrtrommel II lose läuft.

Zum Anzeigen der Stellung der Last in wagerechter und senkrechter Richtung dienen zwei von den Trommeln aus gedrehte Spindeln c

---

[1] Nach **Richter**: Elektrisch betriebene Bagger und Verladevorrichtungen. Z. V. d. I. 1910, S. 798.

und d. Beim Heben ist die Hubspindel c allein in Tätigkeit und überträgt ihre Bewegung auf den an einer losen Rolle hängenden Zeiger r. Beim Fahren bewegen sich beide Spindeln. Da jetzt die Fahrspindel auf den Zeiger r im entgegengesetzten Sinne wie die Hubspindel einwirkt, so führt dieser Zeiger keine Bewegung aus.

Die rein magnetische Steuerung und die Hub- und Fahrweganzeiger erleichtern, besonders bei großen Arbeitswegen, dem Kranführer seine Aufgabe ungemein und machen es ihm möglich, rascher zu fahren und höhere Förderleistungen zu erzielen.

Eine von Hunt früher vielfach benutzte Anordnung nach Abb. 120 findet im wesentlichen unverändert, z. B. für Kübel- oder Einseilgreiferbetrieb, auch heute noch Verwendung.

Die Last ist an zwei Seilen befestigt, die von den Windentrommeln 1 und 2 auf derselben Seite ablaufen und symmetrisch in die Katze eingeführt sind. Das Stirnrad mit Trommel 1 sitzt fest auf der Welle, die mit Trommel 2 und Bremse B_1 durch eine Reibkupplung R verbunden werden kann. Zwischen den Trommeln befindet sich ein Wendegetriebe, dessen Zwischenräder in einem

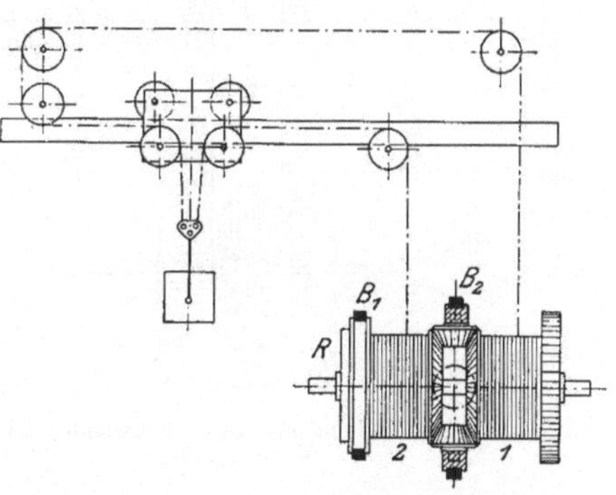

Abb. 120. Steuerung der Last durch Relativbewegung der Trommeln mit Hilfe eines Kegelräderwendegetriebes.

durch die Bremse B_2 feststellbaren Ringe gelagert sind. Ist die Reibkupplung eingerückt und Bremse B_2 los, so drehen sich die Trommeln im gleichen Sinne, die Last kann also gehoben oder mit Hilfe von B_1 gesenkt werden. Ist dagegen R gelöst und B_2 festgestellt, so kommt das Wendegetriebe zur Wirkung. Die eine Trommel gibt ebenso viel Seil her, wie die andere aufwickelt, und die Last wird wagerecht verschoben. Gleichzeitiges Fahren und Heben ist hierbei unmöglich. Hunt hat deshalb bei neueren Ausführungen eine besondere Fahrwinde eingebaut und an der Hubwinde die Bremse B_2 fortgelassen. Verschiebung der Laufkatze durch das Fahrseil hat jetzt zur Folge, daß die Hubtrommeln sich gegeneinander verdrehen, ohne daß die Gesamtlänge der beiden Hubseile geändert oder der Hebevorgang irgendwie beeinflußt würde.

Für Schrägbahnkrane, deren Seilkatze von den Hubseilen eingezogen wird, kommt zuweilen die in Abb. 121 und 122 gezeigte Bauweise in Betracht, die auch für Zweiseilgreifer verwendbar ist. Die geteilten Trommeln befinden sich hier auf zwei getrennten Wellen und werden von nur einem der beiden nicht umsteuerbaren Motoren angetrieben. Als Kupplung zwischen den beiden Trommelgruppen wirkt ein auf der schnellaufenden Vorgelegewelle angeordnetes Wendegetriebe, das gleichzeitig den Seilausgleich vermittelt, die Trommelhälften aber in entgegengesetztem Sinne dreht. Die Seile müssen daher, um gleiche Bewegungen zu machen, auf den gegenüberliegenden Trommelseiten auflaufen. Durch Festbremsen der abgekuppelten Haltetrommeln (Öffnungsseil) wird der Greiferkopf festgehalten und die Schaufeln durch

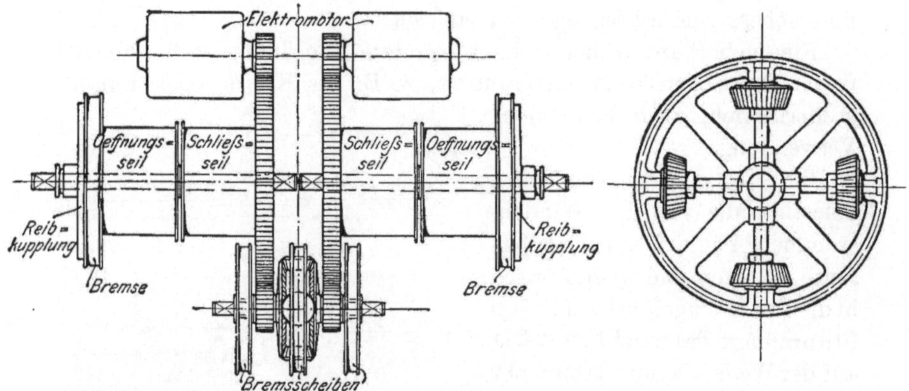

Abb. 121. Greiferwinde mit Kegelräderwendegetriebe auf der Vorgelegewelle.

Abb. 122. Mittlere Bremsscheibe.

die abwickelnden Schließtrommeln geöffnet. Er kann, gesteuert durch die Bremsen auf der Vorgelegewelle, offen gesenkt werden; dieselben Bremsen regeln auch die Fahrgeschwindigkeit.

Weitere Möglichkeiten, die ortsfeste Hub- und Fahrwinde den verschiedenartigen Anforderungen entsprechend auszubilden, sind durch die schematischen Abbildungen im Abschnitt II über Seilführung gegeben[1].

D. Einzelheiten.

Von besonderer Bedeutung für die Wirkungsweise der Windwerke ist die Ausbildung der Kupplungen und Bremsen.

Die Reibkupplungen werden meistens als Kegel-, Spreizring- und Bremsbandkupplungen ausgeführt.

Abb. 123 gibt eine in Amerika seit langer Zeit übliche Ausführungsweise wieder. Die auf der Welle lose laufende, mit einer konisch ausgedrehten Bremsscheibe zusammengegossene Trommel läßt sich axial verschieben und gegen das mit Holzring versehene Stirnrad pressen, das durch den Stellring a an der Verschiebung gehindert wird. Der Anpressungsdruck wird durch eine Schraube hervorgebracht, die sich

---

[1] Vgl. hierzu auch Abschnitt VIII über Kabelkrane.

gegen einen in die Welle eingelassenen und mit ihr umlaufenden Stift legt. Dieser überträgt durch einen Keil, der sich gegen den Ring *b*

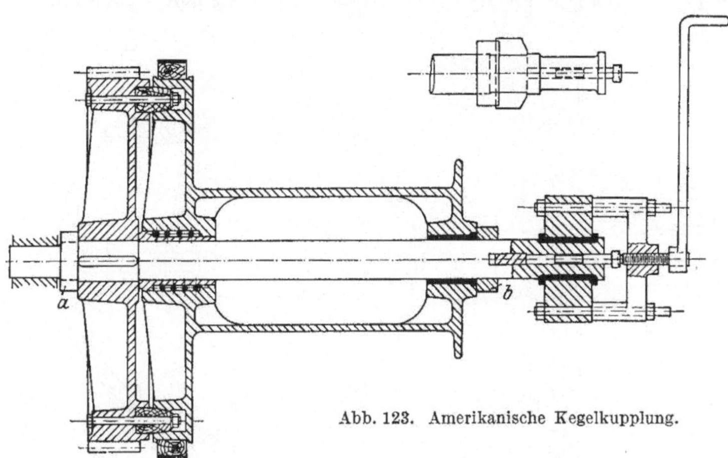

Abb. 123. Amerikanische Kegelkupplung.

legt, den Druck auf die Trommel. Eine Spiralfeder sorgt für zuverlässige Lösung des Kupplungsschlusses.

Diese recht einfache Anordnung hat sich im ganzen zufriedenstellend bewährt. Gegenstand von Verbesserungen ist namentlich die Spur-

pfanne der Spindel gewesen, die schwer zu schmieren ist und leicht heißläuft. Für größere Ausführungen sind Kugellager zu benutzen.

Abb. 124 gibt den Querschnitt einer Spreizringkupplung von Losenhausen. Der Ring ist mit einem 4 mm starken Leder-futter versehen. Der Spreizkeil *K* besitzt vorspringende Leisten, die in entsprechende Nuten des Ringes fassen, so daß dieser beim Zurückziehen des Keiles zwangläufig gelöst wird. Das Ende des Einrückhebels bewegt sich in einem Schlitz der Trom-

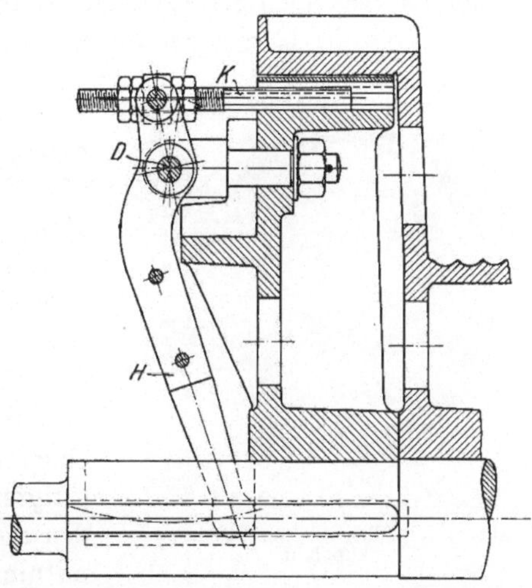

Abb. 124. Spreizringkupplung mit Keil (Losenhausen).

melwelle und wird von einer die Welle durchdringenden Stange gesteuert.

Die Düsseldorfer Kranbaugesellschaft ersetzt den Keil nach Abb. 125 und 126 durch zwei mit dem Ring gelenkig verbundene Ge-windebolzen *A*, die sich bei Drehung der Rotgußmutter *B* einander nähern oder auseinandergehen. Die verschiebbare Hülse *C* greift an der Mutter

mittels zweier nachstellbarer Gabelstücke an. Von der Welle aus wird
der Schleifring mitgenommen durch ein darauf festgekeiltes Stahlguß-
querstück D, das sich gegen Vorsprünge des Ringes legt. Im nicht ein-

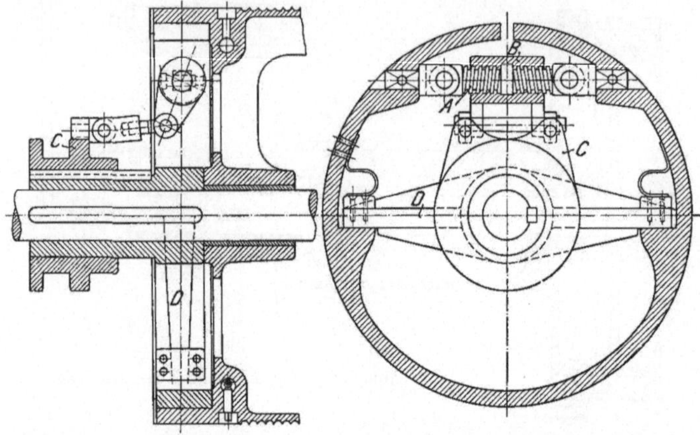

Abb. 125 u. 126. Spreizringkupplung mit Schraube (Düsseldorfer Kranbaugesellschaft).

gerückten Zustande drücken zwei Federn den Ring gegen die Anlage-
flächen des Querstückes und verhindern so, daß er auf der dem Schlitz
gegenüberliegenden Seite schleift, während er in der Richtung senkrecht
dazu durch die beiden Schrauben gleichmäßig zusammengezogen wird.

Abb. 127.　Bleichertsche Bremsbandkupplung.

Weite Verbreitung haben ihrer
großen Übertragungsfähigkeit und ihres
geringen Einrückwiderstandes wegen
die Bremsbandkupplungen gefunden.
Ihre Wirkungsweise beruht, wie aus
Abb. 127 ersichtlich, darauf, daß ein
holzgefüttertes Stahlband, das am
einen Ende mit einer auf der treibenden Welle aufgekeilten Scheibe fest
verbunden ist, am anderen Ende durch
einen von der Kupplungsmuffe betätigten Hebel angezogen wird und so
den an der Trommel befindlichen Ring
mitnimmt[1].

Im übrigen lassen sich auch die im Handel befindlichen, bei Trans-
missionen gebräuchlichen Kupplungen für Kranwinden verwenden.

Zur Mitnahme der Entleertrommel des Greifers werden zuweilen
Reibkupplungen allereinfachster Art (sog. Rutschkupplungen) benutzt,

---

[1] Vgl. auch die in Abb. 108 und 109 dargestellte Bremsbandkupplung der
Winde von Mohr und Federhaff.

deren Übertragungskraft nur zum Spannen des Entleerseiles genügt. Diese Kupplungen brauchen überhaupt nicht ausgerückt zu werden, sondern schleifen beim Schließen und Öffnen des Greifers. Es empfiehlt sich, in diesem Falle der Entleertrommel. etwas größere Umfangsgeschwindigkeit zu geben als der Schließtrommel, damit das Entleerseil nicht schlaff bleibt, wenn die Kupplung beim Anziehen gleiten sollte.

Vielseitig verwendbar ist die Schwarzsche Schraubenbandkupplung nach Abb. 128 und 129, deren gedrungene Bauart ihren Einbau an beliebiger Stelle des Windwerks begünstigt. Ihre Wirkungsweise gleicht derjenigen eines Spills, welches das lose um die Trommel geschlungene Seil erst mitnimmt, sobald die äußere Schlinge angezogen wird. — Auf der antreibenden Welle sitzt fest die Hartgußmuffe M mit geschliffener, glasharter Oberfläche. Die ausgebuchste Treibscheibe T, auf deren Nabe

das mitzunehmende Triebwerksrad aufgekeilt ist, läuft lose auf der Welle. Das schraubenförmig gewundene Stahlband F ist mit einem schwalbenschwanzartigen Kopf K an die Triebscheibe angeschlossen und umschlingt mit geringem Spiel die

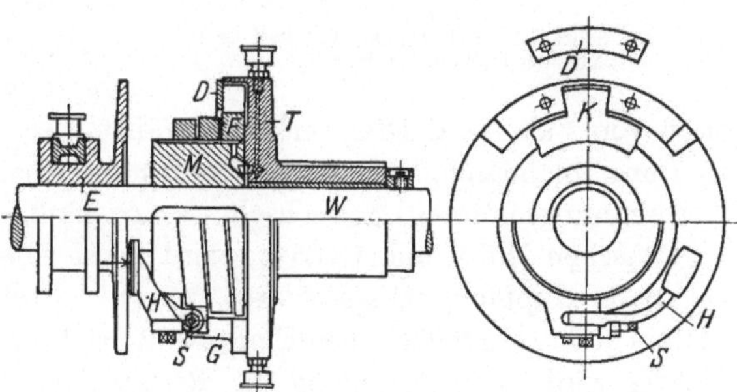

Abb. 128 u. 129.   Schraubenband-Leerlaufkupplung (Schwarz).

Muffe. Sein freies, als Gabel ausgebildetes Ende bildet den Drehpunkt eines Winkelhebels H, dessen kurzer Arm sich mit der Stellschraube S an eine Nocke N (vgl. auch Abb. 130) des benachbarten Schraubenganges anlegt. Wird nun der überstehende Arm des Winkelhebels von der auf der Welle verschiebbaren Einrückscheibe E nach rechts gedrückt, so zieht das hierbei entstehende Drehmoment zuerst den ersten Schraubengang und anschließend die übrigen Gänge des Bandes auf der umlaufenden Muffe fest, nimmt also — ziehend — die Treibscheibe und das mit ihr in Verbindung stehende Getriebe federnd mit. Ein Anschlag G hinter der Nocke verhindert, daß bei unbeabsichtigter Umkehrung der Drehrichtung sich das Schraubenband sofort von der Muffe löst. — In dieser Ausführung eignet sich die Kupplung für die Fälle, in denen das Kraftmoment in gleichem Sinne wie die Welle dreht; sie wird daher zum kraftschlüssigen Ankuppeln der zweiten Trommel verwendet[1]. Bei wechselnder Drehrichtung kommt eine zweite Kupplung auf der andern Seite der Einrückscheibe zur Anwendung, deren Schraubenband ent-

---

[1] Vgl. auch die Ausführung nach Abb. 115.

gegengesetzt gewunden ist; beim Wechsel der Drehrichtung ist die
Einrückscheibe gegen die andere Kuppelhälfte anzudrücken.

Abb. 130 zeigt eine vervollkommnete, für beliebigen Wechsel der
Drehrichtung bestimmte Ausführung der Schraubenbandkupplung.
Hier wird beim Andrücken der Einrückscheibe E die Mitte des Schrau-

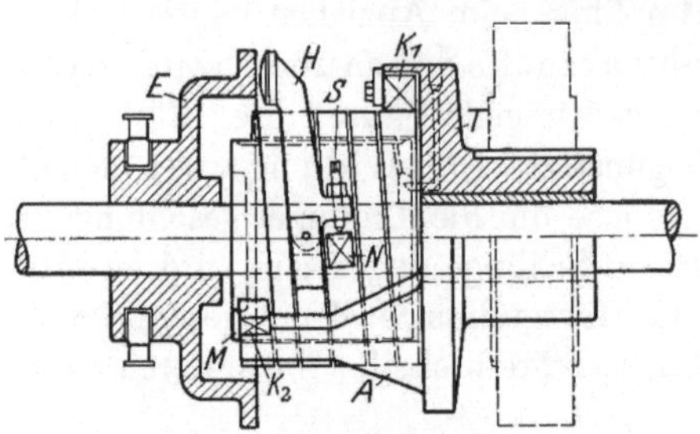

Abb. 130. Schraubenbandkupplung für zwei Drehrichtungen (Bauart Schwarz).

benbandes zuerst angepreßt.
Das Band ist am einen Ende
bei K_1 unmittelbar an der
Treibscheibe T, am andern bei
K_2 an einem Arm A derselben
angeschlossen, so daß, je nach
der Drehrichtung, entweder die
linke oder die rechte Hälfte der
Federwicklungen zur Wirkung
gelangt. Diese sog. Reversier-
kupplung hat sich für den An-
trieb von Fahr- und Drehwerken bewährt, bei denen die Bewegungs-
richtung unabhängig vom Drehsinn des antreibenden Motors (z. B. bei
Verbrennungsmotoren) gewechselt werden muß.

Zwischen Motor und Getriebe wird meist eine elastische, nicht aus-
rückbare Kupplung eingeschaltet, um die Stöße des anspringenden
Motors und deren schädlichen Einfluß auf das Vorgelege herabzumindern.
Häufig wird diese Kupplung als Bremsscheibe für die Motorbremse
ausgebildet. Sehr verbreitet ist die bekannte Lederbolzenkupp-
lung, die auch bei geringer Exzentrizität der Wellenmittel noch be-

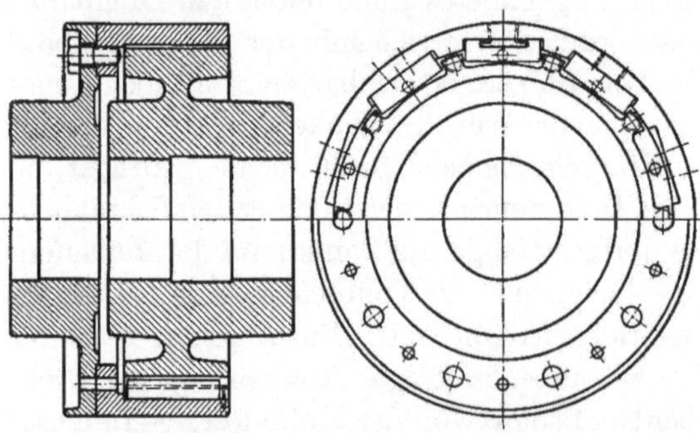

Abb. 131 u. 132. Elastische Lederkörperkupplung (Bauart Voith).

friedigend arbeitet.
Eine starre Verbin-
dung zweier nicht
völlig zentrisch lau-
fender Wellenenden
würde eine ununter-
brochen wechselnde
Verbiegung der Wel-
len und einen starken
Verschleiß der Lager-
schalen zur Folge
haben.

Eine ebenfalls auf der ausgleichenden Wirkung von Lederkörpern
beruhende Bauart ist die in Abb. 131 und 132 wiedergegebene Voithsche
elastische Kupplung. Die Ränder der beiden Kupplungshälften greifen
mit geringem Spiel übereinander und nehmen in durchlaufenden Längs-
nuten rechteckige Lederkörper auf, die an den gegenüberliegenden
Kanten anliegen und die elastische Verbindung beider Hälften herstellen.

Sie wirken gleichermaßen in beiden Drehrichtungen. Da die Quer-
schnittsform der Nuten dem Lederkörper eine kleine Dreh- bzw. Schwing-
bewegung gestattet, kann auch diese Kupplung vorteilhaft zur Verbindung zweier nicht völlig zentrierter Wellen benutzt werden. Wird
bei der Voithschen Kupplung der übergreifende Rand der einen Hälfte
abschraubbar gemacht, so lassen sich die Ledereinlagen leicht auswechseln und die Wellen ohne eine meist umständliche Längsverschie-
bung aus ihren Lagern herausnehmen.

Als Bremsen für Windwerke kommen sowohl Band- wie Backenbremsen zur Verwendung. Beide haben ihre Vor- und Nachteile, die
von den Fachleuten aber sehr verschieden beurteilt und bewertet werden.

Die Bandbremse besitzt den einfacheren Aufbau und ist daher in
geringerem Maße dem Verschleiß ausgesetzt. Das Band legt sich mit
stetig zunehmendem Druck gegen die Bremsscheibe, verteilt die bremsende Kraft besser auf deren Umfang und wirkt infolgedessen sanfter,
stoßfrei und fast geräuschlos. Ungünstig ist der einseitige Zug der beiden
Bandenden für die benachbarten Wellenlager. Wird ein Bandende fest
angeschlossen, so wirkt die Bremse hauptsächlich nur in einer Drehrichtung und ist in dieser Form als Halte- und Senkbremse gut geeignet,
während sie bei gleichem Bremsmoment in der andern Richtung nicht
genügt. — Sind beide Bandenden beweglich, so ist bei symmetrischer
Anordnung die Bremswirkung in beiden Richtungen die gleiche. Diese
Ausführung erfordert aber für gleiche Leistungen erheblich größere
Bremsmomente, da sich die Drehmomente der Bandzüge addieren.
Daher kommt diese Bremse für Hubwerke nur bei kleinen Lasten und
geringen Geschwindigkeiten in Betracht; dagegen wird sie viel verwendet
für Fahr- und Drehwerke, bei denen es nicht auf ein so schnelles und
genaues Unterbrechen der Bewegungen ankommt.

Eine zweckmäßige Abänderung dieser Bauweise zeigt Abb. 133, bei
der das der jeweiligen Drehrichtung entsprechend stärker belastete
Bandende festgelegt wird. Dreht sich die Bremsscheibe in der Pfeilrichtung, dann hat das untere Trum des Bremsbandes die Umfangskraft
der Scheibe aufzunehmen, so daß sich der in einem Schlitze des Lager-
bockes verschiebbare Zapfen a am untersten Punkt anlegen wird. Gleichzeitig drückt das Bremsgewicht den Zapfen b nach unten — jedoch nicht
so weit, daß er zur Anlage käme — und spannt so das ablaufende Trum.
Sucht die Bremsscheibe sich entgegengesetzt zu drehen, so vertauschen
die Bandenden ihre Rolle. Der ganze Hebel geht nach oben, und Zapfen b
legt sich im höchsten Punkte seines Schlitzes an, während das untere
Trum gespannt wird. Zum Lösen der Bremse ist das Gewicht anzuheben[1].

---

[1] Vgl. auch die eigentümliche Bremsanordnung in Z. V. d. I. 1913, S. 650,
Abb. 30 und 31.

Die Backenbremse besteht aus einer größeren Anzahl von Einzelteilen und Bolzengelenken, verlangt daher eine sorgfältigere Ausführung und Wartung, um raschen Verschleiß zu verhüten. Sie erfordert, da ihre Bremswirkung nur ungefähr proportional dem Anpressungsdruck wächst, im allgemeinen einen größeren Kraftaufwand als die Bandbremse, bei der sowohl Reibungsziffer wie umspannter Bogen als Exponentialgrößen auftreten, so daß bei ihrer Vergrößerung die Bremswirkung schnell steigt. Dagegen lassen sich die radial gerichteten Drucke bei der Backenbremse beliebig steigern, ohne die Welle oder ihre Lager zu belasten; bei genügendem Kraftaufwand wirkt daher diese Bremse sehr energisch. Außerdem arbeitet sie in beiden Drehrichtungen völlig gleich und eignet sich daher zum raschen Anhalten

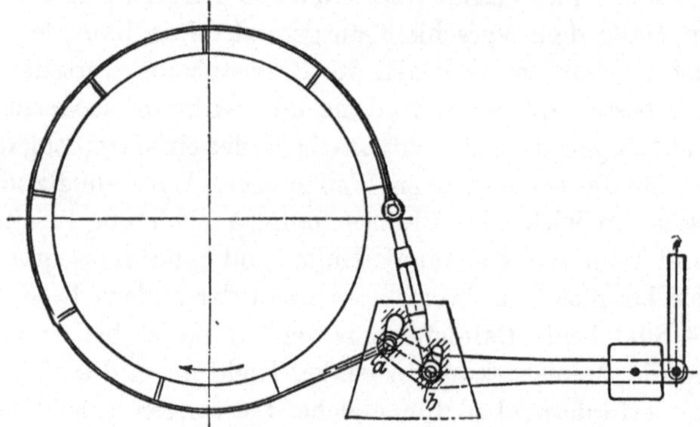

Abb. 133. Bandbremse mit verschieblichen Festpunkten.

sämtlicher Bewegungen und zu einer sicheren Begrenzung des Nachlaufweges der Last. Auch kann der Spielraum zwischen Backen und Scheibe leichter und genauer eingestellt und daher knapper gehalten werden als das Spiel zwischen Band und Scheibe, das von Temperatur und Feuchtigkeit bereits merklich beeinflußt wird. Kommt hierbei eine Stelle des Bandes zum Anliegen, so legt sich öfters auch die übrige Bandlänge an, so daß die Bremse schleift und nachgestellt werden muß. Ferner ist zu berücksichtigen, daß die beträchtliche Wärmeentwicklung angestrengt arbeitender Bremsen die Zerstörung der Ausfutterung beschleunigt. Bei der Backenbremse kühlt die ungehindert zuströmende Frischluft wirksam die sich erhitzende Scheibe, während die Oberfläche der Bandbremsenscheibe nahezu unter Luftabschluß läuft.

Um nötigenfalls das scharfe Einfallen der Bremsbacken zu mildern, kann man, etwa nach Abb. 134, eine Druckfeder zwischen die Backenhebel einschalten, deren Gegendruck auch das Lüften der Bremse erleichtert, dagegen ein dauernd größeres Bremsmoment zum Schließen erfordert. Besser erfüllt den Zweck ein Luft- oder Ölbremszylinder,

der nach dem Ausgleich des inneren Widerstandes keinen Gegendruck mehr ausübt.

Eine Bremseinrichtung, die allerdings vorwiegend für Einzellasten in Betracht kommt, ist die in Z. V. d. I. 1925, Nr. 34, beschriebene Doppelbremse, Bauart Bury-Humboldt. Sie benutzt ein durch zwei Backenbremsen beeinflußtes Planetengetriebe zur Regelung der Hub- und Senkgeschwindigkeit zwischen Null und dem Größtwert. Beide Bremsen stehen in zwangläufiger Verbindung, so daß die eine erst zu lüften beginnt, wenn die andere bereits anzieht. Die Differenzwirkung beider Bremsen schaltet das Planetengetriebe und bewirkt eine sehr feinfühlige Abstufung der Trommelumdrehungen in beiden Drehrichtungen. Die Bremse eignet sich daher besonders für den Gießereibetrieb.

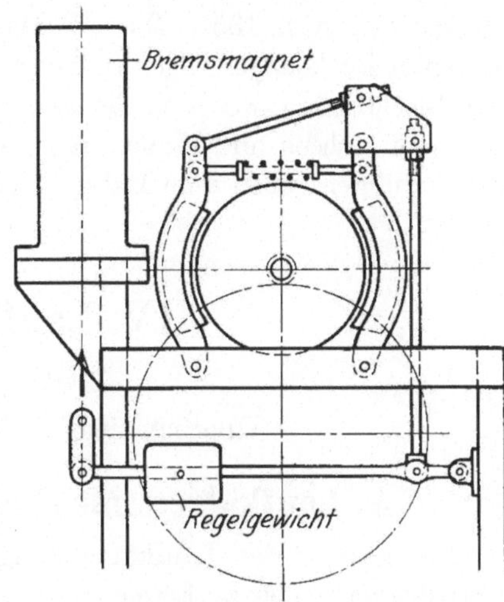

Abb. 134. Magnetisch gesteuerte Backenbremse.

Als Ausfütterung des Bandes und der Backen sind auch heute noch Holzklötze mit radial stehender Faserschicht in Gebrauch. Der niedrige Preis und die Elastizität des Materials sowie seine hohe Reibungsziffer (0,2 bis 0,3) machen es für Bremsen von mittlerer Leistung sehr geeignet. Bei hohem Anpressungsdruck und längerer Bremsdauer wird es aber infolge der starken Erhitzung rasch zerstört. Für angestrengten Betrieb wird daher gegenwärtig fast ausschließlich ein Belag von Ferodo-Fiber oder Jurid-Asbest

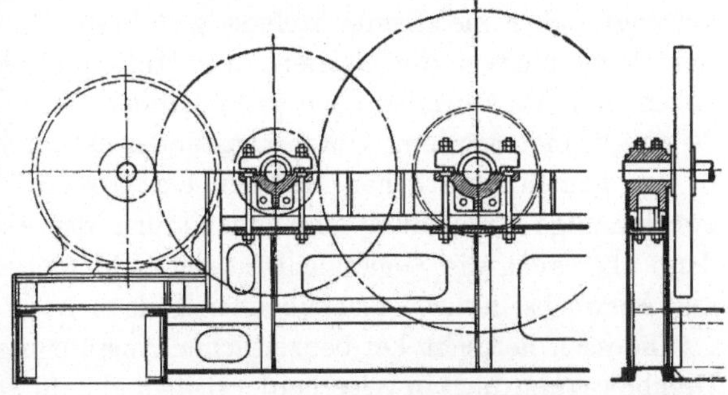

Abb. 135. Doppelwandiges Windenschild.

verwendet, der gegen Wärmeentwicklung fast unempfindlich ist und bei seiner hohen Reibungsziffer (0,4) eine sehr kräftige Bremswirkung ausübt.

Für die Lagerung der Achsen und Wellen kommen in der Regel normale Deckel-Stehlager zur Anwendung; Augenlager werden nur für langsam sich drehende oder schwingende Achsen von untergeordneter

Bedeutung, z. B. für Gestängeteile, benutzt. Dagegen bevorzugt man für schnellaufende und schwer belastete Wellen neuerdings Kugel- oder Walzenlagerung, um den Verschleiß und die Lagerreibung herabzudrücken und den Wirkungsgrad der Winde zu verbessern.

Eine kräftige, wenn auch etwas kostspielige Ausbildung der Lagerstellen zeigt Abb. 135. Die mit Doppelflansch und Zugschrauben befestigten Deckellager liegen in gemeinsam ausgebohrten Auflagerflächen der Blechschilde, wodurch der genaue Mittenabstand und die parallele Lage der Achsen und Wellen dauernd gewahrt bleibt. Geeignete Querverbindungen geben dem Rahmen ausreichende räumliche Steifigkeit[1]).

IV. Laufkatzen.

Bearbeitet von

Oberingenieur A. Meves, Duisburg.

A. Laufkatzen mit eingebautem Windwerk.

Die Bauart der Laufkatze hängt mit der Gesamtanordnung der Verladeanlage eng zusammen.

Laufkatzen mit eingebauter Winde wurden anfänglich nach dem Muster der Katzen von Werkstattlaufkranen gebaut, nur wurde ein Schutzhaus über die Winde gesetzt, das für den Führer und die Steuerapparate sowie zur Bedienung der Triebwerkteile genügend Platz gewährte. Bei den in gedeckten Hallen fahrenden Kranen ist der für den Laufkran verfügbare Raum häufig sehr knapp bemessen und verlangt daher meist eine äußerst gedrängte Bauweise der Katze; in der Regel müssen die Getriebe des Hub- und des Fahrwerkes dicht nebeneinander, zuweilen auch übereinander — sich gegenseitig deckend — angeordnet werden. Unter Umständen ist auch noch ein Drehwerk in den gemeinschaftlichen Rahmen einzubauen. Hierdurch wird eine zweckmäßige Anordnung und Ausbildung der einzelnen Windenteile, dann aber auch die Zugänglichkeit der Schmierstellen, das Nachstellen und Auswechseln der verschleißenden Teile mehr oder weniger erschwert.

Indessen herrscht bei neuzeitlichen Ausführungen von Katzen ohne Drehbewegung die Bauweise, bei der Hub- und Fahrwerk auf einem gemeinsamen Rahmen stehen, vor. In vielen Fällen ist hierfür maßgebend, daß die in einer Ebene aufgestellten Triebwerksteile von dem in gleicher Höhe liegenden Bedienungssteg leichter zu erreichen sind als bei einer Anordnung in mehreren Ebenen, von denen meist nur eine vom Bedienungssteg erreichbar ist, während z. B. zum Auswechseln verschlissener Teile

---

[1] Vgl. hierzu auch die Ausführungen über die „Kastenwinde", S. 67.

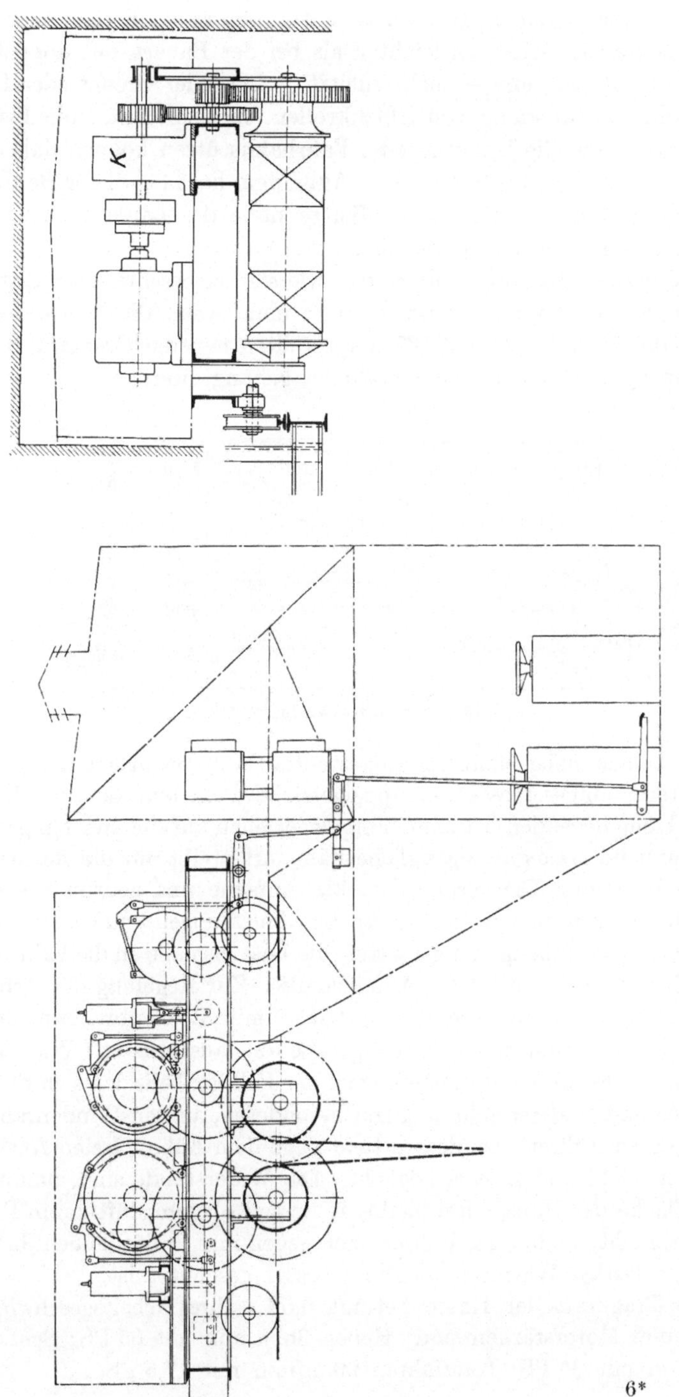

Abb. 136 u. 137. Greiferlaufkatze mit Zweimotoren-Kastenwinde und tiefliegenden Trommeln (Demag).

in den tieferen Lagen ein Hilfsgerüst notwendig wird. Ferner baut sich das Katzengerüst erheblich leichter als bei der Bauart mit doppeltem Triebwerksrahmen, und — nicht zuletzt — kann der Greifer oder Lasthaken ohne Verwendung von Ablenkrollen bis dicht unter die Brücke gehoben werden, die Brücken- oder Fahrbahnstützen können daher bei gegebener Hubhöhe niedriger sein. Außerdem liegt bei dieser Bauweise der Schwerpunkt der ganzen Laufkatze nahe der Laufschienenebene, also günstig für die Fahrbewegung.

Eine geringe Baulänge der Katze, wie sie bei beschränkter Katzenbahnlänge mitunter nötig wird, erreicht man, wenn die Seiltrommeln, wie bei der in Abb. 136 und 137 dargestellten neueren Greiferlaufkatze der Demag, unter den Windenrahmen gehängt werden.

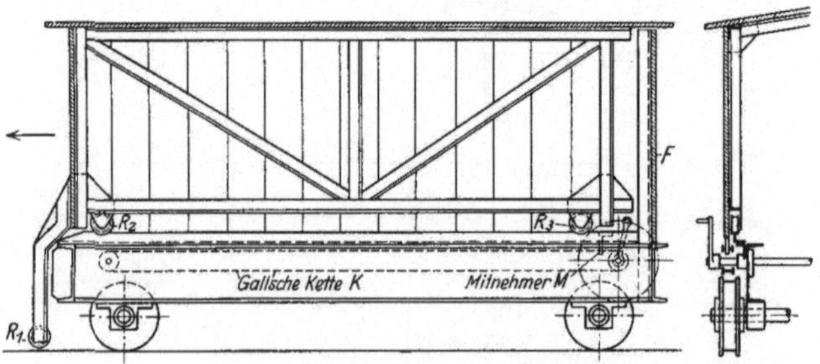

Abb. 138. Abrollbares Windenschutzhaus.

Die beiden nebeneinander aufgestellten Motoren arbeiten über ein im Kasten K eingeschlossenes Kuppelgetriebe (Planetenräder) und die auf halber Höhe liegenden, kurzen Vorgelegewellen auf die frei hängenden Seiltrommeln. Das gut zugängliche Fahrwerk treibt nur die stärker belastete Achse an. Die verhältnismäßig einfache und gedrungene Bauweise des Katzenrahmens beeinflußt die Abmessungen und Gewichte des Brückenträgers günstig und gestattet, die Last bis nahe an die Fahrbahnenden heranzubringen (kleine Anfahrmaße). Zur Regelung der Arbeitsgeschwindigkeiten sind sämliche Getriebe mit Backenbremsen, die in beiden Drehrichtungen gleichwertig arbeiten, ausgerüstet. Wie es bei den neueren Führerstandskatzen meist der Fall ist, befinden sich Steuerapparate und Widerstände in einem besonderen, an den Windenrahmen angehängten Führerhaus, dessen tiefe Lage dem Führer freien Ausblick auf Arbeitsfeld und Last ermöglicht. Die Widerstände sind, damit die Bodenfläche des Hauses frei bleibt, in dessen oberem, lüftbarem Raum untergebracht, so daß der Führer auch gegen ihre in der heißen Jahreszeit sehr lästige Wärmeentwicklung besser geschützt ist.

Die Tragkraft der Katze beträgt 6,5 t. Ihre Arbeitsgeschwindigkeiten und Motorstärken sind: Heben 36 m/min mit 65 PS; Schließen 24 m/min mit 35 PS; Katzfahren 90 m/min mit 17,5 PS.

Zur leichteren Überwachung und Wartung der Getriebe wird gewöhnlich das Dach oder eine Seitenwand des Windenhauses zum Aufklappen eingerichtet. Vollständig frei wird der Windenrahmen bei der in Abb. 138 schematisch angegebenen Anordnung, bei der nur eine Stirnwand F fest mit dem Rahmen verbunden ist, während das Dach mit den übrigen Wänden mittels der Rollen R_2, R_3 aufsitzt, daher in der Pfeilrichtung abgezogen werden kann. Zur Verschiebung dienen zwei durch Kurbelantrieb bewegte Gallsche Ketten K, in welche die am Windenhaus befestigten Mitnehmer M eingreifen. Sobald die Rollen R_2 an einer Abschrägung des Rahmens herabgleiten, setzt sich das Gehäuse auf die Rollen R_1 und rollt auf der Katzenfahrschiene weiter.

Um das Durchfahrtprofil der Katze innerhalb des Brückenträgers möglichst niedrig zu halten — z. B. wenn für den Träger eine größere Quersteifigkeit erwünscht ist oder über der Katzenbahn noch Bunker, Wägeeinrichtungen u. dgl. eingebaut werden sollen — empfiehlt sich eine Bauart nach Abb. 111, S. 66. Das obere Fahrgestell nimmt dann nur den

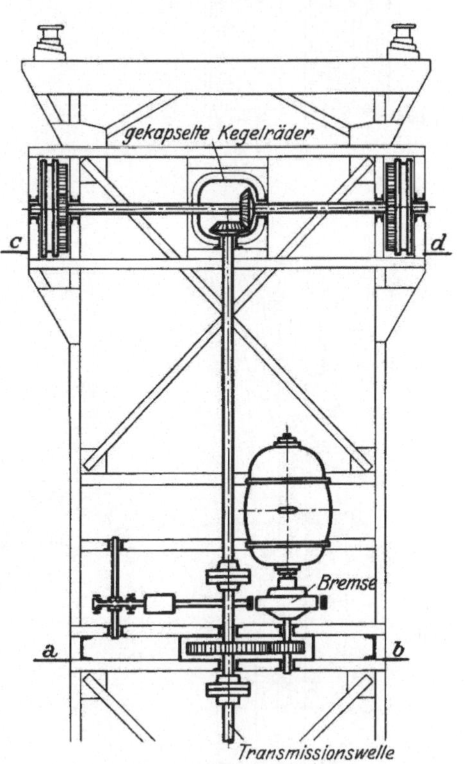

Abb. 139. Fahrwerk der Laufkatze einer Verladebrücke.

Fahrantrieb auf, so daß unter Umständen auch das Schutzhaus entfällt; die Hubwinden sind auf einem besonderen, tiefer herabhängenden Rahmen aufgestellt. Das wetterdicht verschalte Hängegerüst bildet gleichzeitig Windenschutzhaus und Führerraum. Diese Anordnung ermöglicht eine bequeme, übersichtliche Aufstellung und vollkommene Zugänglichkeit der Hubwerke. Bei dem in Abb. 139 dargestellten Fahrwerk dieser Laufkatze werden sämtliche Laufräder von einem gemeinsamen Motor durch Transmissionswelle und gekapselte Kegelräder angetrieben. Bei gut verteilten Massen sind gewöhnlich beide Achsen annähernd gleich belastet, so daß man sich im allgemeinen auf den Antrieb einer Achse beschränken kann. Infolge des tief liegenden Schwerpunktes dieser Bauart entsteht jedoch beim Anfahren ein die eine Achse entlastendes Kippmoment; ihr Adhäsionsgewicht genügt dann unter Umständen nicht mehr für die erforderlichen Beschleunigungskräfte, so daß die Transmission das Motordrehmoment zum größeren Teil auf die stärker belastete Achse übertragen muß. Die Fahrbremse wird durch Fußtritt und Gestänge vom Führerstand aus bedient.

Das Kuppeln der Fahrräder durch starre Transmissionsteile bietet nur Vorteile, solange sämtliche Räder genau gleichen Durchmesser haben, und wird leicht zur Ursache von Zahnbrüchen und starkem Verschleiß, sobald sich ein Rad oder Räderpaar z. B. infolge von ungleicher Belastung oder Herstellungsfehlern schneller abnutzt.

Muß man bei Verladebrücken im Hafenbetrieb den wasserseitigen Ausleger der Brücke vermeiden[1], so läßt sich die Reichweite der Katze in Richtung der Brückenachse dadurch vergrößern, daß man an die im übrigen normale Laufkatze einen wagrechten, nicht schwenkbaren Ausleger anschließt, dessen geradlinige Bewegung weniger durch das Tauwerk und die Antennen der Seeschiffe behindert wird als die Senkbewegung eines Brückenauslegers.

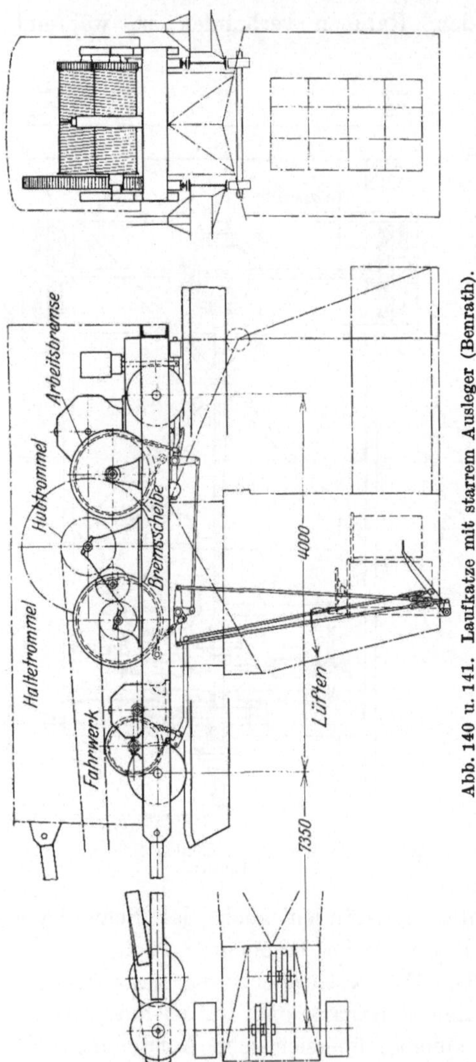

Abb. 140 u. 141. Laufkatze mit starrem Ausleger (Benrath).

Eine ältere Ausführung der Auslegerkatze zeigt Abb. 140 und 141. Die von der Benrather Maschinenfabrik für Greiferbetrieb mit 5 t

<hr>

[1] Vgl. Abb. 203 und 204.

Tragfähigkeit gebaute Katze fällt durch ihre geringe Breite auf, die für das Ausfahren des Auslegers günstig ist. Das Hubwerk zeigt noch die ältere Bauweise, bei der die Haltetrommel nur durch eine Rutschkupplung von der Hubtrommel mitgenommen wird, der Greifer kann daher nur geschlossen gesenkt werden. Für die Hubtrommel ist eine selbsttätig wirkende magnetische Haltebremse auf der Vorgelegewelle angeordnet, die aber für die Senkbewegung der Last vom Führer durch Fußtritt gesteuert werden kann. Innerhalb des Brückenträgers wird der Auslegerschnabel durch ein besonderes Rollenpaar gestützt, so daß die Raddrücke während der Fahrt innerhalb der üblichen Grenzen bleiben. Der Auslegerobergurt ist mittels Langlochverbindung an den Windenrahmen angeschlossen, um die drei Achsdrücke statisch bestimmt zu machen und zu verhindern, daß bei unebener Katzenbahn etwa das mittlere, angetriebene Räderpaar unzulässig entlastet oder gar abgehoben wird. Liegt der Gesamtschwerpunkt der belasteten Katze noch vor der mittleren Achse, so muß das beim Ausfahren des Auslegers auftretende Kippmoment durch Gegenrollen aufgenommen werden, die sich bei dieser Ausführung gegen den Unterflansch des Katzenbahnträgers legen[1]. Die Stützrollen des Auslegerschnabels sind besonders breit und haben keinen Spurkranz, damit kein seitliches Zwängen auf den Fahrschienen eintreten kann. Das Einfahren des etwas durchhängenden Auslegers wird durch Abbiegen der Fahrschiene am Fahrbahnende erleichtert.

Arbeitsgeschwindigkeiten und Motorstärken: Heben und Schließen 42 m/min, 68 PS; Fahren 180 m/min, 21 PS.

Soll die Laufkatze einen breiteren Streifen des Arbeitsfeldes ohne gleichzeitige Fahrbewegung der Verladebrücke bestreichen oder noch jenseits der Brückenenden befindliche Lasten aufnehmen, so kommt entweder der auf Brückenobergurt fahrende Drehkran zur Anwendung, oder man benutzt eine Laufkatze mit drehbarem Ausleger und zwischen oder gewöhnlich unter den Brückenträgern liegender Fahrbahn[2]. Sie kann hinsichtlich ihrer Bauart als ein nach unten hängender Säulendrehkran angesehen werden und wird als **Auslegerdrehlaufkatze** bezeichnet.

Abb. 142 gibt die Anordnung einer von der Firma Tigler-Demag ausgeführten Auslegerdrehlaufkatze von 15 t Tragkraft und 5,5 m Ausladung. Das durch Dery-Motoren angetriebene Greiferhubwerk, dessen Trommeln durch ein im Kasten K eingeschlossenes Planetengetriebe zwangläufig gekuppelt sind, steht auf einer drehbaren Plattform, auf der auch das Drehwerk seinen Platz findet. Plattform und Ausleger sind starr verbunden und an dem aus Schmiedestahl hergestellten

---

[1] Vgl. hierzu auch die auf S. 137 beschriebene Anordnung der Rollen.

[2] Vgl. auch unter Gerüstformen, S. 271 ff.

Königszapfen Z aufgehängt, der sich mit einer kugeligen Spurpfanne auf das Fahrgestell stützt. Das wechselnde Kippmoment des Katzengerüstes wird einerseits durch den Königszapfen, anderseits durch zwei wagerechte Rollenpaare aufgenommen, die sich gegen den mit dem Fahrgestell verbundenen Schienenring S legen. An seiner Außenseite ist ein Triebstockkranz T angebracht, in den ein vom Drehmotor mittels Schnecke angetriebenes, auf senkrechter Welle sitzendes Ritzel eingreift. Da die Belastung der Laufräder während der Drehbewegung stark wechselt, müssen beide Räderpaare angetrieben werden; die Ver-

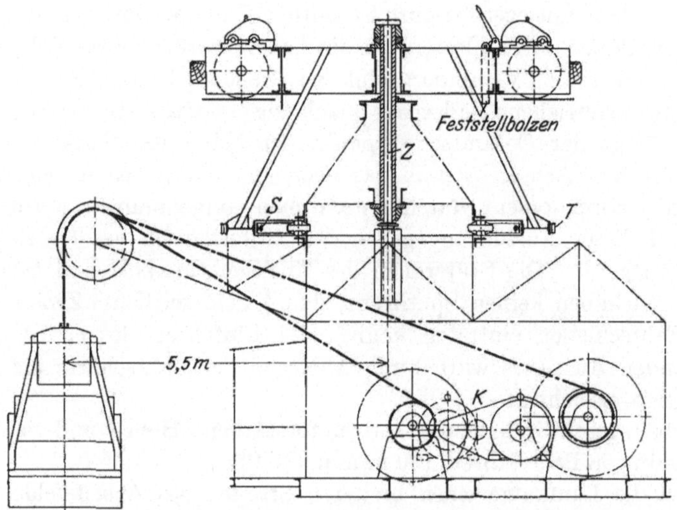

Abb. 142. Auslegerdrehlaufkatze (Tigler-Demag).

wendung von Drehstrommotoren gestattet getrennten Antrieb jedes Räderpaares ohne ausgleichende Kuppelwelle. Der Führerstand befindet sich unter dem Ausleger und ist gegen den Windenraum, in dem auch die Widerstände größtenteils untergebracht sind, wärmedicht abgeschlossen. Da auch die Fahrbewegung der Katze und der Brücke von hier aus gesteuert werden, so enden die Stromkabel für die Fahrmotoren an mehreren unter der Drehsäule befindlichen Schleifringen, von denen der Strom durch Abnehmer und ein in der hohlen Säule herabgeführtes Kabel zu den Motoren weitergeleitet wird. Zum Lüften der Backenbremsen auf den Motorwellen sind Bremsdynamos angeordnet. Die Verschiebung der Kollektorbürsten der Dery-Motoren erfolgt durch Gestänge vom Führerstand aus.

Die Katze bestreicht einen Flächenstreifen von 11 m Breite, kann daher auch die größten Ladeluken, Bunker oder mehrere Bahnwagen ohne Brückenfahren bedienen. Ihre Drehbarkeit erleichtert das Ein-

stellen des Greifers, wenn die Ladegleise nicht rechtwinklig zur Brückenachse liegen. Gegenüber dem oben laufenden Drehkran besitzt die
Drehlaufkatze den Vorzug, daß sie die Last unter dem Brückenträger
ungehindert durchschwenkt, während der Drehkran sie gegebenenfalls

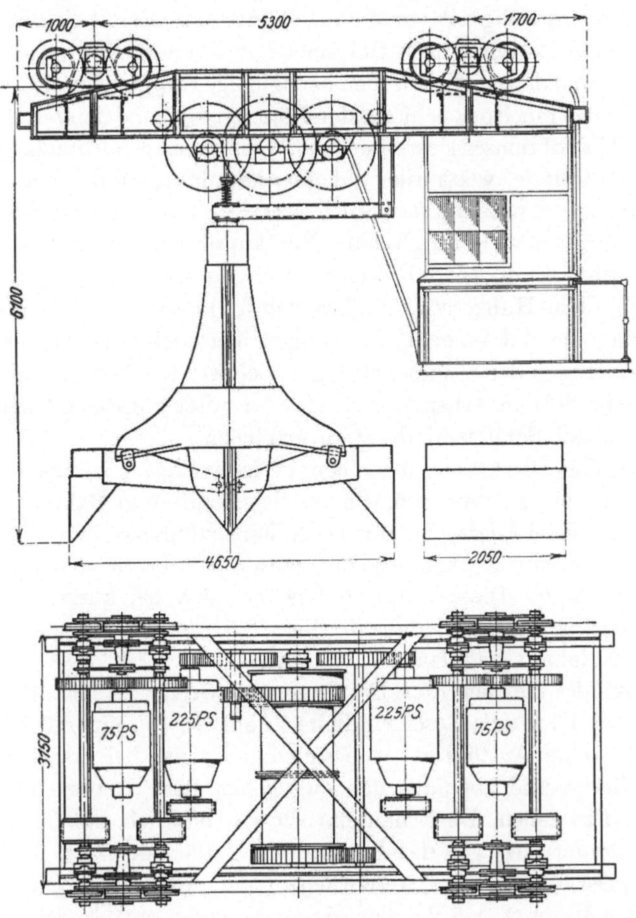

Abb. 143 u. 144.   Greiferlaufkatze einer amerikanischen Verladebrücke.   Sämtliche Laufräder
angetrieben.

über diesen hinwegheben muß. Dagegen erfordert diese Art der Lastförderung Portalstützen mit breiter Durchfahrtöffnung und bei gleichen
Hubhöhen verhältnismäßig hohe Stützen, ein Nachteil, der übrigens
allen nach unten durchhängenden Laufkatzen anhaftet.

Arbeitsgeschwindigkeiten und Motorstärken: Heben 56 m/min,
2 × 125 PS; Schließen 38 m/min, 125 PS; Drehen zweimal/min, 19 PS;
Fahren 147 m/min, 48 PS.

Beachtenswert ist der Fahrantrieb der in Abb. 143 und 144 dargestellten amerikanischen Greiferkatze für 10 t Nutzlast[1]. Die schwere Winde
hängt in zwei Laufwerken mit vier, in Schwingen paarig gelagerten
Rädern, die, auf ihren Achsen festgekeilt, durch zwei parallele Wellen von
dem gemeinsamen 75 pferdigen Motor angetrieben werden. Hierbei wird
eine Fahrgeschwindigkeit von 5,5 m/sek erreicht. Damit sich die gegenüberliegenden Radschwingen frei einstellen können, sind zwischen den
Radachsen und den Antriebswellen nachgiebige Kupplungen eingeschaltet
und die Wellen mit Rücksicht auf den Rädereingriff und den Zug der Fahr-
bremsen (Bandbremsen) zwischen den Kupplungen nochmals gelagert.

Die Hubwinde weist die übliche Anordnung mit zwei Greifer-
trommeln auf, deren eine fest auf der Welle sitzt, während die andere,
die Öffnungstrommel, durch eine Reibkupplung mit der Welle verbunden wird. Zum Antrieb dienen zwei Motoren von je 225 PS, die
dem Greifer eine Hubgeschwindigkeit von 1,5 m/sek geben. Die Leistung
der Katze, die auf einer 170 m langen Verladebrücke verkehrt, soll
600—650 t Erz in der Stunde betragen, doch ist diese Förderung offenbar
nur bei sehr flottem Arbeiten vom Haufen unter günstigen Umständen,
nicht etwa bei Schiffsentladung zu erreichen.

Die zu den Uferkranen derselben Verladeanlage gehörige Drehlaufkatze nach Abb. 145 und 146, die aus den Schiffen in Bahnwagen oder
auf den Haufen fördert und nur 50 m Fahrbahnlänge hat, wird durch
Seile von einem im Krangerüst eingebauten Windwerk mit 75 pferdigen
Motor verfahren. Dieser Antrieb bewährt sich bei kurzer Fahrbahn
und großer Fahrgeschwindigkeit (hier 3,5 m/sek) zum raschen und
genauen Anfahren und Halten der Katze.

Die Winde, die den 7,5 t Erz fassenden Greifer bei 350 PS Motorleistung mit 1,1 m/sek Geschwindigkeit hebt, ist auf einer Drehscheibe
aufgestellt, eine Ausführung, die sich auch sonst bei amerikanischen
Kranen findet und ebenfalls den Zweck hat, dem Greifer ein größeres
Arbeitsfeld zu geben. Die Schaufelarbeit wird dadurch, daß der weit ausladende Greifer jetzt von den Rändern der Luken aus nach allen Seiten
unter das Deck fassen kann, wesentlich eingeschränkt. Zum Drehen dient
ein kleiner Motor von 5 PS, der die Drehscheibe mittels Seil antreibt.

Da bei dieser Anordnung der zentrierende Königszapfen entfallen
muß, sind zur Aufnahme der wagerechten Kräfte außenliegende Führungsrollen vorgesehen. Die Bremse der Haltetrommel wird magnetisch,
ihre Reibkupplung durch einen $1^{1}/_{2}$ pferdigen Motor betätigt.

Das Bedürfnis, Lasten über beliebig gekrümmte, auch mit Abzweigungen versehene Bahnen zu befördern, führte zur Bauform der
Einschienenkatze[2]. Eine kreisförmige Bahn kann auch durch eine

---

[1] Vgl. Z. V. d. I. 1913, S. 649 ff.

[2] Vgl. Bd. II, Teil 1, S. 288: Elektrohängebahnen.

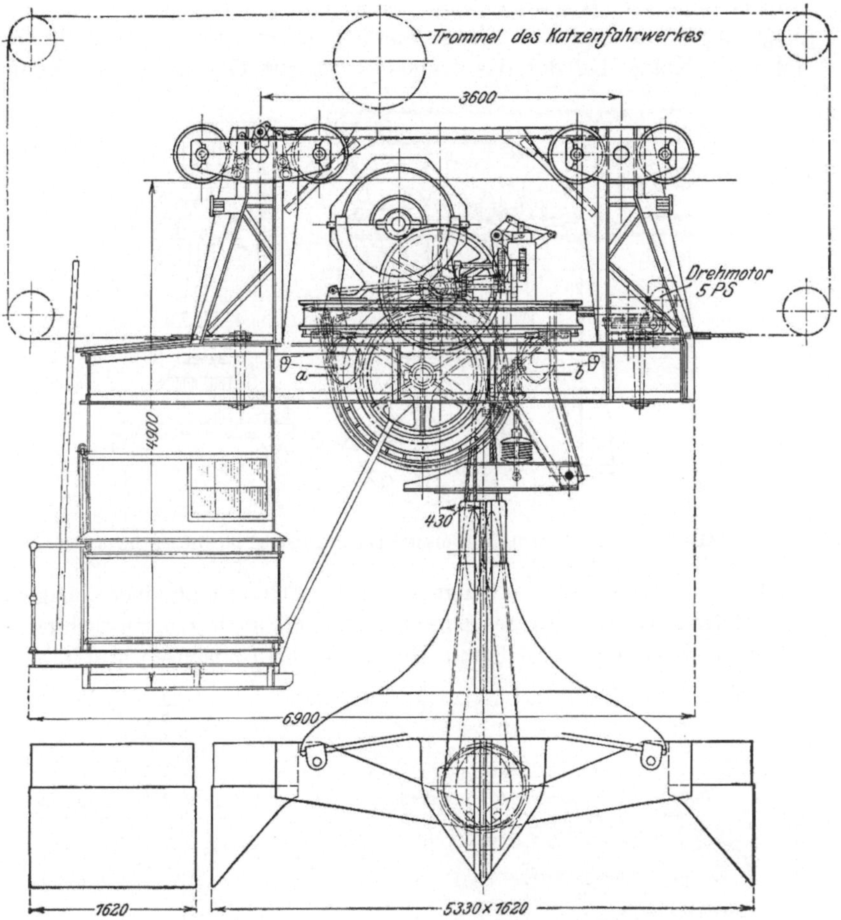

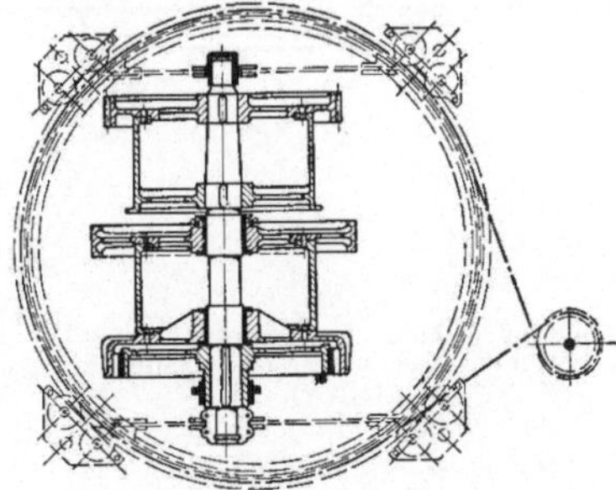

Abb. 145 u. 146. Amerikanische Drehlaufkatze
mit Seilantrieb für die Fahrbewegung.

gewöhnliche, vierrädrige Laufkatze befahren werden, wenn die Laufraddurchmesser im Verhältnis der Bahnradien abgestuft sind. Bei beliebig
gekrümmter Bahn rückt man die Schienen so eng zusammen, daß der

Unterschied ihrer Krümmungshalbmesser sehr gering wird. Ihre engste
Lage ergibt die auf den Unterflanschen einer I-förmigen Laufbahn
fahrende Katze, bei der das Katzengerüst mit Gabeln an den Lauf-

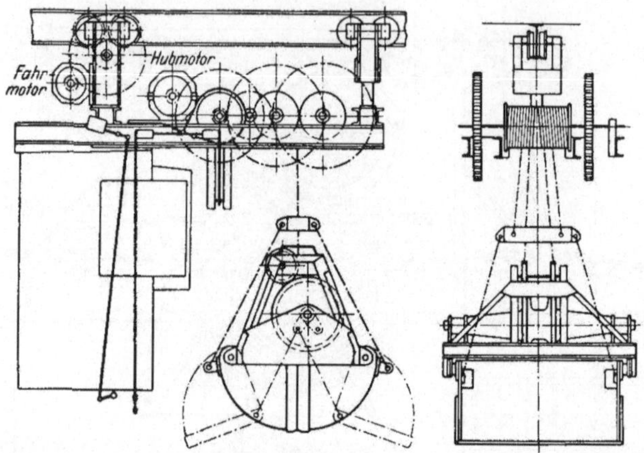

Abb. 147 u. 148. Unterflanschlaufkatze mit Führerstand für Greiferbetrieb.

werken aufgehängt ist. Vereinigt man beide Schienen zu einer einzigen,
so entsteht die eigentliche Einschienenkatze, auch Oberflanschkatze
genannt, deren Gerüst sich mit Bügel auf die Radachsen stützt.

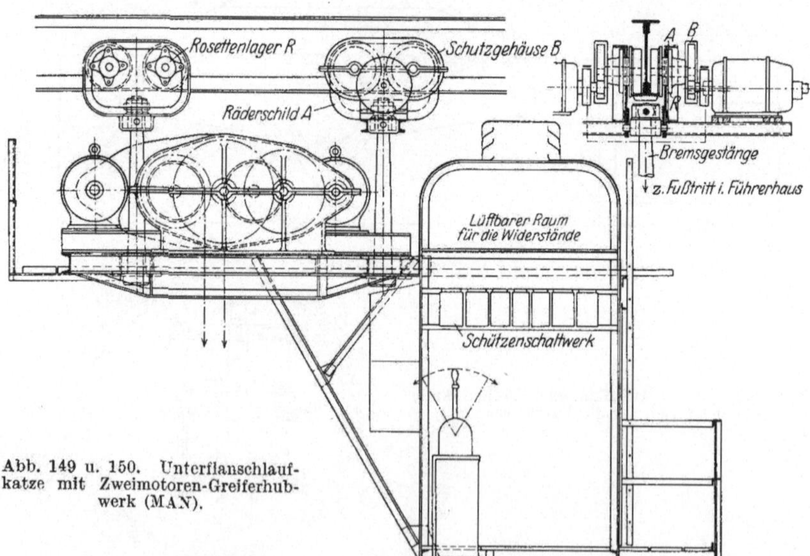

Abb. 149 u. 150. Unterflanschlaufkatze mit Zweimotoren-Greiferhub-
werk (MAN).

   Abb. 147 und 148 zeigt eine für Greiferbetrieb bestimmte, als Unterflanschkatze gebaute Führerstandslaufkatze. Die beiden Laufwerke,
von denen das stärker belastete den Fahrantrieb enthält, haben je vier

fliegend gestützte Laufräder, die sämtlich durch ein gemeinsames Vorgelege angetrieben werden. Das Verbindungsstück stützt sich im gabelartigen Drehschemel der Laufräder durch einen Hängezapfen mittels kugeliger Spurpfanne auf einen Rollenkranz und ist mit dem Windenrahmen durch ein Bolzengelenk verbunden, so daß sich die Schemel beim Durchfahren der Kurven zwanglos radial einstellen können, anderseits das Ausschwingen des Katzengerüstes infolge der Fliehkraft nicht behindert wird. Eine Neigung zum Kippen der Drehschemel und damit eine Mehrbelastung der Räder auf einer Seite ist auch bei dieser Anordnung nicht ganz zu vermeiden; sie wird um so geringer, je näher das obere Gelenk (als Angriffspunkt der Fliehkraft) der Laufschienenebene liegt.

Für die Belastung der Laufwerke günstiger ist daher eine Aufhängung, wie sie die MAN für die in Abb. 149 und 150 dargestellte Unterflanschkatze verwendet. Bei dieser mit einem Zweimotoren - Hubwerk ausgerüsteten Greiferkatze[1] sind Windenrahmen und Führerhaus kreuzgelenkartig in den Laufwerken aufgehängt. Der eine Gelenkbolzen ermöglicht das seitliche Auspendeln, der andere gleicht als Drehzapfen der Radschwingen die lotrechten Raddrücke aus. Zwischen beiden befindet sich das Kugelspurlager, das eine Einstellung der Schemel in der Kurve ermöglicht. Die hohe Lage des Kreuzgelenkes — unmittelbar unter der Laufkatze — ist günstig mit Rücksicht auf das von der Fliehkraft auf die Fahrwerke ausgeübte Kippmoment.

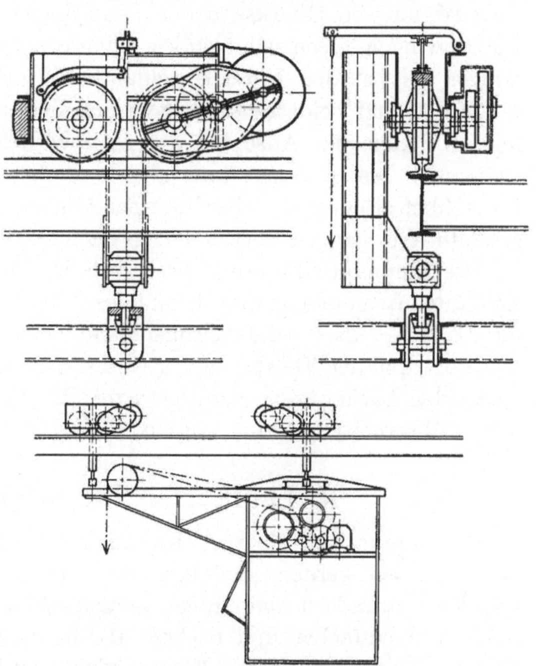

Abb. 151 bis 153. Oberflansch-Einschienenkatze für Greiferbetrieb (Pohlig).

Bemerkenswert ist die Anordnung des Fahrantriebes mit völlig getrennt arbeitenden Drehstrommotoren für jede Seite sowie die Aussteifung der gabelförmigen Radgestelle gegen Aufbiegen.

---

[1] Vgl. den Windengrundriß in Abb. 114, S. 69.

Die Tragkraft der Katze beträgt 8 t. Ihre Arbeitsgeschwindigkeiten sind: Heben und Schließen 30 m/min mit 2×33 PS; Fahren 152 m/min mit $2 \times 9{,}3$ PS.

Bei der Oberflansch-Einschienenkatze, wie sie Abb. 151 bis 153 wiedergeben, ist der als Kreuzgelenk ausgebildete Hängezapfen sehr kurz gehalten. Er vermittelt die Drehbewegung und das Ausschwingen der Katze in den Kurven, während sie in der Geraden vorwiegend um die Oberkante der Laufschienen pendelt. Gehänge und Radschwingen lassen sich bei dieser Bauform einfacher und widerstandsfähiger als bei der Unterflanschlaufkatze ausbilden; die Wellen der Laufräder sind beiderseits gelagert und der doppelte Fahrantrieb vermieden. Auch der Anschluß der Laufbahnträger an die Stützkonsole ist baulich besser auszuführen als die Aufhängung des Trägers mittels Flanschbefestigung, die allerdings bei Abzweigungen der Bahn einfacher gebaute Weichen zu verwenden gestattet[1].

Das Einmotorenhubwerk dieser von der Firma Pohlig ausgeführten Laufkatze ist in dem oberen Raum des Führerhauses eingebaut, weshalb die Lastseile über Schnabelrollen zum Greifer geführt werden. Zum Unterbrechen der Fahrbewegung sind sämtliche Laufräder mit einseitig wirkenden Backenbremsen ausgerüstet, die durch Seilzüge und Fußtritt vom Führerhaus betätigt werden.

B. Laufkatzen für Seilantrieb.

Die Laufkatzen, die von einer im Krangerüst feststehenden Winde aus betrieben werden, bestehen im wesentlichen aus dem Fahrgestell mit den Laufrädern und einigen Leitrollen für die Lastseile, bauen sich daher viel einfacher und leichter als die Laufkatzen mit eingebauter Winde. Das verminderte Eigengewicht der Seilkatze gestattet eine leichtere Ausführung des Krangerüstes und spart Betriebskraft für die Fahrbewegung, die — besonders für hohe Fahrgeschwindigkeiten — schon deshalb Seilantrieb erfordert, weil das geringere Adhäsionsgewicht der Katze für den unmittelbaren Räderantrieb nicht ausreicht.

Bei neueren Ausführungen mit großen Fahrwegen begleitet der Führer in der Regel die Katze und bedient dann die feststehende Winde durch Hilfsanlasser und Fernsteuerung.

Ein empfindlicher Nachteil des Seilantriebes liegt in der verwickelten Führung der Seile zwischen Winde und Last, zumal bei Verwendung von Hilfskatzen mit besonderer Laufbahn und einer großen Zahl von Leitrollen, wodurch die Widerstände und der Seilverschleiß erheblich zunehmen. Gewisse Schwierigkeiten bereitet auch die zweckmäßige Ausbildung des Brückengerüstes für den Durchgang der Seile sowie

---

[1] Vgl. Bd. II, Teil 1, S. 198 ff.

die Aufnahme der von den Leitrollen auf die Tragkonstruktion ausgeübten Kräfte.

Bei großer Fahrlänge hängen die schwächer angestrengten bzw. zeitweilig entlasteten Seile oft in unzulässiger Weise durch, so daß Vorrichtungen zu ihrer Unterstützung notwendig sind.

Wenn die Last jedesmal, ehe die Fahrbewegung beginnt, bis zur Katze aufgezogen wird, so kann man das Hubseil vor zu tiefem Durchhang durch Holzbalken

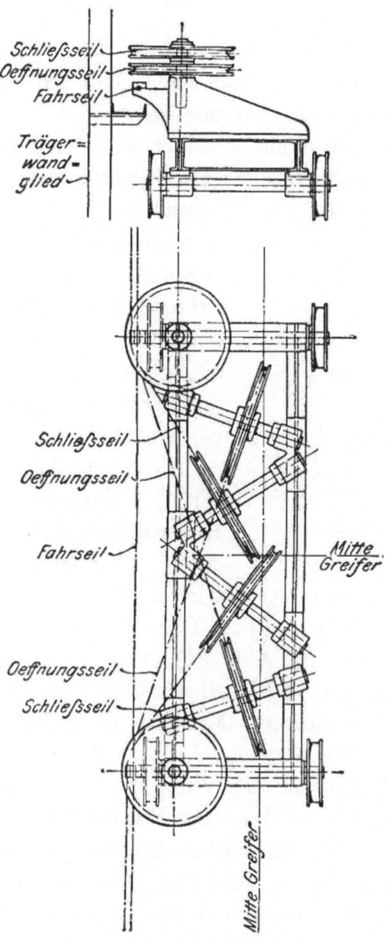

Abb. 154 u. 155. Seillaufkatze mit auf der ganzen Länge unterstützten Seilen (Hunt).

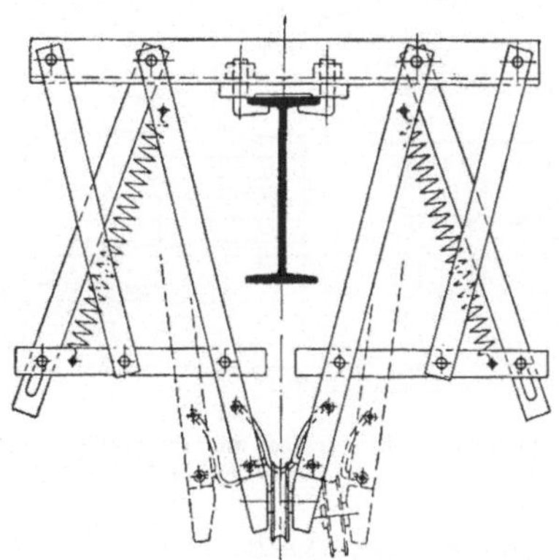

Abb. 156. Ausweichende Seilstütze (Temperley).

schützen, die quer zur Fahrbahn unterhalb des Durchgangsprofils des Förderkübels aufgehängt werden. Dagegen würde Fahren bei beliebiger Lasthöhe durch die Balken verhindert werden, die deshalb nur ausnahmsweise bei älteren Anlagen benutzt worden sind.

Hunt legt bei einer Sonderausführung an der inneren Seite des einen Kranträgers entlang ein ⊔-Eisen (Abb. 154 und 155) und führt die Schließ- und Entleerseile über wagerechte Rollen seitlich in die Katze ein, so daß sie, statt durchzuhängen, in der von dem ⊔-Eisen gebildeten Rinne schleifen. In der Laufkatze werden sie durch schräge Rollen so abgelenkt, daß sie am Greifer symmetrisch anfassen. Das Fahrseil greift ganz einseitig an und wird ebenfalls von dem ⊔-Troge aufgenommen.

Vielfach sind Versuche mit ausweichenden Rollen gemacht worden, doch haben sich alle diese Vorrichtungen bei großer Fahrgeschwindigkeit nicht besonders bewährt. Temperley hängt nach Abb. 156 die Rollen an Flacheisenparallelogrammen auf, die von der spitz zulaufenden Katze zur Seite gedrängt und durch Federn wieder in die Mittelstellung zurückgeführt werden.

Unter den Laufkatzen, die von einer feststehenden Winde aus betrieben werden, ist zunächst eine ältere Bauart nach Abb. 157 zu erwähnen, bei der die beiden Seiltrommeln und der Fahrantrieb auf der Katze verblieben sind. Da es sich um einen schweren Kran (amerikanische Ausführung) handelt — der Greifer wiegt leer 6500 kg und faßt 7500 kg Erz — war eine Verminderung des toten Gewichtes der Katze sehr erwünscht; anderseits wollte man auf die Betriebsvorteile, die sich aus dem Mitfahren des Führers ergeben, nicht verzichten.

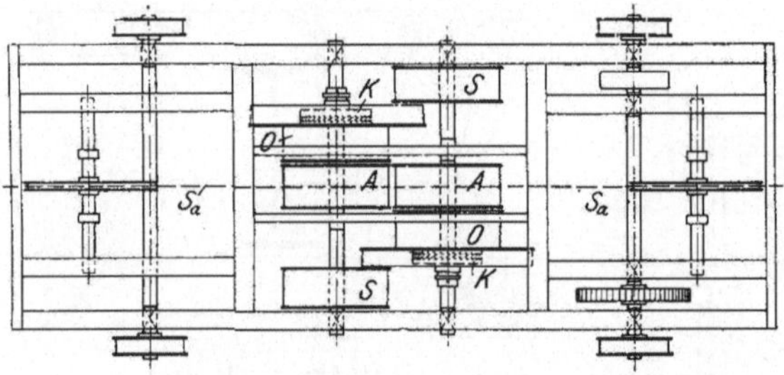

Abb. 157. Seillaufkatze mit Führerstand für über eine Hilfskatze geführte Hubseile.

Die im Brückengerüst eingebaute Hubwinde wird durch einen 130 pferdigen, von der Laufkatze mittels Hilfsanlassers gesteuerten Motor angetrieben und durch eine Magnetbremse gestoppt. Das Hubseil läuft über eine Hilfslaufkatze (ähnlich wie in Abb. 94), von der zwei Seilstränge S_a zur Lastkatze weitergehen und in dieser über Wanderrollen zu je einer Antriebstrommel A führen. Mit der Trommel A starr verbunden sind die Hub- und Schließtrommeln S, während die Haltetrommeln O beim Heben und Senken des Greifers durch eine 24 zähnige Klauenkupplung angeschlossen werden. Die Hubtrommel im Krangerüst arbeitet also mittelbar über die Hilfslaufkatze und die beiden Antriebstrommeln auf die eigentlichen Lastseile. Zum Senken wird der Motor umgesteuert; für die Einleitung der Bewegung ist ein Stromstoß erforderlich, da hierbei das gesamte Triebwerk mitzuziehen und ein ziemlich großer Seilwiderstand zu überwinden ist. Die Regelung der Senkgeschwindigkeit durch Abbremsen der Hubtrommeln S, das Festhalten der Haltetrommeln und die Bedienung der Klauenkupplungen und der Fahrwerksbremse erfordert beträchtliche Übung und Achtsamkeit des Führers.

Wesentlich einfacher und gedrungener baut sich eine von Pohlig für Kübel- oder Einseilgreiferbetrieb verwendete Seillaufkatze nach Abb. 158 und 159. Sie besitzt nur zwei Leitrollen für die Hubseile, die in verschiedenen Ebenen ablaufen; diese Anordnung hat eine Neigung der Katze zum Drehen zur Folge, die aber praktisch ohne Bedeutung ist. Die Abbildung zeigt auch den federnden Anschluß des Fahrseiles an die Katze.

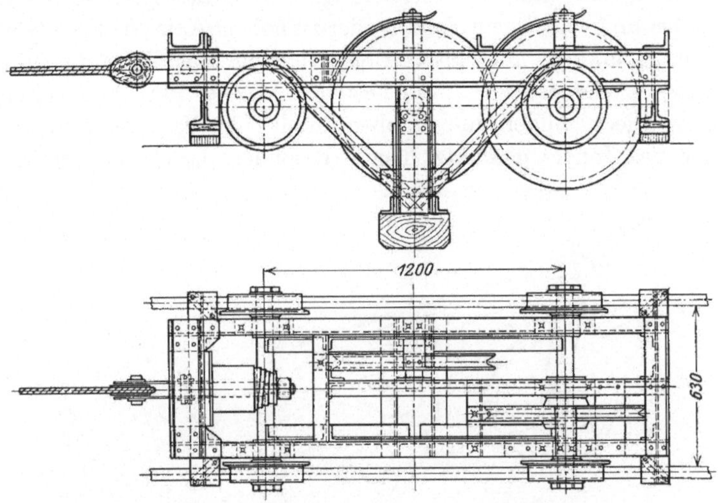

Abb. 158 u. 159. Einfache Seillaufkatze für Kübelbetrieb (Pohlig).

Auch Laufkatzen ohne Führer erhalten zuweilen an Stelle von Seilrollen Trommeln, die eine Trennung des sich schneller abnutzenden Greiferseiles vom Windenseil möglich machen und letzteres samt der Winde leichter auszuführen gestatten, da eine Übersetzung von etwa 1:2 in die Laufkatze verlegt werden kann (Abb. 160). Falls ein beson-

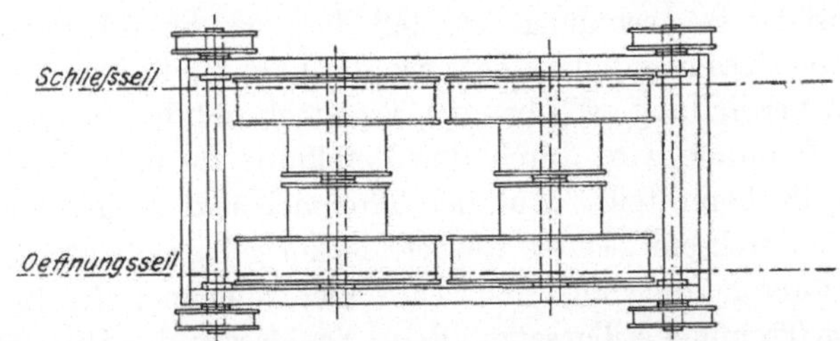

Abb. 160. Seillaufkatze mit Trommelübersetzung.

deres Fahrseil fehlt, ergibt die Anordnung ferner eine im Verhältnis zur Hubgeschwindigkeit größere Fahrgeschwindigkeit.

Abb. 161 und 162 geben eine einfache Seilrollenlaufkatze wieder, die für Bahnneigung 1:4 und 5500 kg Belastung bestimmt ist[1]. Die

---

[1] Seilschema ähnlich Abb. 92, jedoch ohne Vorderseil.

Wangen bestehen aus schwachen Blechen, in denen der Gewichtsver-
minderung wegen Öffnungen ausgespart sind. Die an der Rollenachse
angreifende Last wird durch ⌐-Eisen unmittelbar nach den Lauf-
radachslagern übertragen. Winkeleisen und Bleche dienen zur weiteren
Aussteifung und zur Querverbindung. Puffer aus Holz schützen die
Katze bei unvorsichtigem Fahren oder zu hohem Aufziehen des Greifers.

Eine Laufkatze mit einseitig eingeführtem Zugseil ist in Abb. 163
und 164 wiedergegeben [1]. Sie besteht aus zwei mit Winkeleisen ge-
säumten Blechschilden und ist oben durch eine Blechkappe überdeckt,
so daß das Innere geschützt liegt. Besonders beachtenswert ist eine

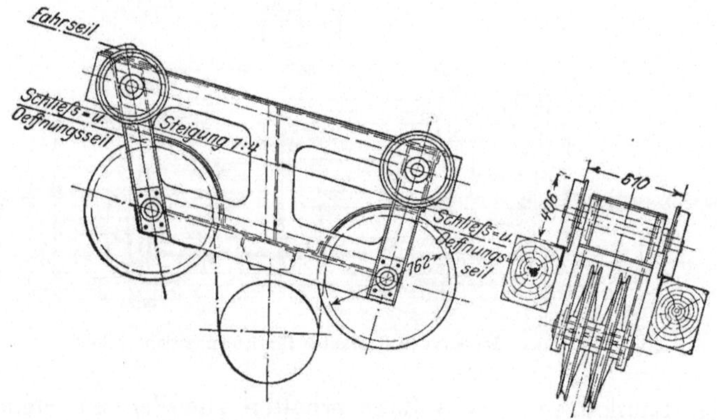

Abb. 161 u. 162. Leichte Seillaufkatze für geneigte Bahn.

Einrichtung, die das Entleeren des Förderkübels an beliebiger Stelle
gestattet.

Hierzu dient eine Trommel, die mit der Seilrolle der Laufkatze durch
drei Zahnräder so verbunden ist, daß das von ihr ablaufende dünne
Seil dieselbe Geschwindigkeit hat, wie die Last, und daher schlaff mitläuft. Die Verbindung zwischen der Trommel und dem auf ihrer Achse
sitzenden Zahnrade wird durch eine Reibkupplung mit geringer Übertragungskraft hergestellt. Auf der Trommel sitzt ferner eine Bandbremse, die durch ein leichtes Gewicht locker gehalten wird. Zieht nun
der vom Führerstande aus steuerbare Elektromagnet die Bremse an,
so wird die Trommel stillgesetzt. Beim Nachlassen des Hubseiles dreht
jetzt das festgehaltene Entleerseil den Auslösehebel des Fördergefäßes
und bringt dasselbe zum Kippen, während die Reibkupplung schleift.

Die Entlastung des Hubseiles bei Kranen, die nach dem Schema
Abb. 92 arbeiten, läßt sich nach Abb. 165 in folgender Weise durchführen. Auf den Fanghaken a wirken zwei Federn b_1 und b_2, die ihn

---

[1] Hierzu gehörig: Seilschema Abb. 95; Förderkübel Abb. 6 bis 8; Winde
Abb. 116 und 117.

bei frei schwebender Last in der Stellung 1 halten. Beim Heben stoßen jedoch die vorspringenden Zapfen der losen Rolle gegen die schräge Unterfläche des Hakens und drängen ihn nach links hin in Stellung 2. Ist die Rolle genügend hochgehoben und wird dann wieder nachgelassen,

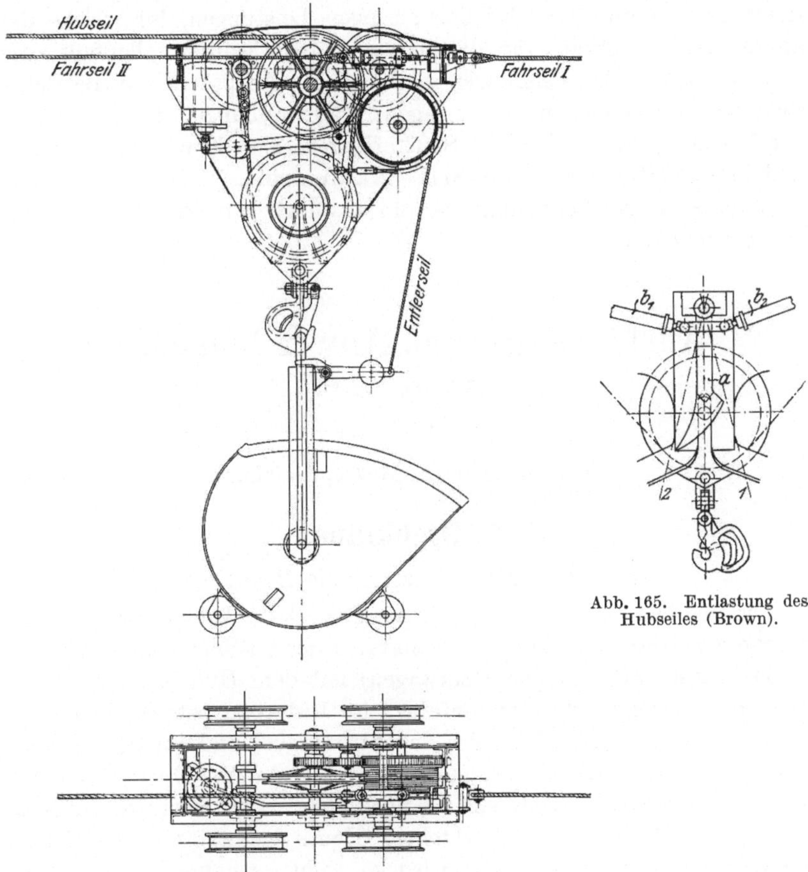

Abb. 165. Entlastung des Hubseiles (Brown).

Abb. 163 u. 164. Seillaufkatze mit steuerbarer Entleerung des Kübels (Benrath).

so tritt der Zapfen in die punktiert angedeutete Aussparung des Hakens, der jetzt in die Mittelstellung gedrängt wird. Nun ist das Hubseil locker, und die Katze kann verfahren werden. Um die Last wieder zu lösen, hat der Führer das Hubseil ein wenig anzuziehen, so daß der nach rechts federnde Haken den Zapfen auf der linken Seite heraustreten läßt, und dann nachzulassen. Dabei drängt der auf der Rückenfläche abgleitende Zapfen den Haken vollends zur Seite, und die Last kann frei gesenkt werden.

7*

Wie schon erwähnt, hat diese Anordnung heute kaum noch praktische Bedeutung, weil durch das Ein- und Aushängen zu viel Zeit verloren geht. Ganz veraltet sind ferner die Laufkatzen, die sich an der Bahn selbsttätig feststellen, und deren Zweck es war, ein besonderes Fahrseil überflüssig zu machen. Mit allen diesen verwickelten Einrichtungen konnte man bei den geringen Leistungen, für welche die älteren Umschlagkrane für Massengüter gebaut wurden, allenfalls auskommen, bei großen Leistungen und erhöhten Ansprüchen an Betriebssicherheit aber müssen sie versagen. Beschreibungen finden sich in der 1. Auflage dieses Buches, S. 220 ff., ferner in Ernst: Hebezeuge, und in Z. V. d. I. 1901, S. 1487 ff. (Kammerer).

Laufkatzen für Seilbahnkrane sind ausführlich im Abschnitt Kabelkrane behandelt.

V. Ausführungs- und Anwendungsformen der Krane.

Bearbeitet von

Oberingenieur A. Meves, Duisburg.

A. Drehkrane.

1. Der elektrisch betriebene Drehkran.

Die in Deutschland gebräuchlichste Bauart für Drehkrane mit elektrischem Antrieb ist der Drehscheibenkran in der Ausführung der Abb. 166.

Die Kranplattform (der Oberwagen) mit dem Hub- und Drehwerk und dem Ausleger schwingt um einen im Unterbau befestigten hohlen Drehzapfen (Königszapfen), der das Stromkabel und etwaige Steuergestänge durchzuführen gestattet[1]. Bei älteren Ausführungen stützt sich die Plattform mittels eines Kugel- oder Walzenkranzes auf eine ringförmige Bahn des Untergestelles. Heute benutzt man zur Übertragung der lotrechten Auflagerdrücke wohl ausnahmslos vier symmetrisch zur Auslegerebene angeordnete Drehrollen mit radial gestellten Achsen, die auf einem Schienenring laufen. Da bei dieser Anordnung die Stützkräfte nur an einzelnen Punkten des Oberwagens auftreten, kann man diesen einfacher und leichter ausbilden. Werden bei großen Abmessungen und Belastungen die Raddrücke zu hoch, so verwendet man die doppelte Anzahl Rollen, von denen je zwei in einer Schwinge (Balancier) gelagert sind.

Damit die Drehbewegung unabhängig von der Hubbewegung ausgeführt werden kann, ist gewöhnlich ein besonders angetriebenes Dreh-

---

[1] Vgl. hierzu auch Abschnitt VI, S. 192.

werk vorhanden. In der Regel arbeitet der Motor mit Schnecke und einem senkrechten Vorgelege auf ein Ritzel, das mit dem konzentrisch innerhalb des Schienenringes gelegenen Zahnkranz (häufig mit Triebstockverzahnung ausgeführt) kämmt.

Zum Heben der Last ist jedes beliebige Hubwerk ohne weiteres zu verwenden; die Lastseile werden nur über einige im Auslegerkopf gelagerte Umlenkrollen geführt. Man stellt die Windwerke tunlichst auf der rückseitigen Plattform auf, um das Kippmoment der Auslegerseite zu verringern und die Vorderseite für den Führerstand mit den Steuerapparaten freizuhalten.

Zum weiteren Ausgleich des Lastmomentes dient gewöhnlich ein Betonkörper, der gleichzeitig die Rückwand des Windenhauses bildet.

Der Ausleger kann unmittelbar an die Plattform oder auch an die oberen Knotenpunkte des Wandfachwerks angeschlossen werden; die zweite Anordnung eignet sich besser für Ausführungen mit hochziehbarem Ausleger und ermöglicht dem Führer völlig ungehinderten Ausblick auf sein Arbeitsfeld. Zum Einziehen des scharnierartig angelenkten Auslegers benutzt man vielfach den Antrieb des Drehwerkes,

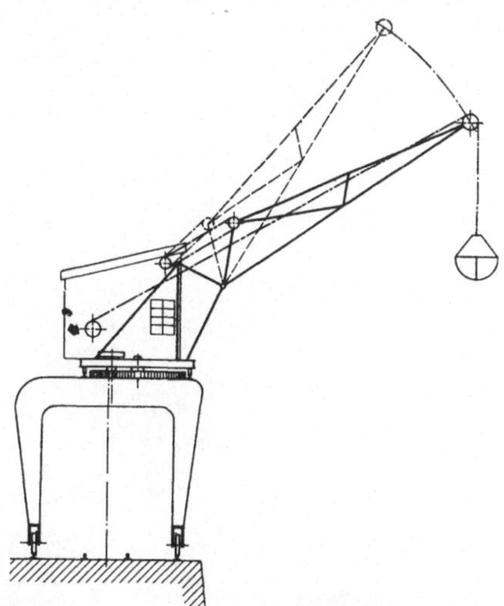

Abb. 166. Drehkran mit einziehbarem Ausleger auf fahrbarem Portal.

wenn diese beiden Bewegungen nicht gleichzeitig auszuführen sind, neuerdings aber auch ein besonderes Einziehwerk. Der Ausleger wird durch Flaschenzug, Spindel oder Zahnstange, bei gewissen Bauarten auch durch Kurbelstange oder Zahnbögen gehoben[1].

Der Flaschenzug stellt nur eine kraftschlüssige Verbindung zwischen Windwerk und Ausleger her und verlangt daher für die obere Lage Begrenzung durch Prellstützen o. dgl. Dagegen begrenzen die übrigen Antriebsmittel zwangläufig die Auslegerbewegungen in jeder Stellung und Richtung. Der Kurbelantrieb erzeugt eine — meist erwünschte — Beschleunigung bzw. Verzögerung in den Endstellungen und verhindert selbsttätig deren Überschreiten. Einige Schwierigkeiten bietet gewöhnlich das Abdichten der Stellen, an denen die Seile und sonstigen Zugmittel das Führerhaus (meistens dessen Dachfläche) durchdringen, gegen Schlagregen und Schnee.

---

[1] Vgl. auch „Drehkrane mit wagerechtem Lastweg", S. 105.

Im Umschlagverkehr des Hafenbetriebes kommt hauptsächlich der fahrbare Drehkran zur Verwendung, weil er seine Arbeitstelle beliebig wechseln kann und dadurch das zeitraubende Verholen der Schiffe unnötig macht. Um die kostbare und meist knapp bemessene Kaifläche für den Längsverkehr auf Bahngleisen oder Straßen freizuhalten, setzt man den Drehkran auf ein portalartiges Gerüst, das, auf besonderen Schienen fahrend, ein oder mehrere Gleise überspannt. Vorteilhafter noch in bezug auf Platzbedarf ist die halbportalartige Form des Gerüstes (Abb. 167), da sie auf der Kaifläche nur einen wasserseitigen Schienenstrang beansprucht, während die landseitigen Laufräder auf einer hochgelegenen, durch Konsolen oder Pfosten unterstützten Kranbahn längs der Schuppenwand fahren.

Genügt bei breiten Kaianlagen der größte Schwenkkreis nicht mehr zum Aufnehmen oder Absetzen der Last, so verbindet man das drehbare Oberteil des Kranes, wie bei Abb. 168, mit einem längs der Portalgurte

Abb. 167. Wippdrehkran mit durch Zahnstange einziehbarem Ausleger auf fahrbarem Halbportal (Demag).

verfahrbaren „Unterwagen", ermöglicht ihm also noch eine weitere Bewegung rechtwinklig zur Kaikante und nähert sich hierdurch der Bauform der Verladebrücke. Diese Bewegung erfordert einen auf dem Unterwagen eingebauten Fahrantrieb mit Motor, dem der Strom durch den hohlen Drehzapfen von der Plattform aus zugeleitet wird[1]. Ein weiterer Motor für die Fahrbewegung des Portales ist auf diesem aufgestellt und treibt mittels mehrerer Wellen und Kegelräder die Laufräder in den beiden Portalfüßen an. Auch dieses Fahrwerk wird vom Führerstand des Drehkranes aus gesteuert; die Stromzuführung für

---

[1] Vgl. auch die Bauart des Drehkranes nach Abb. 293 bis 298.

die beiden Fahrmotoren erfolgt durch mehrere konzentrisch zum Drehzapfen angebrachte Schleifringe.

Für das Portal genügt in der Regel eine geringe Fahrgeschwindigkeit, etwa 15 bis 25 m/min, da diese Bewegung weniger zur Beförderung der Last als zum Wechsel der Arbeitstelle des Kranes dient.

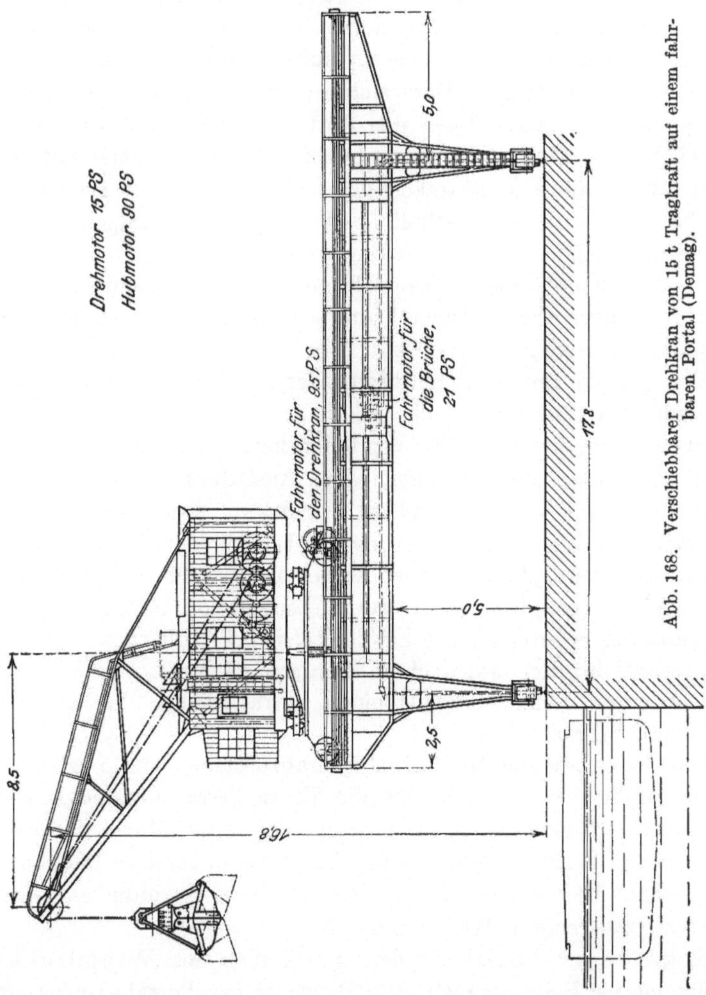

Abb. 168. Verschiebbarer Drehkran von 15 t Tragkraft auf einem fahrbaren Portal (Demag).

Der Betriebstrom wird beim Halbportalkran mittels einer längs der oberen Kranbahn verlegten blanken Schleifleitung zugeführt, beim Vollportalkran dagegen meist durch eine unterirdische Stromschiene, die in einem abgedeckten Kanal neben der landseitigen Fahrschiene geschützt liegt[1]. Für kurze Fahrstrecken genügt vielfach ein biegsames

―――――
[1] Vgl. Abb. 188 und 189.

Zuleitungskabel, das durch Steckkontakt angeschlossen und während des Fahrens von einer am Krangerüst befindlichen Trommel selbsttätig aufgewickelt wird.

Der Drehkran mit festem (starrem) Ausleger braucht zum ungehinderten seitlichen Ausschwenken ein größeres freies Arbeitsfeld. Besonders bei Hafenkranen sind Tauwerk, Maste, Schornsteine und Deckaufbauten ein stetes Hindernis für die Schwenkbewegung des Kranes; um ihnen auszuweichen, muß der Kran, mitunter auch das Portal verfahren werden. Diese sich bei jedem Kranspiel wiederholenden Bewegungen beeinträchtigen das flotte Arbeiten und bedingen einen erheblichen Mehraufwand an Betriebskraft für die Massenbewegung sowie eine erhöhte Achtsamkeit des Kranführers. Das gleiche gilt für den Fall, daß die Last innerhalb des Schwenkkreises aufgenommen oder abgesetzt werden soll. Die erstgenannten Nachteile vermeidet z. B. der später zu erwähnende Doppelkran mit längsverschieblichem Ausleger[1], der aber ohne seitliche Portalbewegung nur ein verhältnismäßig schmales Arbeitsfeld bestreicht.

Eine größere Beweglichkeit besitzt der Drehkran mit einziehbarem Ausleger, der die Last auch innerhalb seines Schwenkkreises ohne Fahrbewegung erreicht. Die Verstellbarkeit eines normalen Auslegers dient aber hauptsächlich dazu, seine Ausladung beim Arbeiten mit größeren Lasten entsprechend zu verringern, wozu ein Einziehwerk für geringe Hubleistung und Arbeitsgeschwindigkeit genügt. Das flotte Einziehen mit angehängter Last, wobei diese durch den hochgehenden Ausleger mit gehoben wird, würde bedeutend stärkere Windwerke und Motoren erfordern. Die hierbei geleistete Hubarbeit kommt aber dem beabsichtigten wagerechten Förderweg der Last nicht zugute und bedeutet daher ebenfalls einen beträchtlichen Verlust an Zeit und Betriebskraft.

Um diesen auf ein Mindestmaß herabzusetzen, wurde es nötig, das Eigengewicht des Auslegers für die Einziehbewegung möglichst auszugleichen und gleichzeitig die Lastseile derart zu führen, daß die Last während des Einziehens nicht mitgehoben wird, sondern mit normaler, den übrigen Bewegungen angepaßter Arbeitsgeschwindigkeit einen angenähert wagerechten Weg durchläuft.

Krane dieser Bauart werden gewöhnlich als Wippdrehkrane bezeichnet. — Bei entsprechender Bauweise des Portalgerüstes können mehrere eng zusammengefahrene Wippdrehkrane eine Ladeluke bedienen, weil der eingezogene Ausleger mit seiner Last infolge des verkleinerten Schwenkkreises noch an seinen Nachbarkranen vorbeidrehen kann, während bei enger Kranstellung das Arbeitsfeld des starren Auslegers auf die äußeren Halbkreise beschränkt ist. Wesentlich ist auch, daß

---

[1] Vgl. auch S. 162 ff.

bei mittleren Kaibreiten die Fahrbewegung dieser Krane längs des Portales entbehrlich wird, so daß Portal und Unterbau des Kranes erheblich einfacher und leichter gehalten werden können und ein Fahrwerk erspart wird.

In England führten die in vielen Seehäfen unzureichenden Abmessungen der Verladekais sehr bald dazu, den starren Ausleger der meist nicht fahrbaren Drehkrane durch den Wippausleger mit wagerechtem Lastweg zu ersetzen, wobei für die Einziehbewegung vorwiegend der Flaschenzug — also eine unstarre Verbindung — angewendet wird[1]. Auch in Deutschland hat sich die Bauweise mit entlasteter Wippbewegung des Auslegers überraschend schnell eingeführt und wird neuerdings von verschiedenen Hafenbauverwaltungen bei Neubestellungen vorgeschrieben[2]. Im allgemeinen bevorzugt man in Deutschland eine Bauweise mit starren Zugmitteln für die Einziehbewegung des Auslegers, dessen vom Eigengewicht herrührendes Drehmoment durch ein Gegengewicht bzw. durch die veränderliche Mittelkraft der Lastseilzüge ganz

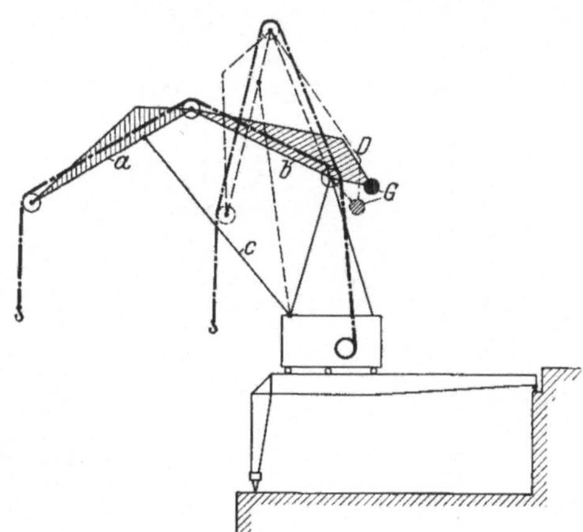

Abb. 169. Wippdrehkran. Ausleger durch zwei Lenker geführt (Tigler).

oder teilweise ausgeglichen wird. Hierbei muß die Arbeit zum Heben des Auslegereigengewichtes gleich der Arbeit des sinkenden Gegengewichtes und das Moment der am Ausleger angreifenden Kräfte, bezogen auf einen der festen Drehpunkte, gleich dem Moment der auf der anderen Seite dieses Drehpunktes angreifenden Kräfte sein.

Die Aufgabe, die am Ausleger hängende Last wagerecht zu verschieben, ist durch eine Reihe von Ausführungen gelöst worden, von denen hier nur einige besonders bemerkenswerte erwähnt seien[3].

Anfänglich benutzte man für diese Drehkrane an Stelle des üblichen, sich um ein festes Gelenk drehenden Auslegers ein Lenkersystem. Bei der Bauart Tigler nach Abb. 169 wird der Auslegerschnabel a durch die im Oberwagen gelagerten Arme b und c gestützt und hierdurch angenähert auf einer Wagerechten geführt. Das Drehmoment des

---

[1] Vgl. Woernle in Z. V. d. I. 1925, S. 65.

[2] Vgl. Overbeck in Z. V. d. I. 1926, S. 73.

[3] Vgl. die Abhandlung von G. Niemann (Doktordissertation, Berlin 1928): Wippkrane und Wippsysteme.

Auslegereigengewichtes in bezug auf das Gelenk D ist durch ein Gegengewicht G für jede Stellung ausgeglichen, während dasjenige der Last gleich Null ist, solange sich die Achsen der Arme b und c auf der Senkrechten durch die Last schneiden. Die Einziehbewegung geht von einer im oberen Aufbau gelagerten, mittels Schnecke und Rädervorgelege angetriebenen Kurbelwelle aus; sie ist demnach zwangläufig begrenzt.

Eine gewisse Beschränkung in der Verwendbarkeit dieser Bauart liegt darin, daß die Hubhöhe der Last durch die gleichbleibende Höhenlage der Schnabelrollen begrenzt wird. Anderseits begünstigt diese

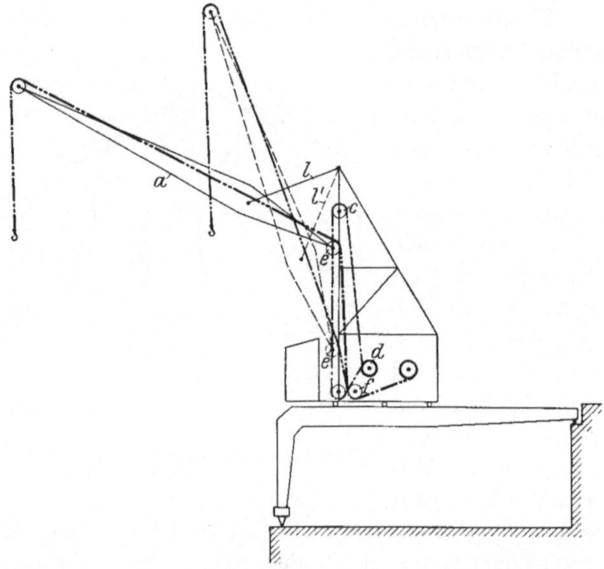

Abb. 170. **Wippdrehkran. Ausleger geführt durch einen Lenker und eine geradlinige starre Bahn** (Mohr & Federhaff).

Eigenschaft das Zurückziehen des Auslegers aus dem Takelwerk des Schiffes und verringert den Verschleiß der Seile, da diese während des Einziehens keine eigene Bewegung machen. Die geringere Länge der freihängenden Lastseile vermindert außerdem das Pendeln und Drehen der Last beim schnellen Einziehen und Schwenken und verkürzt daher die Dauer eines Kranspieles nicht unerheblich.

Mohr und Federhaff bauen einen Wippdrehkran nach Abb. 170, bei dem der Ausleger a durch den in seinem unteren Viertelpunkte angreifenden Lenker l geführt wird, während sein unteres Ende in einer senkrechten Rollenführung gleitet. Beim Einziehen beschreibt der Auslegerschwerpunkt eine wagerechte Bahn, so daß für das Auslegergewicht keine Hubarbeit zu leisten ist. Abweichend von der sonst gebräuchlichen Bauart mit starren Einziehorganen wird dieser Ausleger

durch Seile eingezogen, die am unteren Auslegerende angreifen und
von den Trommeln d auf- bzw. abgewickelt werden. Die Lastseile sind
über die Leitrollen f und e zu ihren Trommeln geführt; beim Einziehen
kürzt sich der Abstand zwischen den beiden Rollen um ebensoviel,
wie sich der Auslegerkopf hebt, die Last macht daher nur eine wagerechte Bewegung. Auch diese Art der Auslegerbewegung erleichtert
das Zurückziehen des Auslegers aus dem Bereich des Tauwerks.

Der vom Eisenwerk Kampnagel nach Abb. 171 ausgeführte Wippdrehkran besitzt einen doppelarmigen Ausleger, der durch die Zahn-

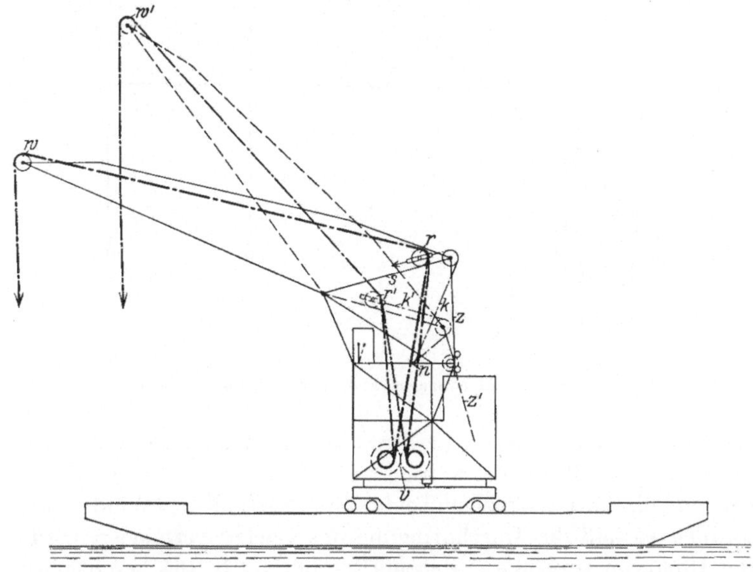

Abb. 171. Wippdrehkran auf Ponton mit doppelarmigem Ausleger und Zahnstangenantrieb
(Kampnagel).

stange z bewegt wird. Die Lastseile laufen über die Ablenkrollen r,
die sich in einer Rollenführung längs der Strebe s verschieben und an
der im Punkte n am Gerüst angeschlossenen Steuerkette k aufgehängt
sind. Beim Einziehen gleiten die Rollen r in der Pfeilrichtung, so daß
die Last infolge der sich kürzenden Seillängen v—w wagerecht geführt
wird. Die veränderliche Mittelkraft aus den Zügen der Last- und
Steuerseile wirkt dem Drehmoment des Auslegers und der Last entgegen.

Der Kran ist fahrbar auf einem Ponton aufgestellt, arbeitet also
als Schwimmkran, und wird durch eine auf der rückwärtigen Plattform
untergebrachte Dampfmaschine betrieben, die gleichzeitig als Gegengewicht das Kippmoment des Auslegers ausgleicht.

Eine recht einfache Anordnung zeigt eine neuere Ausführung eines
Wippdrehkranes der Demag, Abb. 172, dessen normal gebauter Aus-

leger durch ein Hebelsystem bewegt wird. Der Schwinghebel s trägt an seinem hinteren Ende das ausgleichende Gegengewicht G und die Ablenkrollen der Lastseile, die in der oberen Auslegerstellung eine nahezu gestreckte Lage einnehmen. Für die Einziehbewegung ist — der bereits erwähnten Vorteile halber — Kurbelantrieb verwendet, und zwar greift die Kurbelstange k am Schwinghebel s an; ihre Durchdringung mit dem

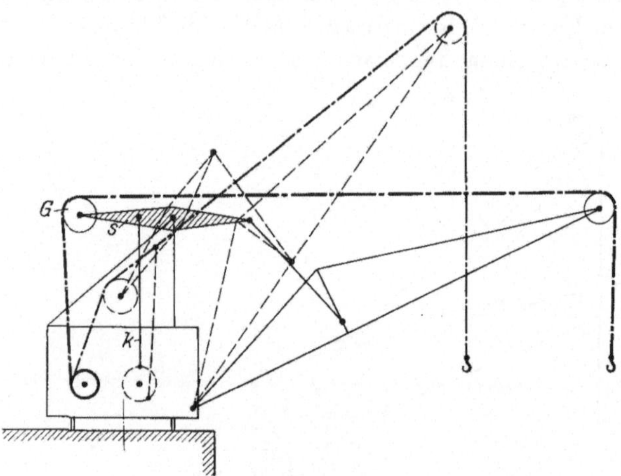

Abb. 172. Wippdrehkran mit normalem Ausleger und Kurbelantrieb (Demag).

Windenhausdach ist durch eine auf der Stange gleitende Hülse abgedichtet. Bei größeren Ausführungen werden Lenker und Gestänge gewöhnlich doppelt und die Antriebskurbeln beiderseits außerhalb des Windenhauses angeordnet, so daß die Durchdringung des Daches vermieden wird.

Der Drehkran trägt 3 t und gehört zu der auf S. 164 beschriebenen Verladeanlage (Dreifachkran).

2. Der Dampfdrehkran.

Als wichtigster und zur Zeit fast alleiniger Vertreter des Dampfantriebes hat sich der Dampfdrehkran auf einigen Anwendungsgebieten auch im Wettbewerb mit dem elektrischen Kran behaupten können.

Überall dort, wo elektrischer Strom nicht zur Verfügung steht oder dessen Zuleitung den Betrieb der Anlage erschwert, z. B. bei ungünstigen Platzverhältnissen, auf Fabrikhöfen mit sehr unregelmäßigem Grundriß oder weitverzweigtem Gleisnetz, ist er dem elektrischen Kran in mehrfacher Beziehung überlegen. Da er die Kraftquelle mitführt, ist er „freizügig", kann also bei entsprechender Bauart seine Lasten auch in Innenräumen aufnehmen oder absetzen und den Rangierdienst auf beliebige Entfernungen übernehmen. Auch für schwimmende Drehkrane mittlerer Leistung bleibt die Dampfmaschine der geeignete Antrieb;

für größere Ausführungen lohnt sich dagegen die Umformung in elektrische Energie durch einen von der Dampfmaschine betriebenen Generator. Nachteile des Dampfdrehkranes sind die stärkere Inanspruchnahme des Kranführers, der gleichzeitig Dampfmaschine und Kessel zu bedienen hat, ferner der Zeitverlust während des Anheizens bzw. der Mangel sofortiger Arbeitsbereitschaft und die Energieverluste bei längeren Arbeitspausen. Auch der geringe Wirkungsgrad der Auspuffmaschine und des ziemlich verwickelten Getriebes beeinträchtigen seine Wirtschaftlichkeit.

Abb. 173. Normaler Dampfdrehkran für Greiferbetrieb (Demag).

Der Dampfdrehkran wird zur Zeit von den verschiedenen Kranfirmen ziemlich gleichartig ausgeführt. Abb. 173 zeigt die Bauart eines normalen Demag-Drehkranes für Greiferbetrieb mit einziehbarem Ausleger und 6 t größter Tragfähigkeit bei 4,8 m Ausladung (bei 7 m Ausladung 3 t Tragfähigkeit). Bei normaler Spurweite (Eisenbahngleise) beträgt der größte Raddruck 15 t.

Bei der üblichen Bauart treibt eine liegende, umsteuerbare Zwillingsdampfmaschine mittels Vorgeleges eine durchgehende Hauptwelle an, von der sämtliche Bewegungen (Heben, Drehen, Einziehen und Fahren) ausgehen. Um mehrere Bewegungen gleichzeitig, aber in beliebiger Drehrichtung ausführen zu können, werden einzelne Getriebe durch Wendegetriebe an die Hauptwelle angekuppelt. So lassen sich beispielsweise gleichzeitig ausführen:

Heben bzw. Senken und Drehen oder Fahren oder Einziehen; Drehen und Einziehen oder Fahren.

Der stehende, ummantelte Quersiederkessel für 8 at Überdruck hat 0,35 qm Rost- und 7 qm Heizfläche und eignet sich zur Beheizung mit Steinkohlenbriketts, doch können auch Holz, Torf und Braunkohle verwendet werden; auch Ölfeuerung hat sich bewährt.

Der drehbare Oberwagen bildet den gemeinsamen Rahmen für Kessel, Maschine, Winden und Ausleger und gleicht bezüglich seiner Bauart demjenigen der elektrischen Drehkrane. Die Laufräder des Kranes werden von der gemeinsamen Hauptwelle durch zwei Kegelradvorgelege angetrieben, deren erstes durch den hohlen Königszapfen geführt ist und daher von der Drehbewegung des Oberwagens nicht beeinflußt wird.

Als Rangiermaschine und Zubringer verwendet, schleppt ein derartiger Drehkran mehrere beladene Wagen im Gesamtgewicht von rd. 90 t.

Bei schweren Lasten oder größerer Ausladung genügt die normale Eisenbahnspurweite nicht für die Standfestigkeit des Kranes, da bei ausreichendem Gegengewicht die Raddrücke unzulässig hoch würden. Entweder kann man in solchen Fällen den Unterwagen durch Konsolen verbreitern, die sich mit Holzunterlagen oder einfachen Schraubenwinden gegen den Erdboden stützen. Oder man vergrößert die Radspur auf 3 bis 4,5 m und läßt den Kran auf eigenem Gleise fahren, verzichtet dann also auf seine Freizügigkeit.

In der normalen Ausführung mit niedrigem Unterwagen bildet der auf Eisenbahngleis fahrende Dampfdrehkran stets ein Hindernis für den Längsverkehr, da er ein Gleis — bei verbreiterter Spur mindestens zwei Gleise — dauernd sperrt. Er wird deshalb im Hafenbetrieb, ähnlich wie der elektrische Drehkran, meist auf einem Portal eingebaut, zu dessen Fahrbewegung unter Umständen Handkurbelantrieb ausreicht.

Ebenso kann man ihn auf einem Ponton aufstellen und benutzt ihn in dieser Form als Schwimmkran vor allem zum Überladen aus Seeschiffen in Leichter. Indem man diese Krane an beliebigen Stellen des Hafens längsseit der zu entladenden Schiffe legt, vermeidet man das Verholen der großen Dampfer und wird unabhängig davon, ob Platz am Kai zur Verfügung steht. Sowohl die Hafenanlagen wie auch die Schiffe können auf diese Weise besser ausgenutzt werden. Abb. 174 gibt die Abbildung eines von Mohr & Federhaff nach Rotterdam gelieferten schwimmenden Entladers für Greiferbetrieb mit einem verfahrbaren Drehkran von 8 t Tragkraft. Aus dem Überladetrichter, der auf einer Waage steht, und der in der Höhe einstellbar ist, rutscht das geförderte Gut in das Fahrzeug, das beladen werden soll. Der Kran dient vor allem zum Überladen von Erz, außerdem aber auch zum Verladen von Grubenholz und zum Bekohlen von Seeschiffen.

Dient der Schwimmkran vorzugsweise als Zubringer für Bunkerkohle, so läßt man den Drehkran auch auf den Bordwänden eines offenen Kohlenprahms laufen, der unter einem Kohlenkipper rasch wieder aufgefüllt werden kann.

Drehkrane für Boden- und Baggerarbeiten werden, wenn die örtlichen Verhältnisse nicht die Verwendung eines Löffel- oder Eimerseilbaggers erfordern, häufig mit einem nach Abb. 49 gestalteten Sondergreifer ausgerüstet und fahren gewöhnlich auf einem kurzen Gleise, das nach Bedarf vorgeschoben wird.

Abb. 174. Verschiebbarer Drehkran auf einem Ponton (Mohr & Federhaff).

Um den Drehkran für diese Verwendung beweglicher, vom Gleise unabhängig zu machen, baut man ihn neuerdings auch mit Raupenbändern nach Abb. 175; er kann dann den Weg zur Arbeitstelle ohne Inanspruchnahme anderer Beförderungsmittel zurücklegen.

Im äußeren Aufbau und in den Getrieben unterscheidet sich diese Bauart nur unwesentlich von einem normalen Dampfdrehkran. Der drehbare Oberwagen stützt sich aber statt mit vier Drehrollen mit einem Rollenkranz auf den am Unterwagen befestigten Zahnkranz des Drehwerks. Hierdurch wird die Standsicherheit des Oberteiles gegen seitliche Stöße und Schwankungen, wie sie der rauhe Betrieb mit sich bringt, bedeutend verbessert und der Königszapfen entsprechend entlastet. Diese Anordnung macht auch die oft unvermeidliche schiefe Lage des Unterwagens unbedenklich. Zur weiteren Sicherung des Oberteiles gegen Abkippen und zur Entlastung des Königszapfens greift ein am Oberteil nachstellbar angebrachter Fanghaken mit geringem Spiel unter die Gleitbahn des Rollenkranzes.

Abb. 175. Drehbarer Baggerkran für Greiferbetrieb auf Raupenbändern (Menck & Hambrock).

Abb. 176 veranschaulicht die Bauweise des Unterwagens. Drei Räderpaare sitzen als Stützrollen auf feststehenden Achsen, von denen jede einzelne bei unebenem Boden die Gesamtlast des Kranes zu tragen

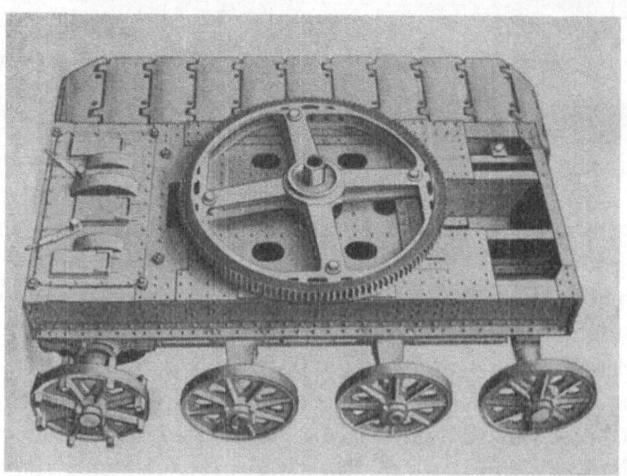

Abb. 176. Unterwagen des Baggerkranes.

vermag. Die beiden treibenden Räder dagegen sitzen auf einer geteilten Welle; jede Halbwelle wird durch eine eigene Bremse gesteuert, so daß der Kran auch beliebige Kurven fahren, auf der Stelle wenden und beim Arbeiten in starkem Gefälle festgestellt werden kann. Die aus

Stahlguß hergestellten Glieder des Raupenbandes werden in der üblichen Weise durch kurze Arme der Triebräder mitgenommen und führen sich längs der Stützrollen mit Flanschen, deren Abstand so bemessen sein muß, daß er bei unebenem Boden ein Verwinden des Bandes zuläßt.

Der Drehkran kann natürlich auch durch Elektromotor oder Rohölmotor betrieben werden.

3. Der Drehkran mit Verbrennungsmotor.

Dem Dampfdrehkran hinsichtlich der Bauart und der Getriebeanordnung verwandt ist der durch Verbrennungsmotor angetriebene Drehkran. Sein Hauptvorzug gegenüber dem Dampfdrehkran ist seine stete Arbeitsbereitschaft und das Fehlen aller Kraftverluste während der Betriebspausen sowie der mit der Kesselfeuerung verknüpften Staubentwicklung.

Man verwendet sowohl Benzol- wie Dieselmotoren zum Antrieb einer Haupttransmissionswelle, an welche die verschiedenen Triebwerke angekuppelt werden. Da diese Motoren nur in einer Richtung umlaufen und nicht wie die Dampfmaschine beliebig angehalten und umgesteuert werden können, schließt man die in zwei Richtungen arbeitenden Getriebe für die Dreh-, Fahr- und Einziehbewegung mittels Wendegetriebes an die Transmissionswelle an. Werden hierzu Zahn-

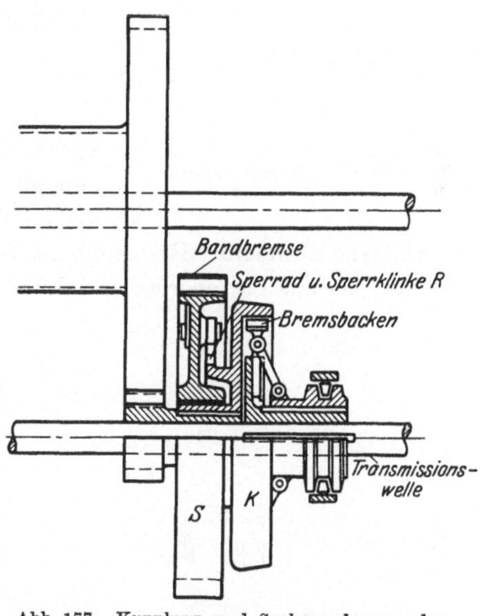

Abb. 177. Kupplung und Senksperrbremse der Trommel bei Drehkranen mit Verbrennungsmotor (Demag).

oder Klauenkupplungen verwendet, so muß der weiterlaufende Motor beim Einrücken vom Getriebe abgeschaltet werden; will man dies vermeiden, so baut man Reibungskupplungen, etwa die Schwarzsche Schraubenbandkupplung[1], ein. Zum Senken der Last wird meist eine Senksperrbremse auf der Trommelwelle oder einer Vorgelegewelle angeordnet. Die Seiltrommel ist daher nur im Hubsinne starr an die Transmissionswelle angeschlossen, so daß während des Senkens auch die übrigen von der Welle ausgehenden Kranbewegungen ungehindert ausgeführt werden können. Hierbei ist zu berücksichtigen, daß der stillgesetzte Motor (im Gegensatz zur Dampfmaschine) die Last nicht in der Schwebe halten, sondern von ihr durchgezogen werden würde.

---

[1] Vgl. Abb. 130.

Abb. 177 gibt eine neuere Anordnung der De mag wieder, bei der die Senksperrbremse S, auf der Hohlwelle des Ritzels sitzend, im Hubsinn von der Reibungskupplung K mittels des Sperrades R mitgenommen

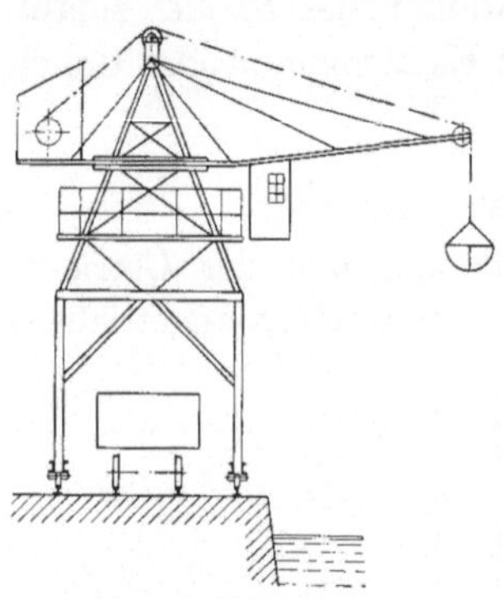

wird. Die Bremsbackenkupplung wirkt während der Beschleunigungsperiode sanfter als das Schraubenband, überträgt aber bei gesteigertem Anpressungsdruck infolge der Kniehebelwirkung das Drehmoment zuverlässig auf die Trommel.

Die Ausbildung der übrigen Triebwerke bietet nichts besonders Bemerkenswertes.

4. Der Turmdrehkran.

Günstiger als ein normaler Drehkran verhält sich in bezug auf die Massenwirkung eine Bauart der Firma Flohr (Abb. 178), die erheblich von der üblichen Form des

Abb. 178. Turmdrehkran (Bauart Flohr).

Drehkrans abweicht. Der drehbare Teil des Kranes hat die Form einer Haube, die das Turmgerüst umschließt und in dessen Spitze aufgehängt

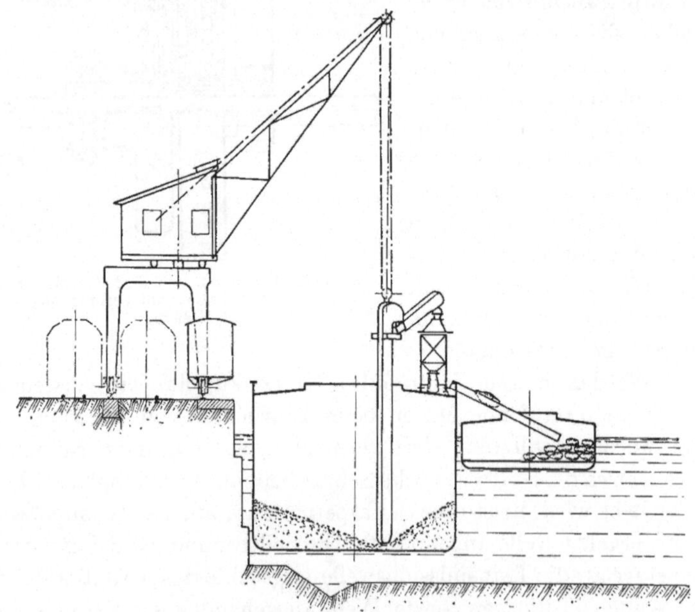

Abb. 179. Drehkran mit angehängtem Becherelevator (Mohr & Federhaff).

ist, sich also im stabilen Gleichgewicht befindet. Das Kippmoment des Auslegers wird durch wagerechte Rollen in der Untergurtebene auf eine kreisförmige Bahn am Gerüst übertragen und der Ausleger hierdurch geführt. Die Winde rückt weiter von der Drehachse ab, hat daher als Gegengewicht größeren Hebelarm. Das Führerhaus muß besonders unter den Ausleger gehängt werden.

Abb. 179[1] zeigt, wie ein Drehkran sich nicht nur zur unmittelbaren Entladung von Schiffen, sondern auch zur Handhabung eines Becherelevators[2] für Getreideförderung benutzen läßt. An den Elevator, der an den Kranhaken gehängt wird, schließt sich eine Schnecke, die das aus dem Schiff gehobene Getreide einer selbsttätigen Wägevorrichtung zuführt. Von hier fließt das Getreide lose über eine Schurre in den neben dem Schiffe liegenden Leichter, oder es wird abgesackt und so in den Leichter befördert. Die Wägevorrichtung, die in der Skizze auf Deck stehend gezeichnet ist, hat sonst ihren Platz in einem Hause zwischen den Portalfüßen des Kranes und wird hier zum Absacken benutzt, wenn in Eisenbahnwagen verladen werden soll.

5. Wägevorrichtungen.

Gewissen Schwierigkeiten begegnete bei Drehkranen früher das Wägen der Last. Während es bei Laufkatzen mit wagerechter Bewegung möglich ist, die Winde auf eine Waage zu setzen, oder die Katze auf eine

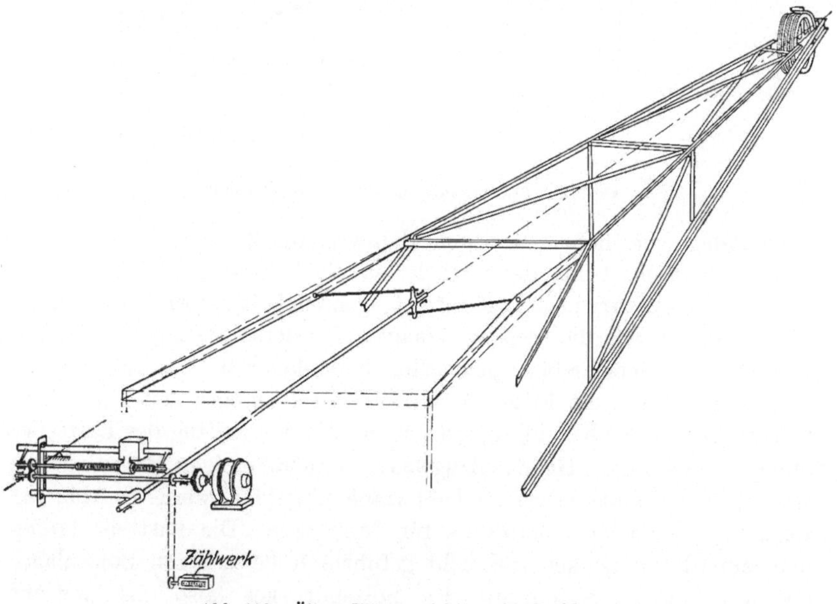

Abb. 180.   Ältere Wägevorrichtung für Drehkrane.

---

[1] Nach Garlepp: Einige neuzeitliche Verladeanlagen. Z. V. d. I. 1911, S.1549. Auch Abb. 180 ist diesem Aufsatz entnommen.
[2] Vgl. Bd. I, 3. Aufl., S. 127.

Waage auffahren zu lassen, war man bei Drehkranen darauf angewiesen, die Spannung eines von der Last beeinflußten Auslegerstabes zu messen, ein Verfahren, das nicht genau sein kann.

Bei einer älteren, in Abb. 180 dargestellten Anordnung hatte man zu dem Mittel gegriffen, zwei Obergurtstäbe des Auslegers etwas auszubiegen und die infolge der Belastung entstehenden Seitenkräfte auf einen Doppelhebel wirken zu lassen, dessen Welle durch einen weiteren Hebel und eine Zugstange den Waagebalken beeinflußt. Das Laufgewicht wird durch einen kleinen Elektromotor, der sich bei einer bestimmten Höhenlage der Last selbsttätig einschaltet, bis zur Gleich-

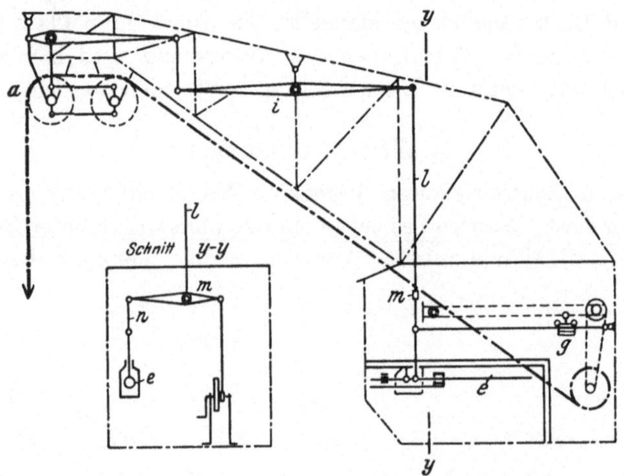

Abb. 181. Seilzugwaage für Drehkrane (Eßmann).

gewichtslage verschoben, wobei ein Zählwerk die Bewegung aufzeichnet. Das Laufgewicht kehrt dann wieder in die Nullage zurück.

Diese Wägevorrichtung ist ihrer Ungenauigkeit halber nicht eichfähig, ebenso wie die meisten Waagen, für deren Betätigung die Bewegung einer verschiebbar gelagerten Seilablenkrolle benutzt wird.

Dagegen baut die Firma A. Eßmann seit einiger Zeit eine eichfähige Waage für beliebig große Lasten, die den Seilzug des Lastseiles unmittelbar anzeigt. Diese Seilzugwaage kann mit einigen Abänderungen sowohl für Laufkatzen wie für Drehkrane ausgeführt werden. Abb. 181 zeigt die allgemeine Anordnung für Drehkrane. Die Lastseile laufen über eine durch Lenker senkrecht geführte Rolle a, deren Bolzenlager die senkrechte Seitenkraft des Bolzendruckes (also das Gewicht der Last) durch Zugstangen und ein im Ausleger eingebautes Hebelsystem auf den im Führerhaus befindlichen Laufgewichtsbalken e überträgt. Wesentlich für das genaue Arbeiten der Waage ist, daß die zur Trommel weitergeführten Seile wagerecht von der Rolle a ablaufen, da nur dann die von den Lenkern aufgenommene Seitenkraft des Bolzendruckes ohne Einfluß auf die Waage bleibt.

Um die Last in beliebiger Höhe verwiegen zu können, ist der veränderliche Einfluß des freien Seilendes durch eine Ausgleichvorrichtung auszuschalten. Dies bewirkt ein auf einem Hebel verschiebbares Laufgewicht g, das von der Seiltrommel aus zwangläufig verstellt wird und durch mehr oder weniger starke Belastung der zum Wiegebalken füh-

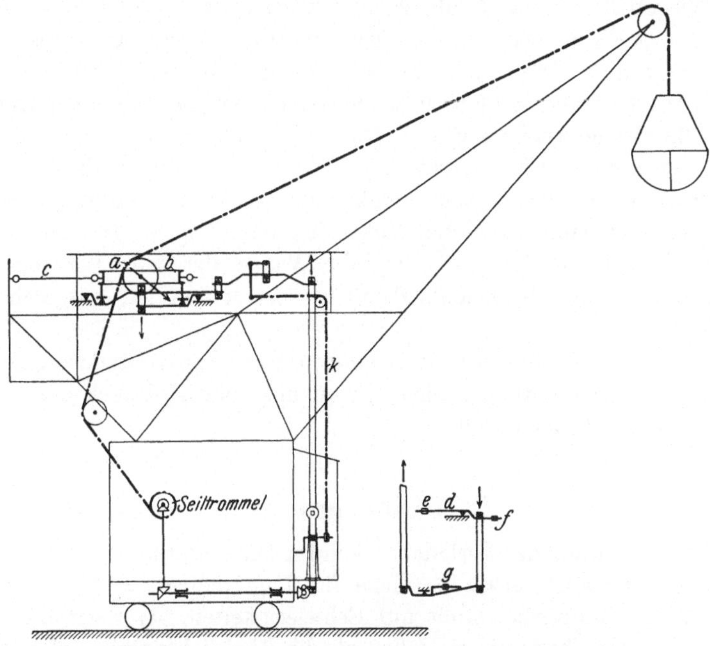

Abb. 182. Eichfähige Seilablenkwaage (Mohr & Federhaff).

renden Zugstange n das Seilgewicht ausgleicht. Nach dem Wiegen der Last wird die Waage zur Schonung der Schneiden und Pfannen durch eine kleine Handwinde entlastet. Durch Nachlassen des Gestänges wird die Rolle a so weit gesenkt, daß ihre Bolzen in fest mit dem Ausleger verbundenen Augenblechen aufsitzen und die senkrechte Belastung unmittelbar vom Ausleger aufgenommen wird. Die Entlastung des Gestänges betätigt gleichzeitig ein Zählwerk, das die einzelnen Wiegeergebnisse selbsttätig und additionsfähig auf einen Papierstreifen aufdruckt. Die Genauigkeit der Waage wird mit 0,1 % angegeben.

Eine ähnliche, ebenfalls eichfähige Vorrichtung zum Wiegen der am Seil hängenden Last bauen neuerdings Mohr & Federhaff für Drehkrane[1]. Die in Abb. 182 wiedergegebene Waage, die gleichfalls große

---

[1] Vgl. auch Fördertechnik und Frachtverkehr 1928, S. 40.

Wiegegenauigkeit besitzt, ist vollständig im Führerhaus oder oberhalb desselben eingebaut, bildet daher keine zusätzliche Belastung des Auslegers. Die Ablenkrolle a überträgt auf die Waagebrücke b die Mittelkraft der Lastseilzüge, deren wagerechte Seitenkraft durch das Zugband c abgefangen wird, so daß die Brücke nur die senkrechte Seitenkraft (entsprechend dem Gewicht der Last und des Seiles) aufzunehmen hat. Diese wird, durch das Waagebalkensystem entsprechend verringert, auf den Wiegebalken d mit Laufgewicht e übertragen. Das Gegengewicht f gleicht das Eigengewicht des Greifers und die übrige Totlast aus, während das von der Seiltrommel aus selbsttätig verschobene Gewicht g das veränderliche Seilgewicht berücksichtigt. Durch Nachlassen der Kette k wird die Waagebrücke auf vier Ruhelager abgesenkt und die Waage damit entlastet. Eine selbsttätige Sperrvorrichtung verhindert das Einschalten der Waage beim Senken der Last; das Verwiegen kann demnach nur nach beendeter Hubbewegung erfolgen. Hierdurch soll der Einfluß der Rollenreibung auf die Waage, der beim Verwiegen in der Hubrichtung als gleichbleibend zu betrachten ist, ausgeschaltet werden.

Auch diese Waage kann mit einigen baulichen Abänderungen für Laufkatzen Verwendung finden, indem man das Hubwerk der Katze auf die Waagebrücke stellt.

B. Verladebrücken.

Eine Einteilung der Verladebrücken für Massenförderung nach ihrem Verwendungsgebiet, etwa in solche für Lagerplätze für Hafenbetrieb oder für Hüttenwerke, stößt auf Schwierigkeiten. Weniger die Verwendung für ein bestimmtes Gebiet als die Rücksichtnahme auf örtliche Verhältnisse, die Baukosten oder auf besondere betriebstechnische Forderungen bedingen vielfach die bauliche Form und Ausführung der Brücke, die Wahl der Fördermittel und die Wahl des Antriebs.

Verladebrücken für mittlere Leistungen und gleichmäßigen Dauerbetrieb sind anders zu beurteilen als solche für angespannten Betrieb oder für kurze Betriebszeiten, und dementsprechend durchzubilden. Die Forderung hoher Leistungen führt mitunter zu Ausführungsformen, die sich nur bei ungewöhnlichen Betriebsverhältnissen lohnen oder nur für Anlagen in Betracht kommen, bei denen ohne Rücksicht auf die Kosten e ne bestimmte technische Aufgabe gelöst werden muß. In den weitaus meisten Fällen spielt dagegen die Wirtschaftlichkeit der Verladeanlage selbst die Hauptrolle und beeinflußt entscheidend Anordnung und Ausrüstung der Verladebrücke.

Unsicherheit des Baugrundes oder ungünstige Grundrißform des Lagerplatzes erfordern Bauweisen, die völlig unabhängig von der Verwendung und Arbeitsweise der Brücke zu berücksichtigen sind und zur Wahl einer von dem Üblichen gänzlich abweichenden Anordnung führen können. Arbeitet die Verladebrücke in Verbindung mit andern Fördermitteln, so richtet sich ihre Bauart und Ausrüstung hauptsächlich nach Art und Betriebsweise dieser Förderer. Auch die Forderung, daß dieselbe Brücke nacheinander verschiedene Arbeiten ausführen soll, so daß sie zum Betrieb mit mehreren Fördermitteln einzurichten ist, beeinflußt die Bauformen der Brücke in erheblichem Maße.

Derartige Gesichtspunkte können — unter sonst gleichen Verhältnissen — maßgebend für die Ausführung oder Beurteilung einer Verladebrücke, gleichviel für welches Verwendungsgebiet, werden. Zudem besitzen alle Ausführungsformen der Brücke eine Reihe gemeinsamer Eigenschaften und Bauteile.

Im folgenden sind daher zuerst die für sämtliche Brücken in Betracht kommenden Gesichtspunkte und Einrichtungen und anschließend die wichtigsten Ausführungsformen, nach Aufbau und Eigenart getrennt, erörtert. Ausführung und Einzelheiten des Brückengerüstes sowie die statischen Beziehungen und Berechnungsweisen sind besonders behandelt (Abschnitt VI und VII).

Die Verwendung einer Verladebrücke setzt im allgemeinen ein freies, ebenes Gelände voraus, damit die Fahrschienen der Brücke unmittelbar auf dem Erdboden wagerecht verlegt werden können. Es ist natürlich möglich, Unebenheiten oder Gefälle im Gelände dadurch auszugleichen, daß man die Brücke auf eine Hochbahn setzt; bei Auslegerbrücken muß dann aber die Last über die Fahrbahn hinweggehoben werden. Besitzt die Brücke nur einen Ausleger, so ist deshalb anzustreben, wenigstens die Fahrbahn der dem Ausleger benachbarten Stütze als Bodenschiene anzuordnen; dagegen kann die zweite Stütze ohne Beeinträchtigung der Lastbewegung auf einer Hochbahn fahren. Man kann auch die zweite Fahrschiene auf einer den Lagerplatz begrenzenden Mauer oder längs der Wand eines Lagerschuppens verlegen und bei genügender Höhenlage dieser Bahn unter Umständen auf die zweite Stütze ganz verzichten.

Mitunter hat der Lagerplatz angenähert die Form eines Kreises oder Kreisausschnittes. Dann erhält die Brücke nur eine fahrbare Stütze, die auf einer ringförmig gebogenen Bodenschiene läuft, während das andere Brückenende sich um eine feste Stütze dreht.

Für kürzere Verladebrücken findet sich vereinzelt auch die Form des Doppelauslegerkranes mit einer einzigen mittleren Stütze auf weitspurigem Doppelgleise.

In der Regel wendet man aber bei Brückenlängen über etwa 50 m zwei Stützen an, zwischen denen der Hauptteil des Lagerplatzes liegt. Bei Hafenkranen bestreicht der wasserseitige Ausleger die Kaifläche, sehr häufig auch noch eine oder mehrere Schiffsbreiten und wird in diesem Fall meist zum Hochziehen eingerichtet, um beim Verholen der Schiffe oder Verfahren der Brücke den Masten und Aufbauten der Schiffe auszuweichen. Der landseitige Ausleger überkragt gewöhnlich Abfuhrgleise, Straßen, auch Schuppen oder vermittelt den Anschluß an andere Fördermittel, wie Drahtseilbahnen, Förderbänder u. dgl.

Als Hebezeuge für Verladebrücken kommen fast sämtliche Kran- und Katzenbauarten in Betracht. Mit eigenem Fahrantrieb ausgerüstet, übernehmen sie die wagerechte Lastförderung längs der Brücke, also die Weiterverteilung des Gutes, und können auf fahrbarer Brücke jeden Punkt der von dieser bestrichenen Bodenfläche erreichen. In selteneren Fällen wird das Hebezeug am Aufnahmeort des Gutes fest in die Brücke eingebaut und lädt dann gewöhnlich mittels eines Füllrumpfes auf ein anderes Fördermittel über.

Daß die wagerechte Förderbewegung meist eine geradlinige ist und mit größerer Geschwindigkeit ausgeführt werden kann als die Schwenkbewegung des Drehkranes, ist ein wesentlicher Vorzug der Verladebrücke.

Der Fahrantrieb der Brückenstützen kann auf zweierlei Weise, nämlich mit oder ohne Verbindungswelle zwischen den Fahrgestellen, ausgeführt werden. Im ersten Fall treibt der auf der Brücke aufgestellte Motor mit langen Wellenleitungen und Kegelradgetrieben die Laufräder der Fahrgestelle an[1]. Den Motor ordnet man — z. B. bei Brücken mit einseitiger Ausladung — zunächst der stärker belasteten Stütze an, um die ungleiche Verdrehung der Wellen infolge des ungleichen Fahrwiderstandes der beiden Stützen einigermaßen auszugleichen. Da die Wellenlager die wechselnde Durchbiegung der Brücke mitmachen, bevorzugt man, um das Zwängen der Wellen zu verringern, große Lagerabstände; auch verwendet man zuweilen elastische Kupplungen. Besondere Sorgfalt erfordert die Befestigung der Lager für die Kegelräder an den Stützen; diese Lager lockern sich leicht infolge des häufigen Wechsels der Drehrichtung und werden deshalb — außerdem auch mit Rücksicht auf möglichst spielfreien Zahneingriff — am besten zusammengegossen.

Damit der die Pendelstütze antreibende Wellenstrang deren Bewegungen ohne Zwang folgen kann, legt man den Schnittpunkt der Wellenmittel tunlichst in die Achse des oberen Stützengelenkes oder schaltet, wo dies aus baulichen Gründen nicht ausführbar ist, wie bei Abb. 183 ein Kreuzgelenk mit längsverschieblicher Kupplung in die Welle der Pendelstütze ein.

Die zweite Ausführungsform verzichtet auf die langen Wellenleitungen mit mehrmaliger Richtungsänderung; jede Stütze erhält einen

---

[1] Vgl. die Abbildungen des Abschnittes VI: Gerüstformen, S. 183 ff.

eigenen Antriebsmotor mit Vorgelege und Bremse. Diese Motoren müssen hinsichtlich ihrer Drehzahlen möglichst genau übereinstimmen bzw. sich durch Ausgleichwiderstände regeln lassen; ihre Ankerwicklungen müssen durch entsprechende Schaltungen elektrisch gekuppelt werden.

Endlich kann man auch beide Antriebsarten vereinigen, indem man die beiden Einzelantriebe durch eine verhältnismäßig leichte Welle kuppelt mit der Absicht, den wechselnden Unterschied der Fahrwiderstände durch diese Welle auszugleichen. Hierbei ist ein selbsttätig wirkender Ausschalter unerläßlich, der beim Versagen des einen Motors sofort den andern ausschaltet, um Motor und Wellenleitung zu entlasten.

Die Ansichten über die Zweckmäßigkeit der starren Verbindung beider Antriebe gehen zur Zeit noch stark auseinander; für jede Ausführung lassen sich Vor- und Nachteile geltend machen. Getrenntes Verfahren der Stützen, z. B. bei winkelbeweglichen Brücken[1], ist bei Einzelantrieb einfacher, läßt sich aber auch bei Anwendung einer durchgehenden Welle ausführen, wenn man beide Hälften der Wellenleitung durch Reibungskupplungen oder ein Planetengetriebe mit dem Antrieb verbindet. Das gleiche gilt für den Fall, daß der Kran auch Krümmungen der Bahn zu durchfahren hat, wobei die Räder der inneren Stütze zeitweise langsamer als die der äußeren Stütze laufen müssen. Befährt der Kran dagegen nur eine kreisförmig gekrümmte Bahn, so genügt es, die Durchmesser der Laufräder — mit radial gestellten Achsen — den Krümmungshalbmessern der Bahn entsprechend abzustufen.

Bei den weitaus meisten Verladebrücken treten Stützdrücke auf, zu deren Aufnahme unter jedem Stützenfuß mindestens zwei, vielfach aber auch vier und mehr Laufräder nötig sind. Zum Anfahren der Brücke unter normalen Verhältnissen genügt es meist, die Hälfte sämtlicher Laufräder anzutreiben, und zwar kuppelt man dazu gewöhnlich die auf der gleichen Brückenseite befindlichen Räder beider Stützen. Damit alle Räder gleichmäßig tragen, lagert man sie paarweise in Schwingen, die gegebenenfalls durch eine oder mehrere weitere Schwingen mit dem Bolzengelenk des Stützenfußes verbunden werden. Der gleichmäßige Antrieb sämtlicher Räder eines derartigen Fahrgestelles bietet zuweilen Schwierigkeiten.

Bei dem auf Doppelgleis fahrenden Radgestell (Abb. 183 und 184) einer schweren amerikanischen Verladebrücke sind je vier Räder in einer Stahlgußschwinge vereinigt. Ein kräftiger genieteter Kastenträger überträgt den Stützendruck auf die beiden Schwingenachsen. Die tiefe Lage des Stützengelenkes ist günstig für die Standsicherheit des ganzen Fahrgestelles gegen seitliche Kräfte. Der unsymmetrisch angeordnete Antrieb überträgt das Drehmoment durch mehrere Stirnräder nach-

---

[1] Vgl. hierüber S. 129.

einander auf die einzelnen Radachsen. Da sich die nach längerem Betrieb unvermeidlichen Spielräume zwischen den Zähnen der einzelnen Räder addieren, so laufen bei dieser Anordnung nach jedem Wechsel der Drehrichtung die zuerst angetriebenen Räder früher als die übrigen

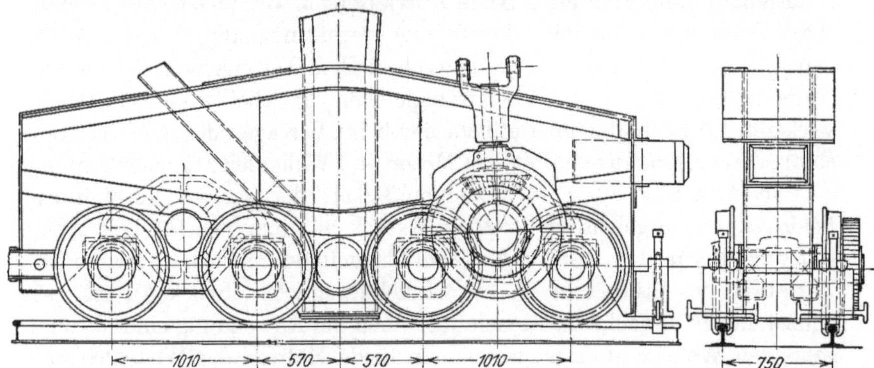

Abb. 183 u. 184. Achträdriges Radgestell einer schweren amerikanischen Verladebrücke.

an und neigen infolgedessen bis zum Ausgleich des Zahnspieles zum Schleifen.

Zweckmäßiger überträgt man daher das Drehmoment wie bei Abb. 191 zuerst auf die auf den Gelenkbolzen der beiden Schwingen

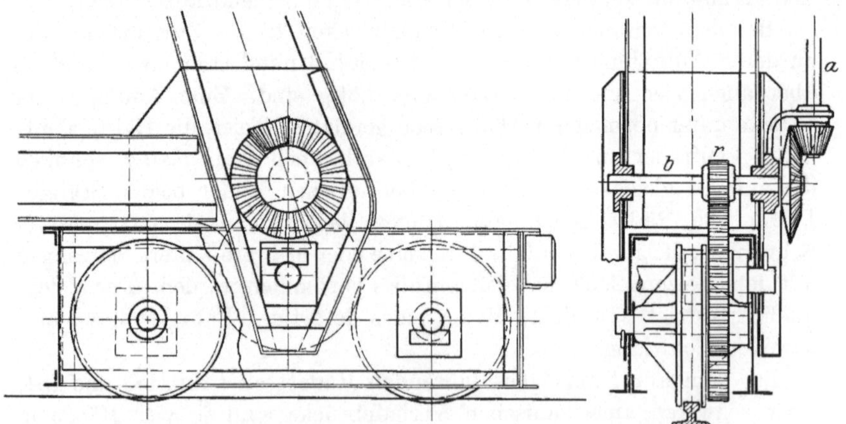

Abb. 185 u. 186. Radgestell mit symmetrischem Antrieb der beiden Laufräder.

lose laufenden Vorgelegeräder, was bei größeren Radständen die Anwendung einer Zwischenwelle und von Kegelradvorgelegen erfordert. Bei leichten Brücken, für die als Radgestell e i n e Schwinge mit zwei Laufrädern ausreicht (Abb. 185 und 186), ist der symmetrische Antrieb verhältnismäßig einfach auszuführen. Um die Drehung des belasteten Gelenkbolzens zu vermeiden, überträgt man gewöhnlich das Drehmoment der antreibenden Welle a durch Kegelräder auf eine wagerechte Vorgelegewelle b, deren Ritzel r mittels eines Zwischenrades die beiden Triebräder antreibt. Der Gelenkbolzen und die Laufradachsen, auf denen die ausgebuchsten Räder lose laufen, werden durch Achshalter in den Wänden des Radgestells festgestellt. Diese Anordnung erfordert für die Laufräder reichlich lange Radnaben, um den Flächendruck bzw.

Abb. 187. Wasserseitige Brückenstütze einer Kipperbrücke mit Antriebsmotor auf jedem Radgestell (Tigler).

die Abnutzung der Achsbuchsen zu verringern. Den Verschleiß und die hierdurch bedingte häufige Auswechslung der Laufräder vermeidet man, wenn die Räder auf ihren Achsen aufgekeilt werden; doch sind dann reichlich bemessene Augenlager in den Radschwingen nötig, weshalb diese Bauweise verhältnismäßig selten zur Anwendung gelangt.

Eine Anordnung, bei der sämtliche Laufräder der Brücke angetrieben werden, ist von Tigler für eine Wagenkipperbrücke[1] ausgeführt worden (Abb. 187). Infolge des langen Brückenauslegers treten bei ausgefahrener, stets voll belasteter Katze ständig sehr hohe Auflagerdrucke auf, die für jedes Fahrgestell der wasserseitigen Stütze rd. 400 t

---

[1] Diese Brücke sowie einige dem gleichen Zweck dienende Anlagen sind in Bd. II, Teil 1 ausführlicher beschrieben; vgl. S. 99 ff.

betragen, so daß eine Verteilung des Antriebs auf beide Fußpunkte der Stütze geraten schien. Trotzdem beide Stützen ihren eigenen Antrieb besitzen und die Anker ihrer Motoren elektrisch gekuppelt sind, ist zur weiteren Sicherheit gegen einseitiges Voreilen einer Stütze eine ausgleichende Verbindungswelle vorhanden. Ein weiterer Vorteil dieser Bauweise ist, daß bei abgestellten Motoren sämtliche Räder der Brücke durch die Motorbremsen selbsttätig festgehalten sind; die Sicherheit gegen Abtreiben durch Sturm ist daher größer als bei einseitigem Antrieb.

Abb. 188. Radgestell einer Verladebrücke mit auf der Brücke stehendem Fahrantrieb (Demag).

Auch für Brücken von mittlerem Gewicht aber großer Bauhöhe, die den Betrieb auch bei starkem Wind aufrecht erhalten müssen, ist diese Anordnung des Fahrantriebes empfehlenswert. Hierbei ist nämlich außer dem erhöhten Fahrwiderstand noch zu berücksichtigen, daß das Kippmoment der Windkräfte bei einseitigem Antrieb das angetriebene Fahrgestell so weit entlasten kann, daß die Laufräder beim scharfen Anfahren zum Rutschen neigen.

Abb. 188 läßt die Durchbildung des doppelgleisigen Fahrgestelles einer von der Demag ausgeführten Verladebrücke erkennen, bei der der Antrieb der beiden Stützen von einem auf der Brücke aufgestellten Motor ausgeht.

Erfahrungsgemäß genügt das Abbremsen der Fahrwerkswelle nicht immer, um das Abtreiben der Brücke durch stoßartig einsetzenden Sturmwind sicher zu verhindern. Daher erhalten größere Brücken

stets besondere Feststellvorrichtungen, z. B. die in Abb. 183
und 184 angedeuteten Sturmzangen, die der Führer beim Verlassen des
Kranes von Hand festzieht. Neuerdings werden solche Zangen auch
vom Führerstand aus mittels Fernsteuerung magnetisch betätigt. Für
die in Abb. 188 dargestellte Brückenstütze dient als Feststellvorrichtung
ein zwischen den Fahrschienen einbetoniertes gelochtes Flacheisen, in

Abb. 189. Stromabnehmer-Wagen für unterirdische Zuleitung (Bauart Elektrotechnische Industrie
Duisburg).

dessen Bohrungen sich ein am Fahrgestell angebrachter Riegel ein-
schieben läßt.

Für die **Stromzuleitung** ist hier ein abgedeckter Kanal neben der
Fahrschiene vorhanden, in dem die Leitungsdrähte lose verlegt sind.
Der Stromabnehmer wird, um das Zerren und Schwingen der Leitungsdrähte zu vermeiden, elastisch an das Zugband der Stütze angeschlossen
und durch einen schmalen Schlitz in den Kanal eingeführt. Eine derartige Anordnung ist erheblich kostspieliger als eine oberirdische Zuleitung auf Masten, läßt aber das Arbeitsfeld frei und sichert zuverlässig
Personal und Leitung.

Eine neuere Bauweise des **Leitungskanals** nach Abb. 189 vermeidet den für den Stromabnehmer erforderlichen Schlitz, in dem sich

nicht selten herabfallende Kohlenstücke u. dgl. festsetzen und zu Störungen Veranlassung geben. Bei dieser Anordnung nimmt ein gelenkig ausgebildeter Arm einen leichten, in ⊏-Führungen rollenden Wagen mit, der die Stromabnehmer trägt und sie mit gleichbleibendem Druck gegen die Leitungsschienen anpreßt. Die Abdeckung des Leitungskanals besteht aus abhebbaren, unter sich gelenkig verbundenen Platten, die eine zusammenhängende Kette bilden und beim Fahren der Brücke nacheinander von vier im Wagen eingebauten Lüftungsrollen so weit abgehoben werden, daß der Abnehmerarm unter ihnen hindurchstreichen kann.

Zum Auswechseln verschlissener Teile des Fahrgestells kann man durch Eintreiben von Stahlkeilen zwischen Schiene und Radgestell die Stütze etwas anheben, so daß die dann entlasteten Bolzen der Radschwingen herausgezogen und letztere seitlich herausgerollt werden können. Bei schweren Brücken verwendet man zum Anheben besser Druckwasserpumpen, die an besonderen Konsolen des Stützenfußes angreifen.

Bei kurzen Verladebrücken mit wenig elastischem Brückenkörper — in höherem Maße noch bei kräftig gebauten, turmartigen Stützen mit vier Fußpunkten[1] — tritt bei unebenen Fahrschienen leicht der Fall ein, daß zwei gegenüberliegende Stützpunkte den größten Teil der Last übertragen müssen, während die beiden anderen fast entlastet sind (nur federnd anliegen) oder einer von ihnen ganz schwebt, so daß Gerüst, Räder, Schienen und Untergrund zu hoch beansprucht werden. Anderseits genügt das verminderte Adhäsionsgewicht des entlasteten Radgestells nicht mehr für den Fahrantrieb und schließlich wird auch das Fahrwerk der andern Seite überanstrengt.

Diesen Übelstand vermeidet eine Bauart der Firma Pohlig nach der schematischen Darstellung in Abb. 190. Die vier Stützenfüße sind nicht unmittelbar auf ihrem Radgestell gelagert, sondern jeder stützt sich auf einen um das Gelenk O schwingenden Hebel H, dessen freies Ende durch Zugstangen und Winkelhebel mit der gleichartigen Auflagerung des andern Stützfußes verbunden ist. Diese wagebalkenartige Stützung gleicht den Höhenunterschied der Schienen aus und sichert gleiche Auflagerdrücke $R_A = R_B = P$. Die Gelenkpunkte O der beiden Stützenfüße sinken um gleiche Strecken $\frac{n}{2}$, wenn sich das Radgestell A um die Strecke n senkt. Hierbei neigt sich die ganze Stütze nur rechtwinklig zur Schiene, ohne daß räumliche Verwindungen und schädliche Nebenspannungen im Gerüst auftreten können.

Bei der in Abb. 191 und 192 wiedergegebenen baulichen Ausführung dieser Auflagerung liegen die Doppelhebel H seitlich außerhalb des Radgestells, schwingen um den Gelenkbolzen S und nehmen den Druck des Stützenfußes mittels des Bolzens O auf, welcher die Gestellwände

---

[1] Etwa wie in Abb. 193 und 194.

in Schlitzen durchdringt, diese daher nicht belastet. Die Winkelhebel sind im Zugband der Stütze gelagert; Spannschlösser in der sie verbindenden Zugstange erleichtern die Einstellung.

Über die Ausführungsformen des Walzeisengerüstes der Stützen und des Brückenkörpers ist das Grundsätzliche im Abschnitt „Gerüstformen" entwickelt. Erwähnt sei hier, daß man in Deutschland schon seit langer Zeit Brücken größerer Stützweite fast ausschließlich als Fachwerkträger mit einfachem Strebenzug baut. Amerikanische Firmen, namentlich die Brown Hoisting Machinery Co., bevorzugten früher die Ausführung in Form einer Hängebrücke, deren Zug-

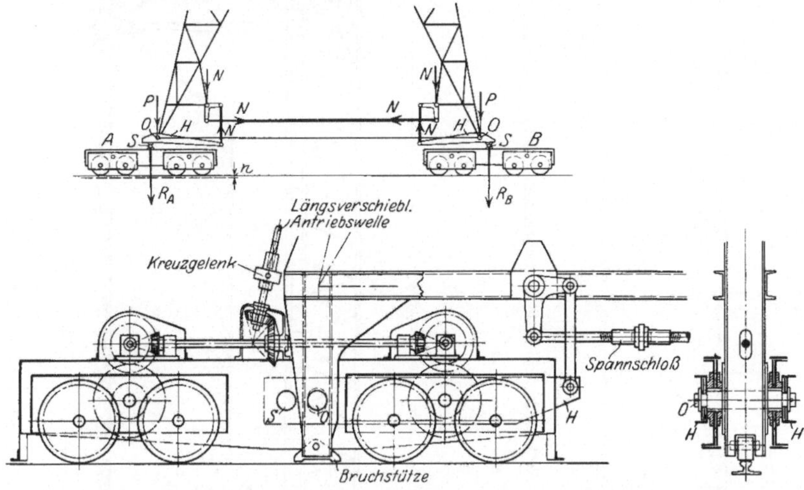

Abb. 190 bis 192. Druckausgleichende Auflagerung einer Brückenstütze (Pohlig).

glied an den Auslegern durch Fachwerkstäbe mit der Fahrbahn versteift wird, während der mittlere Teil einen besonderen parabelförmigen Versteifungsträger erhält. Ein Beispiel dafür ist die in Abb. 193 skizzierte Brownsche Verladebrücke[1]. Sie wird von einer Anzahl schnell arbeitender Uferkrane gespeist, die das Erz aus dem Schiff an Land schaffen, während die Brücke die Verteilung des nicht in Eisenbahnwagen abgeführten Materials auf den Lagerplatz übernimmt.

Seit einer Reihe von Jahren ist man aber auch in Amerika zu den in Deutschland üblichen Trägerformen übergegangen. Dies zeigt u. a. die in Abb. 194 dargestellte Anlage, die aus vier Uferkranen und einer 170 m langen Verladebrücke besteht[2]. Die Zubringerkrane arbeiten mit längsverschieblichem Ausleger und bestreichen mit diesem eine Fläche von rd. 70 m Breite. Ihre Greiferkatze bedient entweder mittels eines

---

[1] Vgl. v. Hanffstengel: Billig Verladen und Fördern, 3. Aufl., S. 156.
[2] Nach Bergman: Neue amerikanische Verladeanlagen. Z. V. d. I. 1913, S. 648.

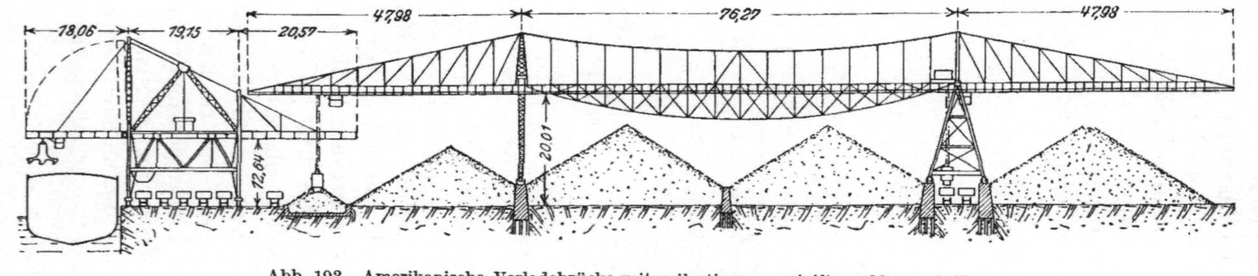

Abb. 193. Amerikanische Verladebrücke mit seilartigem versteiftem Obergurt (Brown).

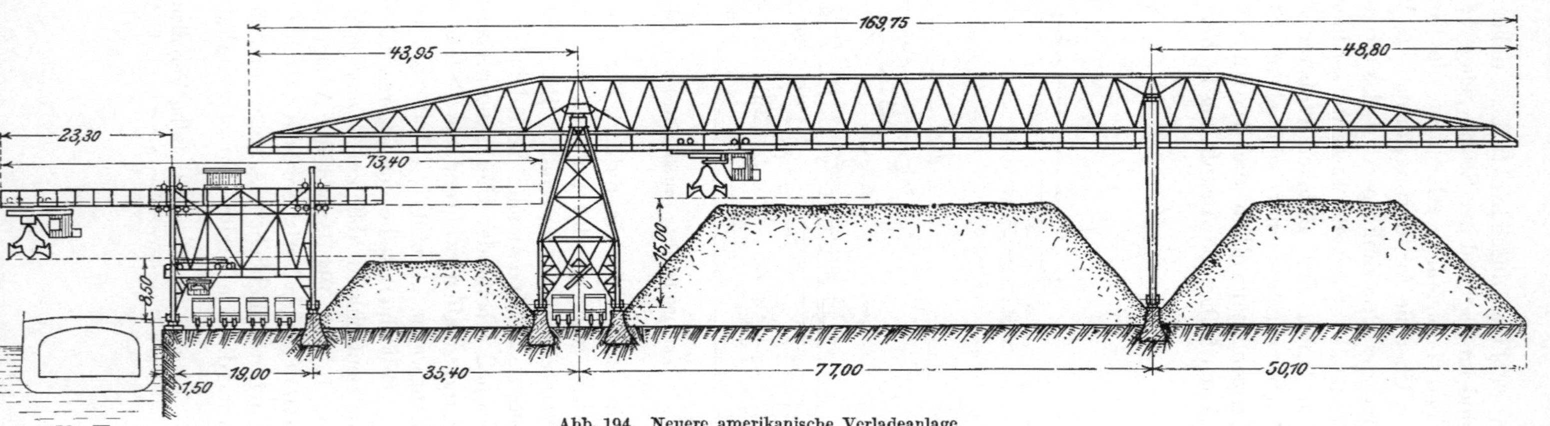

Abb. 194. Neuere amerikanische Verladeanlage.

fahrbaren Füllrumpfes vier Eisenbahngleise oder wirft das Fördergut im Arbeitsbereich der Verladebrücke ab. Auch diese kann durch einen in der turmartigen festen Stütze eingebauten Trichter Eisenbahnwagen beladen; ihre Hauptaufgabe aber ist die Verteilung des Gutes über den ausgedehnten Lagerplatz. Damit hierbei nicht immer die schwere Brücke verfahren zu werden braucht, kann diese eine beschränkte wagerechte Schwenkbewegung ausführen, bei der nur eine Stütze verfährt. Der Brückenträger dreht sich hierbei auf einer in der festen Stütze eingebauten Drehscheibe, während die Pendelstütze infolge ihrer kreuzgelenkartigen Verbindung mit der Brücke eine Dreh- und Pendelbewegung ausführt.

Eine ebenfalls seitlich ausschwenkbare Verteilungsbrücke beschreibt eingehend Dr. Feigl in Z. V. D. I. 1915, Nr. 8. Da diese Brücke gegen ihre Mittellage um 30° nach jeder Seite ausschwenkt, wobei sich ihre Stützweite um rd. 8,5 m vergrößert, erhielt sie mit Rücksicht

Abb. 195. Pendelstütze einer winkelbeweglichen Verladebrücke (Lauchhammer).

auf gute Standsicherheit zwei feste Portalstützen und Drehscheibenauflagerung. Die beträchtliche Stützweitenänderung wird dadurch ermöglicht, daß der Brückenkörper sich über mehrere auf der einen Drehscheibe gelagerte Gleitrollen verschiebt, eine Anordnung, die eine rahmenartige Aussparung in den Tragwänden der Brücke bedingt. Beim Ausschwenken der Brücke bestreicht die Katze eine Grundfläche, die etwa zweieinhalb mal so groß ist wie das Arbeitsfeld einer Brücke ohne Schwenkbewegung.

Erheblich einfacher und leichter baut sich die von Lauchhammer ausgeführte „winkelbewegliche" Verladebrücke[1] Abb. 195, die ein

---

[1] Vgl. Abschnitt „Gerüstformen", Abb. 286 bis 290.

seitliches Ausschwenken um etwa 15° nach jeder Seite gestattet.
Die baulichen Einzelheiten des Gerüstes und der gelenkigen Verbindung
zwischen Brücke und Stützen sind auf S. 189 ff. ausführlicher beschrieben.
Ein besonderer Vorteil dieser häufiger ausgeführten Bauart ist, daß
mehrere schrägstehende Brücken mit ihren Auslegern größere Schiffsluken gemeinsam bedienen können, be-
sonders in einer aus dem Grundriß Abb. 289
ersichtlichen Anordnung, bei der die Pen-
delstützen zweier benachbarten Brücken
gegeneinander versetzt sind und auf getrennten Laufschienen fahren, so daß die
Brückenausleger ganz eng zusammen-
gefahren werden können.

Die aus sieben Brücken bestehende, für
das Ausland gelieferte Anlage dient dem
Kohlenumschlag zwischen Seeschiff und
Lagerplatz und leistet bei 6 t Tragfähigkeit der Greiferkatzen rd. 600 t stündlich.

Bei derartigen winkelbeweglichen
Brücken erhält jede Stütze ihren eigenen
Fahrantrieb, der in den Grenzstellungen
der Brücke durch Endausschalter selbsttätig unterbrochen wird, um ein die Standsicherheit der Brücke gefährdendes Zu-
weitfahren der Stütze auszuschließen.

Die früher erwähnte Schwierigkeit,
sämtliche Laufräder eines Fahrgestells
gleichmäßig anzutreiben, ist hier, wie aus
Abb. 287 und 288 zu erkennen, dadurch
vermieden worden, daß man in allen vier
Gestellen — also unter jedem Stützenfuß
— nur die Hälfte der Räder durch je
einen Motor von etwa halber Leistung
antreibt. Man kommt dann gewöhnlich
mit Stirnradvorgelegen und lose laufenden Rädern aus.

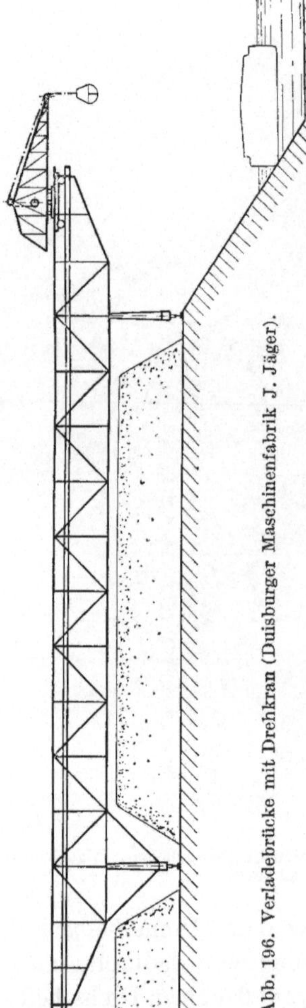

Abb. 196. Verladebrücke mit Drehkran (Duisburger Maschinenfabrik J. Jäger).

Den Gedanken, die von der Verlade-
brücke bediente Lagerplatzfläche zu verbreitern, ohne die Brücke selbst
zu verfahren, bildete zuerst J. Jäger in der Weise aus, daß er auf die
Brücke einen Drehkran setzte (Abb. 196), der bei stillstehender Brücke
einen Flächenstreifen bestreicht, dessen Breite gleich dem Durchmesser
seines Schwenkkreises ist. Der Brückenausleger kann jetzt entsprechend
kürzer gehalten werden; er schneidet gewöhnlich mit der Kaikante ab

und geht daher bei der Fahrbewegung der Brücke von der Takelage des Schiffes frei, während der Ausleger des Drehkrans auch bei stehender Brücke größere Schiffsluken bestreichen kann.

Eine neuzeitliche Ausführung dieser Bauweise zeigt Abb. 197. Die von Mohr & Federhaff gebaute Entladebrücke arbeitet mit einem Greiferdrehkran von 5 t Tragkraft bei 15 m Ausladung, dessen Fahrgeschwindigkeit bei rd. 50 PS Motorleistung 180 m/min beträgt und der beim Arbeiten auf dem Lagerplatz durchschnittlich 90 t Kohle löscht. Das

Abb. 197. Verladebrücke mit eingebautem Siebwerk und Greiferdrehkran (Mohr & Federhaff).

für den Drehkran verwendete und auf S. 63 näher beschriebene Hubwerk wird durch einen Magnetschalter gesteuert und hebt mit einem 100 PS-Motor den Greifer mit 1,1 m/sec. Zum Beladen von Bahnwagen entleert der Greifer in einen Füllrumpf, aus dem die Kohlen, durch ein Siebwerk nach Korngröße getrennt, mittels Schurren abgezogen werden. Der Kohlengries wird einem Gurtförderer zugeführt, der gegenüber der früher meist verwendeten Förderschnecke den Vorteil hat, daß er nach Arbeitsschluß vollständig entleert und das Einfrieren bei eintretendem Frost daher vermieden wird.

Die Anordnung mit oben laufendem Drehkran stellt heute die wohl am häufigsten verwendete Bauart für mittlere Leistungen dar. Für hohe Leistungen und entsprechende Fahrgeschwindigkeiten ist die tote Masse des Kranes in der Regel zu groß.

Die Forderung, ein Abkippen des Drehkranes durch Überlastung bei seitlich ausgeschwenktem Ausleger mit Sicherheit zu verhindern, hat zu einer bemerkenswerten, allerdings selten ausgeführten Bauform (Abb. 198) Anlaß gegeben. Die von Petravič, Wien, für den Umschlag vom Schiff auf Bahnwagen und Lagerschuppen gebaute Brücke über-

Abb. 198. Verladebrücke mit dreieckigem Brückenquerschnitt für eine Reiterkatze (Petravič).

spannt mehrere Gebäude und belebte Straßenzüge. Der Brückenkörper hat Dreiecksquerschnitt, besitzt also nur einen, als Kastenträger ausgebildeten Obergurt, auf dem die Fahrschiene liegt. Das Kippmoment des Kranes, den man in dieser Ausführung als Reiterdrehkran bezeichnet, wird durch zwei am Kranunterwagen angeschlossene Stützarme mittels Druckrollen auf die Untergurte der Brücke übertragen und beansprucht den Brückenkörper auf Verdrehung, gegen die der dreieckige Brückenquerschnitt jedoch erheblich geringeren Widerstand bietet als ein geschlossener, viereckiger Kasten. Die Bauart des Reiterdrehkrans sichert ihn völlig gegen Kippgefahr, doch läßt sich dies bekanntlich auch durch einfachere Mittel (vgl. auch S. 193) erreichen. Durch das Kippmoment entsteht außerdem ein wagerechter Schub in der Ebene der Fahrschiene, der durch wagerechte Druckrollen aufgenommen wird, um das Anlaufen der Radspurkränze zu verhindern; der Fahrwiderstand des Kranes dürfte daher bei dieser Bauart größer sein als bei einem auf zwei Schienen fahrenden Drehkran.

Zuweilen ist die Grundrißform des Lagerplatzes so unregelmäßig, daß man zu seiner Ausnutzung es vorzieht, nur kurze Verladebrücken

Abb. 199. Verladebrücken mit Greiferdrehkran im Anschluß an feste Hochbahnen (Demag).

für den Entladevorgang zu verwenden, die aber zum Abwerfen auf den Lagerplatz an mehrere feststehende Hochbahnen angeschlossen werden können. Der Drehkran kann auf diese Hochbahnen übergehen und von da einzelne Streifen des Lagerplatzes bestreichen. Abb. 199 gibt eine derartige, von der Demag ausgeführte Anlage wieder. Elf kurze Brücken von etwa 15 m Stützweite mit Drehkranen von 4 t Tragkraft bei 18 m Ausladung befahren die gekrümmte Kaifläche. Der anschließende Lagerplatz, der ungewöhnlich unregelmäßige Begrenzung hat, ist durch zwanzig Hochbahnen von 22 bis 133 m Länge in Streifen von 40 m Breite unterteilt, kann daher in allen Teilen von den überfahrenden Drehkranen erreicht werden.

Eine ähnliche Forderung erfüllt die Verladebrücke nach Abb. 200, die zuerst von Mohr & Federhaff für einen Fall ausgeführt wurde, wo die Katze von der Brücke auf mehrere feste, an der Dachkonstruktion eines Lagerschuppens aufgehängte Fahrbahnen übergeht. Infolge der beschränkten Bauhöhe im Schuppen kam nur ein unterhalb der

Brücke fahrender Drehkran in Betracht[1], der seine Last unter der Kranbahn durchschwenken kann. Dieser Vorzug kommt auch für andere Verladebrücken zur Geltung, da bei der Arbeitsweise der unten fahrenden Katze Zeit und Strombedarf zum Heben der Last über die Brücke hinweg bzw. zum Verfahren der Brücke ganz entfallen. Auch begünstigt die tiefe Lage des Schwerpunktes die Standsicherheit des Drehkrans sowie die Anwendung höherer Fahrgeschwindigkeiten. Zu beachten ist jedoch, daß die von der Katze zu durchfahrenden Portalstützen große Lichtweiten erhalten müssen, damit der Ausleger nicht

Abb. 200. Verladebrücke mit unten hängendem Drehkran (Mohr & Federhaff).

jedesmal in die Fahrrichtung eingestellt werden braucht. Auch bietet die Ausbildung des Katzenfahrwerks insofern einige bauliche Schwierigkeiten, als die Achsen der außerhalb der Brückenträger liegenden Laufräder nicht durchgehen können, die Räder der beiden Seiten daher gewöhnlich mittels Kegelradwellen von dem tieferstehenden Fahrwerk angetrieben werden müssen.

Erfordert der normal gebaute Drehscheibenkran mit Rücksicht auf seine Standsicherheit eine große Spurweite (etwa 3 bis 5 m), demnach auch breite Brückenkörper, so genügt für die normale, nicht drehbare Laufkatze meist eine Spurweite von etwa 1,8 bis 2,5 m; die Katzenbahn kann daher auch zwischen den Brückenträgern, und zwar in beliebiger Höhenlage, angeordnet werden. Der Einfluß der Höhenlage auf die Ausbildung und Steifigkeit des Brückenkörpers sind in Abschnitt VI für verschiedene Brückenquerschnitte erörtert.

---

[1] Vgl. hierzu auch Abb. 271 bis 273.

Abb. 201 zeigt eine Verladeanlage mit Greiferkatzen dieser Bauart von 5 t Tragkraft. Die drei Brücken haben ungewöhnlich lange Ausleger (Stützweite 40 m, wasserseitiger Ausleger 34,5 m) und überkragen mehrere Schiffsbreiten, können daher unmittelbar aus dem Seedampfer

Abb. 201. Verladebrücken mit langem Ausleger für Greiferbetrieb (Demag).

in die Leichter oder umgekehrt fördern. Das Brückengerüst zeigt die für große Auslegerbrücken heute allgemein übliche Form und Ausbildung mit schlankem Aufbau zum Anheben des Auslegers und weit zurückgreifenden Zugbändern.

Das Einziehwerk des Auslegers steht in einem besonderen Windenhaus auf dem Brückenobergurt und ist ein gewöhnliches, durch einen 30 pferdigen Motor angetriebenes Trommelhubwerk. Besonderer Sorgfalt bedarf die Ausbildung der Hubbremse, weil sie den schweren Ausleger, der in diesem Fall rd. 50 t wiegt, zuverlässig festhalten muß, bevor sie

Abb. 202. Schnellfahrende Verladebrücke mit Greiferkatze und Schrottmagnet (Maschinen- und Waggonbaufabrik Simmering).

durch die in der Endstellung einfallenden Fanghaken entlastet wird. Der beträchtliche Seilzug an den Trommeln bedingt ein hohes Übersetzungsverhältnis in den hier verwendeten Stirnradvorgelegen; im allgemeinen bevorzugt man deshalb für derartige Windwerke Schneckenantrieb. Die beiden Flaschenzüge greifen an einem die beiden

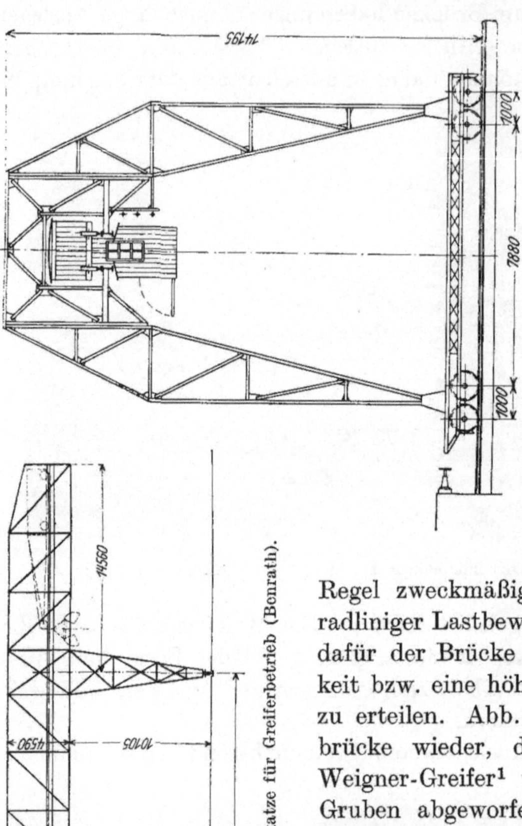

Abb. 203 u. 204. Verladebrücke mit Auslegerlaufkatze für Greiferbetrieb (Bonrath).

Auslegertragwände verbindenden Querhaupt an und besitzen einen Seilausgleich, so daß die Seilspannungen auf beiden Seiten gleich sind und schädliche Verwindungen des Auslegers vermieden werden. Der Zeitbedarf zum Hochziehen des Auslegers beträgt etwa 10 min.

Auch für Lagerplätze von Fabriken, auf denen das Gut abwechselnd an verschiedenen Stellen entnommen oder abgegeben wird, ist es in der Regel zweckmäßiger, eine Katze mit geradliniger Lastbewegung zu verwenden und dafür der Brücke eine größere Beweglichkeit bzw. eine höhere Fahrgeschwindigkeit zu erteilen. Abb. 202 gibt eine Verladebrücke wieder, deren Katze mit einem Weigner-Greifer[1] von 1 m³ Inhalt die in Gruben abgeworfene Kohle mittels eines Fülltrichters an Schmalspurkippwagen oder Kraftwagen weitergibt.

Um die durch den Kohlenumschlag allein nicht ausgenutzte Anlage wirtschaftlicher zu gestalten, übernimmt diese Brücke auch das Aufstapeln und Weiterverladen von Schrott und Spänen und ist hierfür mit einem Rundmagneten von 1500 mm Durchmesser ausgerüstet, für den der vorhandene Drehstrom durch einen auf der Brücke aufgestellten Umformer in Gleichstrom von 220 Volt umgewandelt wird. Beide Hubwerke haben ihren eigenen Antriebsmotor, können daher unabhängig voneinander gesteuert werden. Ihre getrennte Lage erfordert eine größere Baulänge der

---

[1] Auf S. 27 näher beschrieben.

Katze als eine Anordnung mit auf gleicher Seite des Führerstandes liegenden Hubwerken; dafür ist dem Führer die Beobachtung des Arbeitsvorganges und damit die Bedienung der Winde erleichtert.

In Abb. 203 und 204 ist eine ältere Erzverladebrücke des Benrather Werkes mit Greiferkatze von 2,5 t Tragkraft dargestellt, deren nicht schwenkbarer Ausleger von 9,5 m Länge den fehlenden Ausleger der Brücke ersetzt. Mit eingefahrener Katze kann die Brücke unbehindert durch Takelage und Aufbauten der Schiffe verfahren werden und daher

Abb. 205. Verladebrücke mit Drehlaufkatze für 12,5 t (Demag).

abwechselnd aus mehreren Luken arbeiten. Da beim Ausfahren der Katze das Laufrollenpaar im Auslegerschnabel die Fahrbahn verläßt, wird der Katzenwagen hier durch zwei obere Leitschienen, an die sich die Leitrollen der Katze anlegen, gegen Kippen geschützt[1]. Die Bauart eignet sich vorzugsweise für kleinere Ausladungen.

Besonders vorteilhaft für Greiferbetrieb arbeitet in Verbindung mit einer Verladebrücke die auf S. 88 behandelte Auslegerdrehlaufkatze, da sie — wie der Drehkran — den Greifer in beliebiger Richtung einstellen kann, eine größere Grundfläche ohne Brückenfahren bestreicht, aber beim Schwenken die Last nicht über die Brücke hinwegheben braucht. Gegenüber dem untenfahrenden Drehkran (Abb. 200) unterscheidet sich die Drehlaufkatze Abb. 205 durch ein einfacheres

---

[1] Vgl. auch die Anordnung der in Abb. 140 und 141 dargestellten Auslegerkatze.

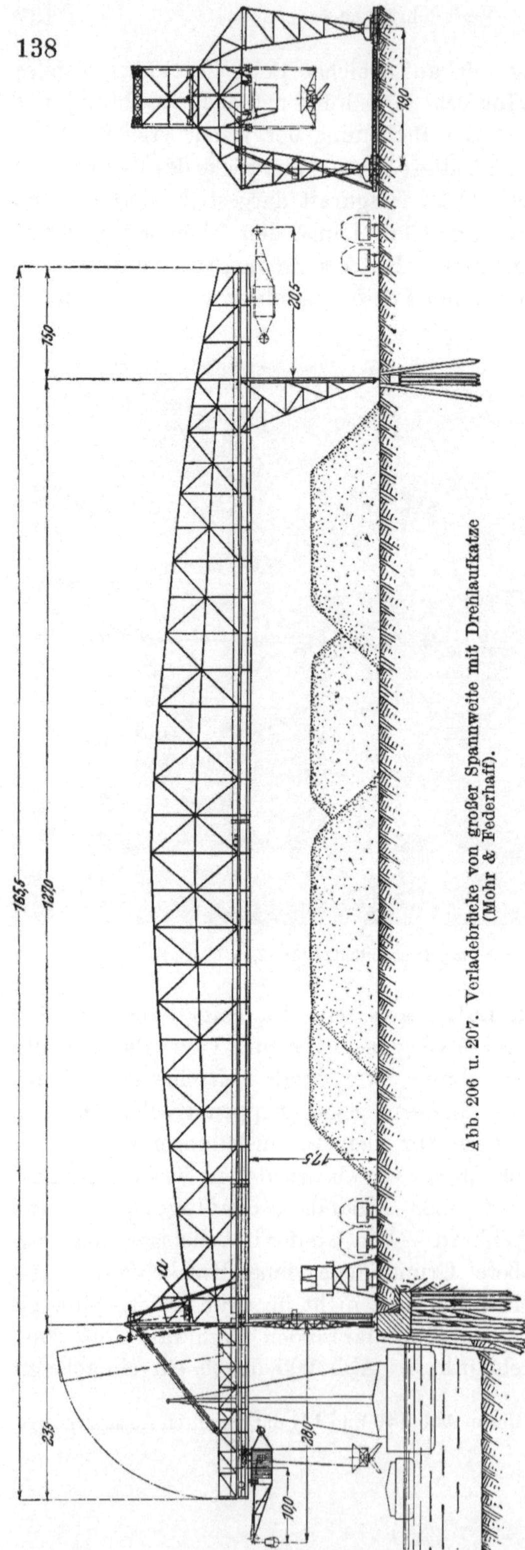

Abb. 206 u. 207. Verladebrücke von großer Spannweite mit Drehlaufkatze (Mohr & Federhaff).

Fahrgestell mit normalem Fahrantrieb und kleinerer Spurweite, ihre Fahrbahn kann deshalb in beliebiger Höhe zwischen den Tragwänden angeordnet werden. Mit seltenen Ausnahmen wird der drehbare Teil mit dem Hubwerk und Führerstand mittels eines Stützzapfens im Fahrgestell aufgehängt, wirkt also als Säulendrehkran, dessen Lastmoment die weit nach hinten verlegte Winde mit ihrem Schutzhaus zum Teil ausgleicht. Die Katze hebt bei 4,75 m Ausladung 12,5 t mit 50 m/min und besitzt eine Fahrgeschwindigkeit von 145 m/min, während die Drehgeschwindigkeit etwa $2^1/_2$ Umdrehungen in der Minute beträgt.

Die in Abb. 206 und 207 dargestellte Ausführung der Firma Mohr & Federhaff hat, wie aus der Zeichnung zu ersehen, ungewöhnlich große Abmessungen. Die Tragkraft der Drehlaufkatze beträgt 6 t, ihre Fahrgeschwindigkeit 4 m/sec und die Förderleistung bis zu 180 t/st. Die Anlage dient zum Umschlag zwischen Schiff, Lagerplatz und Eisenbahnwagen und

zwischen Seeschiff und Leichter. Die großen Luken der hier in Frage
kommenden Schiffe kann der Kran in ihrer ganzen Ausdehnung ohne
Verfahren der Brücke bestreichen und die Kohle in dem Leichter in
zweckmäßiger Weise verteilen. Für das Bekohlen von Seeschiffen ist ein
Trichter mit drehbarer Auslaufrutsche vorgesehen, der an Seilen hängt
und sowohl wagerecht wie senkrecht beliebig eingestellt werden kann.

Eine eigentümliche Kombination bildet die von der Deutschen
Maschinenfabrik erbaute leistungsfähige Erzverladeanlage der Gel-
senkirchener Bergwerks-A.-G. am Rhein-Herne-Kanal (Abb. 208). Auf
jeder der beiden 104 m langen Brücken läuft ein Drehkran, dem jedoch
nur die Aufgabe zufällt, das Fördergut vom Lagerplatz wieder aufzunehmen und in Eisenbahnwagen zu verladen. Die Schiffsentladung

Abb. 208. Erzverladebrücke mit Greiferdrehkran und Gurtförderer in Verbindung mit Uferentladern (Demag).

wird durch drei Drehkrane besorgt, die auf Portalen am Ufer stehen
und in die am wasserseitigen Brückenende vorgesehenen Trichter fördern.
Von hier gelangt das Erz bei der einen Brücke auf einen Gurtförderer,
bei der anderen in einen Kübelwagen von 30 t Inhalt, der sich mit 2 m/sec
Geschwindigkeit auf der Brücke bewegt. Jeder Drehkran kann 150 t/st
leisten, während die beiden Verteilanlagen (Band bzw. Kübelwagen)
für 300 t berechnet sind.

Für besonders große Leistungen und hohe Belastungen eignet sich
eine Bauart der Katze mit beschränkter Drehbarkeit des Auslegers,
dessen Schnabel sich mittels Druckrollen auf eine Kurvenschiene im
Katzengerüst stützt; sie wird in der Regel als Auslegerschwenkkatze
bezeichnet.

Mit einer derartigen Katze arbeiten die von der Demag für Vlaar-
dingen (Holland) erbauten zwei Verladebrücken von 118 m Stützweite
(Abb. 209), deren aufkippbarer Ausleger mit 58 m Länge mehrere
Schiffsbreiten überkragt, während der Katzenausleger bei seiner
Schwenkbewegung einen Flächenstreifen von 10 m Breite bestreicht.
Das mit zwei Motoren von je 320 PS ausgerüstete Hubwerk hebt den

30 t schweren Greifer mit 66 m/min. Die für eine schwere Katze ungewöhnlich hohe Fahrgeschwindigkeit von 360 m/min erfordert zwei Antriebsmotoren von je 235 PS und die Fahrtbegrenzung in den Endstellungen lange, ausgiebig gefederte Puffer. Zum Fahren der Brücke dienen zwei in Brückenmitte aufgestellte 200pferdige Motoren, die sämtliche Laufräder der beiden Stützen antreiben. Eine zwangläufige Verbindung der einzelnen Radachsen wird bei dieser Ausführung durch Kuppelstangen und Kurbelantrieb erreicht.

Beim Umladen von Schiff auf Schiff leistet jede Brücke 550 t/st, bei größeren Fahrwegen der Katze zum Lagerplatz etwa 500 t/st.

Abb. 209. Verladebrücken mit Auslegerschwenkkatze für hohe Leistungen (Demag).

Die Anlage besitzt somit die größte mit reinen Verladebrücken bisher erzielte Leistungsfähigkeit.

Bleichert hat für die etwa 100 m lange, mit einer Seilkatze und feststehendem Windwerk betriebene Verladebrücke (Abb. 210 bis 212) einen einziehbaren Ausleger verwendet. Bei dieser wohl nur selten ausgeführten Anordnung kann der leicht gebaute, wasserseitige Ausleger in das Innere des Brückenkörpers zurückgezogen werden, wobei er mit zugespitzten Schleppschienen über die Katzenfahrschienen der Brücke greift, so daß die Katze in jeder Auslegerstellung von der einen auf die andere Fahrbahn übergehen kann. Durch eine besondere in der Patentschrift 193294 erläuterten Vorrichtung werden die Katzenfahrseile beim Einziehen des Auslegers verkürzt und daher stets straff gehalten. Die Verwendung einer Seillaufkatze vermindert beträchtlich das Eigengewicht des Auslegers und der Brücke

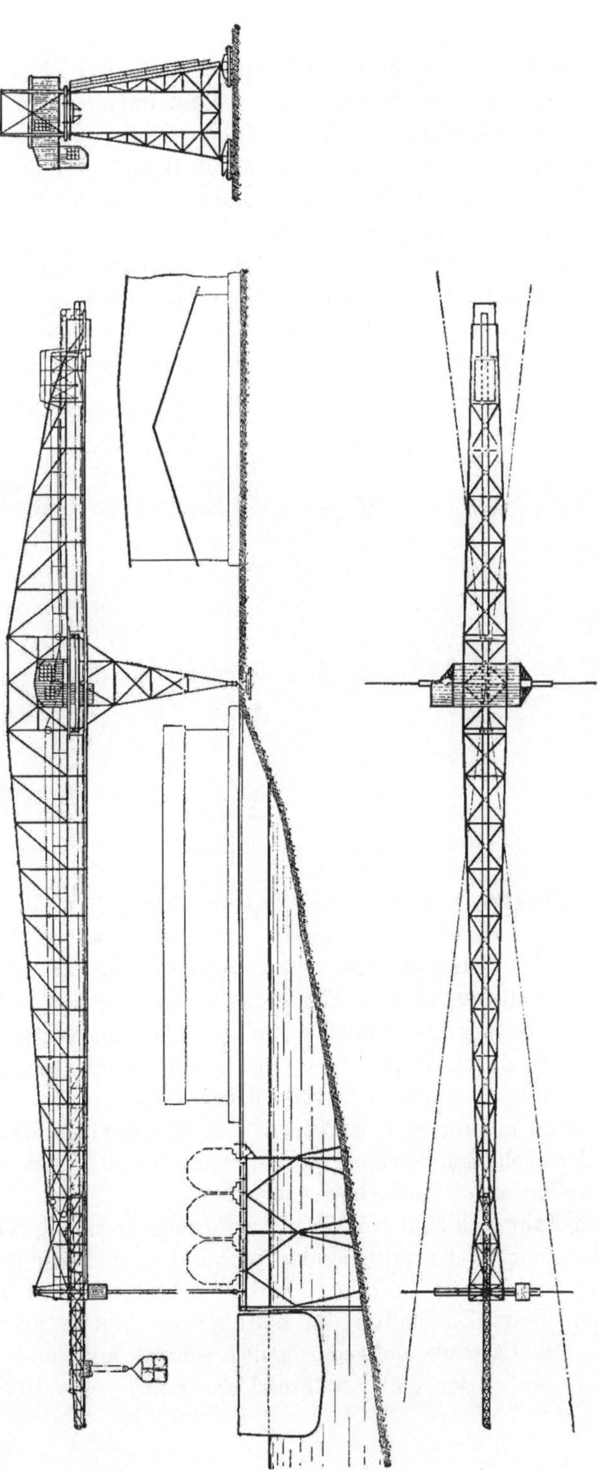

Abb. 210 bis 212. Bleichertscher Brückenkran mit verschiebbarem Ausleger und ortsfestem Windwerk.

und damit die Belastung der auf einem Pfahlrost verlegten Brückenfahrbahn. Da der Seilantrieb über der landseitigen Stütze eingebaut
ist, befindet sich zur besseren Beobachtung der aufzunehmenden Last
ein besonderer Führerstand an der wasserseitigen Stütze, von wo der
Beobachter den hinten befindlichen Führer durch Signale verständigt.
Erhöhte Beweglichkeit erhält die Brücke dadurch, daß sie ein beschränktes seitliches Ausschwenken zuläßt.

Eine neuzeitliche Ausführung einer Brücke mit feststehendem
Windwerk ist in Abb. 213 wiedergegeben. Die von der Demag erbaute
Kohlenverladebrücke dient zum Überheben der auf einer Zeche ge-

Abb. 213. Verladebrücke für Klappkübelbetrieb mit ortsfestem Windwerk (Demag).

füllten, auf Sonderwagen angefahrenen Klappkübel von 10 t Gewicht
in Kanalschiffe und arbeitet mit einem als Kastenwinde ausgeführten
Zweitrommelhubwerk. Auch hier bedingten ungünstige Bodenverhältnisse und außerdem die verhältnismäßig große Ausladung der Brücke
(19,5 m bei 20,5 m Stützweite) tunlichst weitgehende Entlastung der
wasserseitigen Stütze durch Verwendung einer leichten Seilkatze. Das
etwas außerhalb der landseitigen Stütze liegende Windwerk wirkt
gleichfalls entlastend auf die andere Stütze. Um bei etwaigen Bodensenkungen die Fahrschienen leichter ausrichten zu können, hat man
sie mittels Schwellen auf Schotterbett verlegt.

Hubwerk und Fahrwerk sind bei dieser Ausführung erstmalig durch
ein zweites Planetengetriebe miteinander verbunden und sämtliche
schnellaufenden Getriebeteile in dem auf S. 68 erwähnten Getriebekasten vereinigt. Beim Zuschalten des betreffenden Motors können
daher Fahrseil und Lastseile entweder gleich schnell auf- und abgewickelt werden, wobei der Kübel während der Fahrt seine Höhen-

lage behält, oder unabhängig voneinander eingezogen bzw. nachgelassen
werden, so daß der Kübel beim Fahren auch in senkrechter Richtung
bewegt und gleichzeitig beliebig geöffnet oder geschlossen werden kann.
Die Kupplung der Getriebe entlastet hierbei den Fahrmotor vom Zuge
der Lastseile, er hat daher während der Fahrt keine Hubarbeit zu
leisten. Diese Bewegungen regelt der im vorderen Führerstand befindliche Kranführer durch die Handhebel dreier Meisterwalzen, mit
denen er die im Windenhaus untergebrachten Schützen steuert. Die
Regelung der Geschwindigkeiten geschieht durch Bürstenverschiebung
der Motoren; das hierzu erforderliche, entlastete Gestänge ist mit

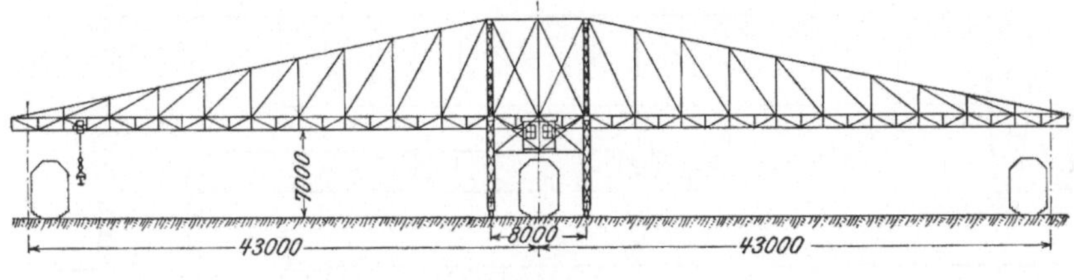

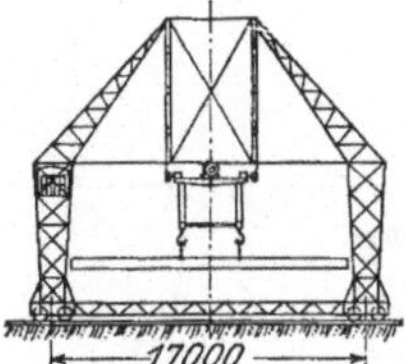

Abb. 214 u. 215. Doppelauslegerkran mit langer Fahrbahn für einen Trägerlagerplatz
(Duisburger Maschinenbau-A.-G.).

Hebelübersetzung an die Steuerhebel angeschlossen, wird daher ohne
weitere Handgriffe gleichzeitig mitbetätigt. Zum Anhängen der Kübel
dient eine drehbare, in Abb. 3 und 4 gezeigte Traverse. Der Betriebstrom wird unterirdisch zugeleitet und, wie in Abb. 189 dargestellt,
durch einen Abnehmerwagen entnommen.

Der hauptsächlich für Walzeisenlagerplätze verwendete, zuweilen mit
großer Fahrbahnlänge ausgeführte Doppelauslegerkran Abb. 214 und 215
bildet eine Abart der Verladebrücke. Da bei außenstehender Last ein
beträchtliches Kippmoment ausgeübt wird, so ist auch für diese Bauweise die leichte Seilkatze das geeignetste Beförderungsmittel. Außerdem ordnet man zum weiteren Ausgleich des Lastmomentes eine oberhalb der Lastkatze fahrende Gegengewichtskatze an, die mit jener
durch einen geschlossenen Seillauf verbunden ist und jeweils die symmetrische Stellung auf dem andern Ausleger einnimmt. Die beiden
Joche des Stützgerüstes sind so weit auseinandergezogen, daß der
längste Träger frei zwischen den Eckpfosten hindurchgeht.

Der abgebildete Kran vermittelt vorwiegend die Lastbewegung quer zur Gleisrichtung, besitzt daher nur eine geringe Fahrgeschwindigkeit. Die verhältnismäßig kleine Spurweite des Kranfahrgleises begünstigt aber das „Ecken" der Laufräder (Anlaufen der Spurkränze gegen den Schienenkopf), das besonders bei ungleichmäßigem Windangriff und beim scharfen Anfahren auftritt, wenn die stärker belastete Seite zurückbleibt.

Auch Trägerverladekrane werden in Form von doppelt gestützten Brücken ausgeführt. In Abb. 216 und 217 ist eine ältere Anlage wiedergegeben, bestehend aus zwei Brücken verschiedener Stützweite und Tragkraft, die völlig unabhängig voneinander den Lagerplatz bedienen.

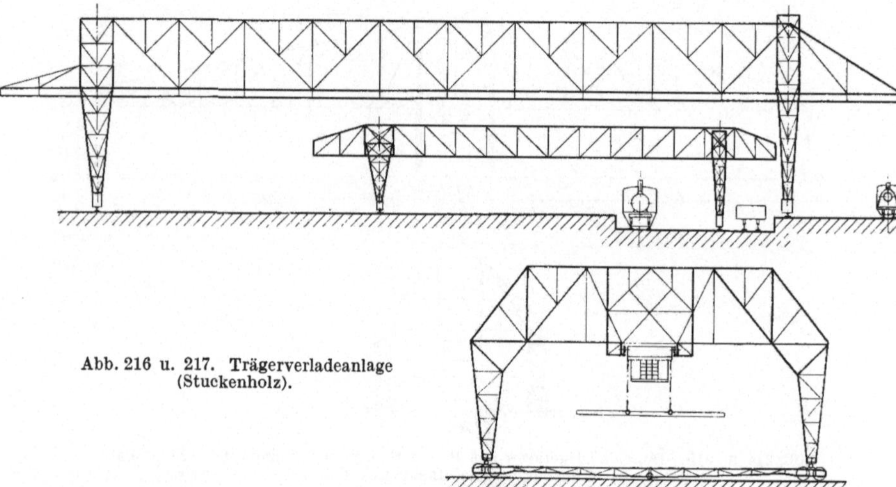

Abb. 216 u. 217. Trägerverladeanlage
(Stuckenholz).

Der kleinere Kran wird zum Befördern leichter Lasten benutzt, weil hierfür die Bewegung der großen Brücke unwirtschaftlich wäre. Das Hubmittel der Katzen besteht aus einem nur in Flaschenzügen hängenden Querbalken, an den die Last von Hand durch Schlingketten angehängt wird.

Da beim raschen Anfahren oder Anhalten die Last gewöhnlich stark pendelt, zum Anschlagen und Aufstapeln auch Hilfskräfte nötig sind, so zieht man heute die mit starr geführten Magneten oder Tragpratzen ausgerüsteten Trägerverladekrane vor.

Bei der von **Lauchhammer** ausgeführten Trägerverladebrücke mit **Hebemagneten** (Abb. 218) befährt die unterhalb der Brücke laufende Katze eine neben den Untergurten liegende Fahrbahn und hebt mittels starr geführter Hängestäbe das Querhaupt mit den Magneten. Bei größeren Förderwegen wird es so hoch in eine am Katzengerüst befindliche Führung hineingezogen, daß mehrere, selbsttätig einfallende Sicherheitspratzen die Last unterfangen und gegen Abstürzen sichern.

Die Katze hat 5 t Tragfähigkeit und kann infolge der weit auseinandergezogenen Stützenfüße Schienen von 25 m Länge befördern.

Mitunter bedingt die Anordnung der Materialstapel oder Hürden oder die Lage der Abfuhrgleise eine Fahrtrichtung der Brücke, bei der sich ihre Fahrschienen mit den in der gleichen Ebene liegenden Eisenbahngleisen kreuzen würden, eine Anordnung, die jedoch mit Rücksicht auf Freizügigkeit und Sicherheit der Bahnwagen sowohl wie der Brücke vermieden werden sollte. Man setzt dann besser die Brücke auf eine

Abb. 218. Trägerverladebrücke mit unten laufender Katze und starrgeführtem Gehänge für Magnetbetrieb (Lauchhammer).

Hochbahn und kann bei genügender Höhenlage der Bahn unter Umständen die Brückenstützen ganz fortlassen.

Abb. 219 zeigt eine derartige, aus mehreren Pratzenkranen bestehende Anlage der Demag für den Stabeisenlagerplatz eines Hüttenwerkes. Die nach Art einer Verladebrücke gebauten Hochbahnkrane mit innen laufenden Katzen besitzen 5 t Tragfähigkeit und fahren rd. 120 m/min, haben demnach gegenüber einer Verladebrücke höhere Arbeitsgeschwindigkeiten bei erheblich geringerer toter Masse. Um das Walzgut in jeder Lage aufnehmen oder ablegen zu können, z. B. parallel mit der Richtung der Eisenbahngleise, ist die Bühne mit dem Pratzenhubwerk und dem Führerstand an einer im Oberwagen der Katze eingebauten Drehscheibe aufgehängt.

Die Firma Nagel & Kaemp hat bei einer zur Holzverladung dienenden Brücke die Seitenbewegung der Last durch einen an der Laufkatze quer zu ihrer Fahrrichtung angebrachten Träger erreicht, auf dem sich eine besondere kleine Katze motorisch verschieben läßt. Abb. 220 [1]

Abb. 219. Hochbahnkrane mit drehbarem Pratzengehänge (Demag).

zeigt die Laufkatze von vorn, in der Fahrrichtung gesehen. Die Verschiebegeschwindigkeit der Hilfskatze beträgt 15 m/min.

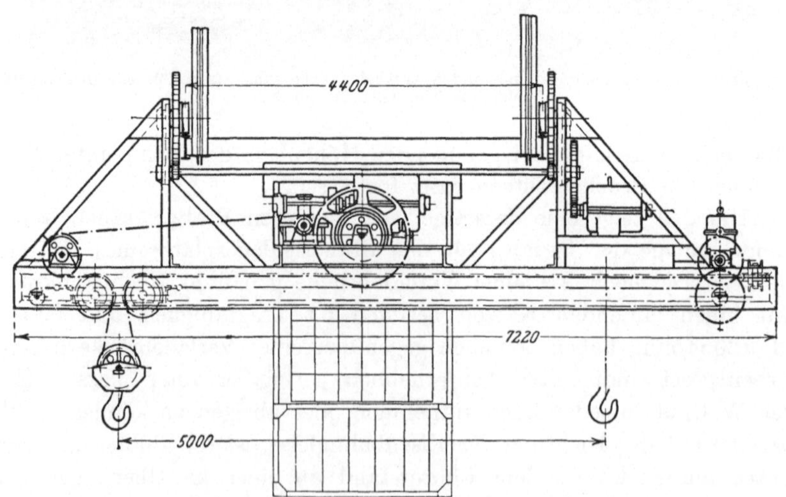

Abb. 220. Laufkatze mit Querbewegung der Last (Nagel & Kaemp).

[1] Nach Z. V. d. I. 1910, S. 487.

Ähnlich den eigentlichen Verladebrücken, jedoch mit kleiner Fahrlänge, werden die Bockkrane für Lokomotivbekohlung ausgeführt[1].
Abb. 221 und 222 gibt ein Beispiel für die in Deutschland vielfach noch
bevorzugte Bauart. Die Kranbrücke
überspannt das Kohlenlager und
drei Gleise. Aus dem auf Gleis I
zugefahrenen Wagen entnimmt der
Greifer die Kohle, um sie nach Bedarf direkt in den Lokomotivtender,
auf das Lager oder in die Hoch-
behälter zu entleeren, die für den
Nachtbetrieb und für die Versorgung
der Tenderlokomotiven bestimmt
sind. Über Gleis I ist in der Brücke
eine Wage eingebaut, die vom
Führerstande aus in Tätigkeit gesetzt wird und jede Greiferladung
festzustellen gestattet.

Neuerdings zieht man es vor, die
auf der Brücke eingebauten Vorratsbunker unmittelbar in die Hebel
der Wage zu hängen, die mittels
Karten- oder Banddruckapparat
die abgegebene Menge selbsttätig
aufzeichnet. Um die Wiegegenauig-
keit, die mit wachsendem Bunker-
gewicht merklich abnimmt, genügend groß zu erhalten, ordnet
man auch besondere kleine Wägebunker unterhalb der großen Vorratsbunker an.

Abb. 223 stellt eine derartige Anlage der Firma Beck & Henkel
zur gleichzeitigen Bekohlung von
zwei Lokomotiven dar, eine Möglichkeit, die bei dem heutigen angestrengten Fahrbetrieb mit kurzen
Zugfolgen häufig gefordert wird.
Vier auf beiden Seiten des Brücken-

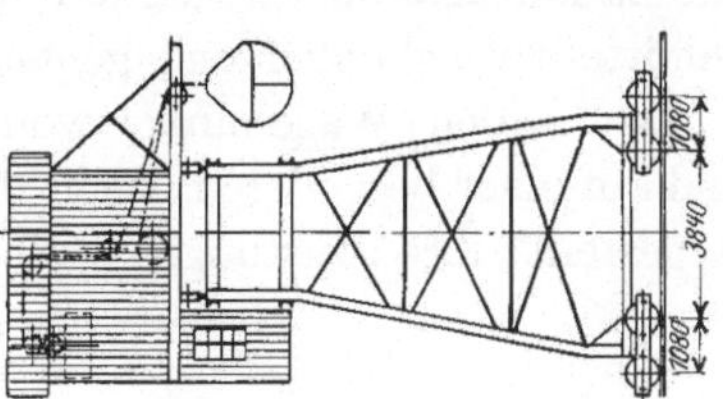

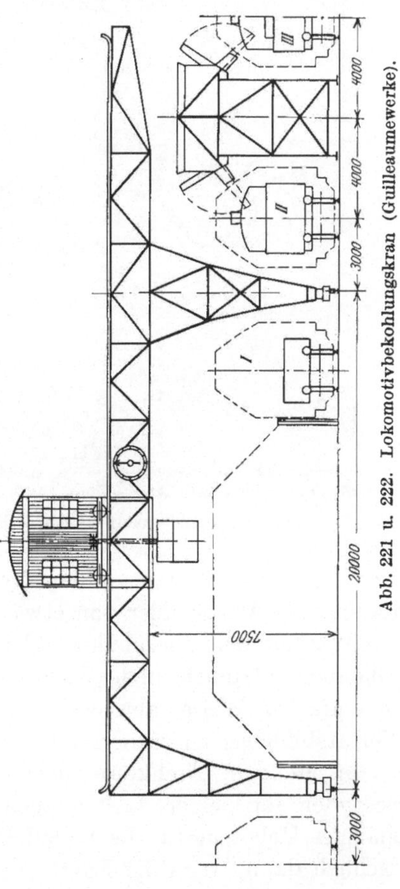

Abb. 221 u. 222. Lokomotivbekohlungskran (Guilleaumewerke).

körpers angeordnete Vorratsbunker nehmen zusammen 120 t Stein-
kohle auf; außerdem ist ein Bunker für 10 t Briketts zwischen den Trag-

<hr>

[1] Vgl. Gottschalk, Fördermittel zum Bekohlen und Besanden von Lokomotiven. Berlin 1928, Verkehrswissenschaftliche Lehrmittelgesellschaft.

wänden der Brücke eingebaut. Zur Auffüllung der Bunker dient ein
fahrbarer Drehkran, der sechs Gleise mit einem Greifer von 1,25 m³
Inhalt bestreicht. Der Kran hat eine Eßmannsche Seilzugwaage
mit Banddruckapparat, kann daher unter Umständen die Lokomotiven
unmittelbar bekohlen und genaue Mengen abgeben.

Die beiden Wägebunker von je 3 t Inhalt nebst Wiegehäuschen
sind auf einer besonderen, leicht drehbaren Bühne unterhalb der Brücke
aufgestellt; ihre Leistungen werden durch eine Waage mit etwa 1 vH

Abb. 223. Bekohlungsbrücke mit drehbarer Wiegebühne (Beck und Henkel).

Genauigkeit festgestellt und aufgezeichnet, so daß für jede Bunker-
füllung nur Wiegefehler von etwa ± 30 kg in Betracht kommen. Die
Drehbarkeit der Wiegebühne erleichtert die Einstellung des Auslauf-
schnabels entsprechend der Stellung und Form des Tenders und gestattet
in einfacher Weise, abwechselnd verschiedene Kohlensorten aus den
Vorratsbunkern zu entnehmen.

An Stelle des Drehkranes oder der zweischienigen Laufkatze kommt,
besonders für kleinere Lasten, auch die Einschienenkatze als zweck-
mäßiges Hebezeug für die Verladebrücke in Betracht, und zwar hauptsächlich dann, wenn die Katze von der Brücke auf eine anschließende
Hochbahn übergehen muß. Ihre Fahrbahn kann entweder wie bei
Abb. 284 S. 189 unter dem Brückenkörper angeordnet werden, oder
man hängt sie wie bei Abb. 227 außerhalb der Brückentragwände an
besonderen Konsolen auf. Beide Bauformen eignen sich sowohl für
Unterflanschkatzen wie für Katzen mit Bügelaufhängung.

Abb. 224 zeigt eine von Pohlig erbaute Verladeanlage, die aus vier Brücken mit langem, hochziehbarem Ausleger besteht und vorwiegend zum Umschlag von Stückgut zwischen Seedampfer und Speicher dient. Jede Brücke besitzt zwei seitlich unter dem Brückenkörper

Abb. 224. Verladebrücken für je zwei Einschienenkatzen (Pohlig).

angeordnete Fahrbahnen für Einschienenkatzen mit Führerbegleitung. Die geringen Breitenabmessungen der Katzen ermöglichen einen verhältnismäßig engen Abstand der beiden Bahnen, so daß die Brücke größere Ladeluken mit beiden Katzen gleichzeitig bearbeiten kann.

Abb. 225. Verladebrücke mit ringförmiger Bahn für zwei Führerstand-Greiferkatzen (Demag).

Die Arbeitsgeschwindigkeiten der Katzen sind 90 m/min beim Heben und 140 m/min beim Fahren.

Die in Abb. 225 dargestellte Brücke besitzt eine ringförmig geschlossene Katzenbahn, auf der zwei Oberflanschgreiferkatzen von 2,5 t Tragkraft in gleicher Richtung die Brücke umfahren und die

Kohle vom Schiff zum Lagerplatz befördern. Beim Befahren der Kurve unter dem wasserseitigen Ausleger bestreichen sie auch die Längsrichtung der Schiffsluken, besitzen daher einen größeren Arbeitsbereich als Katzen mit ausschließlich gradliniger Fahrbewegung.

Mitunter bedient die Brücke nicht allein den Lagerplatz, sondern ihre Katze übernimmt auch die Weiterbeförderung des Gutes über eine feststehende Hochbahn nach einer entfernt liegenden Verwendungsstelle, wozu sie von der Brücke auf die Feststrecke übergehen muß. Sind hierbei Krümmungen der Bahn zu durchfahren, so ist ebenfalls die Einschienenkatze das geeignetste Beförderungsmittel.

Abb. 226 bis 228 gibt eine derartige von Pohlig ausgeführte Anlage wieder, bei der die Brücke gewissermaßen eine Bahnschleife der Katzenfahrbahn bildet. Die für zwei Oberflanschführerstandskatzen ausgebildete Fahrschiene längs der Brücke greift auf die anschließende Feststrecke mit gekrümmten Schleppschienen über und ist unter dem Auslagerende durch eine halbkreisförmige Schiene

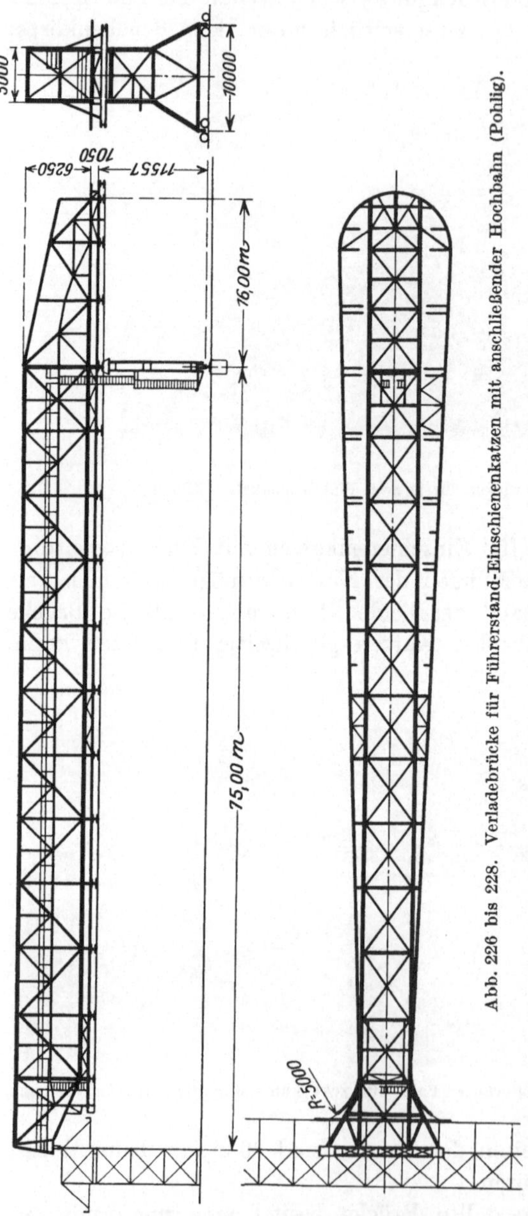

Abb. 226 bis 228. Verladebrücke für Führerstand-Einschienenkatzen mit anschließender Hochbahn (Pohlig).

zu einer Ringbahn geschlossen, so daß die Katzen die Brücke umfahren können. Die Brücke besitzt nur eine als Pendel ausgeführte Stütze;

die Laufräder am anderen Brückenende befahren eine auf der Hochbahn verlegte Laufschiene und übertragen durch enge Führung der oberen Laufräder (geringer Spielraum zwischen Schiene und Spurkränzen), die durch Wind, Bremskräfte oder Ungenauigkeiten der Spurweite auftretenden wagerechten Schübe der Brücke auf die Hochbahnstützen. Diese Anordnung vermeidet die Verschiebung der Brücke quer zur Hochbahn und verringert infolgedessen das schädliche Wandern der übergreifenden Schleppzungen.

Die für Greifer und Klappkübel eingerichteten Katzen besitzen je 6 t Tragkraft bei 40 m/min Hubgeschwindigkeit und befördern mit

Abb. 229. Karusselbrücke für einschienige Greiferkatze mit anschließender Hochbahn (Demag).

180 m/min Fahrgeschwindigkeit Kohle mittels Kübel von einer Siebanlage zum Lagerplatz, während die Wiederaufnahme der Kohle vom Lager durch Greifer von 3 m³ Inhalt geschieht. Beide Fördervorgänge sind natürlich zeitlich getrennt, da sie ein Auswechseln der Fördergefäße nötig machen. Die Gesamtlänge der Ringbahn beträgt rd. 500 m.

Bei der in Abb. 229 dargestellten Anlage bildet die Verladebrücke gewissermaßen das Ende der Feststrecke; sie bestreicht einen ungefähr kreisförmig begrenzten Lagerplatz, wobei sie um einen auf den Endpfeiler der Hochbahn aufgesetzten Drehzapfen schwingt. Die Katzenschiene geht hier in den am Endpfeiler zentrisch gelagerten Schienenring über, an den sich die unter der Brücke hängende Schiene mit einer gekrümmten Schleppschiene anschließt. Die Katze kann daher in jeder Stellung der Brücke auf die Hochbahn übergehen. Sie fördert mit einem $1^{1}/_{2}$ m³-Greifer rd. 25 t Koks stündlich nach dem etwa 120 m entfernten Kesselhaus eines Gaswerkes.

Häufiger noch verwendet man für die Weiterbeförderung des Gutes vom Lagerplatz zur Verbrauchsstelle unabhängig von der Verladebrücke betriebene Fördermittel, wie Elektrohängebahnen oder Hängebahnen mit Seilantrieb. Derartige Anlagen sind im Abschnitt „Zusammengesetzte Förderanlagen" ausführlich behandelt. Die Bauweise der Brücke richtet sich bei diesen Ausführungen hauptsächlich danach, an welcher Stelle der Brücke das Gut an das anschließende Fördermittel abgegeben werden soll.

Läuft die Hängebahn an einem Brückenende vorbei, so genügt es meist, an diesem einen Füllrumpf mit Beladestelle einzubauen, dem das Gut durch einen auf Brückenobergurt fahrenden Greiferdrehkran zugeführt wird. Hierzu muß der Drehkran gewöhnlich einen größeren Teil der Brückenlänge mit einer einzigen Greiferfüllung befahren; diese Anordnung eignet sich daher mehr für Lagerplätze von geringer Breite, hat aber den Vorteil, daß die Hängebahn nicht um die Brücke geführt zu werden braucht.

Bei Lagerplätzen von mehr als etwa 25 m Breite ist es meist wirtschaftlicher, den Füllrumpf an einer Stelle der Brücke einzubauen, die der Drehkran mit kurzen Fahrwegen oder durch seine Schwenkbewegung allein erreicht. Bei dieser Anordnung müssen die Kübelwagen auch die Brücke befahren, es ist also nötig, auch das Zugseil über die Brücke zu führen, so daß diese wieder eine Schleife der Hängebahn bildet.

Ein Beispiel für diese Bauart ist in Band II, 1. Teil, S. 271, Abb. 489 gegeben.

Wägevorrichtungen.

Außer den bei den Drehkranen bereits erwähnten Waagen von Eßmann und Mohr & Federhaff, bei denen der Zug des Lastseiles gemessen wird, sind vielfach auch Wägevorrichtungen von der Bauart der Brückenwaagen in Gebrauch. Entweder wiegt man das Fördergut mit einem auf den Waagenhebeln ruhenden Bunker[1]) oder die Waage wird in den Förderweg der Katze eingeschaltet.

Eine von der Verladebrücke unabhängig arbeitende Wägevorrichtung der ersten Art ist in Abb. 230 wiedergegeben.

Der um einen Königszapfen drehbare Oberteil mit eingebautem Schütttrichter und Wiegebunker stützt sich wie bei einem Drehkran mit Rollen auf einen Schienenring des portalartig ausgeführten, fahrbaren Stützgerüstes. Das durch die Greiferkatze der Verladebrücke eingefüllte Fördergut wird nach dem Verwiegen entweder unmittelbar in Eisenbahnwagen oder durch Schüttrinnen an Kanalschiffe abgegeben. Die Eigenbewegung (elektrischer Antrieb) des Apparates befähigt ihn, beliebige Mengen wechselweise an jeder Stelle abzugeben und aufzunehmen, ohne daß die schwere Brücke ihren Arbeitsplatz zu wechseln

---

[1] Vgl. auch die Bekohlungsbrücke Abb. 223.

braucht. Allerdings erfordert die angehängte Schüttrinne zum Schwenken ein freies Arbeitsfeld. Die von einer englischen Firma für den Rotterdamer Hafen ausgeführten Wägevorrichtungen leisten mit einem Wiege-

Abb. 230. Fahr- und drehbare Wägevorrichtung im Hafen von Rotterdam.

bunker von 5 t Inhalt etwa 90 bis 100, mit einem solchen von 8 t Inhalt 130 bis 140 t/st.

Als Vertreter der zweiten Anordnung sind die im Brückenkörper eingebauten Gleiswaagen zu erwähnen, die entweder mit Gleisunterbrechung oder mit besonderen, neben der durchgehenden Laufschiene

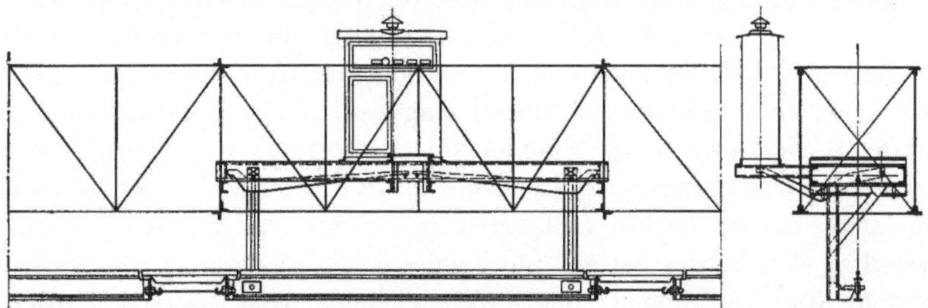

Abb. 231 u. 232. Selbsttätige Brückenwaage mit Gleisunterbrechung für Einschienenkatze
(Spies, Siegen).

liegenden Wägeschienen ausgeführt werden. Da diese um einige Millimeter höher sind als die Laufschienen, hebt sich die Katze beim Befahren der Wägebühne von letzteren ab und belastet nur die Waage.

Abb. 231 und 232 zeigen die Anordnung einer selbsttätigen Laufgewichtswaage mit Gleisunterbrechung auf einer Kohlenverladebrücke für

Einschienenkatzen. Die Katzen fahren über eine kurze Verbindungs-schiene auf die in den Hebeln der Waage aufgehängte Wägebühne, wo-bei nachstellbare Spannketten die unvermeidlichen Stöße und Er-schütterungen abfangen und auf die feste Bahn übertragen.

Wie bei dieser Art von Waagen meist üblich, wird der Unterschied zwischen dem tatsächlichen und einem festgelegten und ausgeglichenen Mindestgewicht ausgewogen und zu letzterem addiert, so daß als Wäge-ergebnis das wirkliche Nettogewicht der Ladung erscheint. Die Waage summiert auch selbsttätig die einzelnen Posten. Damit keine Beein-flussung des Zählwerkes möglich ist, kann das verschlossene Gehäuse nur von dem kontrollierenden Beamten geöffnet werden. — Die Wiegegenauig-keit solcher Waagen ist erheblich größer, als sie das Eichgesetz vorschreibt.

Für kleine bis mittlere Fahrgeschwindigkeiten kann das Abwiegen auch während der Fahrt stattfinden, wenn man der Wägebühne die erforderliche Länge geben kann. Die Katzen oder Wagen brauchen dann nicht angehalten bzw. vom Zugseil abgekuppelt zu werden, und die ununterbrochene Förderung ergibt eine entsprechend höhere Gesamt-leistung der Anlage.

C. Uferentlader und verwandte Bauarten.

Als Uferentlader pflegt man Verladebrücken geringer Fahrlänge zu bezeichnen, die vorwiegend zum schnellen Löschen der Schiffsladung eingerichtet sind und das Gut mittels eines Füllrumpfes einem anderen Förderer zur Weiterbewegung zuführen oder es unmittelbar von Schiff zu Schiff befördern. Diese Entlader werden sowohl ortsfest wie fahrbar und für größere Leistungen zumeist mit Greifer ausgeführt.

Ein leichter, gewöhnlich hochziehbarer Ausleger mit der Katzenbahn ist an einem turmartigen Gerüst aufgehängt, in das vielfach auch Bunker und Beladestation für die anschließenden Fördermittel sowie Siebwerke und Wägevorrichtungen eingebaut sind. Um das ohnehin beträchtliche Gewicht des Traggerüstes zu verringern, anderseits aber hohe Arbeitsgeschwindigkeiten anwenden zu können, bevorzugt man für diese Bauart leichte Seilkatzen mit fester, im Turmgerüst auf-gestellter Winde, die bei entsprechender Lage gleichzeitig ein Gegen-gewicht für das Moment der außenstehenden Last bildet. Werden Windwerke verwendet, die Hub- und Fahrbewegung gleichzeitig aus-führen, so erreicht man infolge des kurzen gradlinigen Lastweges und der verringerten Eigengewichtsmassen schon bei den üblichen Seil-geschwindigkeiten beträchtliche Förderleistungen.

Der Betrieb wird meist so eingerichtet, daß diese Entlader unabhängig von der Leistung etwa anschließender Fördermittel sind. Besonders wichtig ist dies z. B. beim Beschicken großer Lagerplätze mit Kohle

oder Erz, wenn das Gut unregelmäßig in großen Schiffsladungen ankommt, die schnell gelöscht werden müssen. Hierzu wären sonst mehrere
große und kostspielige Verladebrücken nötig, die aber nur kurze Zeit
voll beschäftigt und ausgenutzt werden könnten. Wirtschaftlicher ist
es daher in solchen Fällen, Schiffsentladung und Lagerplatzbedienung
zu trennen, d. h. für erstere Arbeit mehrere schnell arbeitende Entlader
aufzustellen und die Verteilung des Gutes im ununterbrochenen Betrieb
durch eine einzige lange Verladebrücke vorzunehmen. Eine durch das

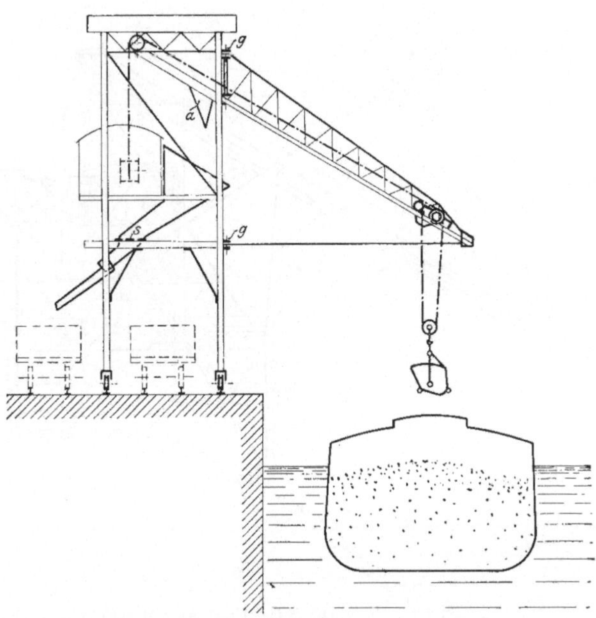

Abb. 233. Uferkran mit schräger Fahrbahn zum Überladen aus Schiffen in Eisenbahnwagen
(Pohlig).

Abwerfen etwa verursachte Wertverminderung des Fördergutes sowie
die durch das doppelte Aufnehmen entstehenden Mehrkosten sind
allerdings hierbei in Kauf zu nehmen.

Die Entlader werden vorzugsweise mit schräger, nach außen geneigter
Katzenfahrbahn ausgeführt, da hierbei das Eigengewicht der Katze und
des leeren Fördergefäßes meist zum Ausfahren der Katze ausreicht und
daher die vereinfachte Seilführung nach Abb. 99 angewendet werden kann.
Die Last braucht in senkrechter Richtung nur ein kurzes Stück angehoben zu werden und hebt sich infolge der stark geneigten Bahn
während des Katzenfahrens schnell weiter. Sie beschreibt hierbei eine
flachere Bahn und erreicht daher ihre höchste Stellung auf kürzerem
Wege als bei wagerechter Katzenbahn. Das Einhängen der Last ist bei

dieser Anordnung nicht erforderlich. Auch entfernt sich die Katze schneller von ihrer Arbeitsstelle, so daß sich die Gefahr für die darunter befindlichen Bedienungsmannschaften verringert. Die in der Außenstellung nur an kurzen Seilen hängende Last neigt weniger zum Pendeln und Drehen; sie läßt sich allerdings z. B. beim Ausräumen des Laderaumes auch weniger leicht schiefziehen. Die höhere Arbeitsleistung beim gleichzeitigen Heben und Fahren bedingt natürlich einen stärkeren Motor.

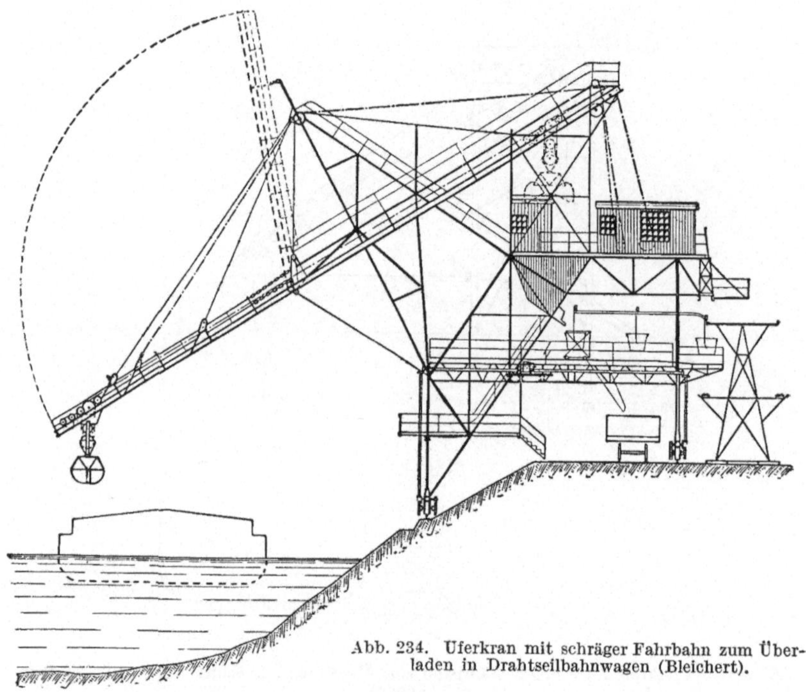

Abb. 234. Uferkran mit schräger Fahrbahn zum Überladen in Drahtseilbahnwagen (Bleichert).

Eine ältere Ausführung eines zum Überladen in Eisenbahnwagen bestimmten Entladers zeigt Abb. 233; der Kran arbeitet mit Kübel und der einfachen Huntschen Seilanordnung. Zur Vergrößerung des Arbeitsbereiches ist der Ausleger in den Gelenken g drehbar an das Gerüst angeschlossen. Ein Anschlag a bewirkt die selbsttätige Entleerung des Kübels in den Trichter, aus dem das Fördergut durch einen Schieber s in Eisenbahnwagen abgezogen wird.

Bei dem mit einer Drahtseilbahn zusammenarbeitenden Entlader nach Abb. 234 ist der Ausleger hochziehbar, wenn sich die Katze auf dem festen Gerüst befindet. Die mit Einseilgreifer arbeitende Katze wird, wie auf S. 52 beschrieben, durch die Hubseile eingezogen, sobald das Greiferhaupt gegen die Katze anstößt. Nach unten begrenzt der schon erwähnte verstellbare Anschlag die Katzenfahrt, während in

der oberen Stellung das Nachlassen des Seiles den Greifer öffnet.
Hub- und Fahrbewegung sind also bei dieser Ausführung voneinander abhängig und können nicht gleichzeitig stattfinden.

In das fahrbare Gerüst ist eine das feste Hochbahngleis mit Schlepp-zungen übergreifende Weiche eingebaut, auf welche die vom Zugseil gelösten Wagen zur Beladung übergeschoben werden. Der Führerstand ist nahe dem Winden-haus seitlich vom Gerüst-pfosten ausgebaut und ge-währt einen ungehinder-ten Überblick über die Lastbewegungen.

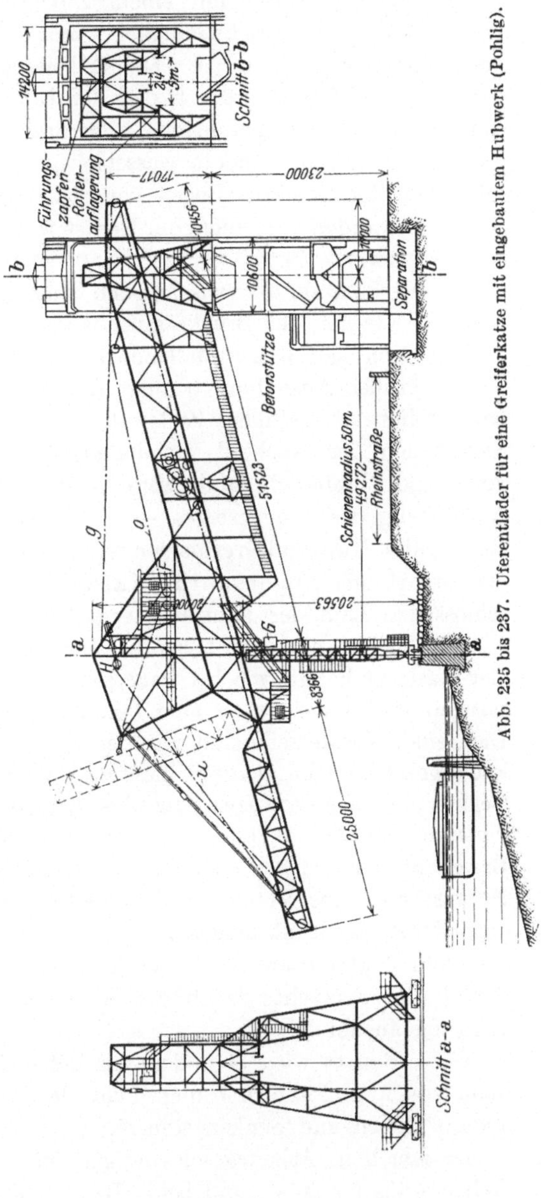

Die große Fahrbahn-länge des von Pohlig ausgeführten Entladers Abb. 235 bis 237 gab Ver-anlassung, eine Katze mit eingebautem Hubwerk und Seilantrieb für die Fahrbewegung anzuwen-den, wie sie auf S. 54 eingehender beschrieben ist. Für die Abwärts-bewegung der durch ein Gegengewicht G teilweise entlasteten Katze ist dem-nach ein Unterseil u nötig, das über Ablenkrollen zur Fahrtrommel F zurück-kehrt; die Katzenfahrt kann daher in jeder Stel-lung und unabhängig von den Greiferbewegungen

Abb. 235 bis 237. Uferentlader für eine Greiferkatze mit eingebautem Hubwerk (Pohlig).

unterbrochen werden. Kleine Dehnungen des Fahrseiles gleicht ein belasteter Schwinghebel H aus, um die bei schlaffem Seil auftretenden
Stöße beim Anfahren zu vermeiden. Da der Hubweg des Gegengewichtes

beschränkt ist, läuft das die Katze entlastende Seil g über die Rollen eines Flaschenzuges.

Die Katze arbeitet mit einem Zweiseilgreifer von 3,5 m³ Inhalt und 1,5 m/s Hubgeschwindigkeit und leistet bei 4,5 m/s Fahrgeschwindigkeit rd. 90 t/st. Der Arbeitsbereich des Entladers wird dadurch erheblich vergrößert, daß der Brückenkörper auf seiner landseitigen, in Beton ausgeführten Stütze drehbar aufgelagert ist, während die als Pendel ausgebildete wasserseitige Stütze auf einer Kreisbahn mit 50 m Radius einen Bogen von etwa 30° befährt. Sämtliche Bewegungen werden von einem am Gerüst weit auskragenden Führerstand aus gesteuert.

Der Verkehr auf der zwischen den Stützen hindurchgeführten Straße ist durch eine an der Brücke aufgehängte Schutzdecke aus doppeltem Drahtgeflecht gegen herabfallende Stücke geschützt.

Bei großer Ausladung bedingt die Schräglage der Fahrbahn eine beträchtliche Gerüsthöhe. Zudem ist mit dem Vorteil einer einfacheren Seilführung der Nachteil verbunden, daß Hub- und Fahrbewegung voneinander abhängig sind, wenn man — mit Rücksicht auf leichte Ausführung des Traggerüstes — die vorbeschriebene Anordnung mit eingebauter Hubwinde vermeiden will. Man findet deshalb auch häufig die Bauart mit wagerechter Katzenbahn, die natürlich einen geschlossenen Lauf des Fahrseiles erfordert.

Eine in Amerika sehr beliebte Anordnung ist in Abb. 238 skizziert. Der Ausleger hängt, wie bei wagerechter Fahrbahn üblich, an Gelenkstangen und kann durch eine besondere Winde aufgezogen werden. Die beiden Greiferseile sind von der Spitze des Turmes aus zur Laufkatze geführt, üben also auf diese eine Verschiebungskraft aus, die zu Beginn der Einwärtsbewegung des Kübels, d. h. während der Beschleunigungsperiode, am größten ist und dann rasch abnimmt. Die Bewegung wird durch das Fahrseil mittels Bremse geregelt. Beim Herausfahren des leeren Greifers, wobei die Fahrwinde vom Motor angetrieben wird, ist umgekehrt während der Beschleunigungsperiode der vom Hubseil ausgeübte Widerstand klein, während gegen den Schluß die wagerechte Seitenkraft der Hubseilspannung eine bremsende Wirkung ausübt.

Diese Bauart wird besonders für hohe Leistungen angewandt und dann von zwei Führern bedient, von denen der eine das Fahren, der andere Heben und Senken steuert.

Da sehr hohe Arbeitsgeschwindigkeiten angewendet werden — beim Heben 4 bis 5 m/s — und beide Bewegungen gleichzeitig stattfinden, müssen die beiden Leute gut aufeinander eingearbeitet sein, damit die volle Leistung erreicht und anderseits die Gefahr einer Beschädigung des Schiffes oder des Gerüstes vermieden wird.

Mit der gleichen Seilführung arbeiten verschiedene vom Grusonwerk ausgeführte schwimmende Entlader[1], die in Verbindung mit Becherwerken den Umschlag vom Seedampfer in Leichter besorgen oder aus letzteren den Dampfer bekohlen.

Soll die Fahrbahn, wie in Abb. 239 skizziert, nach beiden Seiten überkragen, so wird die Winde, falls die Standfestigkeit des Gerüstes

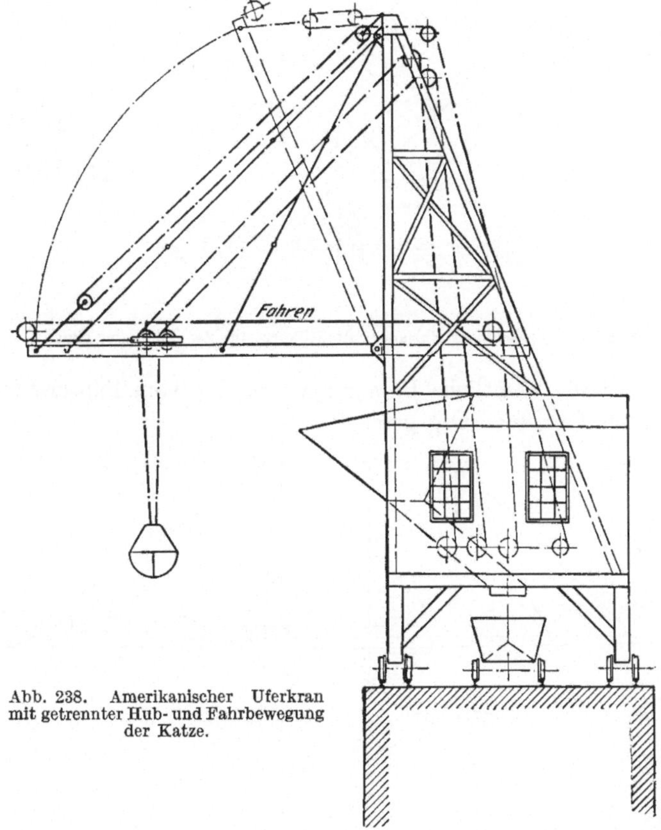

Abb. 238. Amerikanischer Uferkran mit getrennter Hub- und Fahrbewegung der Katze.

es erlaubt, zur Vereinfachung der Seilführung oberhalb der Fahrbahn aufgestellt.

Der Entlader dient zum Umschlag von Kohle aus Seeschiffen in Flußkähne; er fährt deshalb auf einer schmalen Mole zwischen beiden Schiffen und besitzt aufklappbare Ausleger. Mit Rücksicht auf die Standsicherheit des Kranes befinden sich die Winden des Hubwerks und der Fahrantrieb der Katze auf dem Gerüst, so daß dieses leichter gehalten werden kann und das Pfahlwerk des Unterbaues geringer

[1] Vgl. „Maschinenbau" 1924, S. 558, Abb. 3 und 4.

belastet wird. Die leichte Seilkatze arbeitet mit einem Zweiseilgreifer, dessen Inhalt durch die im Katzengerüst eingebaute Eßmann-Waage

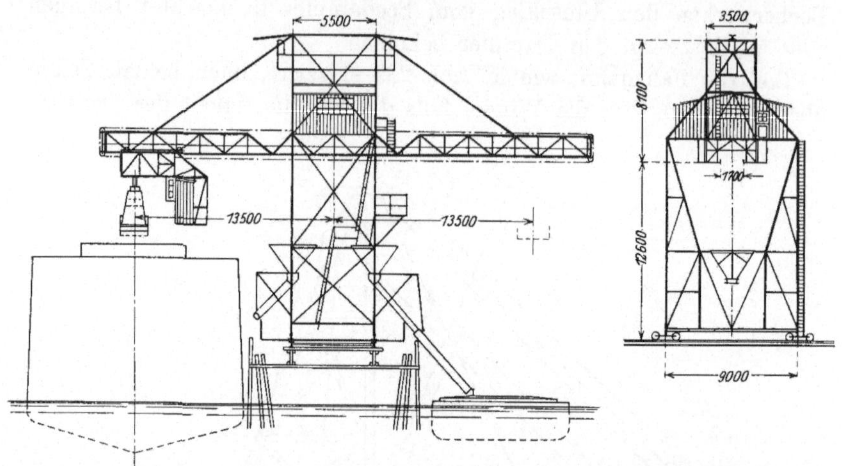

Abb. 239. Doppelarmiger Entlader mit Seilkatze für Zweiseilgreifer (Pohlig).

festgestellt wird. Sämtliche Bewegungen werden vom Führerstand der Katze durch Fernsteuerung geregelt.

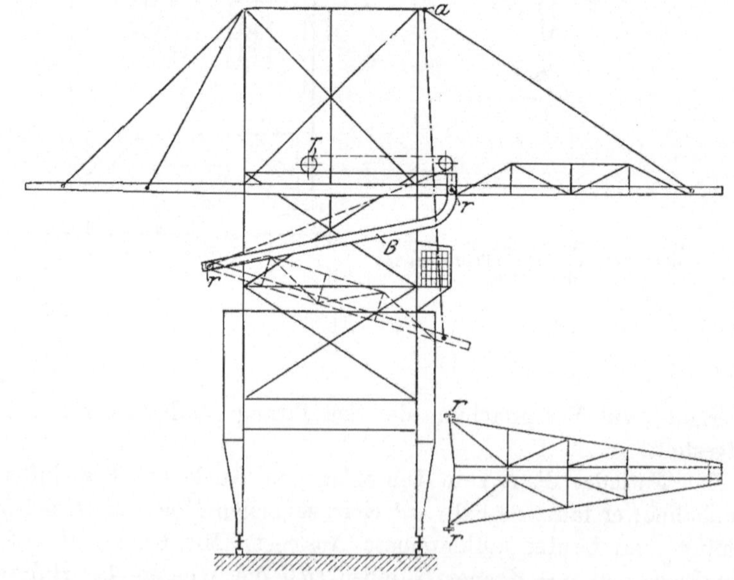

Abb. 240. Amerikanischer Uferkran mit einziehbarem Ausleger.

Das Hochziehen und Niederlassen des Auslegers begegnet mitunter, besonders bei hochgetakelten Schiffen, gewissen Schwierigkeiten, die man bei einigen Sonderbauarten durch eine schwingende Bewegung des Auslegers zu vermeiden gesucht hat.

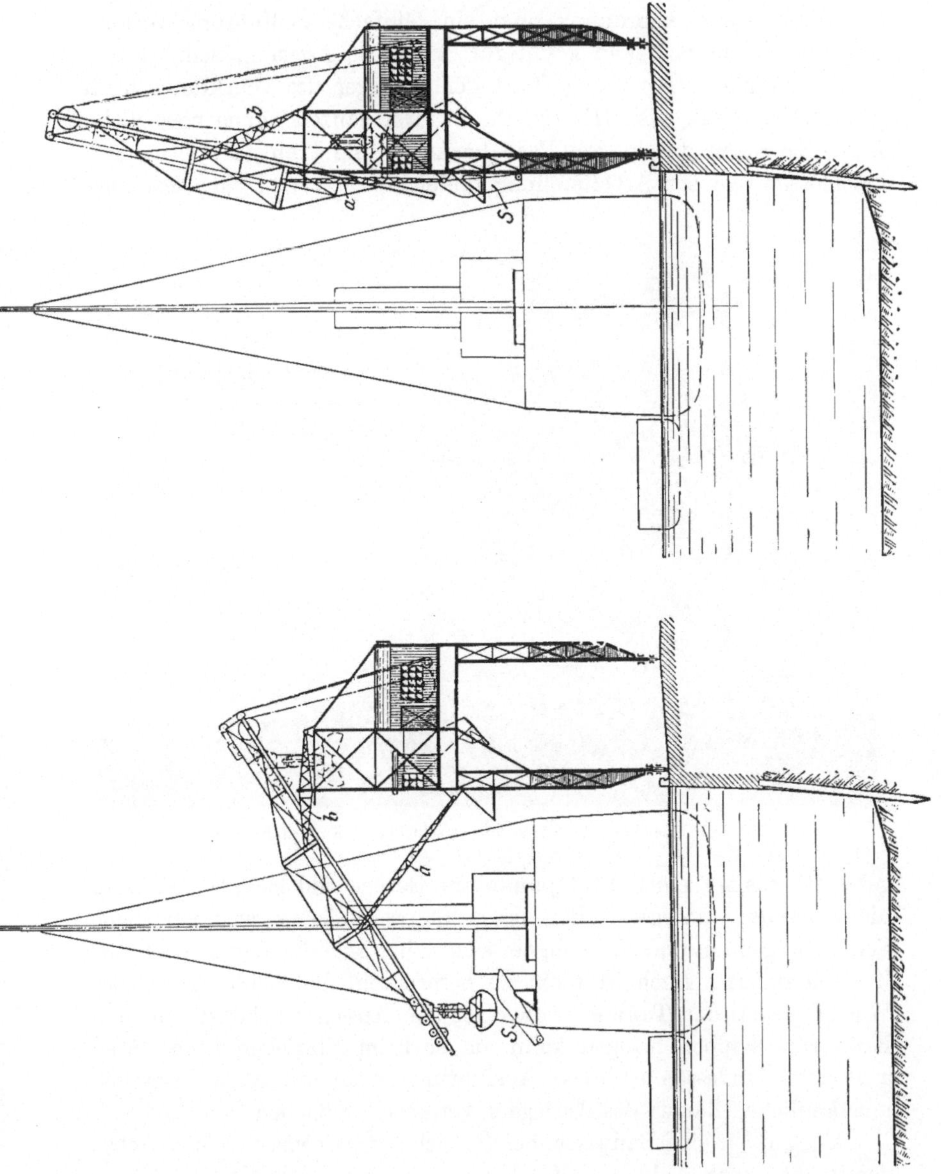

Abb. 241 u. 242. Schrägbahnkran mit durch Lenkerstangen gestützter Fahrbahn (Bleichert).

Bei der Ausführung nach Abb. 240 wird der Ausleger nicht auf-geklappt, sondern in das Innere des Gerüstes zurückgezogen. Sein vorderes Ende ist mit einer Stange bei a aufgehängt, während das hintere

Ende sich mit den Rollen r in zwei C-Führungen bewegt, die an den Innenseiten der Gerüstpfosten angeschlossen sind. Die Bewegung des Auslegers geht von der Trommel T aus, deren Seile bei r am Ausleger angreifen. Diese Anordnung setzt eine einfache Seilführung voraus; sie dürfte in Deutschland kaum zur Ausführung gelangt sein.

Eine ähnliche Bewegung führt der Ausleger des Uferkranes nach Abb. 241 und 242 aus. Hier ist die in ihrer ganzen Länge bewegliche Katzenfahrbahn durch zwei Paar Lenker a und b an das Gerüst angeschlossen. In der Arbeitstellung findet der obere, biegungsfest aus-

Abb. 243. Bleichertsche Krane mit verschiebbarer Katzenfahrbahn.

gebildete Lenker einen Stützpunkt am Gerüst und sichert hierdurch die Lage des Auslegers. Bei dieser Bauweise lassen sich sämtliche Seilführungen anwenden, sie eignet sich daher auch für den Betrieb mit Zweiseilgreifern. Auch ist nicht zu befürchten, daß beim Sinken des Wasserspiegels das Tauwerk von oben den Ausleger belastet und den Kran zum Kippen bringen kann, da er beim Einziehen nach unten ausweicht. Indessen ist diese Ausführung, wohl infolge der ziemlich umständlichen Bauart des Auslegers, vereinzelt geblieben.

Dagegen hat eine Bauweise, bei der sich der Ausleger in seiner Achse verschiebt, mehr Anklang gefunden.

Ziemlich bekannt geworden sind die zuerst von Bleichert für Nordenham gebauten Entlader nach Abb. 243, deren Katzenfahrbahn als zusammenhängender, auf Rollen gelagerter Träger ausgeführt ist. Er kann durch eine besondere Winde nach beiden Seiten ausgefahren werden und bildet in diesen Stellungen den Ausleger. Der Gewichtsersparnis halber arbeiten diese Krane ebenfalls mit einer Seilkatze und feststehender Winde.

Ein gewisser Mangel des nur mit geradliniger Katzenbewegung arbeitenden Entladers ist die geringe Breite seines Arbeitsfeldes, wenn er keine eigene Fahrbewegung besitzt oder das Tauwerk des Schiffes einen Platzwechsel des Gerüstes verhindert. Dem hilft der Doppelkran Abb. 244 mit ebenfalls axial verschieblichem Ausleger ab, bei

Abb. 244. Doppelkrane mit Führerstandkatze und Drehkran mit einziehbarem Ausleger (Demag).

dem ein auf der Wasserseite des festen Gerüstes aufgestellter Drehkran die Schiffsluke bestreicht und als Zubringer für die Auslegerkatze arbeitet. Die Vereinigung der beiden Kranarten auf einem gemeinsamen Gerüst bedeutet eine Ersparnis an Grundfläche; sie gestattet, auf der gleichen Kailänge doppelt so viele Entladevorrichtungen unterzubringen und damit die Entladung wesentlich zu beschleunigen.

Mit einziehbarem Ausleger ausgerüstet, kann der Drehkran die Last auch unabhängig von der Katze aus dem Bereich der Takelage herausbringen und seitlich vom Ausleger absetzen oder in Bahnwagen verladen, was für sperrige Güter besonders wichtig ist. Man hat hierfür später den auf S. 104 beschriebenen Wippdrehkran verwandt.

An die Stelle der anfänglich gebräuchlichen Führerstandskatze trat bald die leichte Seilkatze, die von dem an der Vorderseite des Gerüstes befindlichem festen Führerstand aus gesteuert wird. Auch für Seilkatze mit Führerbegleitung und Fernsteuerung der im Gerüst aufgestellten Winde ist diese Bauweise geeignet.

Eine weitere Steigerung der Leistungen läßt der in jüngster Zeit von der Demag gebaute Dreifachkran zu, dessen Ausleger die Fahrbahn für zwei nebeneinander fahrende Seilkatzen bildet. Jede Katze besitzt ihr eigenes Windwerk, das von einem eigenen Führer gesteuert wird, so daß beide Katzen völlig unabhängig voneinander arbeiten können. Die in zwei verschiedenen Höhen aufgestellten Winden sind gegeneinander so weit versetzt, wie es dem Abstand der Fahrbahnen entspricht. Die beiden Stränge jedes Seillaufes werden von zwei durch ein Planetengetriebe gekuppelten Trommeln auf- bzw. abgewickelt, die beim Zuschalten des Steuermotors jede erforderliche Relativbewegung der beiden Seilstränge ausführen[1]; die Last kann daher auch während der Fahrt gehoben oder gesenkt werden.

Für die Verschiebung des Auslegers ist eine besondere Winde nicht nötig, da die in den Endstellungen befindlichen Katzen als Mitnehmer wirken, sobald das Gehänge in seiner höchsten Lage am Katzenrahmen anschlägt; beim weiteren Anziehen des entsprechenden Seilendes verschiebt sich dann der Ausleger. Ungleichmäßiges Anziehen der beiden Windwerke gleicht sich bei Gleichstrommotoren durch das selbsttätige Nacheilen des schwächer belasteten Motors sofort aus; für Drehstrom ist eine entsprechende Schaltung vorzusehen. Besondere, im Seillauf eingeschaltete Ablenkrollen verhindern, daß senkrecht gerichtete Seilzugkomponenten auftreten, die den Ausleger in den Endstellungen zum Kippen veranlassen könnten. Die ziemlich hohen Auflagerdrücke des Auslegers werden durch je zwei in Schwingen gelagerten Gleitrollen aufgenommen.

Die Tragfähigkeit des Drehkranes wie der beiden Katzen beträgt je 3 t; die Last wird mit 36 m/min gehoben und mit 90 m/min verfahren. Beim Einziehen des Auslegers wird eine Geschwindigkeit von rd. 50 m/min angewendet. Zur Bedienung der drei Hebezeuge sind drei Führer nötig, von denen einer auch das Brückenfahren besorgt. Für flotten Betrieb müssen die Leute gut aufeinander eingespielt sein.

Besonders hohe Leistungen mit für deutsche Verhältnisse ganz ungewöhnlichen Arbeitsgeschwindigkeiten hat man in Amerika dadurch erzielt, daß man die Laufkatze ganz wegläßt und den Greifer durch einen gegen das Hubseil sich legenden Rollenkloben hereinzieht. Hierbei verringern sich die zu beschleunigenden Massen und die Reibungswiderstände bedeutend. Anderseits sind Hub- und Einziehbewegung voneinander abhängig, die Bedienung der Winden erfordert daher sehr geschickte Führer. Diese Anordnung hat sich in Deutschland nicht einbürgern können[2].

---

[1] Vgl. hierzu die Beschreibung der Kastenwinde S. 67.
[2] Vgl. Maschinenbau 1924, S. 558, Bild 2.

Die Frage einer Erhöhung der Leistungsfähigkeit der Entladevorrichtungen wird von P. Pieper in einem ausführlichen Aufsatz der

Abb. 245. Verladeanlage mit Hulett-Kranen.

Zeitschrift „Werft — Reederei — Hafen"[1] kritisch beleuchtet und eine
Reihe von Ausführungen und Entwürfen, die allerdings zumeist für Stückgutförderung bestimmt sind, auf ihre Wirtschaftlichkeit besprochen.

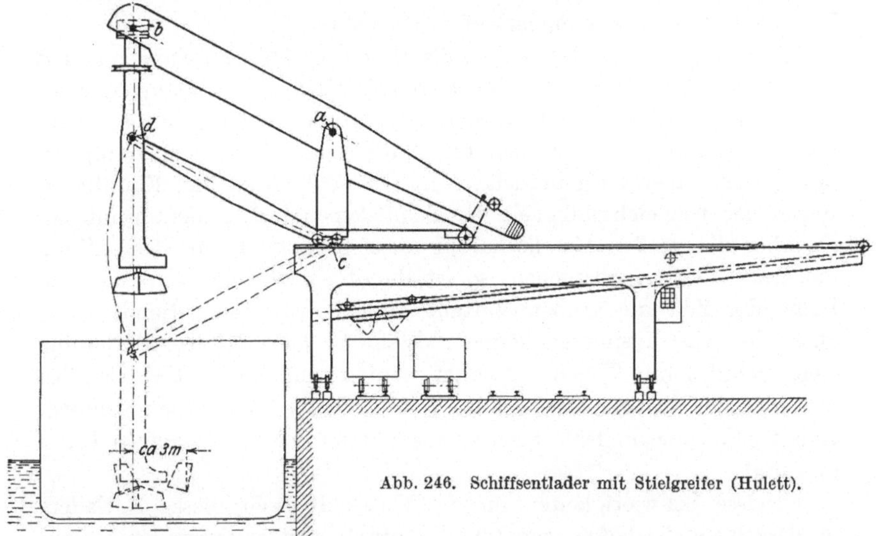

Abb. 246. Schiffsentlader mit Stielgreifer (Hulett).

Eine von den normalen Ausführungen weit abweichende, immerhin
mit den Uferentladern verwandte Bauart rührt von dem Amerikaner
Hulett[2] her (Abb. 245 und 246). Dieser hat den Greifer, um ihn voll-

---

[1] 1925, Heft 22.

[2] Die Krane werden in Amerika ausgeführt von der Wellman-Seaver-
Morgan Co. in Cleveland, in Deutschland durch das Eisenwerk Lauchhammer.

ständig unter die Gewalt des Führers zu bringen, als Stielgreifer ausgebildet, d. h. an einem starren Maste angebracht, der eine Seite eines Parallelogramms *a b c d* aus gelenkig verbundenen Stäben bildet, und dessen Achse daher bei der Auf- und Abbewegung immer senkrecht bleibt. Der Mast hängt an einem doppelarmigen Hebel, der in einer Laufkatze gelagert ist. Bei jedem Spiel fährt die Katze nur so weit zurück, daß der gehobene Greifer seinen Inhalt in einen Trichterwagen abgeben kann, der auf einer im Portal gelagerten geneigten Fahrbahn verschoben wird und die weitere Verteilung besorgt. Der Kübel, der ungefähr den Inhalt eines Eisenbahnwagens faßt, ist an einer Waage aufgehängt.

Der Kran wird von zwei Maschinisten gesteuert. Der erste Führer hat seinen Stand unten im Mast und beherrscht die Bewegungen von Katze, Mast und Greifer. Der zweite steht am landseitigen Portalfuß und besorgt das Verfahren und Öffnen des Verteilwagens sowie das Bewegen des ganzen Kranes.

Dadurch, daß der Mast um eine senkrechte Achse drehbar und der ohnehin schon weit ausladende Greifer um 1 m aus der Mittellinie verschiebbar gemacht ist, wird dem Führer die Möglichkeit gegeben, weit unter das vorkragende Schiffsdeck zu fassen und die Reste der Ladung fast ohne Schaufelarbeit auszuräumen.

Mit Hulett-Entladern sind außerordentlich hohe Leistungen erzielt worden — 700 bis 800 t/st im Durchschnitt beim Ausräumen eines Schiffes und 1100 t/st im Maximum. Die Krane werden fast ausschließlich zum Ausladen von Erz benutzt, sind aber nur bei großen Dampfern mit weiten Luken zu gebrauchen. In Deutschland ist ihre Einführung wegen der Ungleichmäßigkeit der Schiffstypen bisher nicht gelungen. Da aber die großen Gesellschaften mehr und mehr zur Beschaffung moderner Flotten übergehen, so ist damit zu rechnen, daß man im Laufe der Zeit die großen Vorteile schnell arbeitender Sonderkrane auch hier wird ausnutzen können. Während jetzt bei der Entladung eines Schiffes mit Tagen gerechnet werden muß, handelt es. sich bei diesen großen Anlagen nur noch um Entladezeiten von wenigen Stunden. Damit geht eine ungleich bessere Ausnutzung der Hafenanlagen Hand in Hand.

Gewisse Schwierigkeiten für die Verwendbarkeit dieses Entladers in deutschen Seehäfen bereitet die durch den unteren Lenkerarm beschränkte Senkbewegung des Greifers bei stark wechselndem Wasserstand, ein Umstand, der bei dem fast gleichbleibenden Wasserspiegel der nordamerikanischen Seen, dem Hauptverwendungsgebiet dieser Krane, nicht in Betracht kommt.

Bedeutend größere Beweglichkeit besitzt der Greifer nach Patent 260293 (Brown-Hoisting Machinery Co.). Statt der Lenkerführung ist bei dieser Bauweise eine teleskopartig verschiebbare Führung des Greifers verwendet, die mit wagerechten Schwingzapfen in der Drehscheibe einer schweren Laufkatze gelagert ist. Infolgedessen kann der Greifer auch gedreht und seitlich ausgeschwenkt werden, bestreicht daher ohne Platzwechsel der Brücke einen breiten Streifen des Lagerplatzes oder der Laderäume des Schiffes und räumt diese besser aus. Da er außerdem gelenkig mit dem Rohr verbunden ist, kann er der Böschung des Gutes entsprechend verstellt werden und füllt sich deshalb

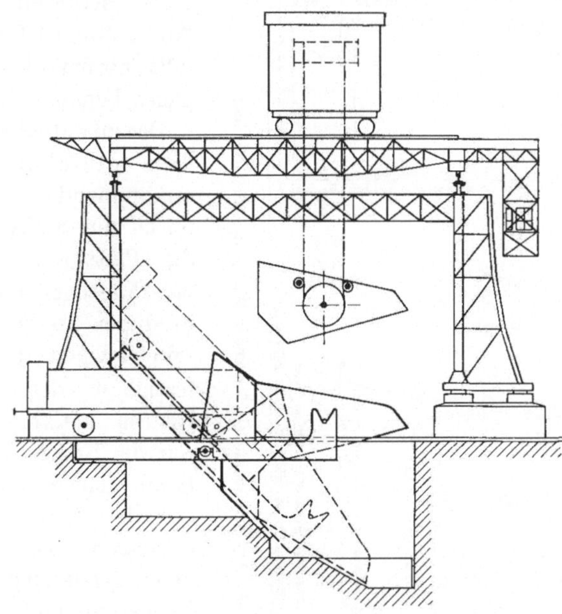

Abb. 247. Verladeanlage mit Laufkran zum Überladen aus Eisenbahnwagen in Schiffe
(Grusonwerk).

leichter und vollkommener. Die unbehinderte Verschieblichkeit in senkrechter Richtung macht ihn unabhängig von den Schwankungen des Wasserspiegels.

Abb. 247 skizziert einen als Laufkran ausgeführten Entlader, der in Verbindung mit einem Wagenkipper zum Überfahren ganzer Waggonladungen in Schiffe dient[1].

An der Katze des quer zum Ufer sich bewegenden Kranes hängt ein Fördergefäß, das auf die Plattform des Kippers gesenkt wird und diese zum Kippen bringt, wobei es den Wageninhalt empfängt. Der Laufkran wird nun über das Schiff gefahren und dann das Gefäß, das

---

[1] Vgl. Kammerer: Z. V. d. I. 1907, S. 1057.

sich auch um eine senkrechte Achse drehen kann, durch die Katze in die richtige Stellung gebracht, niedergelassen und durch Kippen entleert.

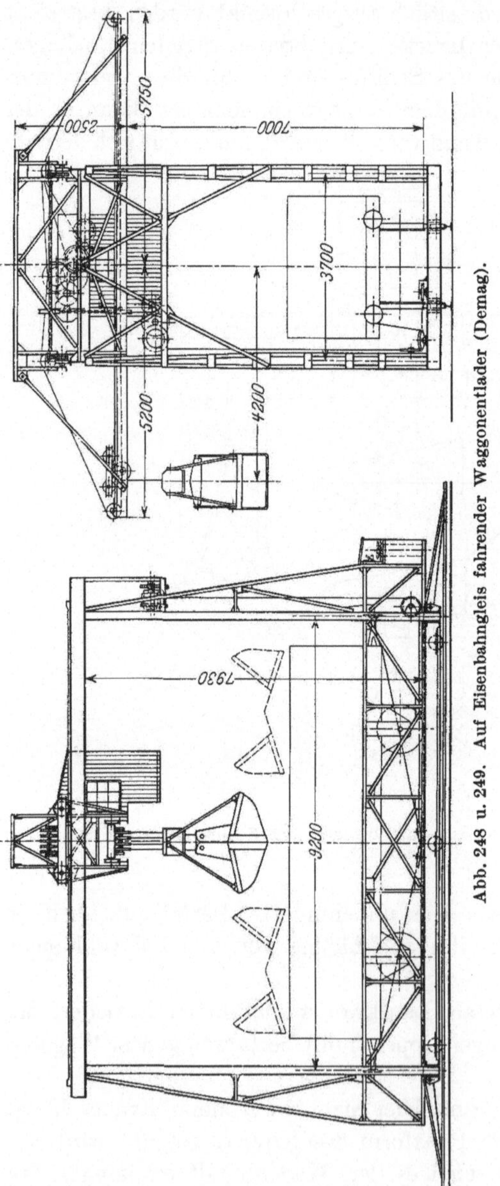

Abb. 248 u. 249. Auf Eisenbahngleis fahrender Waggonentlader (Demag).

Zum Entladen von Eisenbahnwagen an beliebiger Stelle, also außerhalb des Arbeitsbereiches einer Verladebrücke, hat die Demag einen Entlader entworfen, der, wie Abb. 248 und 249 erkennen läßt, normale Eisenbahngleise befahren kann.

Der zu entladende, auf dem gleichen Gleise ankommende Wagen wird durch eine Spillwinde auf die Plattform des Entladers gezogen und erhöht in dieser Stellung durch sein Gewicht die Standfestigkeit des Krangerüstes. Letzteres nimmt nur die Breite des Eisenbahn-Lichtprofiles ein, so daß der Kran auch bei normalem Gleisabstand den Verkehr auf den Nachbargleisen nicht behindert. Er arbeitet mit einem Zweiseilgreifer und festem Hubwerk, das auf einer in der Gleisrichtung verschiebbaren Katze mit beiderseitigen Auslegern eingebaut ist. Der Greifer bestreicht daher die volle Länge des eingefahrenen Eisenbahnwagens und in der Querrichtung die beiden Nachbargleise.

Sollen auf jeder Seite je zwei Bahngleise bedient werden, so erfordert das vergrößerte Lastmoment eine Abstützung der Gerüstpfosten gegen den Erdboden.

VI. Die gebräuchlichsten Gerüstformen.

Bearbeitet von

Oberingenieur **A. Meves**, Duisburg.

Wohl auf keinem anderen Gebiete des Eisenbaues findet man eine solche Mannigfaltigkeit der Formen, wie bei den im Bau von Kranen und Verladeeinrichtungen verwendeten eisernen Gerüsten. Die für den Entwurf einer Verlade- oder Förderanlage maßgebenden Bedingungen können je nach den örtlichen Verhältnissen, den geforderten Leistungen, den verfügbaren Mitteln und der erwarteten wirtschaftlichen Ausnutzung der Anlage außerordentlich verschieden sein. Da die maschinelle Einrichtung gewöhnlich den kostspieligeren Teil der Anlage darstellt, der Entwurf und die Ausführung dieser Teile als Neukonstruktionen stets längere Zeit beansprucht und höhere Kosten verursacht, zumal sie meist auch noch praktisch erprobt werden müssen, so ist es das Bestreben des Konstrukteurs, bereits als Modell vorhandene und bewährte Kranmechanismen mit tunlichst geringen Abweichungen wieder zu verwenden. Für die Erfüllung der verschiedenartigen Bedingungen muß dann das Gerüst den Ausgleich übernehmen und sich den jeweiligen Verhältnissen anpassen.

Während es sich im Brücken- und Hochbau allermeist um ortsfeste, unbewegliche Bauwerke handelt, ist bei den Krangerüsten in den meisten Fällen Rücksicht auf eine — neuerdings recht erhebliche — Eigenbewegung zu nehmen, die besondere bauliche Anordnungen erfordert.

Ein besonderes Augenmerk verlangt ferner die Aufstellung der mechanischen Teile und deren Einbau und Zugänglichkeit, vor allem aber die Aufnahme der von ihnen ausgehenden Belastungen. Die Fundamentrahmen oder Trägerroste dieser Teile sind sehr starr und unverschieblich auszubilden und derart in das Netzwerk der Tragwände und Verbände einzubauen, daß die auftretenden Kräfte in den Knotenpunkten aufgenommen und nach den Festpunkten weitergeleitet werden.

Man wird stets trachten, die feststehenden Teile der maschinellen Anlage (Hubwerk, Fahrwerk, Drehwerk) bereits in der Werkstätte auf die Eisenkonstruktion zu montieren, und vermeidet es möglichst, die einmal zusammengepaßten Teile für die Beförderung wieder auseinanderzunehmen. Da aber ein Versand im ganzen bei größeren Gerüsten meist nicht angängig ist, gilt es, die Trennungsfugen so zu legen, daß versandfähige Frachtstücke entstehen; hierbei ist darauf zu achten, daß die Stoßdeckungen derart ausgebildet werden, daß bei der Montage auf der Baustelle die Verbindungen leicht und genau passend auszuführen sind. Das läßt sich z. B. öfters durch Verwendung

von gedrehten und eingepaßten Schrauben an Stelle von Montage-
nieten erreichen. In höherem Maße noch gilt dies für Lieferungen nach
Übersee, bei denen die Abmessungen der Frachtstücke noch weiter
eingeschränkt werden müssen.

Im Folgenden sollen die gebräuchlichsten und für die Förderung
von Massengütern wichtigsten Ausführungen behandelt werden, und
zwar in der Reihenfolge, die der statischen Berechnung und der zeich-
nerischen Ausführung der einzelnen Organe entspricht.

A. Hochbahn-Laufkrane.

Als Laufschienen verwendet man für kleinere Laufraddrücke und
geringe Fahrgeschwindigkeit noch häufig Schienen aus Flachkant-
stahl, die auf den Trägergurten versenkt aufgenietet, auf Walzträger-
profilen mit Senkkopfschrauben befestigt werden (Abb. 250 und 251).
Letzteres Verfahren hat den Nachteil, daß Gewinde in die Träger-
flanschen geschnitten werden müssen und die Schrauben nach den
Abhauen des Vierkantes nicht mehr nachgezogen werden können, falls
die Schiene sich später lockert. Bei beiden Befestigungsarten wird die
Lauffläche der Schiene sehr geschwächt und verschleißt daher schneller.
Auch für das Auswechseln der Schienen ist die Befestigung nicht vorteilhaft. Besser in dieser Hinsicht ist die Befestigung der Schiene auf
Winkeleisen- oder ⊔-Eisengurten, falls die Niete durchgezogen werden
können (Abb. 252). Die Stoßfugen ordnet man meist schräg (etwa
unter 45°) an, um die beim Überfahren der Fugen auftretenden Stoßwirkungen abzuschwächen.

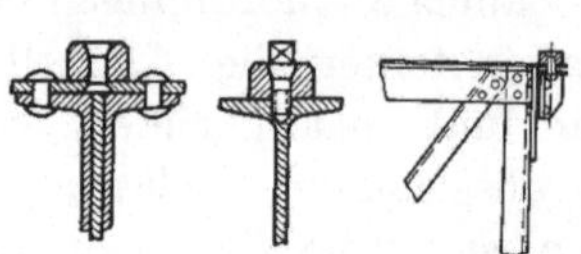

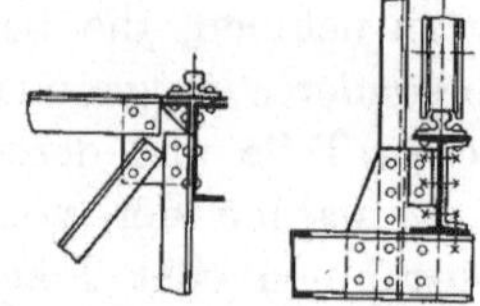

Abb. 250 bis 252. Anordnung der Flach- Abb. 253 u. 254. Anordnung der Spezial-
kantschiene.   kranschiene.

Die erwähnten Nachteile der Flachkantschienen vermeiden die
Spezialkranschienen, wie sie u. a. von Rote Erde und den Thys-
senwerken gewalzt werden und deren Anordnung aus Abb. 253 bis 263
hervorgeht. Sie werden in der Härte der Eisenbahnschienen gewalzt,
haben daher geringeren Verschleiß als Flachschienen. Die Befestigung
ist bequem und sicher. Wird die Schiene mit dem Trägergurt durch
Vernietung verbunden, so muß diese die auftretende Schubspannung
übertragen und sollte dementsprechend eng ausgeführt werden. In der
Praxis begnügt man sich oft mit einer größeren Nietteilung (etwa dem
15 bis 20 fachen des Nietdurchmessers), rechnet dann allerdings meist
nur den Schienenfuß (als Lamelle) in den tragenden Querschnitt ein.

Will man die Kranschiene des leichteren Auswechselns halber nicht aufnieten, so kann sie mit Klemmplatten ähnlich wie bei Eisenbahnschienen festgehalten werden, ist aber durch Anschlagplatten oder dergleichen gegen Quer- und Längsverschiebungen infolge der Bremskräfte und Stöße der Fahrzeuge zu sichern.

Für die Gerüste von Hochbahnlaufkranen ist bei Stützweiten bis etwa 30 m die Bauart nach dem Vierträgersystem am gebräuchlichsten. Die Winde läuft unmittelbar über oder zwischen zwei Tragwänden, den Hauptträgern, die mit zwei weiteren, leichteren Trägern, den Hilfs- oder Bühnenträgern, durch wagerechte und Querverbände derart verbunden werden, daß zwei kastenförmige räumliche Tragwerke entstehen. Während die Hauptträger in erster Linie die Raddrücke der Katze aufzunehmen haben, werden die Bühnenträger nur durch das Gewicht der Bühnen und des Fahrwerkes belastet. Die Horizontalverbände dienen im wesentlichen zur Aufnahme der wagerecht wirkenden Lasten, d. h. der Wirkung des Windes und der Brems- oder Beschleunigungskräfte des Kranes und der Katze. Besonders der in der Ebene der Katzenschiene liegende Horizontalverband ist für die Aufnahme der beim Kranfahren auftretenden Beschleunigungskräfte wichtig und daher ausreichend zu bemessen und anzuschließen. Er verhindert das seitliche Schwanken der Tragwände und sichert dadurch den ruhigen Lauf der Triebwerkteile des Fahrwerks. Außerdem

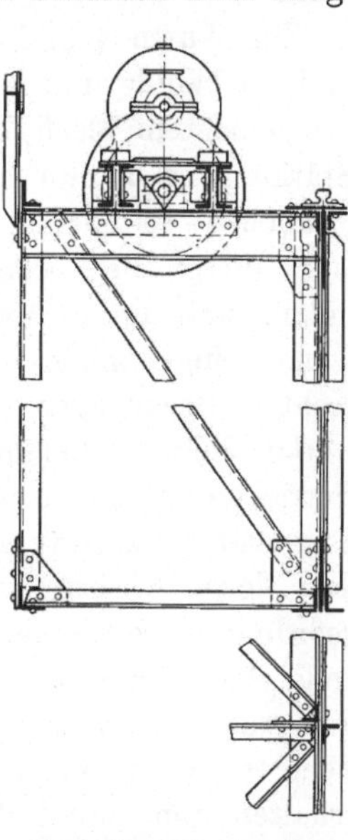

Abb. 255 u. 256. Anordnung des Fahrwerkantriebes in der Ebene des Obergurtes.

ist er erforderlich, um den auf Druck beanspruchten Obergurt der Tragwände durch Unterteilung knicksicher zu machen.

Die Querverbände (Rahmen) machen den Kastenquerschnitt unverschieblich, erhöhen daher seinen Widerstand gegen Verdrehung und entlasten infolgedessen den Hauptträger. Diese günstige Wirkung wird indessen bei der Berechnung und Querschnittgestaltung selten berücksichtigt.

Der Fahrwerksantrieb wird — falls nicht besondere Verhältnisse eine andere Lage erfordern — oberhalb der Tragkonstruktion angeordnet und auf entsprechenden Unterzügen zwischen Haupt- und Bühnenträgern gelagert (Abb. 255 und 256). Mit Rücksicht auf die Schwingungen des Motors und der Getriebe sind diese Fahrwerksunterzüge besonders reichlich zu bemessen und fest mit den Tragwänden zu verbinden. Am besten eignen sich hierzu U-Eisen von wenigstens 80 mm Flanschbreite, damit die Bohrungen für die Ankerschrauben der Triebwerkteile noch genügend Material stehen lassen. An Stelle eines größeren U-Eisens kann man auch zwei kleinere Profile verwenden, zwischen denen der Anker hindurchgeführt wird. Es ist möglichst anzustreben, daß die Befestigungsschrauben von unten eingeführt werden können und der Kopf schlüsselfrei bleibt, damit diese Schrauben leicht nachgezogen und erforderlichenfalls — bei Auswechslungen — auch gelöst werden können.

Zur Wartung und Überwachung der Triebwerkteile des Fahrwerks und der Winde sind Bedienungsstege oder Bühnen nötig, die meist aus gelochtem Blech, Riffelblech oder sog. Warzenblech von 4 bis 6 mm Stärke oder 50 mm breiten Flacheisenstäben mit gleichen Zwischenräumen — seltener als Bohlenbelag — hergestellt werden. Vorteilhaft ist es, diesen Blechbelag für die Seitensteifigkeit des Kranes auszunutzen, indem man ihn so breit macht, daß er in die Gurte der beiden Tragwände eingebunden werden kann; man erhält hierdurch einen wagerechten Blechträger, dessen Vertikalen die Querunterzüge des Fahrwerkes bilden. Bei großen Fahrgeschwindigkeiten oder sehr rauhem Betriebe empfiehlt es sich, die Belagbleche durch untergenietete leichte Diagonalwinkel zu versteifen, die außerdem das Ausbeulen und Trommeln der Bleche wirksam verhindern. Werden nur schmale Laufstege angeordnet, so sollte man doch am Fahrwerksantrieb und an einem Kranende eine Bühne in voller Kranbreite vorsehen, damit zum Schmieren und Auswechseln oder bei kleineren Ausbesserungen ein ausreichender, sicherer Stand für das Personal vorhanden ist. Stege und Bühnen erhalten zum mindesten an der Außenseite ein Schutzgeländer, gewöhnlich aus leichten Winkeln und Gasrohr; nach neueren Vorschriften über Unfallverhütung soll auch an der Innenseite ein Geländer vorhanden sein, obschon dieses das Hantieren an der Winde beträchtlich erschwert. Man hilft sich dadurch, daß man an einigen Stellen den oberen Geländerholm durch eine abhängbare Kette ersetzt.

Eine Anordnung der Bedienungsbühnen auf Konsolen, die am Hauptträger angeschlossen sind und die Bühnenträger entbehrlich machen, kommt nur für ortsfeste oder sehr langsam fahrende Kranbrücken in Betracht. Schon bei mittleren Fahrgeschwindigkeiten schwingen solche Laufbühnen auf und ab, beeinflussen hierdurch das Fahrwerk sehr ungünstig und leiten eine starke Verdrehung der Hauptträger ein. Man kann diese Wirkung wesentlich herabmindern, wenn man die Geländer auf der Außenseite als leichte Gitterträger ausbildet, muß in diesem Falle aber für genügende Eckaussteifung der Vertikalen sorgen, um für den auf Knicken beanspruchten Obergurt ausreichende Festpunkte zu schaffen. Eine nennenswerte Materialersparnis gegenüber der normalen Bauart mit Bühnenträgern wird dann nicht erzielt.

Die vier Tragwände sind an ihren Enden durch die Querträger
oder Kopfträger verbunden, in denen auch die Kranlaufräder gelagert
werden. Bei leichteren Kranen genügen gewöhnlich zwei kräftige
U-Eisen als Querträger; bei schweren Ausführungen verwendet man
Blechträger, in einzelnen Fällen auch Fachwerkträger.

Ist nach oben genügend Platz vorhanden, wie bei den meisten im
Freien laufenden Kranen, so sattelt man, um die Hubhöhe zu vergrößern, vielfach die Tragwände auf den Querträgern auf (Abb. 257
und 258). In diesem Fall wird man den Fahrantrieb des Kranes besser

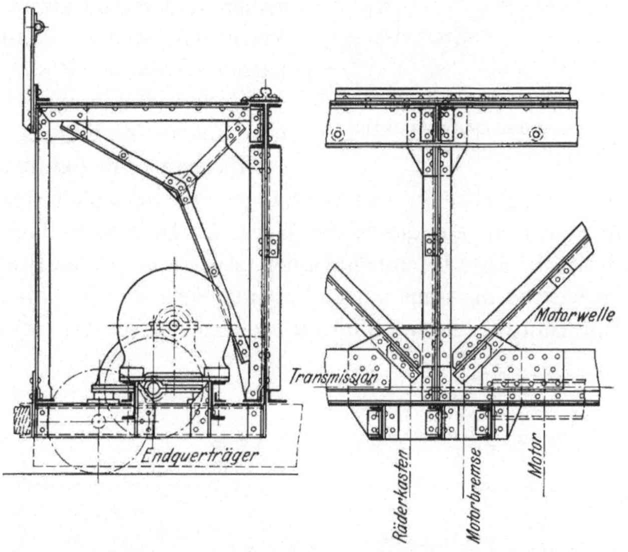

Abb. 257 u. 258. Völlig aufgesattelte Tragwände bei tiefer Lage des Fahrantriebes.

in der Ebene der Trägeruntergurte aufstellen, um Zwischenräder oder
Winkeltransmission und Kegelrädergetriebe zu vermeiden, muß jedoch
dann eine weitere Laufbühne für die Bedienung des Fahrwerkes vorsehen. Bei dieser Bauweise ist es nötig, in den Endquerschnitten der
Tragwände besonders kräftige Querverbände anzuordnen, damit die in
der Obergurtebene entstehenden Brems- und Stoßkräfte zuverlässig in
die Querträger hinabgeleitet und auf die Laufräder übertragen werden.

Am günstigsten für den Fahrantrieb ist die obere Lage des Querträgers, bei der seine Oberkante in einer Ebene mit den Trägerobergurten
liegt, so daß die Bühnenbleche unmittelbar auf den Querträger auf-
zunieten sind (Abb. 259 und 264). Ein Nachteil dagegen ist es, daß
bei niedrigen Querträgern der Untergurt der Tragwände stark auf-
gebogen werden muß und nur eine geringe Anschlußhöhe zur Aufnahme des Stützdruckes verfügbar bleibt. Eine zweckmäßige Ausführung für diese Bauweise zeigt Abb. 259. Der äußere, durchlaufende

Querträger nimmt das Biegungsmoment allein auf, während der innere Träger durch die Hauptträger zerschnitten wird, daher nur von einer Tragwand zur anderen überträgt. Dagegen durchdringt bei der Anordnung nach Abb. 260 der innere Querträger die entsprechend ausgeschnittenen Anschlußbleche.

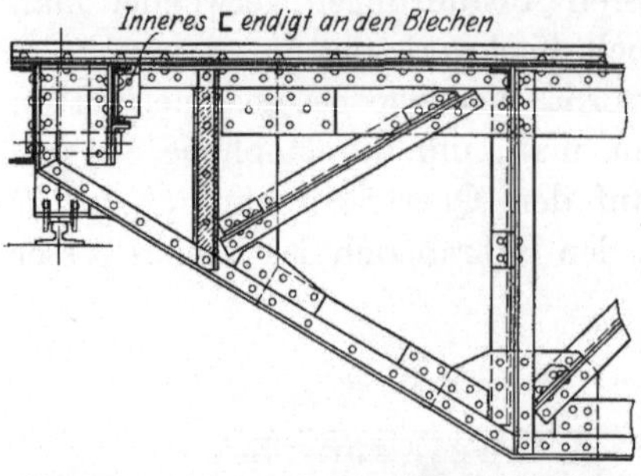

Eine ausreichende Querverbindung der beiden Hälften des Querträgers durch Deckbleche erhöht seinen Widerstand gegen seitliches Verbiegen, sichert hierdurch die parallele Lage der Radachsen und verhindert damit ein Schieflaufen und Ecken des Kranes.

Da man beim Bahnversand die Kranhälften möglichst in ganzen Längen zu versenden trachtet — schon mit Rücksicht auf das in der Werkstatt eingepaßte Fahrwerk —, die Frachtstücke aber bei zunehmender Länge nur geringe Breite haben dürfen, so wird es meistens nötig, die Querträger wie in Abb. 261 dicht neben dem Hauptträgeranschluß zu stoßen. Andernfalls müßten die

Abb. 259. Anordnung des Querträgers bei gleicher Höhenlage mit dem Obergurt des Hauptträgers.

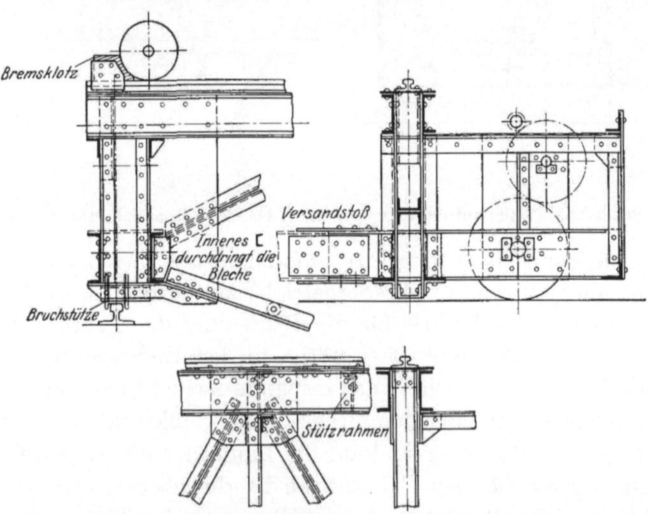

Abb. 260 bis 263. Teilweise aufgesattelte Tragwände bei mittlerer Höhenlage des Querträgers.

Querträger samt den Laufrädern ganz abgenommen werden; der Wiedereinbau und das Vernieten dieser Teile auf der Baustelle bleibt aber stets eine umständliche und kostspielige Sache.

Zuweilen bedingen die örtlichen Verhältnisse eine Lage des Querträgers in mittlerer Höhe (Abb. 260 bis 263). Auch in diesem Falle ist darauf zu achten, daß die Endrahmen genügende Steifigkeit erhalten, um die Horizontalkräfte sicher nach unten zu leiten. Das bei dieser Bauart unvermeidliche Zwischenrad des Fahrantriebes ist so zu lagern, daß man es, ohne die Wellenlager zu entfernen, herausnehmen kann.

Abb. 266 zeigt eine Bauart, bei der sowohl das Fahrwerk wie die Katzenlaufbahn in der Ebene des Untergurtes liegen. Sie ist vorteilhaft, wenn sich sowohl unter wie über dem Kran Hindernisse im Bereich des fahrenden Kranes befinden, die dessen Gesamthöhe (Kranträger mit Katze) beschränken. In diesem Falle läuft die Winde zwischen den Hauptträgern auf besonderen Schienenträgern, die durch überkragende Konsolträger unterstützt werden. Letztere ruhen in den Knotenpunkten der Tragwände auf — erzeugen also nur Netzspannungen — und tragen gleichzeitig den Fahrwerksantrieb und die Wellenlager. Um die Schienenträger seitlich auszusteifen, führt man die Bühnenbleche bis unter die Laufschienen. Im allgemeinen legt man den Schienenträger möglichst tief, damit zwischen Bühne und oberem Horizontalverband genügende Durchgangshöhe verbleibt.

Die Bühnenträger haben im wesentlichen nur die Bühnenlasten aufzunehmen, können daher leicht gebaut werden. Meistens genügen einfache Winkel für Gurte und Füllstäbe, und zwar verwendet man zweckmäßig ungleichschenklige Winkel (vgl. Abb. 261) mit einer Flanschbreite, die den Anschluß der Diagonalverbände unmittelbar — ohne Knotenbleche — gestattet. Die Endanschlüsse an den Querträgern sind so auszubilden, daß sie das Herausnehmen der Laufräder — seitliches Herausrollen — nicht hindern.

Die Hauptträger, die eigentlichen Tragwände des Kranes, unterscheiden sich am wenigsten von den gleichartigen Tragorganen des Brücken- und Eisenhochbaues, sowohl hinsichtlich der baulichen Gestaltung wie der rechnerischen Behandlung.

Für kleinere Stützweiten, bis etwa 8 oder 10 m, können noch gewalzte I-Träger in Frage kommen. Diese erfordern wenig Bearbeitung, haben dagegen verhältnismäßig hohes Eigengewicht und infolge ihrer geringen Höhe erhebliche Durchbiegung. Sie kommen vorwiegend für langsam laufende Krane und für Handbetrieb in Betracht.

Bis zu einer Stützweite von rd. 15 m herrscht der Blechträger vor; er eignet sich vorzugsweise für angestrengten, rauhen Betrieb, da er infolge seiner größeren Masse die Stoßwirkungen besser aufnimmt. Auch entfällt bei ihm die sog. sekundäre Biegung des Obergurtes (vgl. den Abschnitt „Berechnung"). Als Nachteil ist die erhöhte Schattenwirkung unterhalb des Kranes — in Werkstatträumen nicht ohne Bedeutung — sowie die größere Windangriffsfläche zu betrachten. Die Trägerhöhe, etwa $^1/_{12}$ bis $^1/_{15}$ der Stützweite, sollte rd. 1,5 m nicht überschreiten, da sonst das teure Material der Stehbleche nicht genügend

ausgenutzt wird. Die Blechwand wird stets durch senkrecht stehende
Winkel ausgesteift; bei besonders hohen Blechträgern ordnet man zuweilen zwischen den Senkrechten noch diagonal liegende Winkel als
versteifende Rippen an.

Über 15 m Stützweite verwendet man ganz überwiegend nur noch
Fachwerkträger als Tragwände. Auch hier wählt man die Trägerhöhe zu $^1/_{12}$ bis $^1/_{15}$ der Stützweite, wenn nicht besondere Umstände
eine größere Trägerhöhe erheischen. Im allgemeinen ist die Ausführung
mit parallelen Gurten
die gebräuchliche und
auch zweckmäßigste.
Gekrümmte Gurte
verteuern die Herstel-
lung infolge der erfor-
derlichen Schmiede-
arbeiten; auch wer-
den die Querverbin-
dungen in jedem
Knotenpunkt ver-
schieden. Bei Kranen
mit untenliegendem
Fahrantrieb und ge-
krümmtem Obergurt
erschwert die nach
den Enden abneh-
mende Trägerhöhe
den Zugang zu den
Bühnen ungemein;

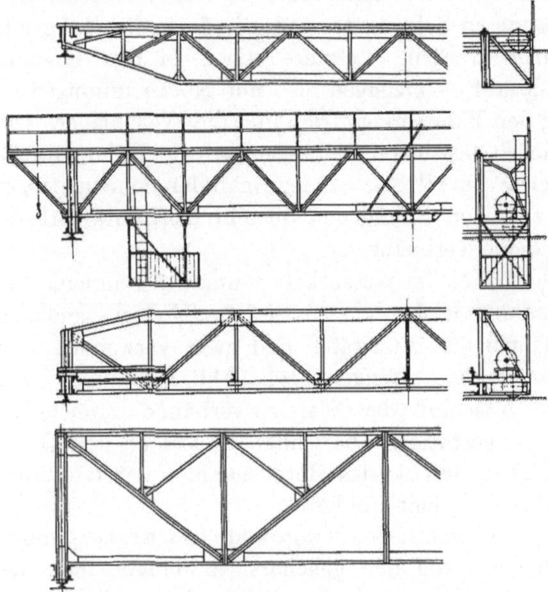

Abb. 264 bis 267. Netzformen für Fachwerkträger.

die Halbparabelform,
bei der die Trägerhöhe an den Enden noch genügende Durchgangshöhe
läßt, kommt nur für große Stützweiten (etwa von 40 m an) in Betracht.
Für Träger mit gekrümmtem Untergurt empfiehlt sich für die Anbringung des Fahrwerkes ein gerader Obergurt.

Zweckmäßiger im Hinblick auf die Herstellungskosten und die bauliche
Ausbildung des Krangerüstes sind daher Tragwände mit parallelen Gurten; für Verladebrücken wird diese Bauart fast ausschließlich verwendet.
Müssen die Gurte z. B. aus baulichen Gründen an den Enden zusammengezogen werden, so erfüllt auch die Trapezform (Abb. 264 und 266) diese
Bedingung. Krane mit zwei Windenlaufbahnen, z. B. mit Drehkran auf
dem Obergurt laufend und einer Hilfswinde oder Greiferkatze zwischen
den Untergurten, werden fast stets mit parallelen Gurten ausgeführt.

Die Diagonalstäbe werden überwiegend nach dem System des Streben-
fachwerks angeordnet, also ohne Hauptvertikalen (Abb. 264 bis 267),

und der belastete Gurt zwischen zwei Knotenpunkten durch eine Zwischenvertikale unterteilt, um die freie Knicklänge zu verkürzen bzw. die sekundäre Biegung des Gurtes infolge der unmittelbaren Belastung durch die Raddrücke zu verringern[1]. Bei großen Stützweiten und entsprechend wachsenden Maschenweiten (Knotenabständen) wird es mitunter notwendig, eine weitere Unterteilung des Obergurtes zur Herabminderung des Biegungsmomentes vorzunehmen; hierdurch entstehen kleine sekundäre Fachwerke zwischen den Knotenpunkten (Abb. 267).

Für die Gurte eignen sich die auch im Brückenbau gebräuchlichen Querschnittformen. Im allgemeinen strebt man entsprechend der geringeren Belastung danach, mit einfacheren Querschnitten auszukommen, und verwendet z. B. für den Obergurt nach Möglichkeit einfache oder doppelte U-Eisen oder eine Kombination von U-Eisen mit Winkeleisen. In allen den Fällen, in denen die Katzenlaufschiene unmittelbar auf dem Obergurt aufliegt, der letztere also außer den Axialspannungen auch Biegungsmomente aufnehmen muß, ist diese Gurtform von Vorteil; für den Anschluß der Füllstäbe sind dabei meist Knotenbleche erforderlich. Nur bei leichten Kranen mit kurzen Stützweiten, für die ein einziges größeres U-Eisen als Obergurt genügt, gelingt es, die Diagonalen ausreichend auf dem Rücken des U-Profiles — also ohne Knotenbleche — anzuschließen (Abb. 253). Da bei dieser Bauweise die Schwerpunktebenen des Gurtes und der Füllstäbe nicht zusammenfallen, treten in beiden Organen Zusatzspannungen auf, die wenigstens durch reichliche Bemessung der Querschnitte berücksichtigt werden sollten. In erhöhtem Maße gilt dies für Gurte aus einfachen (meist ungleichschenkligen) Winkeleisen (Abb. 252), wenn die Profile Rücken auf Rücken angeschlossen werden; hier kommt noch das Abbiegen des wagerechten Schenkels infolge des exzentrisch angreifenden Raddruckes hinzu, das durch eingenietete Stützwinkel zwar verringert, aber nicht beseitigt werden kann. Trotz dieser konstruktiven Schwächen werden derartige Gurtungen für geringe Belastungen vielfach angewendet, da das Material billiger und schneller zu beschaffen ist, als die für Stehbleche und Lamellen erforderlichen Universaleisen; auch stellen sich die Arbeitslöhne für diese Bauart erheblich niedriger.

Leichter abstufen läßt sich der — auch für die Gurte von Verladebrücken sehr beliebte — aus Stehblech, Winkeln und Lamellen gebildete Querschnitt (Abb. 255, 256 und 264 bis 267); er wird daher für größere Stützweiten als Untergurt fast ausschließlich angewendet, zumal sich auch die Stoßdeckungen zweckentsprechender als bei der U-Form ausbilden lassen. Die Querschnittsabstufung läßt sich durch wechselnde Breiten der Stehbleche und Lamellen bei gleichbleibender Stärke erreichen. Weniger empfehlenswert ist eine Änderung der Winkelbreiten,

---

[1] Vgl. auch S. 222.

da hierdurch eine unerwünschte Änderung der Nietrisse bedingt wird. Anderseits ist man bestrebt, bei mittleren Stützweiten wenigstens im Obergurt ohne besondere Knotenbleche auszukommen; man macht daher die Stehbleche breit genug, um die Füllstäbe (Diagonalen) unmittelbar auf diesen anzuschließen, und führt sie — besonders bei kürzeren Trägerlängen — meistens in gleicher Breite über die ganze Trägerlänge durch. Das Mehrgewicht gegenüber einem Stehblech mit abgestufter Höhe wird hier durch die Ersparnis an Laschenmaterial und Arbeitslöhnen reichlich ausgeglichen.

Für schwer belastete lange Tragwände greift man vielfach zu einem doppelwandigen Querschnitt (Abb. 260 bis 263), wie er auch bei größeren Verladebrücken häufig verwendet wird. Das bisher über die Profilierung Gesagte trifft auch für diese Bauart zu. Im besonderen ist darauf zu achten, daß die beiden Wandungen einen Abstand von wenigstens 140 mm erhalten, da andernfalls das Einsetzen und Vorhalten der Niete erhebliche Schwierigkeiten verursacht; die doppelte Nietung verteuert ohnehin diese Bauart. Bei im Freien laufenden Kranen ist ferner für Ablauf des Regenwassers im Untergurt zu sorgen. Ergibt die Rechnung einen Abstand der beiden Wandungen, der größer als die Schienenfußbreite ist, so daß im Obergurt eine Querbiegung der Lamelle eintreten könnte, so unterstützt man diese in kurzen Abständen durch kleine, scharf untergepaßte Rahmen.

Für sehr schwere Brücken von großer Stützweite mit oben laufender Winde, bei denen man mit Rücksicht auf die Abmessungen der Füllstäbe, oder um die Obergurte bei großen Freilängen knicksicher zu machen, die Wandungen ungewöhnlich weit auseinanderziehen muß, empfiehlt sich die Bauart nach Abb. 268. Die Laufschiene liegt nicht mehr unmittelbar auf dem Gurt, sondern auf einem besonderen Schienenträger, der den Gurt nur in den Knotenpunkten belastet und durch einige Anschlagwinkel seitlich abgestützt wird. Der Gurtquerschnitt hat demnach nur

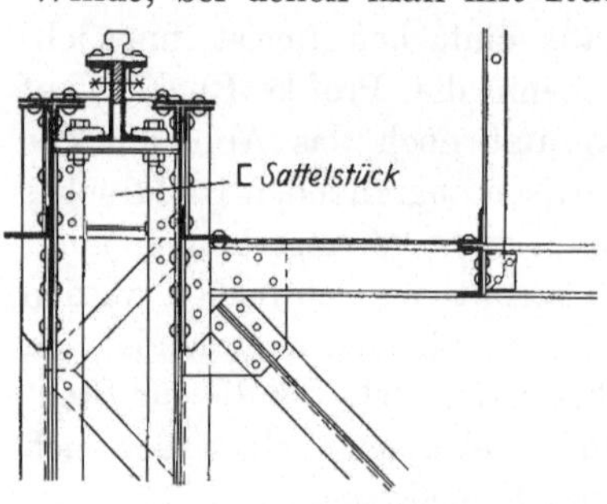

Abb. 268. Doppelwandige Haupttragwand
mit besonderem Schienenträger.

die Axialspannungen aufzunehmen; der Schienenträger wird hierbei nicht starr, sondern mit Klemmplatten befestigt, so daß er eine gewisse Längsverschieblichkeit behält.

Die Ausführung der Füllstäbe der Hauptträger bietet nichts besonders Beachtenswertes; man verwendet die auch im Brücken- und Hochbau gebräuchlichen Querschnitte, vom einfachen Winkel bis zu dem aus vier Winkeln und Stehblech zusammengesetzten Querschnitt.

Nur sucht man, falls Knotenbleche vermieden werden sollen, die Breiten-
abmessung der Stäbe möglichst gering zu halten, um für die Anschlüsse
auf den Stehblechen mehr Platz zu gewinnen.

Wie bereits erwähnt, ist es von wesentlichem Vorteil, den Kran
mit den aufmontierten mechanischen und elektrischen Teilen auch
während des Versandes zum Verwendungsort zusammen zu lassen.
Völlig ungeteilt lassen sich nur kurze, niedrige Krane mit einer Gesamt-
breite bis zu rd. 3,15 m versenden.

Durch das Lösen der Querträgerstöße vermindert sich die Breite der
Frachtstücke sehr erheblich, so daß man die einzelnen Hälften (Kasten)
bis etwa 25 m Länge noch auf Drehschemeln verladen kann. Bei größeren
Stützweiten läßt sich der einzelne Kasten durch Unterteilung der
Gesamtlänge zuweilen noch transportfähig machen. Die Gurtstöße der
beiden Tragwände sollten hierbei ungefähr übereinanderliegen und
möglichst kurz und gedrungen ausgeführt sein. Alle sperrigen, überstehenden Teile sind abzunehmen, da sie — namentlich bei der Beförderung auf der Baustelle — leicht verbogen und beschädigt werden.
Jedenfalls ist die Versandstoßfuge so zu legen, daß die Rahmenteile
des Fahrantriebes nicht getrennt zu werden brauchen.

Überhaupt empfiehlt es sich, bei dem Entwurf von Krangerüsten
die Beförderungs- und Aufstellungsmöglichkeiten im Auge zu behalten;
man vermeidet hierdurch zuweilen recht beträchtliche Zeitverluste
und Kosten.

B. Verladebrücken.

Der Brückenkörper der Verladebrücke gleicht in seiner Bauweise
und in der Ausbildung der Einzelheiten dem Hochbahnkran, so daß im
folgenden nur die der Verladebrücke eigenen Formen und Einzelheiten
zu erörtern sind.

Wird der Hochbahnkran meist mit vier senkrechten Tragwänden
ausgeführt, so ist für die Verladebrücke die Bauweise mit nur zwei
Hauptträgern üblich, da sie im allgemeinen einen geringeren Materialaufwand erfordert. Bei einzelnen Bauarten können die Hauptträger
durch Querrahmen und durch Längsverbände in den beiden Gurt-
ebenen zu einem geschlossenen vierwandigen Brückenquerschnitt verbunden werden. Diese Form ist sehr widerstandsfähig gegen Verdrehen
und seitliches Schwanken und wird für Brücken mit oben laufendem
Drehkran oder für solche Ausführungen angewendet, bei denen die
Fahrbahn der Katze völlig unterhalb der Brücke liegt. Fährt die
Winde jedoch zwischen den Hauptträgern, so entfällt der untere Längsverband, und die Brücke besitzt dann nur drei Tragwände. Die Querrahmen erhalten in diesem Falle Portalform und bilden die Querrippen
des ⊓-förmigen Brückenquerschnittes; sie übertragen die Lasten der

Katze und ihrer Fahrbahn auf die Hauptträger und sichern gleichzeitig bei Verdrehungen des Querschnittes die gegenseitige Lage der drei Tragflächen.

Die Trägerhöhe beträgt bei Brücken ohne Ausleger wieder $^1/_{10}$ bis $^1/_{12}$, der Trägerabstand (die Brückenbreite) etwa $^1/_{12}$ bis $^1/_{15}$ der Stützweite, wenn nicht die Spurweite der Katze eine größere Breite verlangt. Für Brücken mit festem Ausleger empfiehlt sich eine veränderliche Trägerhöhe (vgl. Abb. 274 und 275), die über den Stützen etwa $^1/_3$ der Auslegerlänge betragen sollte, um die Durchbiegung und das Federn des Auslegers herabzumindern. Der die Katzenfahrbahn aufnehmende Gurt bleibt zweckmäßig gerade, während der andere Gurt — dem Verlauf der Momente entsprechend — eine geschweifte Form erhält. Bei Brücken mit hochziehbarem Ausleger ist dieser mit einem Gelenk an das Mittelfeld der Brücke angeschlossen; seine zweite Stütze bildet das Zugband, das entweder an der Spitze einer turmartigen Verlängerung der Stütze angreift (vgl. Abb. 276 und 277) und in dieser Biegung hervorruft, oder über eine Pendelstrebe (vgl. Abb. 284 und 285) nach dem Obergurt des Mittelfeldes weitergeführt wird und auf dieses entlastend wirkt. Das Band wird gewöhnlich mit Augenblechen und Bolzen angeschlossen und besteht aus mehreren gelenkig verbundenen Stäben, damit es beim Hochziehen des Auslegers durch Einknicken nachgeben kann.

Wird der Ausleger nur um etwa 60° gehoben, wobei das rückwärtige Band noch genügende Zugkraft behält, so ist eine Pendelstütze am Platze. Sie wird meist ohne Gelenk ausgeführt, da sie durch ihre elastische Nachgiebigkeit bereits eine genügende Beweglichkeit besitzt. Bei sehr steiler Lage des hochgezogenen Auslegers ist die biegungssichere Form der Stütze nach Abb. 276 und 277 vorzuziehen. Der Ausleger legt sich mit Anschlägen (Prellböcken) gegen sie an und wird durch selbsttätig einfallende Fanghaken festgehalten, so daß die Einziehseile entlastet sind.

Das Auslegergelenk kann sowohl im Obergurt wie im Untergurt des kurzen Kragarmes der Brücke angeordnet werden. Liegt die Katzenbahn in der Ebene des Untergurtes, so ermöglicht die obere Lage der Gelenke das Durchziehen eines gemeinsamen Gelenkbolzens, somit eine genau axiale Lage der beiden Drehpunkte. Zur Fahrtbegrenzung der Katze bei hochgezogenem Ausleger kann dieser einen Prellbock auf die Katzenschienen senken, den er beim Niederlassen wieder abhebt. Beim Senken des Auslegers erleichtern kurze Führungen den genauen Zusammenschluß der Untergurte und der Fahrschienen. Liegt das Gelenk im Untergurt, so erhält jede Tragwand ihren eigenen Bolzen, da die Durchfahrt der Katze eine durchgehende Achse nicht zuläßt. Der hochgezogene Ausleger blockiert die Katze und macht besondere Prellböcke entbehrlich.

Die Stützen. Bei der fahrbaren Verladebrücke bilden die Brücken-tragwände in fester Verbindung mit den beiden Stützen einen drei-seitigen Steifrahmen mit beschränkt verschieblichen Fußpunkten. Bei großen Stützweiten können die Längenänderungen infolge großer Temperaturänderung oder größerer Ungenauigkeiten des Schienen-abstandes recht erhebliche wagerechte Widerstände am Schienenkopf und dadurch unkontrollierbare Zusatzspannungen im ganzen Bauwerk hervorrufen. Diese vermeidet man dadurch, daß man eine Stütze gelenkig an die Brücke anschließt; sie wirkt dann als Pendel und kann nur Stützkräfte, aber keine Momente in der Brückenebene übertragen. Die in der Richtung der Brückenachse wirkenden wagerechten Lasten, wie Winddruck, Beschleunigungs- und Stoßkräfte, nimmt die zweite (feste) Stütze auf, die mit der Brücke zusammen jetzt einen Halb-rahmen bildet.

Bei Verladebrücken in Häfen liegt die wasserseitige Fahrschiene häufig unmittelbar auf der Kaimauer. Dann ist es, falls nicht örtliche Verhältnisse dies verhindern, zweckmäßig, die feste Stütze auf der landseitigen Schiene fahren zu lassen, damit die Schubkräfte der Brücke auf sicheren Untergrund übertragen werden. Diese Anordnung empfiehlt sich besonders bei hohen und auf Pfahlrost gegründeten Kai-mauern.

Die Entfernung der beiden Stützen hängt hauptsächlich von der Forderung einer möglichst vollkommenen Ausnutzung des Lagerplatzes ab. Der Materialaufwand für die Brücke vermindert sich, wenn man sie beiderseits überkragt und die Länge der Kragarme etwa je $^1/_5$ der ganzen Brückenlänge beträgt.

Für die Höhe der Stützen ist in erster Linie die erforderliche Hub-höhe der Winde maßgebend; sie kann aber auch durch örtliche Verhält-nisse bedingt werden, zum Beispiel, wenn die Brücke über Baulichkeiten oder über andere Krane hinweg oder unter Drahtseilbahnen oder Rohr-leitungen hindurchfahren muß.

Die Stützen für ortsfeste Verladebrücken sind nach den gleichen Gesichtspunkten zu beurteilen, doch kann im allgemeinen ihre Breite (Entfernung ihrer Fußpunkte) geringer gehalten werden, da die Be-schleunigungskräfte für das Brückenfahren entfallen und die Stand-sicherheit durch Verankerung und entsprechende Fundamente leicht zu erreichen ist.

Die feste Stütze wird vielfach als vierwandiges, räumliches Fach-werk ausgebildet, etwa wie in Abb. 269 und 270, und besitzt bei dieser Bauweise eine gute Steifigkeit in allen Ebenen. Da die Gurtlängen mehr-fach unterteilt und die Füllstäbe nicht zu lang sind, können die Stäbe leichter gehalten werden. Dagegen erfordern diese und ähnliche Ausfüh-rungen bedeutend mehr Anschlußmaterial und dementsprechend höhere

Bearbeitungskosten. Für den Versand sind sie meist zu sperrig, können dann nur stabweise versandt werden und verteuern hierdurch die Aufstellung am Verwendungsort. Außerdem bedingt die verschiedene Schräglage der einzelnen Gurte, daß die in ihnen zusammenstoßenden Tragwände nicht mehr rechte Winkel einschließen, so daß entweder die Gurte aus dem rechten Winkel kommen oder die Anschlußbleche der Wandstäbe abgebogen werden müssen. Diese Herstellungsschwierigkeiten treten noch stärker in Erscheinung, wenn die Stütze mit unsymmetrischen Seitenflächen, etwa wie in Abb. 274 und 275, ausgeführt wird. Die erwähnten Nachteile dieser Bauart wiegen aber die Ersparnis an Material meist auf. Sie lassen sich zum größeren Teil vermeiden, wenn der Stützenquerschnitt aus nur zwei Tragwänden gebildet wird, die in T- oder Kreuzform senkrecht zusammenstoßen.

Die Pendelstütze besitzt nur eine Tragwand, senkrecht zur Brückenachse, und wird an die Brücke mit Bolzengelenken, ähnlich denjenigen des Auslegers, angeschlossen.

Durch die verschiedenartige Arbeitsweise der einzelnen Verladeanlagen bedingt, entstehen bei Berücksichtigung der gegebenen örtlichen Verhältnisse zahlreiche Kombinationen der Brücken- und Stützenformen. Einige besonders wichtige und häufig verwendete Ausführungen sind nachstehend kurz erläutert.

Abb. 269 und 270. Die Brücke mit festem Ausleger, für einen oben fahrenden Drehkran bestimmt, hat einen vierwandigen geschlossenen Querschnitt und ist daher gut zur Aufnahme des Drehmomentes bei querstehendem Drehkran geeignet. Sie ist stumpf auf die Stützen aufgesetzt, wodurch die Aufstellung erheblich vereinfacht wird. Die vierwandige, symmetrische Stütze läßt einen eindeutigen Kräfteausgleich zu; für senkrechte Lasten wirkt sie als Wagebalkenstütze, d. h. der Stützdruck in A greift in a und b je zur Hälfte an. Wagerechte Kräfte werden durch die Querwände, in der Brückenachsenrichtung wirkende Kräfte von den Längswänden der Stütze aufgenommen. Verschiebt man die beiden trapezförmigen Querwände in die gestrichelt gezeichnete Lage und schließt sie bei c gelenkig an die Brücke an, so entsteht die zugehörige Pendelstützenform.

Diese Brückenform eignet sich auch für eine auf dem Obergurt laufende Katze mit seitlich überhängenden Lasthubseilen oder Pratzenführungen, wie sie z. B. für Lagerplatzkrane zum Befördern und Aufstapeln von Walzeisen gebaut wird; die Katze kann dann aber nur zwischen den Stützen verfahren.

Abb. 271 bis 273. Die kastenförmige Brücke trägt mittels besonderer, in den Untergurtknoten aufgehängter Querträger die Schienenträger der Katzenfahrbahn, auf der eine Auslegerdrehlaufkatze fährt. Das

Strebensystem der Brückenlängsverbände unterteilt die Gurtstäbe und Querriegel und erhöht ihre seitliche Knicksicherheit ohne Mehrauf-

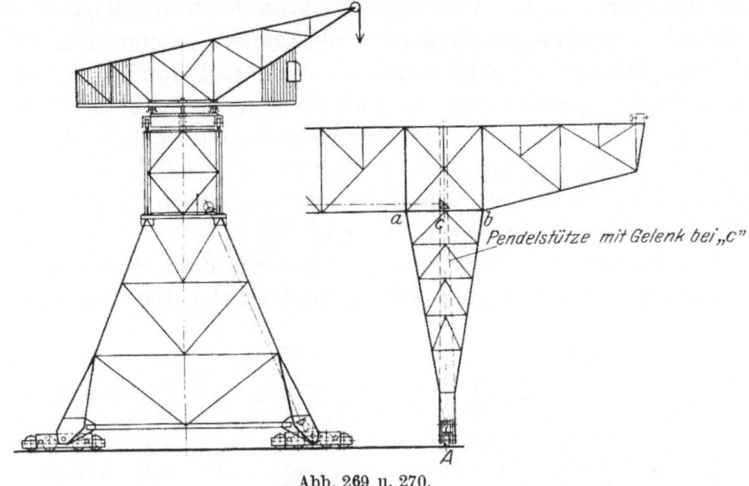

Abb. 269 u. 270.

wand an Material. Das System ist aber in sich verschieblich und muß daher durch Anschluß an eine starre Scheibe unverschieblich ge-

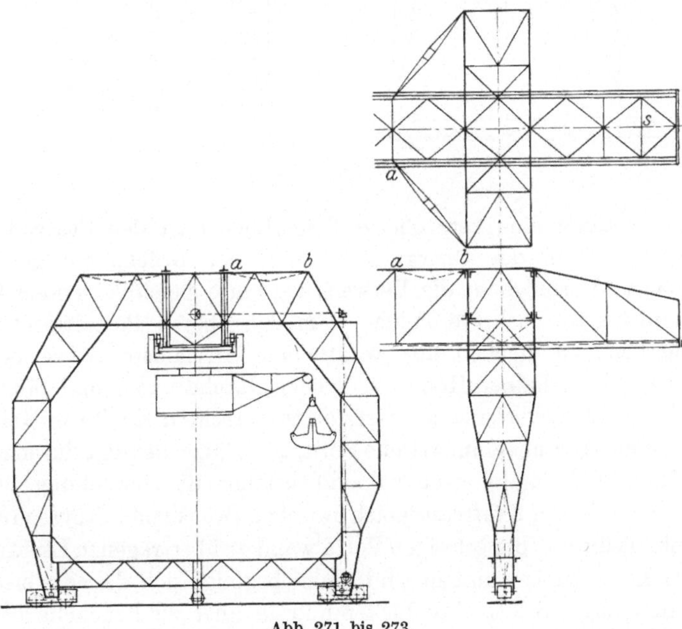

Abb. 271 bis 273.

macht werden, z. B. durch Einziehen des Stabes s in den Endfeldern der Brücke und des Auslegers.

Die Durchfahrt der Katze zum Ausleger bedingt eine Portalstütze mit hochgezogenem Untergurt und einer großen Lichtweite zwischen den Innenpfosten. Die beträchtliche elastische Nachgiebigkeit dieser Stützenform gegen wagerecht angreifende Kräfte — besonders für schnellfahrende Brücken — wird bedeutend verringert durch den unteren, biegungsfest angeschlossenen Querriegel und die beiden in der Obergurtebene liegenden Eckstreben ac. Die Kräfteverteilung vollzieht sich in ähnlicher Weise, wie auf S. 214f. beschrieben. Diese Bauweise eignet sich auch für die vorher erwähnte Winde zum Verladen von Walzeisen, falls diese auch den Ausleger befahren soll.

Abb. 274 und 275 zeigen die viel verwendete Form einer Brücke mit zwischen den Untergurten liegender Katzenfahrbahn. Der lange einseitige

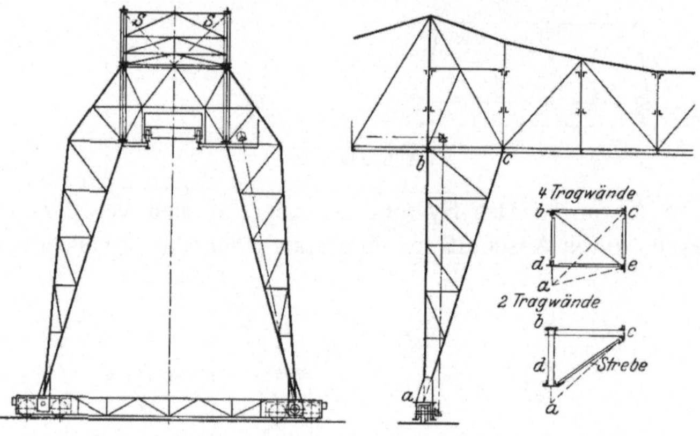

Abb. 274 u. 275.

Ausleger bedingt eine vergrößerte Trägerhöhe über den Stützen. Die geschweifte Form der Obergurte verleiht der Brücke ein gefälliges Aussehen und ermöglicht die Verwendung eines gleichbleibenden Gurtquerschnittes für mehrere Felder. Um den oberen Portalriegel nicht unnötig hoch zu machen und windschiefe Anschlüsse zu vermeiden, läßt man ihn in halber Höhe die Brücke durchdringen und fängt die vom oberen Längsverband abgesetzten wagerechten Kräfte mittels der Streben s ab. Die unsymmetrische Form der Stütze, bedingt durch ein zu überfahrendes Gebäude, erschwert und verteuert die Herstellung; außerdem machen sie den Kräfteausgleich zwischen Brücke und Stütze unübersichtlich, da die von der schrägen Portalwand ac übertragenen Lastanteile statisch nicht zu bestimmen sind. Man begnügt sich daher meist mit der Annahme, daß lotrechte Lasten und die quer zur Brückenachse angreifenden wagerechten Kräfte von der senkrechten Portalwand ab allein aufgenommen werden, während die in Richtung der Brückenachse wirkenden Kräfte nur die inneren Seitenflächen bc der Stütze beanspruchen.

Für diese Kräfteverteilung genügt aber auch eine Stütze mit zwei senkrecht zueinander stehenden Tragflächen, deren Querschnitt in der Abbildung ebenfalls skizziert ist.

Abb. 276 und 277. Der Brückenquerschnitt ist der gleiche wie bei der Ausführung nach Abb. 274 und 275; die Tragwände haben hier parallele Gurte. Der hochziehbare Ausleger ist im Untergurt eines kurzen Kragarmes angelenkt und hängt in zwei Zugbändern, die an einem auf dem Ausleger aufgesetzten Bock angreifen, in dem auch ein zur Aufnahme der Seilrollen bestimmter Querträger drehbar gelagert ist. Diese Anordnung

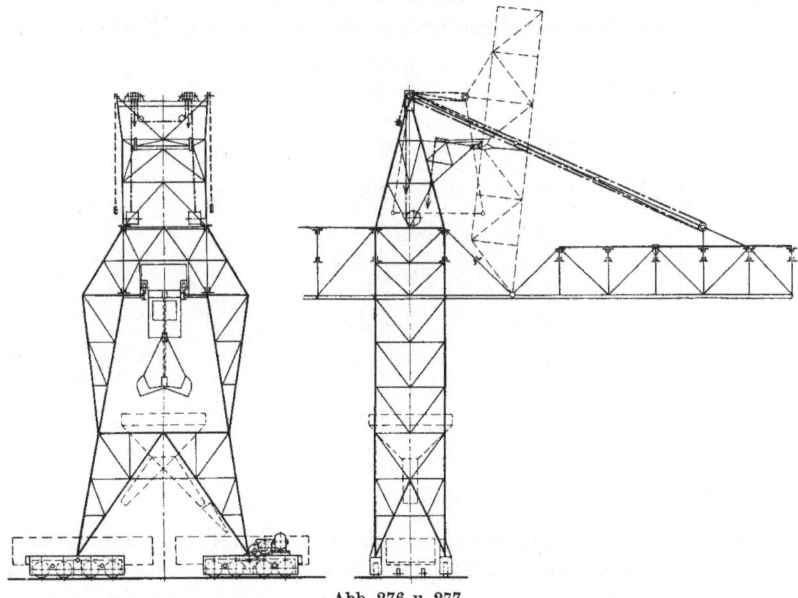

Abb. 276 u. 277.

ermöglicht eine günstige Zugrichtung der Einziehseile in der oberen Stellung des Auslegers. Die Zugbänder sind bei dieser Ausführung an der Spitze eines turmartigen Aufbaues über der Stütze gelenkig angeschlossen, das von ihnen erzeugte Biegungsmoment wird daher von Brücke und Stütze gemeinsam aufgenommen. Prellstütze und Fanghaken zum Festhalten des Auslegers sind aus der Skizze ersichtlich.

Die vierwandige Stütze besteht aus zwei übereinanderstehenden Portalen mit je zwei parallelen Tragwänden. Das untere besitzt eine Arbeitsbühne zur Aufnahme eines Füllrumpfes; seine Seitenwände bilden ebenfalls ein Portal als Durchlaß für ein Ladegleis oder ein Förderband.

Diese Brücke arbeitet meist längere Zeit ohne Platzwechsel, besitzt daher nur eine geringe Fahrgeschwindigkeit, so daß die Stütze verhältnismäßig schlank gehalten werden konnte; ebenso ist die Kuppelstange zwischen den Radgestellen fortgelassen. Dagegen besitzt die Brücke Sicherheitsvorrichtungen gegen Abtreiben durch Sturmwind.

Abb. 278 und 279. Bei großer Hubhöhe der Katze kann man die Gesamtbauhöhe des Kranes dadurch verringern, daß man die Katzenbahn möglichst hoch zwischen den Tragwänden anordnet; der tragende Querrahmen liegt auch bei dieser Bauart innerhalb der Brückenwände. Vergittert man die Schienenträger mit zwei leichten Hilfsgurten bei d, so erhält man eine wirksame seitliche Aussteifung der Katzenbahn zwischen je zwei Querrahmen. Dagegen liegt der Untergurt der beiden Tragwände auf die ganze Maschenlänge frei; er sollte daher bei schnellfahrenden Brücken eine genügende Seitensteifigkeit besitzen. Die

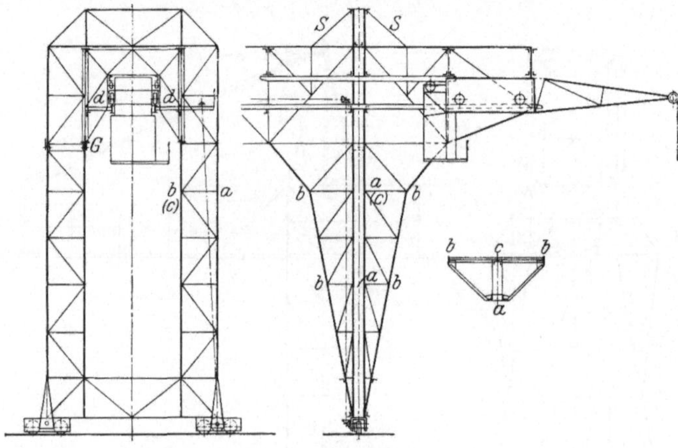

Abb. 278 u. 279.

Stütze hat nur zwei Tragwände, von denen das eigentliche Portal meist doppelwandig ausgeführt wird. Die einfache ⊥-Form des völlig symmetrischen Stützenquerschnittes ergibt eine klare Kräfteverteilung. Die gedrungene Bauart der Portalwand ermöglicht ihren Versand in großen zusammengenieteten Längen. Der untere Querriegel macht das Portal zu einem geschlossenen Querrahmen und erhöht dessen Steifigkeit in der Fahrrichtung der Brücke, behindert aber auch die Durchfahrt der Katze mit tiefhängender Last. Die große obere Breite der beiden Seitenwände verleiht der Brücke eine gute Längssteifigkeit, wie sie für schwere schnellfahrende Katzen sehr erwünscht ist. Um die langen, freiliegenden Außengurte der Seitenwände knicksicher zu machen, sind sie durch die Eckstreben ab mehrfach unterteilt. Ebenso wird der obere Portalriegel durch die Streben s nach den Brückengurten abgestützt.

Läßt man die beiden Seitenwände fort und schließt den Unterteil des Portales in G gelenkig an den fest mit der Brücke verbundenen Oberteil an, so entsteht eine gleichartige Pendelstütze.

Abb. 280 und 281. Die schlanke Form der Stütze in der Portalebene läßt diese Ausführung mehr für ortsfeste Brücken oder solche mit sehr geringer Fahrgeschwindigkeit geeignet erscheinen. Der Brückenkörper bildet wieder einen geschlossenen Kasten, an dem die gänzlich unten liegende Katzenbahn aufgehängt ist. Da die fliegenden Katzenräder nur einen inneren Spurkranz haben, also eine geringe Durchfahrtbreite beanspruchen, können die Schienenträger unmittelbar an den Hängeeisen angeschlossen werden, die aber mit Rücksicht auf das Drehmoment der einseitig angreifenden Last biegungsfest auszuführen sind. Die senkrechten Kräfte überträgt ein Gitterträger auf die Brücken-

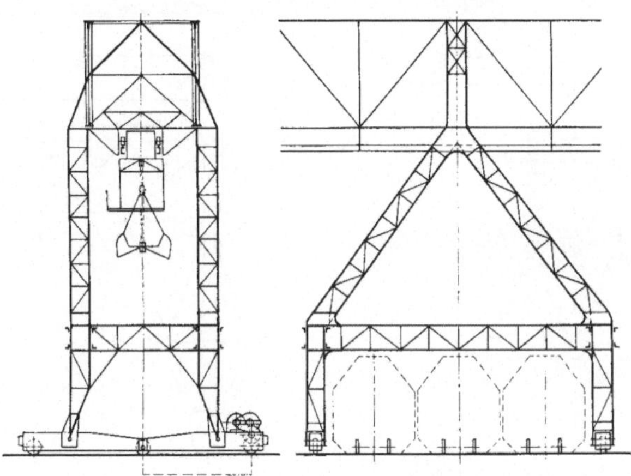

Abb. 280 u. 281.

tragwände, während die wagerechten Seitenkräfte durch die beiden Streben auf den unteren Längsverband der Brücke übergehen.

Die Stütze überbrückt drei Ladegleise und besitzt eine Arbeitsbühne zur Aufstellung einer Sieb- und Wägeeinrichtung, aus der die sortierte und verwogene Kohle durch Schüttrinnen in die Bahnwagen gelangt. Die gedrungene Bauweise der Portalstreben, die nur wenige und leicht zugängliche Stöße erfordert, erleichtert den Versand und verbilligt die Aufstellung.

Abb. 282 und 283 zeigen eine Ausführung, bei welcher der auf den Obergurten fahrende Drehkran in einen zwischen den Brückentragwänden aufgestellten Trichter entleert, von dem das Gut mittels eines unter der Brücke aufgehängten Förderbandes weitergeleitet wird. Die Lage des Trichters bedingt eine Unterbrechung des oberen Längsverbandes zwischen zwei benachbarten Querrahmen. Er wird ersetzt durch zwei außenliegende Verbände, die hier gleichzeitig zur Aufnahme zweier Bedienungsstege benutzt werden. Die Unverschieblichkeit des unterbrochenen Längsverbandes läßt sich auch durch die gestrichelt gezeichnete Stabführung mit geringerem Materialaufwand erreichen, doch ist diese Verbindung weniger starr als die erste. In beiden Fällen werden die Hilfsgurte durch Streben nach den Querrahmen der Brücke abgestützt. Der Rollenträger des Förderbandes, für den bei der geringen Belastung ein Walzträger genügt, ist an den Querrahmen aufgehängt.

Besonders einfach und doch hervorragend starr ist die dreiwandige feste Stütze, die wegen dieser Eigenschaften für Brücken mit oben laufender Winde häufig verwendet wird. Sie besteht aus der trapezförmigen Querwand *abba* und den beiden dreieckigen Seitenwänden

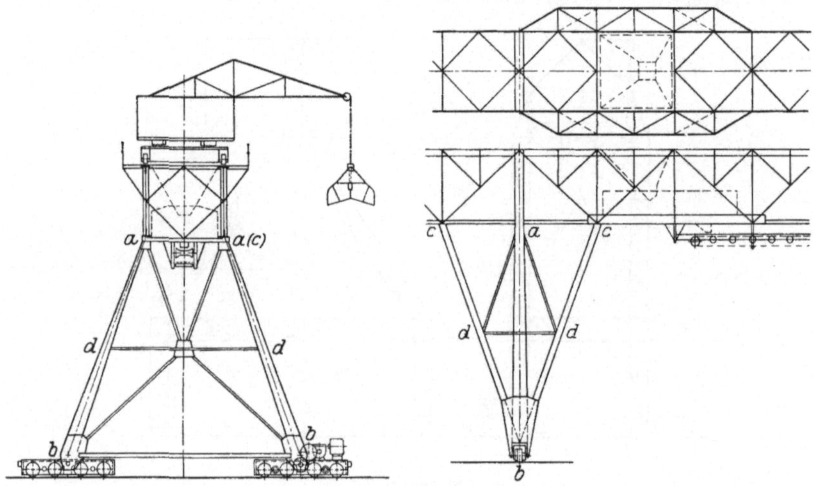

Abb. 282 u. 283.

cbc, die sämtlich doppelwandig sind. Die Gurte erhalten einen ⊔- oder ⊢förmigen Querschnitt und müssen — in einer Ebene — auf ihre ganze Länge knicksicher ausgebildet sein. Man kann die Steifigkeit der Stütze noch weiter vergrößern, wenn man in der Ebene *dd* noch eine wagerechte Tragfläche einlegt. Die trapezförmige Querwand allein bildet, wenn sie bei *a* gelenkig an die Brücke angeschlossen wird, die zugehörige Pendelstütze.

Abb. 284 und 285. Die Verladebrücke ist zur Aufnahme zweier Einschienenkatzen mit Bügelaufhängung bestimmt. Die Katzenbahn hängt hier unter der Brücke; die Schienenträger sind zur Aufnahme der Seitenkräfte unter sich vergittert. Der bewegliche Ausleger ist bei dieser Ausführung in einem Obergurtknoten des Kragarmes angeschlossen. Beim Anheben des Auslegers senkt dieser zwei durch ein Seil mit ihm verbundene, hebelartig ausgebildete Anschläge auf die Katzenbahn und blockiert die Katze. Die schlanke Strebe über der Stütze wirkt als Pendel; sie ist als Portal gebaut, an das die Rückhaltbänder starr angeschlossen sind. Ein Seilausgleich zwischen den beiden Zugseilen sichert ihr gleichzeitiges Anziehen.

Die Seilrollen sind in dem oberen Portalriegel gelagert, der zur Aufnahme der wagerechten Seilzüge zweckmäßig einen dreiwandigen Querschnitt erhalten kann und gleichzeitig einen Bedienungssteg trägt. Anschlagböcke sind bei dieser Schräglage des Auslegers entbehrlich.

Bemerkenswert ist die dreiwandige Bauart der Stütze. Obgleich diese Form gegen Kräfte und Drehmomente in allen Ebenen widerstands-

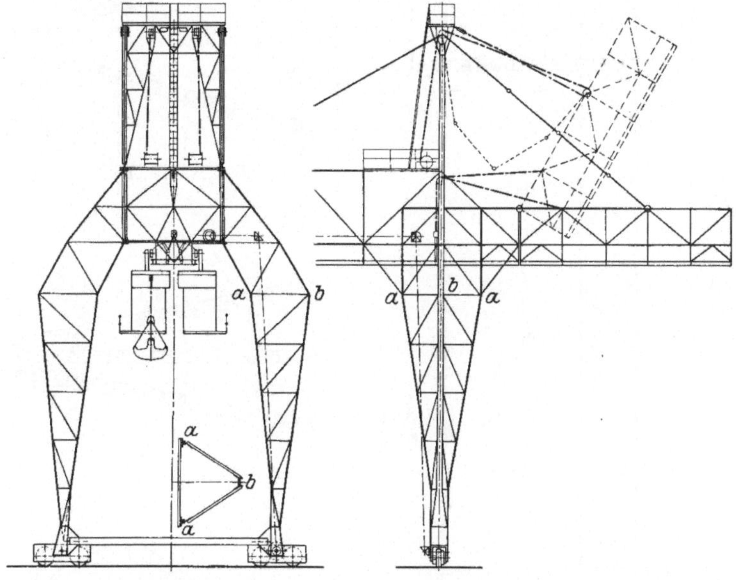

Abb. 284 u. 285.

fähig ist, dürfte anderseits die Ersparnis an Material kaum die höheren Herstellungskosten aufwiegen.

Für Verladebrücken mit wagerecht verstellbarem Brückenkörper (vgl. auch S. 129) kommt neuerdings eine durch Patent geschützte Ausführungsform, Abb. 286 bis 290, des Eisenwerks Lauchhammer in Betracht. Die hierbei erforderliche Beweglichkeit zwischen Brückenträger und fester Stütze wird durch zwei senkrecht übereinander angeordnete Drehzapfen T und D erreicht, Abb. 288. Um bei Auslegerbrücken die Durchfahrt der Katze nicht zu behindern, ist der Brückenquerschnitt innerhalb der festen Stütze zu einem Rahmen erweitert und stützt sich mittels des Tragzapfens T auf den oberen Querriegel der ebenfalls rahmenartig ausgebildeten festen Stütze, der die Brückentragwände in einer Fachwerksmasche durchdringt. Der zweite Drehzapfen D ist in den unteren Riegeln der beiden Rahmen mittig unter T gelagert. Diese Anordnung

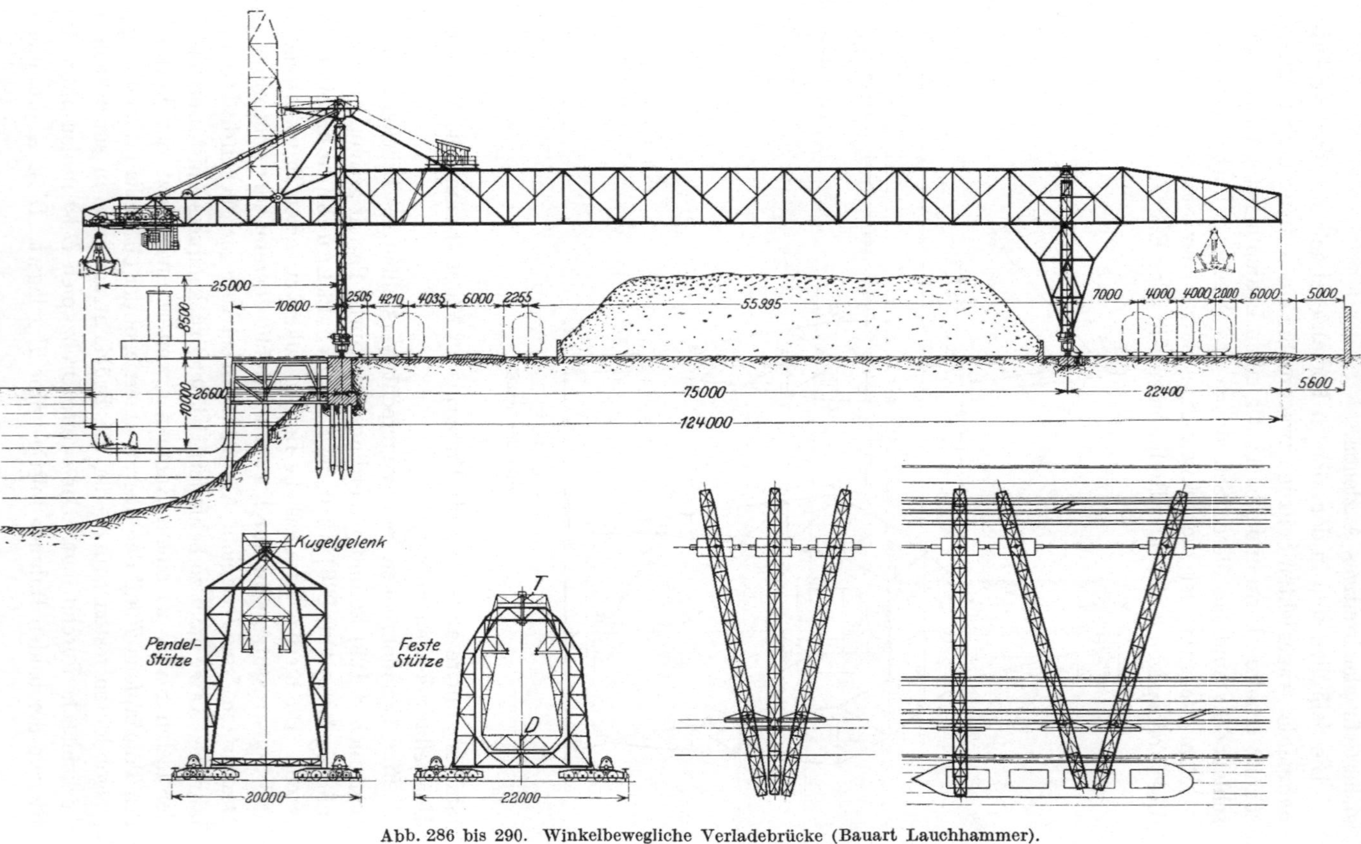

Abb. 286 bis 290. Winkelbewegliche Verladebrücke (Bauart Lauchhammer).

gestattet eine beträchtliche wagerechte Verdrehung der Brücke gegenüber der Stütze, ohne die für die Standfestigkeit des gesamten Bauwerkes nötige Ecksteifigkeit zwischen beiden Bauteilen zu beeinträchtigen.

In der zu dieser Verladebrücke gehörenden Pendelstütze (Abb. 287) ist der Brückenkörper dagegen nur in der Ebene der Trägerobergurte aufgehängt, und zwar mittels eines kugelförmigen Tragzapfens, der eine gegenseitige Drehung in allen Ebenen gestattet. Es ist nämlich zu berücksichtigen, daß die Pendelstütze bei der Drehbewegung der Brücke gleichzeitig eine Kippbewegung nach innen ausführen muß, um die mit den verschiedenen Stellungen wechselnde Stützweite der Brücke auszugleichen. Auch die Pendelstütze durchdringt die Brückentragwände, damit das Kugelgelenk als Drucklager wirken kann.

Um das seitliche Auspendeln des Brückenkörpers infolge von Wind- oder Bremskräften zu verhindern, baut die Firma Lauchhammer noch eine zweite, als Kreuzgelenk wirkende Verbindung zwischen Brücke und Pendelstütze

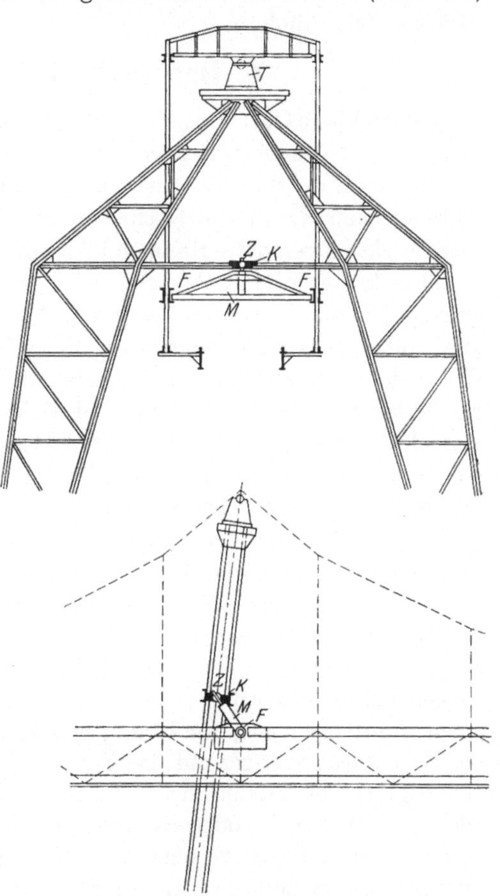

Abb. 291 u. 292. Pendelstütze der winkelbeweglichen Verladebrücke (Bauart Lauchhammer). Anordnung des zweiten Gelenkes.

ein. Sie besteht, wie in Abb. 291 und 292 angedeutet, aus dem kippbaren Dreieckträger M, der in den Eckpunkten F gelenkig an den Brückenträgern angeschlossen ist. Der an der oberen Trägerecke befestigte Zapfen Z greift längsverschieblich in ein an der Pendelstütze gelagertes Kugelgelenk K. Diese Anordnung gestattet innerhalb weiter Grenzen ein zwängungsfreies Drehen und Kippen der Pendelstütze für jede Brückenstellung und überträgt anderseits einwandfrei die senkrecht zur Brückenachse wirkenden Kräfte auf die Stütze.

Die Bauform eignet sich gleichermaßen für Brücken mit festem wie mit hochziehbarem Ausleger, da die nach dem oberen Querhaupt der Brücke geführten Gurte bzw. Einziehseile und Fanghaken außerhalb der Stütze liegen und daher auch eine starke seitliche Verdrehung der Brücke nicht hindern.

C. Der Drehscheibenkran.

Der drehbare Oberwagen besteht (Abb. 293 bis 298) aus einem Trägerrahmen, auf dessen Seitenwangen zwei kräftige Fachwerkwände aufgesetzt sind, an die der Ausleger entweder starr oder mittels zweier Bolzengelenke drehbar angeschlossen ist. Der durch einen Riffelblechbelag wirksam versteifte Rahmen bildet die Grundplatte für die einzelnen Windwerke; er nimmt das Halslager des Drehzapfens auf und trägt gewöhnlich auf seiner rückwärtigen Verlängerung das Gegengewicht zum Ausgleich des Lastmomentes. Der Oberwagen ruht auf Drehrollen, die in den beiden doppelten Querträgern tangential zum Schienenring gelagert sind. Die Ausbildung und Befestigung der Achsenlager vereinfacht sich, wenn besondere tangential gestellte Rollenträger innerhalb des Rahmens oder — wie in der Abbildung — unter den Querträgern angeordnet werden. Diese Bauart empfiehlt sich besonders dann, wenn hohe Auflagerdrucke die Verwendung von Doppelrollen, die in Schwingen gelagert werden, nötig machen.

Der Unterbau feststehender Drehkrane, der bei Säulendrehkranen häufig sternförmig angeordnet wird, besteht bei Drehscheibenkranen meistens aus einem starren Betonklotz, auf dem bei kleineren Ausführungen der Schienenring unmittelbar aufliegt. Besser wird dieser auf einen breitflanschigen, ringförmig gebogenen I-Träger aufgenietet, der die Belastung günstiger auf das Fundament verteilt und die zentrische Befestigung des Zahnkranzes für die Drehbewegung des Kranes erleichtert. Der Dreh- oder Königszapfen ist gewöhnlich auf einem mit dem Schienenträger verbundenen Trägerkreuz befestigt, das seine mittige Lage sichert und die zuweilen auftretende Zugbeanspruchung des Königszapfens durch Ankerschrauben auf das Fundament überträgt.

Bei fahrbaren Drehscheibenkranen tritt an die Stelle des Fundamentes der Unterwagen, ein aus kräftigen Trägern bestehendes Fahrgestell zur Aufnahme der Laufräder. Da beim Drehen des Kranes die Beanspruchung der einzelnen Bauteile des Unterwagens dauernd wechselt, muß sein Rahmenwerk besonders starr und unverschieblich ausgebildet werden, um das Lockerwerden der Niet- und Schraubenverbindungen zu verhüten und anderseits die parallele Lage der Radachsen zu sichern. Damit der Schienenring durch die Radlasten keine Biegung erhält, sondern vorwiegend nur Druck zu übertragen hat, bilden die ihn unterstützenden Träger ein Achteck, das durch einen ringförmigen

Blechbelag und Diagonalstäbe mit dem Rahmen und dem Trägerkreuz des Königszapfens zu einer starren Scheibe verbunden ist. Auf
dem Blechbelag ist auch der Zahnkranz konzentrisch befestigt, so
daß sich die Widerstände der wagerechten Wind-. und Beschleuni-

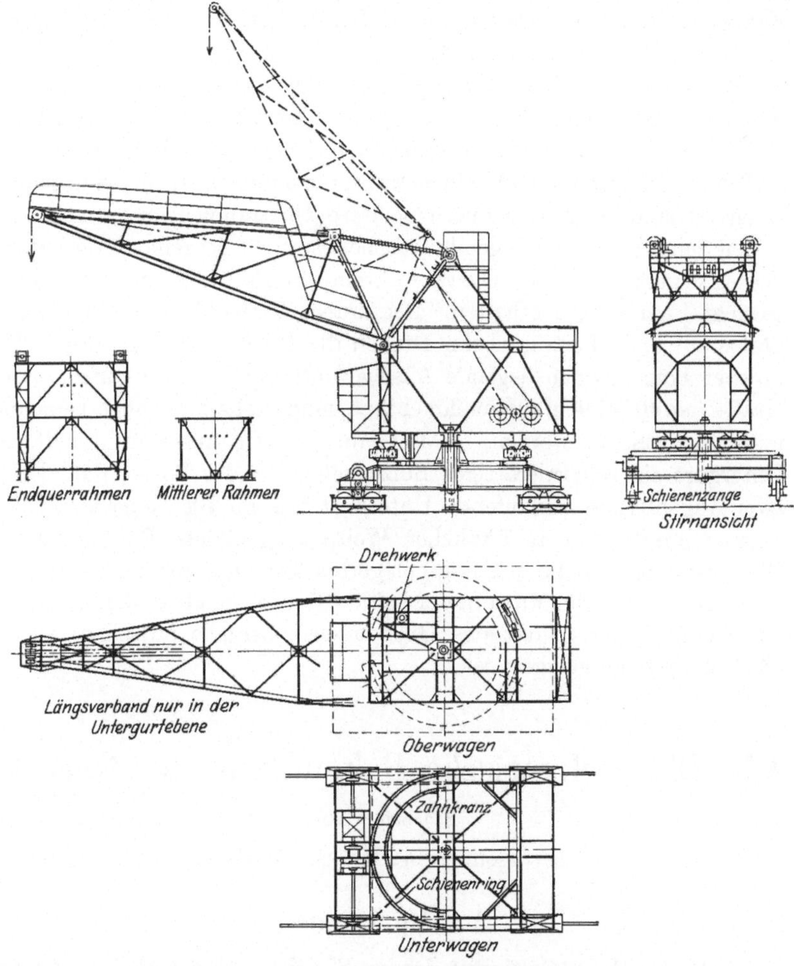

Abb. 293 bis 298. Fahrbarer Drehscheibenkran.

gungskräfte bei jeder Stellung des drehbaren Teiles in der Ebene
dieser Scheibe vollkommen ausgleichen können.

Zum Feststellen des Kranes sind Schienenzangen vorgesehen, die
zweckmäßig am Gerüst des Unterwagens (nicht an den Radschwingen)
angebracht werden. Sie sind in der Abbildung in einem am Unterwagen
angeschlossenen Schacht untergebracht und können entweder von

Hand durch Schnecke und Kurbel oder auch vom Führerstand aus durch eine magnetische Auslösung betätigt werden[1]. Auch die Puffer für die Fahrtbegrenzung lassen sich an diesem Schacht anbringen; sie laufen dann gegen Prellböcke, die seitwärts der Laufschienen am Trägergurt angeschlossen werden. Bei schweren Ausführungen und hoher Fahrgeschwindigkeit werden die Pufferstangen federnd gelagert, um die Stoßwirkung herabzumindern.

Das recht erhebliche Eigengewicht eines solchen Unterwagens ist meist für die Standsicherheit des Kranes erwünscht.

Der Ausleger besteht gewöhnlich aus den beiden schräg zusammenstoßenden Tragwänden und einem zwischen deren Untergurten liegenden Längsverbande und wird durch mehrere Querrahmen ausgesteift. Die in den Schnabelrollen hängende Last beansprucht bei reiner Dreieckform des Auslegers nur dessen Gurte, während die Füllstäbe nur vom Eigengewicht Spannungen erhalten. Der untere Verband nimmt die Windkräfte auf und überträgt beim Drehen die Beschleunigungskräfte. Der in zwei Trägerebenen liegende Auslegeruntergurt, der die auftretenden Kräfte hauptsächlich aufzunehmen hat, muß deshalb reichlich bemessen und gut versteift werden. — Bei einziehbaren Auslegern erhält der Untergurt ein scharnierartiges Bolzengelenk in der Weise, daß der in zwei Augenbleche auslaufende Untergurt um ein Blechauge des Oberwagens greift. Der in ähnlicher Weise ausgebildete Endknoten des Obergurtes nimmt die gelenkig gelagerten Teile des Einziehwerkes auf, in der Abbildung die Muttern der beiden Einziehspindeln, deren Antrieb im oberen Knotenpunkt des Oberwagens ebenfalls zwischen Augenblechen drehbar gelagert ist.

VII. Die rechnerische Behandlung der Gerüste.

Bearbeitet von

Oberingenieur **A. Meves**, Duisburg.

A. Allgemeines.

Trotz der Mannigfaltigkeit der im Kranbau gebräuchlichen Formen kommt man zumeist mit den im Brückenbau und Hochbau üblichen Berechnungsverfahren aus. Einige Achtsamkeit erfordert in manchen Fällen die Aufstellung der Gleichgewichtsbedingungen, besonders für diejenigen Gerüste, bei denen die Auflagerung oder Stützung von den bei Brücken üblichen Stützungsarten abweicht. Ferner ist zu berücksichtigen, daß die Lasten bei Krankonstruktionen nicht nur als Vertikal-

---

[1] Vgl. auch Z. V. d. I. 1926, S. 104.

lasten auftreten, sondern vielfach unter einer beliebigen, oft wechselnden Neigung angreifen; man denke an Seilzüge, Spindelzüge, Zahndrücke usw.

Bei der Anordnung der Tragwände sind statisch bestimmte Trägernetze möglichst vorzuziehen, also überzählige Stäbe zu vermeiden. Denn es ist zu berücksichtigen, daß die Krankonstruktionen fast stets ohne feste Gerüste, wie sie die Aufstellung eiserner Brücken erfordert, aufgestellt werden müssen; das Einsetzen solcher — überzähliger — Stäbe würde daher nur selten mit einer der Rechnung entsprechenden Anfangsspannung geschehen können.

Sind derartige Konstruktionsteile in einzelnen Fällen nicht zu umgehen — wie etwa das Zugband zwischen den Fußpunkten einer Portalstütze —, so ist es zuweilen möglich, durch Einschaltung eines Gelenkes oder Verschieblichmachen eines Stabanschlusses diese innere statische Unbestimmtheit wieder aufzuheben.

Überzählige Stützpunkte kommen zuweilen bei längeren Verladebrücken vor, die dann als kontinuierliche Träger zu berechnen sind. Zu empfehlen ist diese Bauweise aber nicht, insbesondere nicht für fahrbare Verladebrücken, da die Fundierungen der Fahrschienen nur selten so unnachgiebig ausgeführt werden können, wie etwa die Widerlager einer Eisenbahnbrücke, so daß sie als starre Auflager für die Mittelstützen einer kontinuierlichen Verladebrücke kaum gelten können. Sind solche Stützen bei sehr großen Stützweiten nicht zu entbehren, so tut man gut, in der vorher erwähnten Weise die Kontinuität zu beseitigen.

Zweckmäßig für eine übersichtliche, leicht nachprüfbare Berechnungsweise ist es, die verschiedenen Belastungen und die von ihnen hervorgerufenen Stabkräfte getrennt zu untersuchen und die letzteren erst zum Schluß zu addieren. Nicht selten übt eine bestimmte Belastung eine entlastende Wirkung auf einzelne Stäbe oder Stabgruppen aus, sie ist demnach für die Feststellung der Maximalspannungen dieser Stäbe auszuscheiden. Ferner läßt dieser Rechnungsgang jederzeit erkennen, von welcher Belastung der Hauptanteil einer Stabkraft herrührt, so daß die Inanspruchnahme des Stabes hiernach gewählt werden kann. Bei nachträglichen Abänderungen einzelner Lastgrößen — ein Fall, der häufig eintreten kann — brauchen nur die von diesen herrührenden Stabkräfte neu ermittelt zu werden; zuweilen ändern sich diese auch direkt proportional den Laständerungen.

Es würde zu weit führen, die rechnerische Behandlung für sämtliche gangbaren Gerüstformen bis zu den Endergebnissen durchzuführen. Die Angaben müssen sich auf eine Anzahl der wichtigeren Bauarten beschränken; sie sollen hauptsächlich die maßgebenden Gesichtspunkte für diese erläutern, die Annahmen über die äußeren Kräfte, also die Art der Belastung, festlegen und die Verfahren kurz behandeln, die zur Ermittlung der Biegungsmomente und Querkräfte bzw. der Stabkräfte führen.

B. Rechnungsgrundlagen.

1. Die äußeren Kräfte.

Das Eigengewicht. Bei Eisenbahn- und Straßenbrücken kann das
Gewicht der Fahrbahnkonstruktion sehr genau bestimmt, dasjenige
der Tragwände nach empirischen Formeln mit ausreichender An-
näherung ermittelt werden. Anders bei Krangerüsten. Hier steht das
zu erwartende Eigengewicht gewöhnlich in keinerlei Beziehung zu der
Nutzlast oder zur Stützweite oder Höhe des Gerüstes; denn diese Größen
sind fast unabhängig voneinander und meist durch örtliche Verhältnisse
oder Betriebserfordernisse bedingt. Das Eigengewicht kann daher nur
nach ähnlichen Ausführungen roh geschätzt werden. Die hiermit errechneten Querschnitte ergeben dann für die Ermittelung des Eigengewichtes genauere Werte, mit denen die Berechnung gegebenenfalls
zu wiederholen ist.

Einzelne ruhende Lasten oder Lastgruppen wie Triebwerksteile
und deren Aufbauten, Bunkeranlagen, Wägeeinrichtungen, Förderbänder u. dgl., deren Gewichte vorher festzustellen sind, werden gleichzeitig mit dem Eigengewicht berücksichtigt.

Die Nutzlasten. Die senkrechten Lasten bestehen aus einer oder
mehreren Laufkatzen oder fahrbaren Drehkranen. Bei Ausführungen,
die zum Ausgleich eines Drehmomentes ein Gegengewicht erfordern,
kann auch dieses verschiebbar angeordnet werden und ist dann als
weitere Nutzlast zu behandeln. Die Katzen laufen in der Regel auf vier
Laufrädern; bei schweren Ausführungen und bei Drehkranen werden
häufig die Belastungen einzelner Räder zu hoch, so daß jeder Raddruck
auf zwei oder auch vier Räder verteilt werden muß. Diese werden stets
in Schwinghebeln gelagert, ihre Drücke sind also unter sich gleich.
Die Lasten und Apparate auf der Katze lassen sich nur selten so günstig
verteilen, daß sämtliche Raddrücke gleich groß werden. Zu ihrer
Ermittlung bestimmt man zuerst die Lage des Schwerpunktes der festen
Bauteile, aus der sich nach den Hebelgesetzen leicht die Raddrücke
berechnen. Sind drehbar aufgestellte Teile vorhanden, deren gemeinsamer Schwerpunkt nicht mit der Drehachse zusammenfällt, sondern
bei der Drehung einen Kreis um diese beschreibt, so ist zu untersuchen,
bei welcher Stellung die einzelnen Raddrücke ihren Größtwert erreichen.
(Berücksichtigung des Einflusses des Winddrucks auf die Katzen-
raddrücke siehe unten.)

Die Seilzüge. Die Seilzüge, herrührend vom Last- oder Hubseil,
bei ortsfesten Windwerken auch vom Fahrseil oder von beiden zusammen, können je nach ihrer Wirkungsweise in jeder beliebigen Richtung angreifen. Ist eine Richtungsänderung des Seilzuges innerhalb
des Gerüstes erforderlich, so werden hierfür Ablenkrollen nötig, die auf

das Gerüst mit der Mittelkraft aus beiden angreifenden Seilzügen wirken. Besteht die Möglichkeit, daß das Seil ruckweise belastet wird, etwa durch Hängenbleiben des Hakens oder des Fördergefäßes, so empfiehlt es sich, für die die Stoßwirkung unmittelbar aufnehmenden Bauteile geringere zulässige Beanspruchungen anzunehmen.

Die Beschleunigungs- und Bremskräfte. Beschleunigungs- und Bremskräfte kommen hauptsächlich für schnellfahrende Winden und Kranbrücken in Betracht. Ihre Größe ist abhängig von der Zeitdauer der Anlauf- bzw. Bremsperiode, ferner aber auch von den elastischen Vorgängen in den Bauteilen, die den Impuls auf die Stützpunkte übertragen. Die hierbei auftretenden Kräfte lassen sich infolgedessen rechnerisch kaum festlegen. Man begnügt sich allgemein damit, einen Grenzwert in die Rechnung einzuführen, nämlich den Gleitwiderstand auf den Laufschienen unter Berücksichtigung des Reibungskoeffizienten der Ruhe. Für den Raddruck Q entsteht bei einem Reibungskoeffizienten μ ein größter Gleitwiderstand (= Bremskraft):

$$B = \mu \cdot Q.$$

Je größer dieser Wert wird, z. B. für den Fall, daß sämtliche Räder gleichzeitig gebremst werden, desto kürzer wird der Bremsweg s und desto größer die Stabkräfte in den übertragenden Konstruktionsteilen.

Bezeichnet M die Masse, v die Geschwindigkeit des in Bewegung befindlichen Fahrzeuges und ΣB die konstante Bremskraft sämtlicher gebremster Räder, so besteht zwischen diesen Größen die Gleichung:

$$\tfrac{1}{2} M \cdot v^2 = \Sigma B \cdot s,$$

woraus:

$$\Sigma B = \frac{M \cdot v^2}{2 \cdot s} = \mu \cdot \Sigma Q.$$

Tritt die Fahrtbegrenzung nicht infolge Bremsens, sondern infolge Anfahrens gegen Federpuffer ein (z. B. beim Versagen einer Fahrbremse), so muß die gesamte Energie des fahrenden Kranes bzw. der Katze auf der Länge des Federweges s vernichtet werden, wobei die Bremskraft von 0 bis zu einem Größtwert B anwächst. Jetzt ist:

$$\tfrac{1}{2} M \cdot v^2 = \tfrac{1}{2} B \cdot s,$$

daher

$$B = \frac{M \cdot v^2}{s}.$$

Beide Kraftwirkungen sind von besonderer Bedeutung für Verladebrücken auf hohen Stützen und fahrbare Turmkrane; sie erhöhen nicht nur die Spannungen einzelner Bauglieder, sondern sind auch maßgebend für die Standsicherheit solcher Krangerüste (vgl. auch S. 221).

Winddruck. Ist Winddruck zu berücksichtigen (für alle im Freien laufenden Krane), so unterscheidet man gewöhnlich zwei Fälle.

Während des Betriebes rechnet man meist einen Winddruck von 50 kg/m², dessen Richtung so anzunehmen ist, daß die bereits vorhandenen Spannungen aus Eigen- und Nutzlast eine Steigerung erfahren. Bei Drehkranen und Katzen mit exzentrischer Schwerpunktlage wählt man die Windrichtung so, daß das Kippmoment und mit ihm die Raddrücke der schwerer belasteten Seite noch erhöht werden.

Außer Betrieb und ohne Last ist je nach der Lage ein Winddruck von 150 bis 200 kg/m² anzunehmen[1], und zwar wieder in der für die schon vorhandenen Spannungen (bzw. Raddrücke) ungünstigsten Richtung. Bei langen Gerüsten (Verladebrücken) ist es angezeigt, den Einfluß von Wirbelwind zu berücksichtigen. Dieser kann an den beiden Brückenenden in entgegengesetztem Sinne angreifend gedacht werden; hierbei treten Verwindungen in den Stützen und dem Brückenkörper auf und als weitere Folge erhebliche Zusatzspannungen in solchen Bauteilen, die bei normaler Belastung nur geringe Beanspruchung aufweisen.

In einzelnen Fällen, hauptsächlich bei Drehkranen und bei Verladebrücken auf sehr hohen Stützen, muß außerdem die Standfestigkeit des Gerüstes untersucht werden, wobei gewöhnlich ein Winddruck von 250 kg/m² angenommen wird.

Als Angriffsfläche der Windkräfte kann man für eine Näherungsrechnung etwa 0,5 bis 0,8 der ganzen Umrißfläche einsetzen. Bei der genaueren Durchrechnung bestimmt man auf Grund der ermittelten oder geschätzten Stabquerschnitte die Angriffsfläche von 1 lfd. Meter der zuerst getroffenen Tragwand und berücksichtigt die dahinter liegenden Trägerflächen und Verbände durch einen Zuschlag von 50 vH. Die Winddrücke auf größere Aufbauten, Schutzhäuser, Bunker u. dgl. sind als Einzellasten einzuführen.

Die auf Grund der einzelnen Belastungsannahmen ermittelten Stabkräfte sollten aus den eingangs erwähnten Gründen getrennt gehalten und am Schluß tabellarisch zusammengefaßt werden. Als Beispiel ist für eine größere Verladebrücke mit hochziehbarem Ausleger auf Seite 199 das Schema einer solchen Spannungstafel angefügt; sie enthält unter den jeweiligen Größtspannungen den gewählten Querschnitt des betreffenden Stabes nebst seinen Querschnittsfunktionen, die Knicklängen und Abminderungswerte, sowie die Beanspruchung und Knicksicherheit. Eine derartige Zusammenstellung vereinfacht den Rechnungsgang ungemein, erleichtert wesentlich die Nachprüfung und gewährt eine gute Übersicht über die anteilige Wirkung der verschiedenen Belastungsgrößen. Werden bei verschiedenartiger Kombination der einzelnen Stabkräfte auch verschiedene Beanspruchungen gewählt, so müssen die für die letzteren vorgesehenen Spalten noch weiter unterteilt werden (siehe auch unter Beanspruchungen, S. 200).

---

[1] Für Standorte, die heftigen Stürmen besonders häufig ausgesetzt sind, wird zuweilen mit 250 kg/m² gerechnet.

Hat ein Stab außer den axialen Zug-, Druck- oder Knickkräften auch noch Biegung aufzunehmen, so führt man die Berechnung der Beanspruchung besser gesondert, im Anschluß an die Ermittlung des Biegungsmomentes durch.

Tabellarische Zusammenstellung der Stabkräfte, Querschnitte und Beanspruchungen.

		Obergurt			Untergurt		Diagonalen	
		O_2	O_4	O_6	U_1	U_3	D_1	D_2
1	Ausleger gesenkt							
	Eigengewicht							
2	Ausleger hochgezogen							
3	Zug							
	Nutzlast							
4	Druck							
5	Bremswirkung der Nutzlast							
6	Winddruck 50 kg/m²							
7	,, 200 kg/m²							
8	Bremswirkung b. Brückenfahren							
9	Größte Zugkraft							
10	Größte Druckkraft							
11	Gewählter Querschnitt							
12	Querschnittsfläche voll F							
13	,, mit Nietabzug F_0							
14	Trägheitsmoment J_x							
15	,, J_y							
16	Knicklänge l_x							
17	,, l_y							
18	Wert $i = \sqrt{\dfrac{J\,\min}{F}}$							
19	$\lambda = \dfrac{l}{i}$							
20	Beanspruchung Zug							
21	,, Druck							
22	Knicksicherheit nach Euler							
23	,, nach Tetmajer							

2. Die Beanspruchung des Baustoffes.

Während für die Eisenkonstruktionen des Brücken- und Hochbaues die Materialbeanspruchung durch eine Reihe von Vorschriften geregelt ist, hatte der Krankonstrukteur bei der Wahl der Inanspruchnahme bisher noch ziemlich freie Hand. Die üblichen Werte lagen etwa zwischen denen der Brücken- und der Hochbaukonstruktionen.

Neuerdings bürgern sich die durch die „Ministeriellen Vorschriften vom 25. Februar 1925" für Hochbauten festgelegten Inanspruchnahmen und Bestimmungen über die Knicksicherheit auch im Kranbau immer mehr ein, obgleich sie die für die Krangerüste besonders wichtigen dynamischen Wirkungen nur unvollkommen berücksichtigen. Für Kranbahnen rechnet man bereits allgemein mit den erheblich höheren Inanspruchnahmen dieser Vorschriften. Während der Drucklegung dieses Bandes wurden vom Deutschen Kranverband, Berlin, besondere „Berechnungsgrundlagen für die Eisenkonstruktionen von Kranen" (Dinorm E 120/1928) ausgearbeitet, die unter weitgehender Berücksichtigung aller dynamischen Einwirkungen sowie der jeweiligen Betriebsweise des Kranes durch entsprechende Zuschläge zu den errechneten Stabkräften und Momenten eine Höchstspannung von 1400 bzw. 1600 kg/cm² für Stahl 37 zulassen.

Als Baustoff kommt zur Zeit wohl ausschließlich Flußstahl (Normalgüte) mit einer Bruchfestigkeit von 3700 bis 4400 kg/cm² und einer Mindestdehnung von 20 vH zur Anwendung. Baustahl von höherer Festigkeit dürfte selten verwendet werden, da man bei den meist sehr kurz bemessenen Lieferfristen genötigt ist, das für Hochbauten übliche Material mit den genannten Festigkeitseigenschaften, das in den gebräuchlichen Profilen und Längen auf Lager gehalten wird, zu verwenden.

Im allgemeinen sind für die einzelnen Belastungskombinationen zurzeit folgende Beanspruchungen gebräuchlich:

1. Eigengewicht, Nutzlast und Wind von 50 kg/m² (normaler
   Betrieb) . . . . 1100 bis 1200 kg/cm²

2. Einzelne Konstruktionsteile, die Stößen und ruckweise auftretender Belastung unmittelbar ausgesetzt sind, z. B. Schienenträger und Konsolen, Maschinenrahmen, Bruchstützen,
   Bufferkonstruktionen . . . . 900 bis 1000 kg/cm²

3. Bei Sturmwind von rd. 200 kg/m² (außer Betrieb) . . . 1300 bis 1400 kg/cm²

4. Gerüste mit größerer Eigenbewegung und solche für besonders rauhen Betrieb sollten höhere Sicherheit erhalten als ortsfeste Konstruktionen und solche für schwachen oder nur zeitweiligen Betrieb. Für die Fälle, in denen der Spannungsanteil aus Eigengewicht und Wind denjenigen aus der Nutzlast wesentlich überwiegt, ist eine geringere Sicherheit gerechtfertigt. Bisher wurde hierbei nur selten ein Unterschied gemacht.

5. Gegen Knicken ist die übliche Sicherheit[1]) bei Berechnung:
   Nach der Euler-Formel . . . . etwa 4,5 bis 5fach
   Nach der Tetmajer-Formel . . . . etwa 2,5 bis 3,5fach

---

[1] Nach den „Ministeriellen Vorschriften" wird statt der Knicksicherheit eine vom Schlankheitsgrade des Stabes abhängige Beanspruchung berechnet.

C. Beispiele.

Die Anwendung der im Vorstehenden aufgeführten grundlegenden Annahmen soll anschließend an einigen Beispielen für die gebräuchlichsten Gerüstformen gezeigt werden.

1. Der genietete Blechträger (Vollwand-Träger), belastet durch 1 Katze mit 2 Raddrücken (Abb. 299).

Für Kranträger und Kranbahnträger bis zu 15 m Stützweite.

Zu ermitteln die größten Biegungsmomente und Schubkräfte für die einzelnen Querschnitte.

Eigengewicht g (kg/m); Raddrücke P_1 und P_2 mit Abstand b; deren Mittelkraft R mit den Abständen t_1 und t_2.

Die Biegungsmomente vom Eigengewicht folgen einer Parabel mit der Bogenhöhe $h_3 = \frac{1}{8} g \cdot l^2$ (Abb. 299 b). Die Größtwerte der Momente von der verschieblichen Lastgruppe liegen gleichfalls auf einer Parabel[1]. Das Moment unter P_1 folgt der Gleichung:

$$M_x = \frac{R}{l}\left[(l - t_1) - x\right] \cdot x,$$

worin

$$t_1 = \frac{P_2 \cdot b}{R}.$$

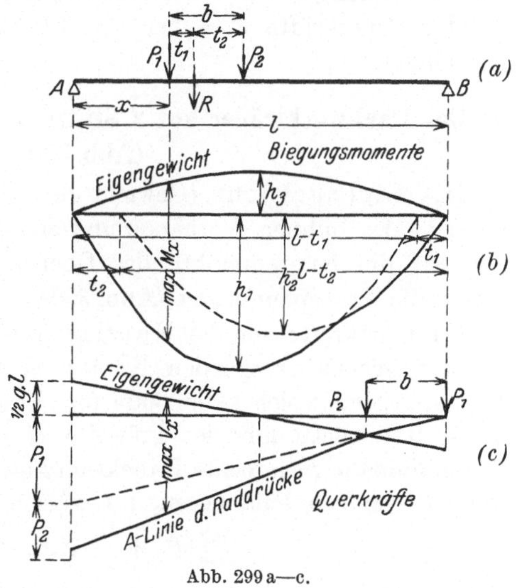

Abb. 299 a—c.

Dieser Gleichung entspricht eine Parabel mit der Sehnenlänge $l - t_1$ und der Bogenhöhe

$$h_1 = \frac{R}{4\,l}(l - t_1)^2.$$

Das Moment unter P_2 wird dargestellt durch eine zweite Parabel von der Sehnenlänge $l - t_2$ und der Bogenhöhe

$$h_2 = \frac{R}{4\,l}(l - t_2)^2.$$

Die Vereinigung beider Kurven ergibt die Linie der von der Nutzlast herrührenden größten Momente, zu denen die Momente vom Eigengewicht zeichnerisch addiert werden.

---

[1] Vgl. L. W. Andrée: Statik der Krankonstruktionen. Verlag Oldenbourg.

Die größten Querkräfte für die einzelnen Querschnitte ergeben sich aus der A-Linie der beiden Raddrücke, kombiniert mit der Querkraftlinie des Eigengewichtes (Abb. 299c).

Da die Träger fast ausnahmslos symmetrisch zur Mitte ausgebildet werden, sind die Werte der stärker belasteten Trägerhälfte maßgebend.

2. Der Vollwand-Träger, belastet durch 2 Katzen mit 4 Raddrücken.

Für diesen Belastungsfall verwendet man zur Bestimmung der größten Momente vorteilhafter das Seilpolygonverfahren, wie es in Abb. 300 für die Berechnung eines Fachwerkträgers erläutert wird. Die Anwendung auf den Vollwandträger ergibt sich ohne weiteres. Die größten Querkräfte sind der für 4 Lasten gezeichneten A-Linie zu entnehmen.

3. Der Fachwerkträger auf 2 Stützen, belastet durch 4 Raddrücke
(Abb. 300).

Das Eigengewicht (Gewicht des Hauptträgers mit dem halben Gewicht der Bühnen, Verbände und des Fahrwerkes) wird zweckmäßig nur auf die Knotenpunkte des Obergurtes verteilt; ein Kräfteplan ergibt die Stabspannungen (Abb. 300e).

Die Gurtkräfte von der Nutzlast erreichen ihren Größtwert, wenn für den gegenüberliegenden Knoten m das größte Moment auftritt. Dieses bestimmt sich (Abb. 300a und b) aus der Ordinate y_m eines für die 4 Raddrücke mit der Polweite H gezeichneten Seilecks, dessen Schlußlinie die wagerechte Projektion l hat. Hierbei muß der Knoten m unter derjenigen Last liegen, für welche die Beziehung gilt:

$$\sum (P_1 + \cdots) : x_m < R : l,$$

worin $\sum (P_1 + \ldots)$ die Summe der bereits links vom Knoten m stehenden Lasten bedeutet.

Diese Ungleichung läßt sich in der Darstellung der A-Linie (Abb. 300d) durch die strichpunktierten Parallelen zum Strahl $O' - 12$ ausdrücken; z. B. ist für Knoten 5:

$$\frac{P_1}{x_5} < \frac{R}{l} < \frac{P_1 + P_2}{x_5}.$$

Das größte Moment tritt also im Knoten 5 unter der Last P_2 ein, dagegen in den Knoten 1 bis 4 unter der Last P_1. Hieraus folgt:

$$\max U_5 = + \frac{y_5 \cdot H}{h}, \qquad \max O_4 = - \frac{y_4 \cdot H}{h}.$$

Für die Diagonalen entstehen die größten Kräfte bei der Grundstellung der Lastengruppe, für welche die zugehörige Querkraft als Ordinate der A-Linie unter P_1 zu entnehmen ist. Die in Abb. 300c für

m
a
b
c
P₁ P₂ P₃ P₄
1 3 5 7 9 11 12
0 A
2 4 6 8 10
O₆ O₉
x₅
l
h
B
Seilpolygon zur Bestimmung
der größten Momente
P₁ P₂ P₃ P₄
m a b c
1
2
3
4
5
6
(a)
y₄ y₂ y₃ y₅ y₆ y₁
(b)
P₁ P₂ P₃ P₄
H
R
(c)
Stabkräfte für A = 1,0 t
−O₆′ −O₄′ −O₂′
+D₆′ −D₅′ +D₄′ −D₃′ +D₂′ +U₁′ −D₁′
+U₅′ +U₃′
1t
(d)
0′ P₄ P₃ P₂ R P₁
A-Linie und Diagonal-
Stabkräfte
P₄ P₃ P₂ P₁
c b a
+D₂ −D₃ +D₄ D₅ +D₆ −D₇
0 1 2 3 4 5 6 7 8 9 10 11 12
x₅
l
Stabkräfte vom Eigengewicht
−O₂ −D₁
−O₄ +D₂
−O₆ +D₄ −D₃
+D₆ +D₅ +U₅ +U₃ +U₁
(e)
0 1 2 3 4 5 6
½ g·l

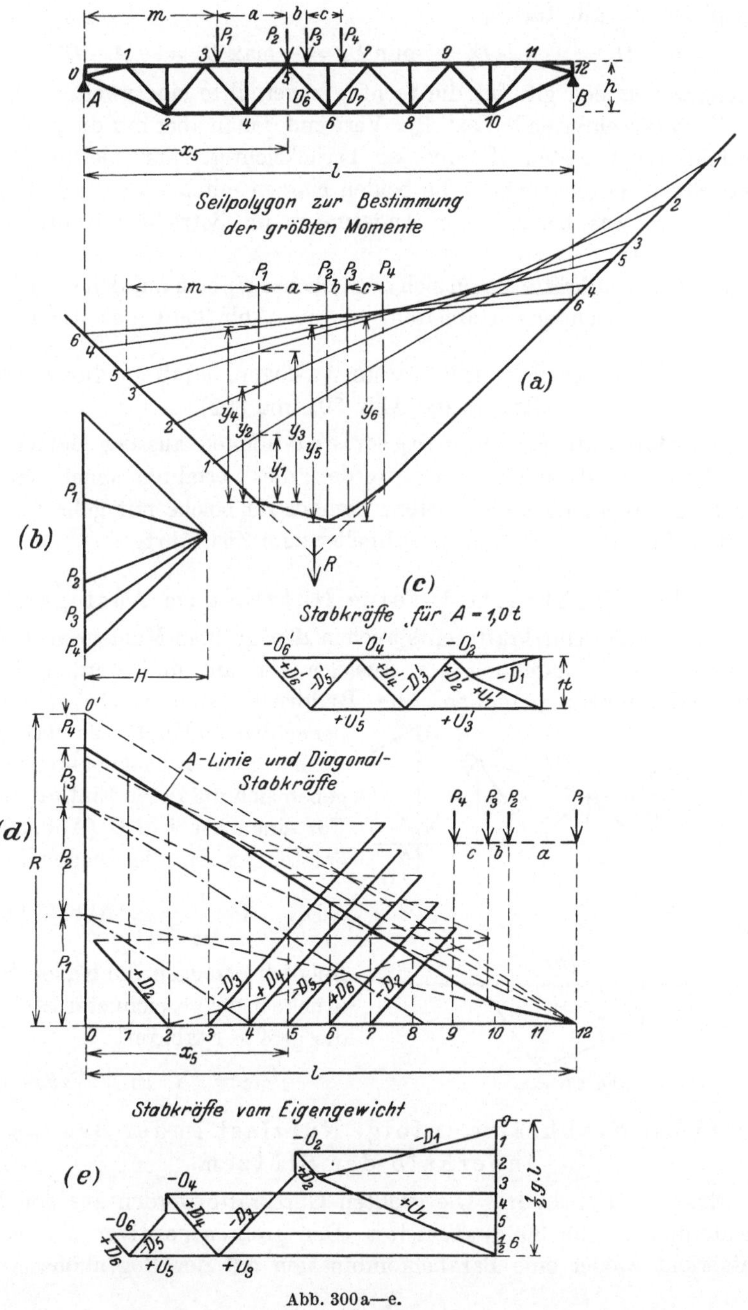

Abb. 300 a—e.

$A = 1\,t$ ermittelte Stabkraft D'_m ist daher mit A_m zu multiplizieren. Beispielsweise gilt für D_6:

$$\max D_6 = + A_6 \cdot D'_6, \qquad \min D_6 = -\max D_7 = -A_7 \cdot D'_7 .$$

Streng genommen gilt für die rechte Trägerhälfte eine zweite A-Linie für die voranschreitende Last P_4. Verwendet man aber nur die größeren Ordinaten der ersten A-Linie, so berücksichtigt man hierdurch die Möglichkeit, gegebenenfalls die beiden Katzen miteinander vertauschen zu können, was bei späteren Änderungen im Betriebe mitunter sehr erwünscht ist.

Die Diagonalkräfte lassen sich auch ebenso einfach aus den Ordinaten der A-Linie zeichnerisch ableiten, wie aus Abb. 300d ersichtlich.

4. Die Fachwerkbrücke mit festem Ausleger, befahren durch einen Drehkran (Abb. 301 und 302).

Die Stabkräfte vom Eigengewicht können aus der Momenten- und der Querkraftlinie abgeleitet werden; dies Verfahren eignet sich gut für Träger mit parallelen Gurten, weniger für solche mit gekrümmten Gurten, für die ein Kräfteplan schneller zum Ziel führt.

a) Die Stabkräfte infolge Nutzlast im Ausleger.

Die größten Gurtkräfte entsprechen den größten Momenten, treten daher bei der Laststellung am Auslegerende auf und werden durch einen Kräfteplan gefunden; die Raddrücke sind hierbei auf die benachbarten Knoten zu verteilen.

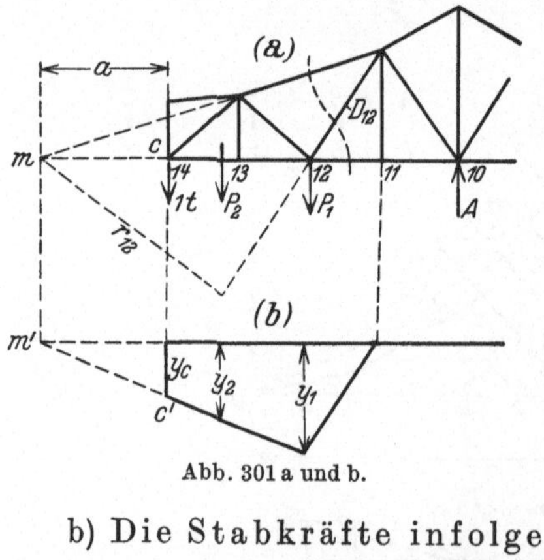

Die größten Diagonalkräfte ergeben sich aus deren Einflußlinien. Für eine Last 1 in C (Abb. 301a) entsteht z. B. die Diagonalkraft

$$D'_{12} = 1 \cdot \frac{a}{r_{12}} = y_c \text{ (Abb. 301 b).}$$

Folglich erzeugen die beiden Raddrücke in der gezeichneten Stellung die größte Stabkraft:

$$D_{12} = P_1 \cdot y_1 + P_2 y_2 .$$

Abb. 301 a und b.

b) Die Stabkräfte infolge Nutzlast in der Brücke innerhalb der Stützen.

Erstes Verfahren. Die größten Gurtkräfte werden aus den Momentenlinien (Abb. 302c) abgeleitet. Den größten positiven Momenten entspricht wieder eine Parabelkombination mit der Bogenhöhe

$$h = \frac{R}{4\,l} (l - t_1)^2 .$$

Die Kurve ist diesmal symmetrisch, da bei einem Drehkran mit wechseln-
den Raddrücken die größere Last in beiden Richtungen vorangehen muß.
Die größten negativen Momente treten bei der Stellung der Last über dem
Auslegerende auf und verlaufen über der Brücke gradlinig. Dann ist z. B.

$$\max O_8 = -\frac{y_8}{r_8}\,;\ \min O_8 = +\frac{y_8}{r_8}\,;\qquad \max U_3 = +\frac{y_3}{h}\,;\ \min U_3 = -\frac{y_3}{h}.$$

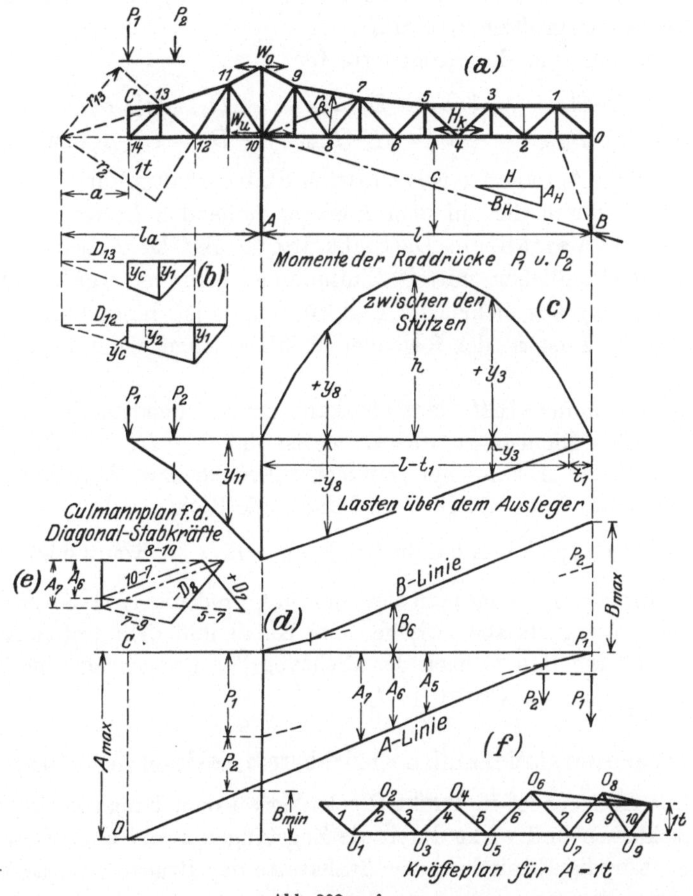

Abb. 302 a—f.

Die Diagonalkräfte können aus den Querkräften abgeleitet werden,
indem man die entsprechenden Ordinaten der A-Linie mittels eines
Culman-Planes (Abb. 302e) nach den Richtungen der Diagonalen
zerlegt.

Zweites Verfahren. Solange die Brücke nur durch 2 Räder belastet wird (in Schwingen gelagerte Doppelräder können angenähert
durch den Zapfendruck der Schwinge ersetzt werden), tritt das größte

Moment und die größte Querkraft unter dem ersten Raddruck, der bei Drehkranen gleichzeitig der größere ist, auf.

Die der Laststellung entsprechenden Stützdrücke A und B ergeben sich aus den A- und B-Linien (Abb. 302 d). Ermittelt man durch zwei Kräftepläne für $A = 1$ bzw. $B = 1$ die Stabspannungen $\mathfrak{S}$ bzw. $\mathfrak{S}'$ (Abb. 302 f) und multipliziert diese mit den aus der A- (B-) Linie entnommenen wirklichen Stützdrücken A_m bzw. B_m, so erhält man unmittelbar die größten Stabkräfte.

Demnach sind die Größtwerte für

$$-O_6 = \mathfrak{S}_6 \cdot A_6 \qquad + U_7 = \mathfrak{S}_7 \cdot A_7 \qquad + D_6 = \mathfrak{S}'_6 \cdot B_6$$
$$+O_6 = \mathfrak{S}'_6 \cdot B_{min} \qquad - U_7 = \mathfrak{S}'_7 \cdot B_{min} \qquad - D_6 = \mathfrak{S}_6 \cdot A_5 \text{ bzw. } \mathfrak{S}'_6 \cdot B_{min}.$$

Die dem Auflager A benachbarten Stäbe erhalten ihre ungünstigste Belastung durch die auf dem Ausleger stehenden Lasten.

Drittes Verfahren. Die Stabkräfte der Brücke können, wenn auch etwas umständlicher, mittels Einflußlinien gefunden werden. Besteht die Belastung aus mehr als 2 Raddrücken, so ist dieses Verfahren vorzuziehen. Es ist in der folgenden Aufgabe eingehender behandelt.

Die Bremskraft H_K der Katze kann, entsprechend der Fahrtrichtung, nach beiden Richtungen wirken; sie ist daher $\pm H_K = \mu \, (P_1 + P_2)$.

Die Stütze A kann nur senkrechte Drücke bzw. Züge aufnehmen, der Widerstand der Stütze B muß daher die Richtung $B - 10$ besitzen.

Der Stützdruck in A hat die Größe $A_H = H_K \cdot \dfrac{c}{l}$. Kennt man die Stabkräfte für $A = 1$, so hat man diese nur im Verhältnis $A_H : 1$ zu vergrößern.

Die Untergurtstäbe zwischen der Katze und dem festen Auflager (Punkt O) erhalten je nach der Richtung der Bremskraft eine Zusatzspannung von der Größe $\pm H_K$.

5. Die Fachwerkbrücke mit hochziehbarem Ausleger (Abb. 303 und 304).

Der Ausleger ist in Punkt O gelenkig an dem Kragarm der Brücke angeschlossen und wirkt durch die Zugstangen z und z' entlastend auf diese. Für die Ermittlung der Stabkräfte der Brücke sind daher zwei Vorgänge getrennt zu untersuchen:

1. Der Ausleger ist gesenkt und die Last befährt Brücke und Ausleger;
2. Der Ausleger ist hochgezogen und die Last befährt nur die Brücke.

a) Das Eigengewicht (Abb. 303).

Die Stabkräfte aus den Knotenlasten K werden am einfachsten wieder durch Kräftepläne ermittelt. Man kann die im Aufhängepunkt 7 des Auslegers angreifend gedachte senkrechte Stützkraft $R_7 = \dfrac{1}{x_7} \sum K \cdot x$

(b)
Q
R_2
R_{13}
W_0'
z'
v_1
(a)
Z
H_4
V_4
Q
W_0''
h_0
V_1
Z'
9 7 5 3
10 m 8 6 D_5 3 4 2 O
h
x_3
x_4
l_m
l_1
a
l
R_2
R_{13}
(c)
R_0
R_2
U_1
W_0
O_2
D_1
O_4 O_6
O_2
U_5
U_7
U_9
D_8
O_8
P
Z
H
Ausleger-
Stabkräfte
vom Eigengewicht
Einflußlinien für die Stäbe des Auslegers
(-)
10 m
(+)
h_0
P_1 P_2
r_4
h
y_4'
r_8
h
6 4
2
l_m
(f)
Obergurte
1
2
P_1 P_2
5
r_3
h
y_3
1
y_3''
(g)
m
-y_3''
H
-y_3'
(-)
(+)
Untergurte
m'
1.d/h
1.d/h
4
D_5
y_5'
y_5''
(+)
(h)
(+)
m
y_5''
-y_5'
(-)
5 P_1 P_2
P_2 P_1
l_m
Diagonalen
U_3
D_4
U_5 4
D_2
D_5 D_6
U_7
D_8
Z'
U_9
O_{10}
10 U_{11}
V_1
12 D_{13}
0 D_1 W_0
U_1
R_3
4 bis 12
R_{13}
R_1
(d)
Brücken-Öffnung
Stabkräfte vom Eigengewicht
bei gesenktem Ausleger
(e)
U_3
D_4
4 U_5
D_5 D_6 U_7
6
O_4 O_6
D_3 O_8 D_8
8
O_6
W_0'
10 O_{12} D_{11}
12 D_{13} U_{11}
D_1
U_1
R_3
4 bis 12
R_{13}
R_1
bei hochgezogenem Ausleger

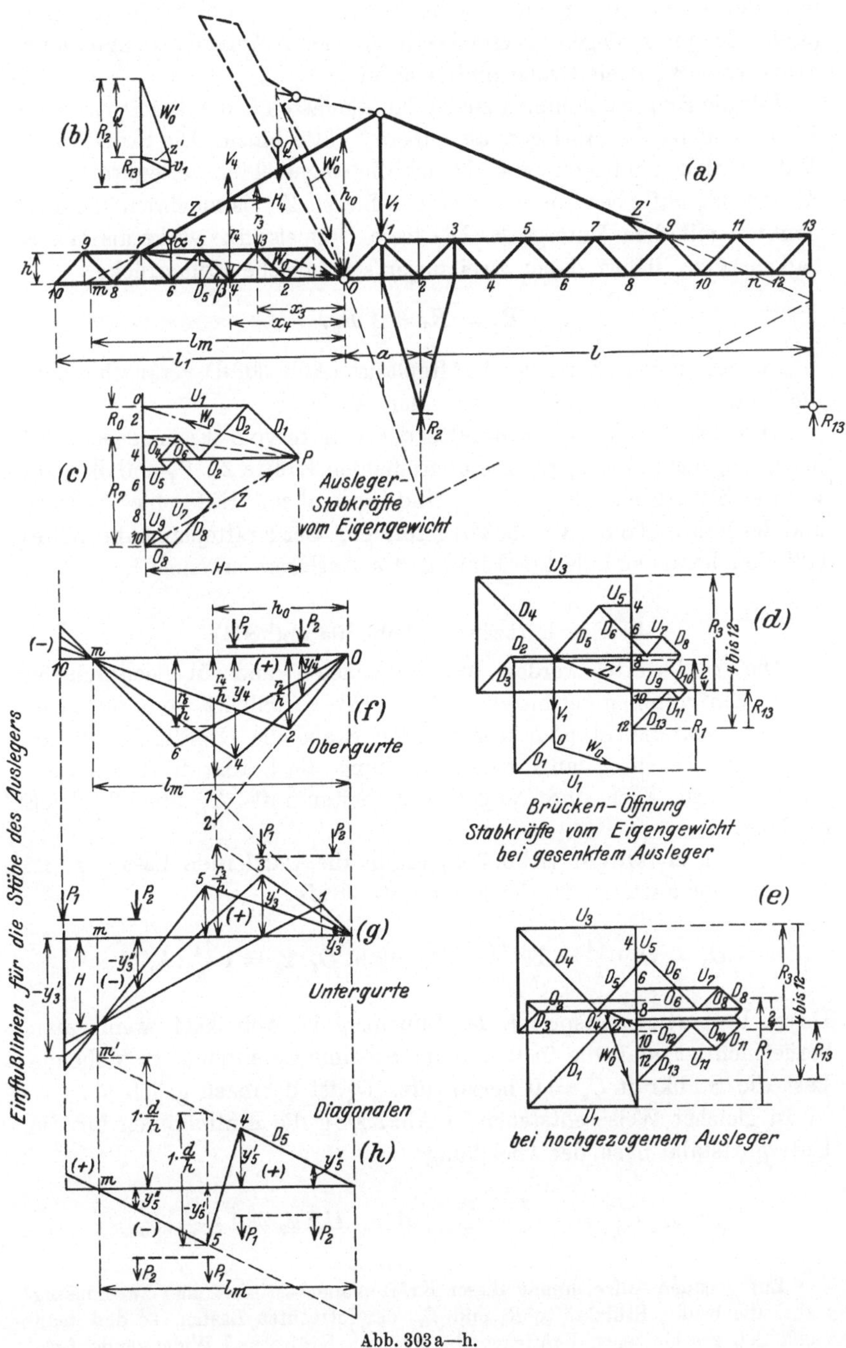

Abb. 303 a—h.

nach den Richtungen z und $\overline{7\!-\!0}$ zerlegen, um den Pol des Kräfteplans (Abb. 303 c) festzulegen. Dieser bestimmt die im Auflager 0 angreifende Stützkraft W_0 nach Größe und Richtung.

Für die Brücke kommen zu den Knotenlasten K die drei Stützkräfte Z', V_1 und W_0 des Auslegers als äußere Kräfte hinzu. Die Stützdrücke R der Brücke sind senkrecht, da sich die wagerechten Seitenkräfte von Z' und W_0 aufheben; man verschiebt hierzu Z' bis zu ihrem Schnittpunkt n mit dem Untergurt. Die feste Doppelstütze wirkt als Wagebalkenstütze, liefert daher zwei unter sich gleiche Stützdrücke

$$R_1 = R_3 = \tfrac{1}{2}\,R_2.$$

Die gedrungene Form des Kräfteplanes (Abb. 303 d) veranschaulicht die Entlastung der Brücke durch den Ausleger.

Abb. 303 e zeigt die Stabkräfte der Brücke vom Eigengewicht bei hochgezogenem Ausleger. Die angreifenden Kräfte Z', V_1 und W'_0, sowie die Stützdrücke R_2 und R_{13} sind diesmal mit Hilfe eines Seilecks und des Kräfteplanes (Abb. 303 b) gefunden. Der Kräfteplan (Abb. 303 e) läßt den herabgeminderten Einfluß des Auslegers erkennen[1].

b) Die Nutzlast (Abb. 303 und 304).

Die Stabkräfte werden am einfachsten und übersichtlichsten durch Einflußlinien ermittelt. Man geht vorteilhaft von der Laststellung aus, die in dem betreffenden Stabe die Größtstabkraft erzeugt, und beachte, daß für diese Stellung die Stabkraft Z des Zugbandes, also auch ihre wagerechte Seitenkraft H, überall gleich groß ist.

Für den Ausleger (Abb. 303) ergibt die wandernde Last 1 z. B. für den Obergurtstab O_4 die größte Stabkraft:

$$O_4 = H_4 \cdot \frac{r_4}{h} = 1 \cdot \frac{x_4}{h_0} \cdot \frac{r_4}{h}\,; \quad \text{d. h. } O_4 : x_4 = 1\,\frac{r_4}{h} : h_0\,.$$

Dieser Proportion entspricht der Linienzug in Abb. 303 f, wenn man berücksichtigt, daß die in 0 und im Spannungsnullpunkt m stehende Last die Stabkraft $O_4 = 0$ hervorruft. O_4 ist demnach gleich y'_4.

In gleicher Weise entstehen in Abb. 303 g die Einflußlinien für die Untergurtstäbe nach der Gleichung:

$$U_3 = H_3 \cdot \frac{r_3}{h} = 1 \cdot \frac{x_3}{h_0} \cdot \frac{r_3}{h}\,; \quad \text{d. h. } U_3 : x_3 = 1 \cdot \frac{r_3}{h} : h_0\,.$$

---

[1] Zur genauen Aufzeichnung dieser Kräftepläne bestimmt man zweckmäßig vorher die beiden Stützkräfte R_2 und R_{13} der lotrechten Lasten, so daß man zuerst den geschlossenen Kräftezug der äußeren Kräfte und Widerstände festlegen kann.

Die Einflußlinie beginnt wieder im Punkt 0 und erreicht unter Punkt m den Wert $-U_3 = H = 1\dfrac{l_m}{h_0}$. Die größte negative Stabkraft U_3 entsteht für die Stellung der Last über dem Auslegerende.

Die größten infolge der Belastung durch die beiden Radlasten auftretenden Stabkräfte sind demnach z. B.:

$$\max O_4 = P_1 \left(+ y_4'\right) + P_2 \left(+y_4''\right)$$

$$\max U_3 = P_1 \left(+ y_3'\right) + P_2 \left(+y_3''\right) \qquad \min U_3 = P_1 \left(- y_3'\right) + P_2\left(-y_3''\right)$$

Die größte positive Diagonalstabkraft z. B. für D_5 tritt ein, wenn die Last P_1 über dem Knoten 4 steht und leitet sich aus der senkrechten Seitenkraft V_4 der Zugstangenkraft (gleichwertig mit der Querkraft) ab:

$$D_5 = V_4 \cdot \frac{1}{\sin \beta} = V_4 \cdot \frac{d}{h} = 1 \cdot \frac{x_4}{l_m} \cdot \frac{d}{h}; \quad \text{d. h. } D_5 : x_4 = 1 \cdot \frac{d}{h} : l_m.$$

Diese Proportion ergibt den positiven Ast $\overline{0\text{---}m'}$ der Einflußlinie in Abb. 303h. Sobald die Last 1 den Punkt 4 überschreitet, sinkt die Querkraft auf $V_5 = 1 \cdot \dfrac{x_5}{l_m} - 1$, die Diagonalkraft vermindert sich also um $1 \cdot \dfrac{d}{h}$. Die Einflußlinie verschiebt sich daher parallel um den senkrechten Abstand $1 \cdot \dfrac{d}{h}$; dieser Ast muß — eine Kontrolle — durch Punkt m gehen, da eine Last in diesem Punkte ohne Einfluß auf die Füllstäbe ist. Die wirklich auftretenden größten Diagonalkräfte sind somit:

$$\max D_5 = P_1 \left(+y_5'\right) + P_2 \left(+y_5''\right), \qquad \min D_5 = P_1 \left(-y_5'\right) + P_2 \left(-y_5''\right).$$

Die Brücke (Abb. 304). Für die Momente in den Knoten 2 und 3 ist zu berücksichtigen, daß die Auflagerdrücke R_1 und R_3 gleich $\frac{1}{2} R_2$ sind; für die übrigen Knoten kommen die vollen Stützdrücke R_2 bzw. R_{13} in Betracht. Wandert die Last 1 von Punkt 13 bis Punkt 2, so erzeugt sie im Obergurt O_2 die Stabkraft (Abb. 304b):

$$O_2 = R_1 \cdot \frac{b}{h} = \frac{1}{2} \frac{x}{l} \cdot \frac{b}{h}; \quad \text{d. h. } O_2 : x = \frac{b}{2 \cdot h} : l.$$

Bei Überschreitung der Grundstellung in Punkt 2 nimmt die Spannung stetig ab und erreicht bei der Stellung über Punkt 0 den Wert:

$$O_2 = \frac{1}{2} \frac{a+l}{l} \cdot \frac{b}{h} - 1 \frac{a}{h},$$

es ist demnach die Strecke $\dfrac{a}{h}$ vom Punkt $0'$ des verlängerten Astes $\overline{13\text{---}2'}$ abzutragen.

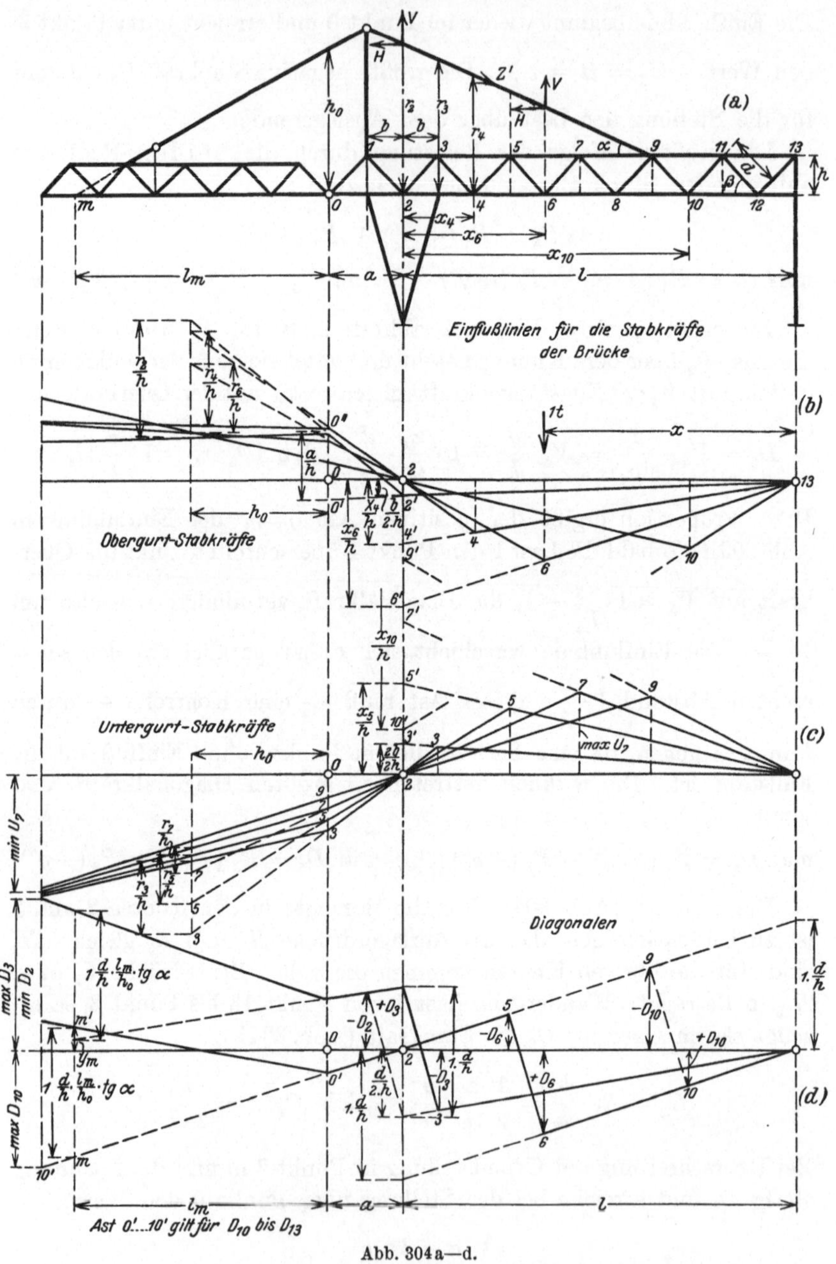

Abb. 304a—d.

Ohne die Zugstange Z' wäre — die Brücke als Gerberträger betrachtet —
die Einflußlinie für O_2 die geradlinige Fortsetzung der Strecke $\overline{2'—0''}$. Die
wagerechte Seitenkraft H der Zugstangenkraft Z' bewirkt das entlastende

Moment $H \cdot r_2$ und in O_2 eine Verminderung der Stabkraft um $\dfrac{H \cdot r_2}{h}$.

Steht die Last 1 auf dem Ausleger im Abstand h_0 vom Punkt 0, so wird:

$$H = 1 \cdot \frac{h_0}{h_0} \quad \text{und die Entlastung} \quad O_2^H = -1 \cdot \frac{h_0}{h_0} \cdot \frac{r_2}{h} = -\frac{r_2}{h}.$$

Die Ordinate der Einflußlinie des Gerberbalkens vermindert sich also

bei $x = h_0$ um die Strecke $\dfrac{r_2}{h}$; die drei Äste der Einflußlinie liegen hierdurch fest.

Für die Obergurtstäbe zwischen Punkt 3 und 9 gilt der volle Stützdruck R_2, ihre Einflußlinie muß daher unter Punkt 2 die Nullinie schneiden.

Für die Stabkräfte der Untergurtstäbe (Abb. 304 c) gelten die gleichen Beziehungen mit dem Unterschied, daß die Einflußlinien sämtlicher Stäbe die Nullinie unter Punkt 2 schneiden. Die Schräglage der beiden Stützenstreben ist nur dann von Einfluß auf die Stabkräfte in U_1 und U_3, wenn die Streben unmittelbar in den Knotenpunkten des Untergurtes anschließen, dieser also gleichzeitig den oberen Querriegel des Stützenfußes bildet. Hier greifen die Stützkräfte unmittelbar in den Knoten 1 und 3 des Obergurtes an[1].

Die Diagonalkräfte $D = V \dfrac{1}{\sin\beta} = V \cdot \dfrac{d}{h}$ (worin V die Querkraft

des Gerberbalkens) werden, sobald die Last den Ausleger befährt, um den Anteil V_z der Zugstangenkraft Z' vermindert; für $x = l_m$ wird

$V_z = H \cdot \operatorname{tg}\alpha = 1 \dfrac{l_m}{h_0} \operatorname{tg}\alpha$. Die Diagonalkraft D_6 (Abb. 304 d) z. B. folgt

der Einflußlinie der Querkraft bis Punkt 0', hat daher unter Punkt 2

und 13 die Ordinate $1 \cdot \dfrac{d}{h}$ und geht dann durch m', denn sie hat bei

der Laststellung über m den Wert:

$$D_6 = 1 \frac{d}{h} \cdot \frac{l_m + a}{l} - 1 \cdot \frac{d}{h} \cdot \frac{l_m}{h_0} \operatorname{tg}\alpha = -y_m.$$

Für D_2 und D_3 kommt $R_1 = \tfrac{1}{2} R_2$ in Betracht; ihre Einflußlinien

schneiden daher unter Punkt 2 die Strecke $1 \dfrac{d}{2h}$ ab.

Die Stabgruppe zwischen den Punkten 9 und 13 wird durch die Zugstange nicht beeinflußt, die Stabkräfte folgen deshalb den Einflußlinien des einfachen Gerberbalkens. Sie wurden dargestellt für die Stäbe O_{10}, U_9, D_{10}; man beachte, daß die Linien über dem Ausleger keine Ablenkung erleiden.

---

[1] Vgl. die Aufhängung der Brücke in Abb. 305a.

6. Die Portalstütze (Abb. 305 und 306).

Die Brücke ist durch zwei kräftige Querrahmen in den beiden Untergurtknoten 0 des doppelwandigen Portales aufgehängt; ihre Hauptträger legen sich mit Paßflächen gegen die Knoten 2 und 2' der Stütze, können also nur Druckkräfte auf diese übertragen.

Das Portal ist der unteren Zugstange wegen einfach statisch unbestimmt. Entfernt man den Gurtstab 1—1' oder macht man den

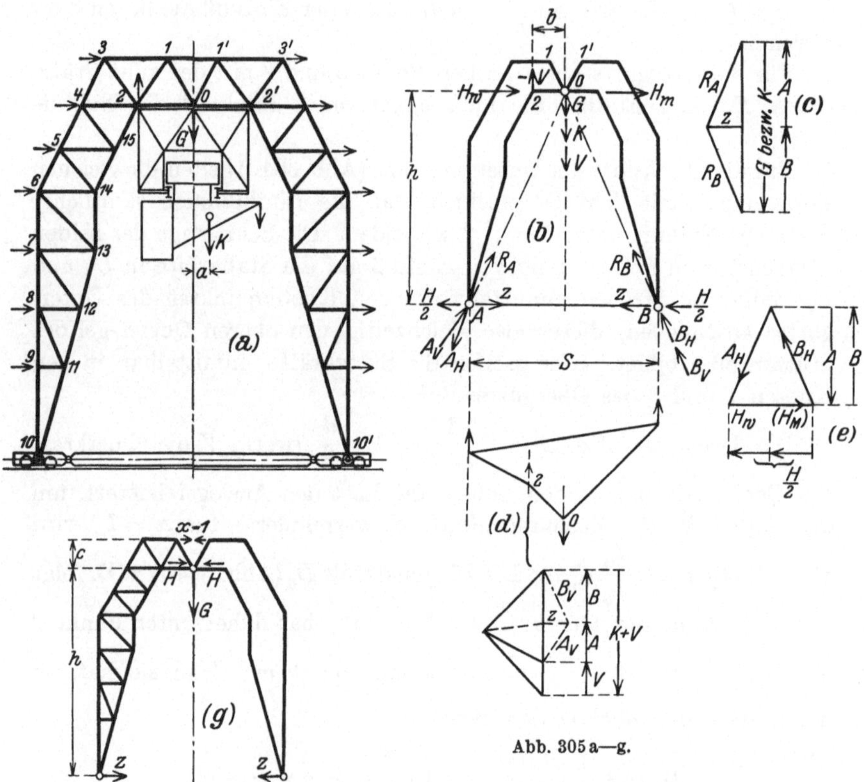

Abb. 305 a—g.

Anschluß eines Stabendes verschieblich, so entsteht das Netz eines statisch bestimmten Dreigelenkbogens (Abb. 305 b). Seine Stabspannungen lassen sich für die einzelnen Belastungsarten durch einfache Kräftepläne ermitteln.

Das Eigengewicht G der Brücke wirkt als Zugkraft im Knoten 0, ebenso das Gewicht K der Katze (bzw. der durch sie hervorgerufene größte Auflagerdruck), solange die Raddrücke der Katze auf beiden Seiten gleich sind. Die zugehörigen Stützdrücke des Portals zeigt Abb. 305 c.

Bei einseitiger Lage des Katzenschwerpunktes entsteht ein Drehmoment von der Größe $K \cdot a$, das durch das Kräftepaar $V \cdot b = K \cdot a$

ersetzt wird. Somit greift im Knoten 0 die Last $K + V$, im Knoten 2 die Last $-V$ an. Abb. 305 d zeigt die Ermittlung der Stützdrücke für diese Belastung. Man beachte, daß nur B_v durch das Gelenk 0 gehen kann.

Der Winddruck W auf die Brücke setzt die Kraft H_w, die Beschleunigungsdrücke die Kraft H_M im Gelenk 0 ab. Beide rufen die senkrechten Stützdrücke $A = B = \mp H \cdot \dfrac{h}{s}$ hervor (Abb. 305 e). Der wagerechte Widerstand H an den gebremsten Rädern verteilt sich durch die Kuppelstange gleichmäßig auf die beiden Fußpunkte A und B; daher $Z = \frac{1}{2} H$.

Das Eigengewicht des Portals und die auf dasselbe entfallenden Wind- und Beschleunigungskräfte greifen als Knotenlasten an; ihre Stützdrücke ergeben sich in ähnlicher Weise.

Da Wind und Beschleunigung in beiden Richtungen wirken können, treten die von ihnen herrührenden Stabkräfte sowohl als Zug wie als Druck auf. Bei der symmetrischen Anordnung des Portals genügt es, für die im Punkt 0 angreifenden Lasten die Stabkräfte der einen Hälfte zu bestimmen.

Wird der gelöste Obergurtstab 1—1′ wieder fest angeschlossen, so bildet er einen überzähligen Stab, dessen Kraft die übrigen Stabkräfte beeinflußt; diese statisch unbestimmte Kraft wird am einfachsten mit Hilfe der Arbeitsgleichungen ermittelt.

Greifen (Abb. 305 g) an Stelle des Stabes 1—1′ an den beiden Knoten die Kräfte $X = \pm 1^t$ an, die in den Stäben des statisch bestimmten Dreigelenkbogens die Stabkräfte S' und die Längenänderungen $\varDelta l' = \dfrac{S' \cdot l}{E \cdot F}$ hervorrufen, so erfährt gleichzeitig Punkt 1 bzw. 1′ als Angriffspunkt von X die elastische Verschiebung:

$$\delta_1' = \frac{1}{E} \sum \frac{S'^2 \cdot l}{F}.$$

Die Stabkräfte S' findet man durch einen Kräfteplan für $X = 1t$, die Querschnittsflächen F ergeben sich angenähert aus den bereits für den Dreigelenkbogen ermittelten Stabkräften.

Für den wirklichen Belastungszustand, z. B. für die Last G im Punkte 0, treten im Dreigelenkbogen die Stabkräfte S_g^0 auf; zu ihnen addieren sich die Stabkräfte, welche die vorläufig noch unbekannte Stabkraft X_g des Stabes 1—1′ im Hauptnetz erzeugt. Nach dem Arbeitsprinzip ist nun:

$$X_g \cdot \delta_1' = \sum S_g^0 \cdot \varDelta l' = \frac{1}{E} \sum \frac{S_g^0 \cdot S' \cdot l}{F} *,$$

---

* Man beachte: Ermittelt man die Verschiebung δ_1' als Wirkung der Stablängenänderungen einer Portalhälfte, so erstreckt sich die Summierung unter $\sum$ auch nur auf diese. Für unsymmetrische Belastung des Portales muß die Summe auf beide Portalhälften ausgedehnt und δ_1' verdoppelt werden.

woraus:

$$X_g = \frac{\sum S_g^0 \cdot \varDelta l'}{\delta_1'} = \sum \frac{S_g^0 \cdot S' \cdot l}{F} : \sum \frac{S'^2 \cdot l}{F}.$$

Diese Stabkraft ruft in den übrigen Stäben die Kräfte $S' \cdot X_g$ hervor, so daß die endgültigen Stabkräfte die Form haben:

$$S_g = S_g^0 \pm S' \cdot X_g.$$

Für die Bildung der einzelnen Summanden benutzt man vorteilhaft die Berechnungsweise mittels Tafel.

Die Verschiebung δ_1' infolge $X = 1$ kann auch mittels eines Williotschen Verschiebungsplanes gefunden werden, doch verdient das vorstehend gegebene Verfahren in bezug auf Einfachheit und Übersichtlichkeit den Vorzug.

In gleicher Weise berechnen sich die Stabkräfte für die Lasten K und V, sowie diejenigen vom Eigengewicht des Portales. Für mehrere im gleichen Punkt angreifende Lasten sind die Stabkräfte proportional den Belastungen, z. B. für die Lasten G, K, $K + V$. Für die Berechnung der Stabkräfte aus den Lasten H_w und H_M kann die Längenänderung des Zugbandes meist vernachlässigt werden; dann greift, wie vorher erwähnt, an jedem Stützpunkt der halbe Stützdruck ($\tfrac{1}{2} H$) an.

Abb. 306 stellt die Wirkung einer Längskraft L (in jeder Tragwand der Brücke) auf die feste Stütze I dar. L entsteht beim scharfen Abbremsen der Katze und kann beim Gleiten der Katzenräder den Wert $L = \mu \cdot K$ annehmen. Da die Pendelstütze II nur senkrechte Kräfte aufnimmt, greift der wagerechte Stützenwiderstand $= L$ an der festen Stütze an; gleichzeitig entstehen die senkrechten Stützendrücke $S = S'$

$$= \pm \frac{1}{l}\,(h - h_1)\,L.$$ An der Stütze I vereinigen sich S und L zur Mittel

kraft R, deren Richtung durch den Schnittpunkt 0 von L und S' gehen muß. Die Aufhängung der Brücke in den Knoten 0 der Stütze I setzt (Abb. 306 b) in diesen die Längskräfte $L_1 + L_2 = L$ und die senkrechten Kräfte M und N ab:

$$M = S' \frac{l + d}{2\,d}, \qquad N = S' \frac{l - d}{2\,d},$$

die man auch zeichnerisch (Abb. 306b und 306c) findet, wenn man den Fußpunkt 10 mit den beiden Knoten 4 durch zwei gedachte Stäbe — in der Abbildung gestrichelt — verbindet und die Stützkraft R in deren Richtungen zerlegt.

Die genaue Bestimmung der Stabkräfte in den vier Portalwänden ist sehr umständlich; praktisch pflegt man meistens anzunehmen, daß die Kräfte sich hauptsächlich innerhalb der äußeren Querwände

(Abb. 306d) zwischen den Punkten 10 und 4 und der anschließenden wagerechten Ebene 4—2—0 ausgleichen.

Die unvermeidliche Verdrehung des oberen Portalriegels wird durch das Moment der beiden Kräfte M und N hervorgerufen und durch

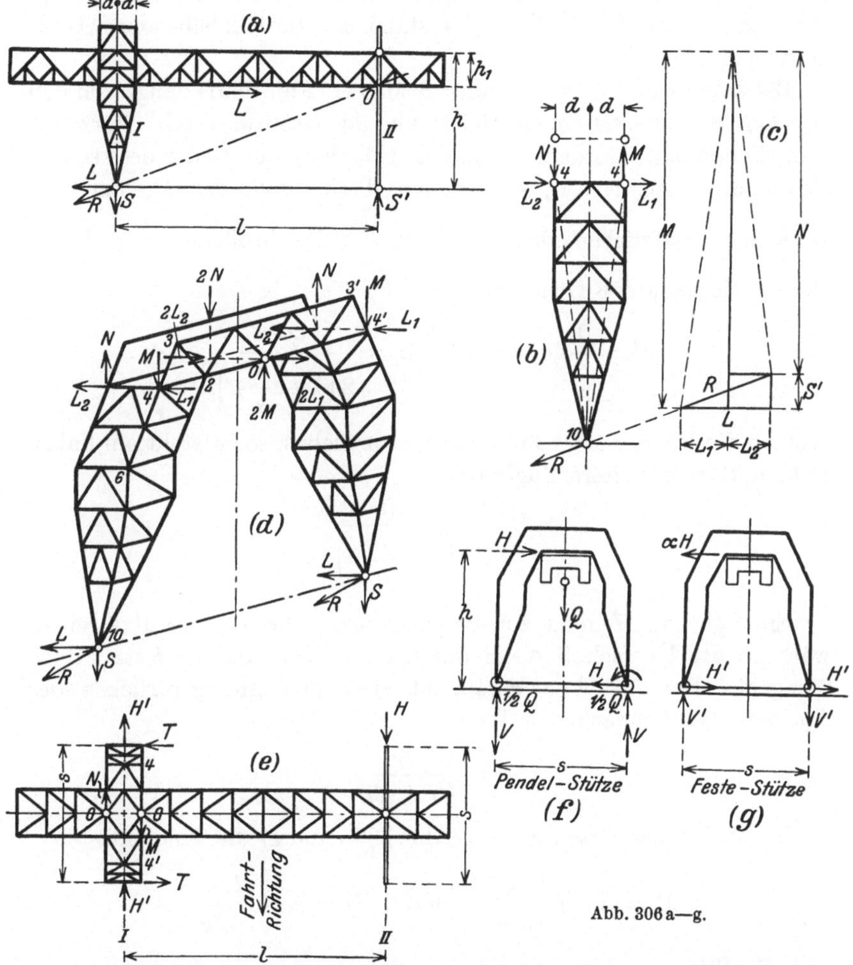

Abb. 306 a—g.

die senkrechten Riegelwände 4—3—3'—4' aufgenommen. Abb. 306 d zeigt in räumlicher Darstellung die Portalstütze mit den angreifenden und stützenden Kräften. Die Stabkräfte der einzelnen Trägerebenen werden durch Kräftepläne gefunden. Hierbei ist zu berücksichtigen, daß die Gurtstäbe meist zwei Trägerebenen angehören und häufig aus beiden Ebenen Stabkräfte erhalten, die sich addieren, aber auch teilweise aufheben können.

Bleibt beim Anfahren der Kranbrücke die eine Stütze gegen die andere zurück (in Abb. 306e eilt die Pendelstütze *II* vor), ein Fall, der besonders bei schlüpfrigen Schienen oder bei sehr ungleicher Belastung der Stützen eintreten kann, so stellt sich die Brücke schief, wobei die Räder der Stützen mit den Spurkränzen gegen den Schienenkopf anlaufen und hierdurch den Widerstand der zurückbleibenden Stütze noch vergrößern.

Die Zugkraft H der voreilenden Stütze *II* (Abb. 306f) hängt von den Drücken der angetriebenen Räder ab, ihr Größtwert tritt kurz vor dem Gleiten ein. Werden, wie in der Abbildung, die Räder des rechten Fußpunktes angetrieben, so erhalten diese durch das Drehmoment $H \cdot h$ den zusätzlichen Druck $V = H \cdot \dfrac{h}{s}$; der Größtwert von H bestimmt sich aus der Gleichung:

$$H = \frac{1}{2} Q \cdot \mu + H \frac{h}{s} \mu = \frac{Q \cdot \mu}{2\left(1 - \dfrac{h}{s}\mu\right)}.$$

Werden die Räder beider Fußpunkte angetrieben, so entsteht am linken Fußpunkt eine weitere Zugkraft

$$H = \frac{Q \cdot \mu}{2\left(1 + \dfrac{h}{s}\mu\right)}.$$

Ein Teil von H dient zur Beschleunigung der Pendelstütze selbst, während der Überschuß $\alpha \cdot H$ durch die Brücke auf die feste Stütze übergeht. Der Anteil α entspricht etwa den Auflagerdrücken der Stützen, hat demnach den Wert:

$$\alpha = \frac{Q_I}{Q_I + Q_{II}}.$$

$\alpha \cdot H$ ruft an der festen Stütze (Abb. 306e und g) die Knotenlasten

$$M = \alpha \cdot H \frac{l + d}{2d} \quad \text{und} \quad N = \alpha H \cdot \frac{l - d}{2d}$$

und die Stützenwiderstände

$$\pm V' = \alpha \cdot H \cdot \frac{h}{s}, \quad H' = \frac{1}{2}\alpha \cdot H, \quad \pm T = \alpha \cdot H \cdot \frac{l}{s}$$

hervor.

Die Berechnung der Stabkräfte kann jetzt nach den für die Wirkungsweise der Längskraft L entwickelten Gesichtspunkten erfolgen, nur ist zu beachten, daß die beiden Stützdrücke T im entgegengesetzten Sinne wirken.

7. Der Drehkran mit verstellbarem Ausleger (Abb. 307).

Die Untersuchung ist wieder getrennt für die einzelnen Belastungsarten durchzuführen, und zwar einmal für den voll belasteten Kran bei gesenktem Ausleger und Winddruck von 50 kg/m² auf die Rückseite des Kranes, ein zweites Mal bei hochgezogenem Ausleger ohne Last bei Sturmdruck von 200 kg/m² auf die Vorderseite des Kranes.

Im ersten Fall tritt das größte linksdrehende, im zweiten das größte rechtsdrehende Kippmoment für den Kran auf.

Für den weiteren Rechnungsgang ist es vorteilhaft, die Schwerpunktlagen der als Knotenlasten angreifenden Kräfte, getrennt für jede Belastung, zu ermitteln. Man kann hierzu entweder das Seilzugverfahren benutzen oder, einfacher, die Schwerpunktordinaten durch Aufstellung der Momentengleichungen für zwei beliebige Achsen berechnen. Legt man die senkrechte Achse einmal durch das Mittel der hinteren Drehrollen B, das zweite Mal durch dasjenige der vorderen Drehrollen A, so ergeben die Gleichgewichtsbedingungen gleichzeitig die größten Rollendrücke.

Es sind also festzulegen die Schwerpunktslagen

1. für die Nutzlast P,
2. für das Auslegergewicht E, und zwar für die beiden äußeren Lagen desselben,
3. für das Gewicht M des Oberwagens samt den darauf befindlichen Maschinenteilen und Steuerapparaten,
4. für das Gegengewicht C,
5. für den Winddruck W^{50} von rückwärts bei gesenktem Ausleger,
6. für den Sturmdruck W^{200} von vorn bei gehobenem Ausleger,
7. für V^{200} auf die Breitseite des Kranes bei gehobenem Ausleger.

Die Lage des Gegengewichtes richtet sich meist nach den örtlichen Verhältnissen; liegt sein Abstand x_C fest, so berechnet sich seine Größe — wenn die Rollendrücke bei A und B gleich groß werden sollen — aus der Gleichung:

$$\frac{1}{a}\,[P \cdot x_p + E \cdot x_e + M \cdot x_m + W^{50} \cdot y_w - C \cdot x_c]$$

$$= \frac{1}{a}\,[E \cdot x_e' + M \cdot x_m' + W^{200} \cdot y_w' + C \cdot x_c'],$$

also

$$C = \frac{1}{x_c + x_c'}\,[P \cdot x_p + E\,(x_e - x_e') + M\,(x_m - x_m') + W^{50} \cdot y_w - W^{200} \cdot y_w']\,.$$

Scheidet man die Windkräfte aus, so fallen die beiden letzten Glieder fort; da der Einfluß von W^{200} immer überwiegen wird, so muß C dann größer gemacht werden.

Die Stabkräfte für die einzelnen Belastungszustände werden durch Kräftepläne getrennt ermittelt. Es empfiehlt sich, für jede Belastung

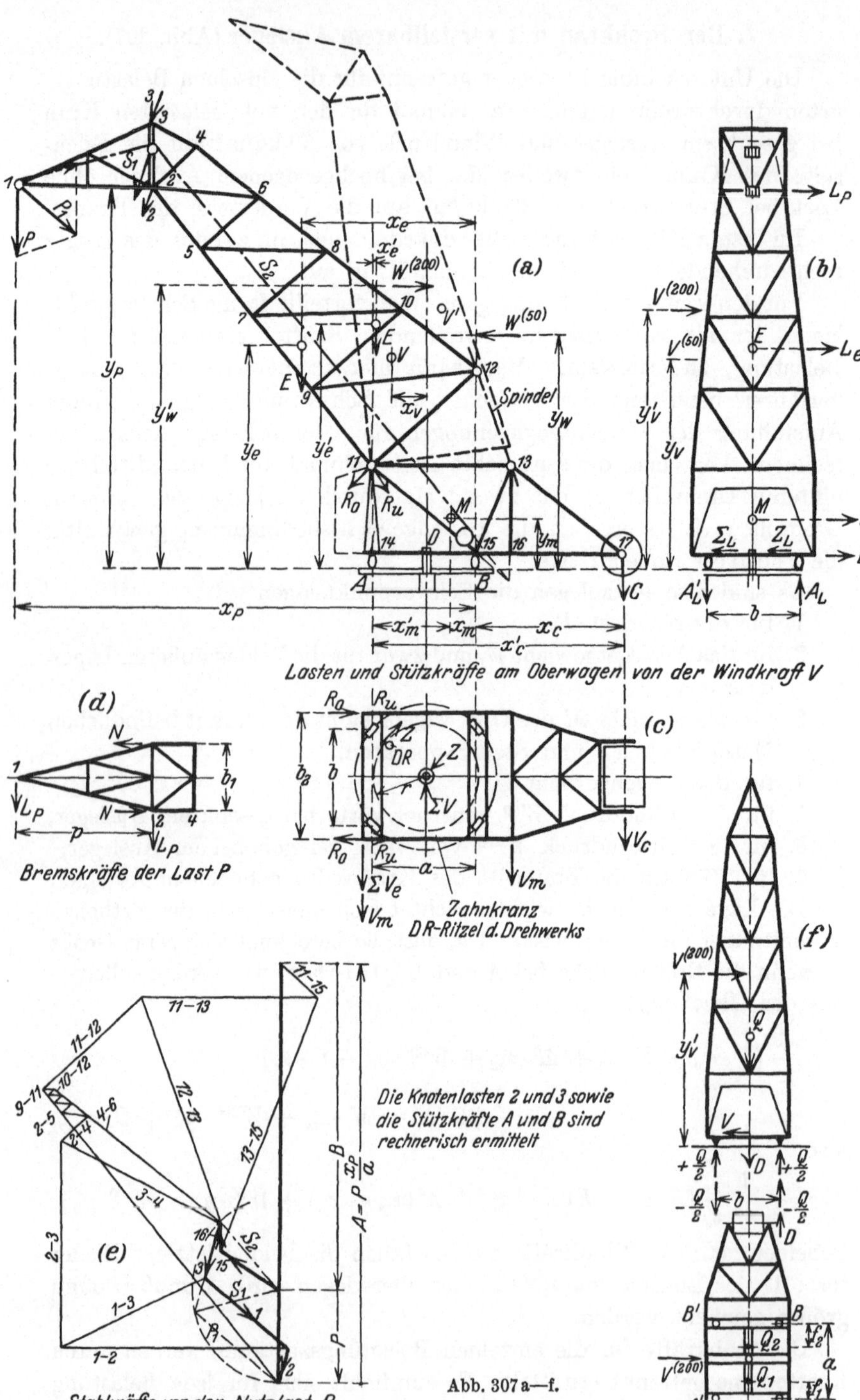
3
3
4
1
S₁
2
2
P₁
P
6
5
8
x_e
x'_e
W(200)
(a)
S₂
10
V'
W(50)
7
y_p
E
V
Spindel
y'_w
E
9
x_v
y_w
y_e
y'_e
11
13
R₀
R_u
M
14
D
15
16
Y_m
1?
A
B
C
x_p
x'_m
x_m
x_c
x'_c
Lasten und Stützkräfte am Oberwagen von der Windkraft V

(b)
L_p
V(200)
V(50)
E
L_e
y'_v
y_v
M
L_m
Σ_L
Z_L
L_e
A'_L
A_L
b

(d)
N
1
b₁
L_p
N
2
4
L_p
p
Bremskräfte der Last P

(c)
R₀
R_u
D
Z
DR
Z
b₂
b
r
ΣV
V_C
R₀
R_u
a
V_m
ΣV_e
V_m
Zahnkranz
D R-Ritzel d. Drehwerks

(f)
V(200)
Q
y'_v
V
+Q/2
D
+Q/2
-Q/2
b
-Q/2
D
B'
B
V(200)
Q₂
Q₁
a
A'
A

(e)
11-15
11-13
11-12
10-12
12-13
9-11
4-6
2-5
2-4
13-15
3-4
B
A=P·x_p/a
2-3
16
S₂
P
3
15
S₁
1
1-3
P₁
1-2
2
Die Knotenlasten 2 und 3 sowie
die Stützkräfte A und B sind
rechnerisch ermittelt
Stabkräfte von der Nutzlast P
Abb. 307 a—f.

die Stützdrücke vorher rechnerisch zu bestimmen; man erhält hierdurch genaue Kontrollängen für die mitunter recht verwickelten Kräftepläne. Auch sollte man zur Kontrolle stets die äußeren Kräfte und Stützenwiderstände zu einem geschlossenen Kräftezug vereinigen, ehe man den Kräfteplan für die Stabkräfte anschließt. Ferner wird leicht übersehen, daß Seilzüge — sofern sie nicht von einem außerhalb des Bauwerkes liegenden Punkte ausgehen — sich innerhalb des Gerüstes aufheben, also keinen Einfluß auf die Stützenwiderstände haben.

Wagerechte, in der Ebene des Auslegers wirkende Windkräfte erzeugen einen im Drehzapfen D angreifenden wagerechten Stützdruck, der auf den Knoten 15 übertragen wird, während das gleichzeitig entstehende Kippmoment zwei senkrechte, gleiche, aber entgegengesetzt gerichtete Rollendrücke in A und B hervorruft.

Von Interesse ist der Kräfteplan für die Stabkräfte aus der Nutzlast P, da die Seilzüge der mehrfach abgelenkten Tragseile als innere Zusatzkräfte wirken. Hängt die Last unmittelbar im Hubseil, wie beim Greiferbetrieb, so ist in Abb. 307a $S_1 = S_2 = P$; man ersetzt am einfachsten die Seilzüge durch ihre Mittelkräfte, das sind die Drücke der Rollenachsen. Der Seilzug S_2 wird aufgehoben durch zwei Knotenlasten in den Punkten 15 und 16, die sich auf der Richtung von S_2 in einem Punkte schneiden müssen.

Die 5 Knotenlasten bilden mit den beiden Stützkräften A und B den geschlossenen (in Abb. 307e stark gezeichneten) Kräftezug, an den sich die Stabkräfte geschlossen anreihen.

Die Kräftepläne für die Belastung durch Eigengewicht, Gegengewicht und Wind auf die Schmalseiten des Kranes bieten nichts besonders Beachtenswertes und sind nicht in die Abbildung aufgenommen.

Greift der Winddruck (in Abb. 307b mit V bezeichnet) rechtwinklig zur Ebene des Auslegers an, so erhalten auch die Füllstäbe der Querwände (K = Streben) Kräfte, die durch Kräftepläne zu bestimmen sind. Hierbei ist aber zu beachten, daß der obere Querverband mit Rücksicht auf die Beweglichkeit der Knotenpunkte 12 in diesem endet. Das Biegungsmoment in der Ebene des Verbandes wird durch die beiden Spindeln aufgenommen. Die gleichzeitig auftretende Querkraft wird durch den in der Ebene 11—12 liegenden Querverband auf den Knotenpunkt 11 übertragen und erzeugt hierbei ein Drehmoment, das die beiden Kräfte $\pm R_0$ hervorruft. Der untere Querverband setzt in den Punkten 11 die Kräfte $\sum V_e$ und $\pm R_u$ ab. Die Windkräfte V_m des Oberwagens und V_c des Gegengewichtes sind in ähnlicher Weise zu berücksichtigen.

Liegt der Schwerpunkt V sämtlicher Windknotenlasten außerhalb der Drehzapfenachse, so entsteht ein wagrechtes Drehmoment $V \cdot x_v$, das vom Drehzapfen D und dem Ritzel des Drehwerks (bzw. dem

Gegendruck des festen Zahnkranzes) aufzunehmen ist und in diesen die Stützdrücke $Z = \pm V \cdot \dfrac{x_v}{r}$ erzeugt, Abb. 307c. Das senkrechte Kippmoment ruft die Rollendrücke $A_v = B_v = \pm \dfrac{1}{2} V \cdot \dfrac{y_v}{b}$ und im Drehzapfen den wagerechten Stützdruck $\sum V$ hervor.

Die Brems- und Beschleunigungskräfte, die beim Beginn oder beim Abstoppen der Drehbewegung entstehen, sind abhängig von der Umfangsgeschwindigkeit ihres Angriffspunktes und der Dauer der Brems- bzw. Beschleunigungsperiode.

Sind K die Knotengewichte der drehenden Gerüstteile im Abstand x von der Drehachse, v_x ihre Umfangsgeschwindigkeit, n die Drehzahl des Kranes in der Minute, t die Bremszeit in Sekunden, g die Erdbeschleunigung, so ist für eine Last K:

der Bremsweg
$$s = \tfrac{1}{2} v_x \cdot t \,(\mathrm{m}),$$

die Umfangsgeschwindigkeit
$$v_x = \frac{2 \cdot \pi \cdot x \cdot n}{60} = 0{,}104 \cdot x \cdot n \,(\mathrm{m/sec}),$$

die Bremskraft
$$L_K = \frac{1}{2}\frac{K}{g} \cdot v_x^2 : \frac{1}{2} v_x \cdot t = \frac{K \cdot v_x}{g \cdot t} = \frac{0{,}104 \cdot n}{t \cdot g} \cdot K \cdot x.$$

Man findet in gleicher Weise die Bremskräfte der maschinellen Teile, des Gegengewichtes und der Nutzlast und vereinigt die Einzellasten zu den im Schwerpunkt der einzelnen Lastgruppen angreifenden Mittelkräften L_e, L_m, L_c und L_p (Abb. 307b). Diese rufen — genau so wie die Windkräfte V — ein senkrechtes Kippmoment und ein wagerechtes Drehmoment hervor. Jenes erzeugt die Rollendrücke $A = B = \pm \dfrac{1}{b} \sum L \cdot y$, dieses im Drehzapfen den wagerechten Stützdruck $= \sum L$ und die Stützkräfte $Z_L = \pm \dfrac{1}{r} \sum L \cdot x$.

Die Stabkräfte ergeben sich wieder aus einem Kräfteplan; es ist jedoch in diesem Fall zu beachten, daß Kräfte, die auf verschiedenen Seiten der Drehachse angreifen, entgegengesetzte Richtung haben.

Die verhältnismäßig große Bremskraft der Nutzlast P übt infolge der abgeknickten Form des Auslegers eine starke Verdrehung auf den unteren Teil des Auslegers aus. Das Drehmoment wird im wesentlichen durch die Tragwände des Auslegers und den unteren Querverband aufgenommen; man ersetzt es durch das Kräftepaar $N = \pm L_p \dfrac{p}{b_1}$ (Abb. 307d), das für die beiden Tragwände gleiche, aber entgegengesetzte Stabkräfte liefert. Die hierdurch entstehenden (zusätzlichen) Gurtkräfte haben den entgegengesetzten Sinn wie die Gurtkräfte der unteren Querwand infolge der Belastung durch L_p, wirken daher entlastend auf die Gurte.

Standsicherheit des Kranes. Vereinigt man sämtliche senkrechten Lasten in ihrem gemeinschaftlichen Schwerpunkt zu einer Mittelkraft Q (Abb. 307f), so liegt ihr Angriffspunkt unter normalen Verhältnissen über der Längsachse des Kranes und innerhalb des Drehrollenrechtecks $ABB'A'$. Bei gesenktem Ausleger unter Last wird $Q_1 = P + E + M + C$ und greift im Abstand f_1 von A an; ohne Last bei hochgezogenem Ausleger wird $Q_2 = E + M + C$ und greift im Abstand f_2 von B an. In beiden Fällen können nur positive Rollendrücke auftreten. Im zweiten Fall z. B. ist

$$A_Q = A'_Q = + \frac{1}{2}\,Q_2 \cdot \frac{f_2}{a} \quad \text{und} \quad B_Q = B'_Q = + \frac{1}{2}\,Q_2 \frac{a - f_2}{a}\,.$$

Am ungünstigsten für die Standsicherheit des Kranes wirkt im allgemeinen der Sturmdruck V^{200} bei hochgezogenem Ausleger (Abb. 307b). Solange $V^{200} \cdot y'_v < Q_2 \cdot \dfrac{b}{2}$, bleibt $A'_Q + B'_Q > A'_v + B'_v$, d. h. die Rollendrücke bleiben positiv und die Standsicherheit ist gewahrt.

Wird aber $V^{200} \cdot y'_v > Q_2 \cdot \dfrac{b}{2}$, so heben sich die Rollen A' und B' ab, und der Kran ruht nur noch auf den Rollen A und B, deren Drücke sich infolgedessen verdoppeln. Das überwiegende Moment

$$M' = V^{200} \cdot y'_v - Q_2 \frac{b}{2}$$

wird aufgenommen durch ein Kräftepaar, das im Drehzapfen einen Zug $D = \dfrac{2}{b}\,M'$ hervorruft und die Drücke der Rollen A und B um je $\tfrac{1}{2}\,D$ vermehrt.

Gewöhnlich liegt der Angriffspunkt von V nicht in der Ebene der Drehachse, es entsteht daher gleichzeitig ein wagerechtes Drehmoment, das den Kran in die Windrichtung zu drehen versucht, sofern die Anordnung des Drehwerks dies zuläßt. Der Winddruck vermindert sich hierbei infolge der verringerten Angriffsfläche, und das entlastende Moment von Q_2 nimmt wegen des größeren Abstandes von der Kippkante A—A' zu, die Standsicherheit wird demnach günstiger. Man kann sich deshalb meist auf die Untersuchung der Standsicherheit für den Sturmdruck W^{200} auf die Schmalseite des Kranes beschränken.

8. Träger über mehreren Stützen (Abb. 308).

Der durchlaufende (kontinuierliche) Träger sollte aus den eingangs erwähnten Gründen als selbständiges Tragsystem möglichst vermieden werden.

Dagegen findet die Kontinuität eine häufige und auch vorteilhafte Anwendung für die Gurte von Fachwerkträgern, die außer den Axialkräften aus den Netzspannungen auch Biegung infolge der unmittelbaren Belastung durch die Radlasten aufnehmen müssen. Diese Gurtstäbe sind als durchlaufende Träger über n Stützen mit gleicher Feldweite und einem gleichen Trägheitsmoment zu betrachten; unter diesen, meist zutreffenden Voraussetzungen vereinfacht sich der Rechnungsgang wesentlich.

Die Größe des Maximalmomentes ist hauptsächlich von dem Verhältnis des Radstandes s zur Feldweite l (Knotenabstand) abhängig; es weicht deshalb oft sehr erheblich von den Werten der gebräuchlichen Näherungsformeln ab, besonders wenn es sich um mehrere Raddrücke von ungleicher Größe handelt. Die größten positiven und negativen Momente für jeden beliebigen Trägerquerschnitt können durch eine besondere Form von Einflußlinien ermittelt werden, deren genaue Herleitung hier zu weit führen würde. Sie sind in Abb. 308 für drei gleiche Feldweiten von 1 m Länge $= 40$ mm gezeichnet.

Das größte positive Moment der Last 1 für ein mittleres Feld l des durchlaufenden Trägers ist bekanntlich:

$$M = 0,71 \cdot \frac{1 \cdot l}{4}\, \text{mt}$$

und für die Endfelder

$$M = 0,82 \cdot \frac{1 \cdot l}{4}\, \text{mt}.$$

Die größten Momente nehmen nach den Auflagern (Knotenpunkten) hin nach einer Parabel ab, ihr weiterer Verlauf entspricht einem von Prof. R. Land[1] entwickelten Verfahren. Man beachte, daß auch für die Stützenmomente (Knotenmomente) eine Einflußlinie besteht.

Das Moment der Last 1^t im Mittelfeld ist nach vorigem

$$M_5 = 0,71\, \frac{1^t \cdot 1^m}{4} \cdot 100 = 17,75\ \text{cmt}$$

und ist im Schaubild (a) mit 52 mm aufgetragen, daher ist

$$1\ \text{mm Ordinatenlänge} = 17,75 : 52 = 0,34\ \text{cmt}.$$

Das größte Moment in einem Endfeld [Schaubild (b)] ist

$$M_6 = 0,82\, \frac{1^t \cdot 1^m}{4} \cdot 100 = 20,5\,\text{cmt} = 20,5 : 0,34 = 60,5\ \text{mm}.$$

---

[1] Prof. Robert Land, Ermittlung von Träger-Einflußlinien; Verlag Ernst & Korn, Berlin 1890.

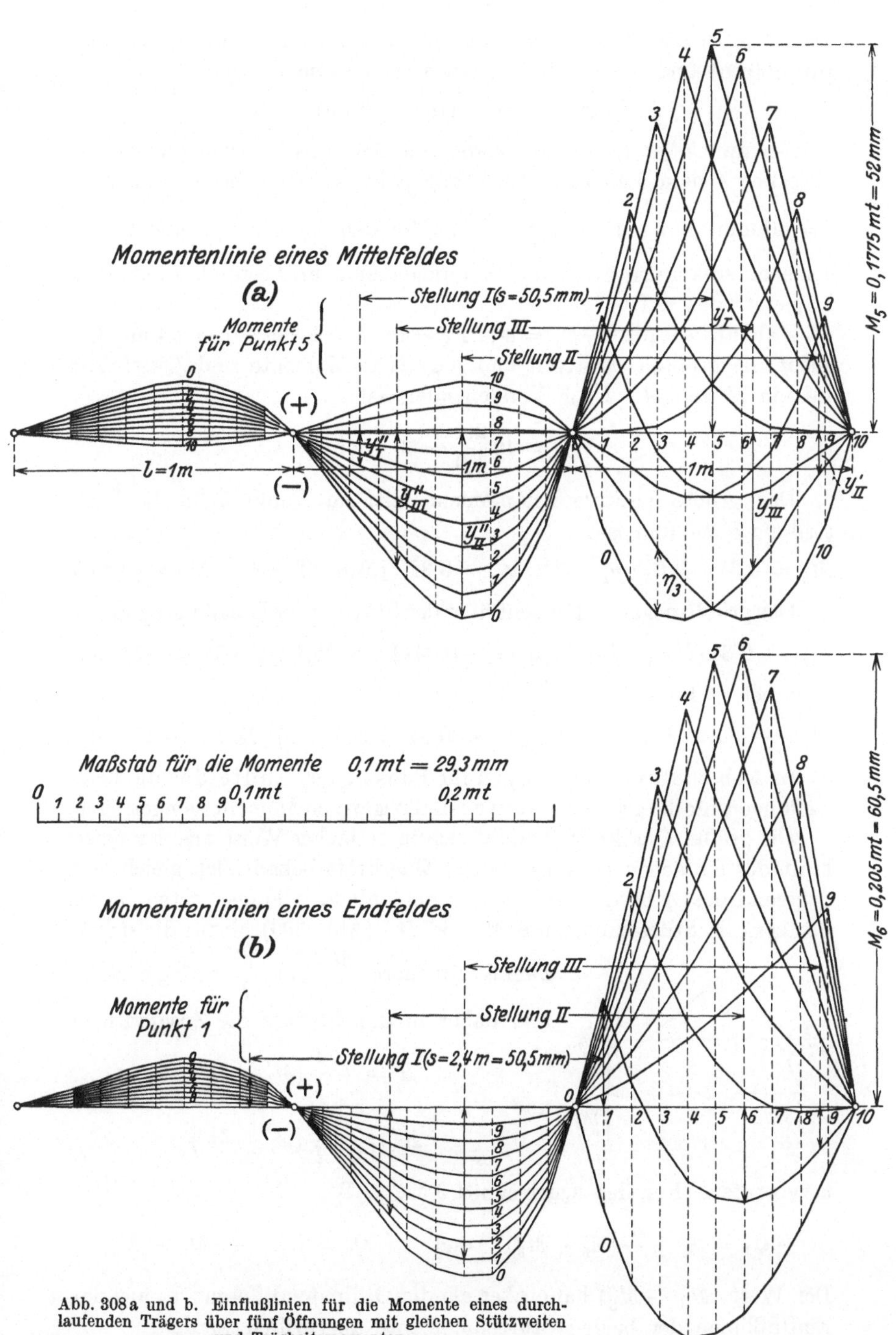

Abb. 308a und b. Einflußlinien für die Momente eines durchlaufenden Trägers über fünf Öffnungen mit gleichen Stützweiten und Trägheitsmomenten.

Demnach ist das Moment für eine Last P (in Tonnen), die Feldweite l (in Metern) und die in Millimetern abgemessene Ordinate y:

$$M\,(\text{cmt}) = P\,(\text{t}) \cdot l\,(\text{m}) \cdot y\,(\text{mm}) \cdot 0{,}34.$$

Bei zwei oder mehreren Lasten mit den Abständen s müssen die Strecken s dem Längenmaßstab angepaßt werden; da im Schaubild $l = 40$ mm, hat s die Länge $40\,\dfrac{s}{l}$. Um den Lastenzug bequem verschieben zu können, trägt man die umgerechneten Abstände s auf einen Papierstreifen auf.

Zahlenbeispiel: $P_1 = 8^t$; $P_2 = 6^t$; $l = 1{,}9$ m; $s = 2{,}4$ m. Gesucht die größten positiven und negativen Momente und Querkräfte für ein Mittelfeld. Nach Vorstehendem ist:

$$s = 40\,\frac{2{,}4}{1{,}9} = 50{,}5 \text{ mm}.$$

Das größte positive Feldmoment tritt im Punkt 5 für die Laststellung I ein und ist:

$$M_5 = 0{,}34 \cdot l(P_1 \cdot y_I' - P_2 \cdot y_I'') = 0{,}34 \cdot 1{,}9(8 \cdot 52 - 6 \cdot 4{,}5) = 251 \text{ cmt}.$$

Das größte negative Moment über der Stütze 0 für Laststellung II ist:

$$M_v = -0{,}34 \cdot l(P_1 \cdot y_{II}'' + P_2 y_{II}') = -0{,}34 \cdot 1{,}9(8 \cdot 25{,}1 + 6 \cdot 5{,}5) = -151 \text{ cmt},$$

oder bei Stellung III:

$$M_v = -0{,}34 \cdot l\,(P_1 + P_2)\,y_{III}' = -0{,}34 \cdot 1{,}9\,(8 + 6) \cdot 18{,}4 = -167 \text{ cmt}.$$

In Abb. 308b sind als Beispiel für Punkt 1 des Endfeldes die Laststellungen für die größten positiven und negativen Momente eingetragen.

Die größte Querkraft Q ergibt sich in einfacher Weise aus der Querkraft des einfachen Balkens, dessen Querkraft bekanntlich gleich dem Stützendruck A bzw. B ist. Beim durchlaufenden Träger treten an den Stützen die Stützenmomente M' und M'' (Abb. 309) hinzu, die sich in zwei Kräftepaare $\dfrac{M'}{l}$ und $\dfrac{M''}{l}$ zerlegen lassen und daher in den Stützen die Zusatzdrücke

$$R' = +\frac{1}{l}\,(M' - M'')$$

und

$$R'' = -\frac{1}{l}\,(M' - M'')$$

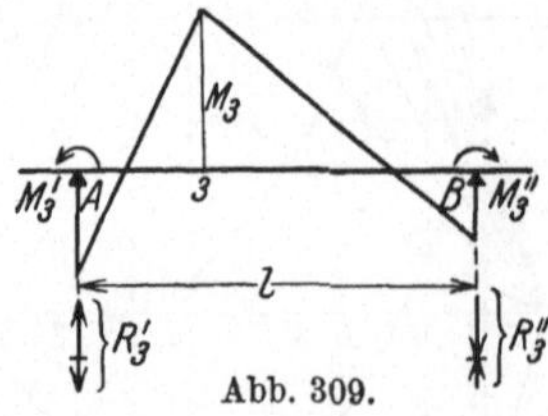

Abb. 309.

hervorrufen. Für den Querschnitt 3 ist z. B.:

$$+ Q_3 = A_3 + \frac{1}{l}\,(M_3' - M_3'') \quad \text{und} \quad - Q_3 = B_3 - \frac{1}{l}\,(M_3' - M_3'').$$

Der Wert $(M_3' - M_3'')$ kann aber als die Ordinatendifferenz η_3 aus den Einflußlinien der beiden Stützenmomente abgegriffen werden.

VIII. Kabelkrane.

Bearbeitet von

Dr.-Ing. **Werner Franke**, Technische Hochschule, Dresden.

A. Konstruktive Grundlagen.

Infolge der mannigfaltigen Verwendungsmöglichkeiten und der Anpassungsfähigkeit an Sonderaufgaben hat die Verbreitung der Kabelkrane und der damit verwandten Förderanlagen in den letzten Jahren erhebliche Fortschritte gemacht. Eine Anzahl Förderaufgaben können überhaupt nur vom Kabelkran oder doch von keinem anderen Fördermittel in gleich einfacher Weise bewältigt werden, weil der Kabelkran neben der Hubbewegung auch eine Förderung auf größere Entfernung ermöglicht.

Mit den Kabelkranen verwandt sind die neuerdings eingeführten Brücken- und Laufkabelkrane und die Kabelbagger, die der Vollständigkeit halber in den Sonderabschnitten C und D besprochen werden.

1. Gesamtanordnung. Förderleistung.

Je nach Größe und Gestalt des zu bedienenden Arbeitsplatzes und nach Maßgabe der vorgeschriebenen Arbeitsbedingungen können die Kabelkrane feststehend oder fahrbar aufgestellt werden.

Die feststehenden Kabelkrane werden angewandt, wenn der verhältnismäßig schmale Bedienungsstreifen unter dem Tragkabel für den jeweiligen Förderzweck genügt und der Arbeitsbereich klein ist.

Soll hingegen eine größere Anzahl von Arbeitstellen eines ungefähr rechteckigen Lagerplatzes in den Bereich der Kabelkrananlage einbezogen werden, so kommt eine fahrbare Anlage in Frage, deren beide Türme auf parallel liegenden Gleisen durch ein motorisch angetriebenes oder von Hand bewegtes Fahrwerk verschoben werden können. Hat anderseits der Bedienungsbereich der Krananlage dreieckähnliche oder sektorartige Form, so wird man dem kreisfahrbaren Kabelkran, der in der Praxis auch (ungenau) als radial fahrbarer Kabelkran bezeichnet wird, den Vorzug geben.

Bei der Wahl zwischen feststehender und fahrbarer Anordnung spielt die Frage der Anschaffungskosten oft eine ausschlaggebende Rolle. Zu den Mehrkosten des fahrbaren Kranes selbst kommen die noch höheren Ausgaben für Fundierungen der Kranfahrbahnen, für die Laufschienen und die Schleifleitungen zur Stromzuführung usw., und so erhält zuweilen selbst bei umfangreicheren Werkplätzen die feststehende Anordnung den Vorzug. In diesem Falle übernimmt der Kran lediglich die Bewegung des Fördergutes in Richtung des Tragkabels, während die

Querbewegung von einem anderen Fördermittel, z. B. von Schmalspurwagen, übernommen wird.

Vom Gesichtspunkte der Förderleistung einer Kabelkrananlage aus beurteilt, ergeben die fahrbaren Anlagen in der Regel nur dann hohe Leistungsziffern, wenn die Bedienung des Lagerplatzes allmählich seitlich fortschreitet und daher der Kran als solcher nicht dauernd verfahren wird. Durch eine Gegenüberstellung der für deutsche Kabelkrane üblichen Durchschnittgeschwindigkeiten läßt sich diese Tatsache am besten erklären.

Je nach Tragkraft, Spannweite, Förderleistung und den übrigen von Fall zu Fall vorliegenden Sonderarbeitsbedingungen wählt man im Mittel folgende Geschwindigkeiten:

Hubgeschwindigkeit . . . . 40 bis 80 m/min
Fahrgeschwindigkeit der Laufkatze . . . . . . 150 „ 300 m/min[1]
Kranfahrgeschwindigkeit . . . . 8 „ 40 m/min

In den Vereinigten Staaten nimmt man höhere Fördergeschwindigkeiten, und zwar bis zum doppelten Betrage vorstehender Werte.

Die fahrbaren Kabelkrane können also in der Richtung senkrecht zum Tragkabel im Verhältnis zur Katzenfahrbewegung nur langsam verschoben werden; sie werden daher nur dann wirtschaftlich arbeiten und hohe Leistung erreichen, wenn die Turmfahrbewegungen gering sind. Diese Bedingung läßt sich aber nur dann erfüllen, wenn die Bedienung des Arbeitsplatzes hauptsächlich streifenförmig erfolgt.

Für einige wenige Förderaufgaben, z. B. für Brücken- und Schleusenbauten, genügt es in der Regel, wenn der Kran einen schmalen, bis etwa 10 m breiten Streifen unter dem Tragkabel mit Baustoffen bedienen kann. Für diese Sonderfälle eignen sich feststehende Kabelkrane mit seitlich schwenkbaren Masten.

Für die günstigste Wahl der Aufstellungspunkte der beiden Türme bzw. der Lage der Kranfahrbahnen eines Kabelkranes müssen im Einzelfall die örtlichen Platz- und Geländeverhältnisse, der Überblick vom Führerstande, die wichtigsten Aufnahme- und Absetzstellen der Last und die besonderen Förderbedingungen berücksichtigt werden.

Was die Förderleistung anlangt, so unterscheidet man schweren, mittleren und leichten Förderbetrieb, je nachdem, ob dauernd oder nur vorübergehend mit der Höchstlast gearbeitet wird. So sind Kabelkrane mit Greiferausrüstung fast stets schwerem Betriebe unterworfen, da die Ladung immer nahezu die gleiche bleibt und namentlich bei Schiffsentladung und Lagerplatzbedienung die Einhaltung der zugesicherten Leistung eine wichtige Rolle spielt. Eine Reihe derartiger Anlagen arbeiten Tag und Nacht in angestrengtem Betriebe ohne größere

---

[1] In neuester Zeit ist Bleichert bei größeren Spannweiten bis zu 500 m/min gegangen.

Pausen und stellen deshalb an alle dem Verschleiße unterworfenen und Kraft übertragenden Teile der Konstruktion hohe Ansprüche. Hierauf ist beim Entwurf Rücksicht zu nehmen. Hingegen sind die Betriebsbedingungen für Steinbruchkabelkrane leichter, weil wegen der unvermeidlichen Wartezeiten die Leistungsfähigkeit nicht voll ausgenutzt wird und die Höchstlast ziemlich selten vorzukommen pflegt.

In anderen Fällen ist die Leistung und damit die Schwere der Beanspruchung von der Betriebsorganisation und der Geschicklichkeit der Bedienungsleute und des Kranführers abhängig. Werden von der Last elektrische Stromleitungen, Werkstätten, Schiffe oder Bauplätze überquert, so werden hohe Anforderungen an die Aufmerksamkeit und die Sicherheit des Kranführers gestellt, der alle Steuerbewegungen besonders sorgfältig ausführen muß, was naturgemäß einer Leistungssteigerung entgegensteht.

Um von vornherein beim Entwurfe eines Kabelkranes die Förderleistung sicher zu bestimmen, stellt man das „Förderspiel" zusammen, indem man alle einzelnen Phasen der Förderbewegung einschließlich der Arbeitspausen, der Wartezeiten beim An- und Abhängen, der Zuschläge für Handhabung der Steuerorgane und Anfahrverlust einsetzt. Nach Maßgabe der verlangten Stundenleistung werden dann die Hub- und Fahrgeschwindigkeiten gewählt.

Je nach Art des Betriebs schwankt die Anzahl der stündlich erreichbaren Förderspiele zwischen 10 und 30; in den Vereinigten Staaten kommt man bis zu 60 Spielen. Die zugehörige Förderleistung ergibt sich aus dieser Zahl durch Multiplikation mit der Nutzlast.

Der Kabelkran ist ebenso zur Förderung von Stückgütern wie zur Bewegung von Massengütern geeignet. Er wird im letzteren Falle in der Regel mit Greifer ausgestattet.

Elektrischer Antrieb herrscht beim Kabelkran vor, während Dampfmaschinen oder andere Kraftmaschinen nur vereinzelt — in abgelegenen Gegenden oder in anderen Sonderfällen — zum Antrieb der Winde herangezogen werden. In den Vereinigten Staaten gehören vielfach die Kabelkrane zum Maschinenpark der Bauunternehmer. Da diese Baumaschinen häufig ihren Arbeitsplatz wechseln müssen und nicht immer mit dem Vorhandensein einer Stromquelle gerechnet werden kann, so herrscht dort im allgemeinen der Dampfantrieb vor.

2. Konstruktionseinzelheiten.

Eine Reihe von Konstruktionseinzelheiten sind dieselben wie bei Kranen und Drahtseilbahnen. Dies gilt z. B. für die Antriebswinden.

Tragseile. Die Berechnung des Tragseiles eines Kabelkranes weist gegenüber der Berechnung anderer Konstruktionselemente einen auffallenden Unterschied auf.

Wenn ein beliebiger elastischer Träger, z. B. der Hauptträger eines Laufkranes, mit der doppelten oder mehrfachen Last beansprucht wird, so sind innerhalb der Elastizitätsgrenze seine Materialbeanspruchungen und Durchbiegungen auch doppelt oder mehrmals so groß, da die Formänderungen des Trägers so gering sind, daß man es vor und nach der Durchbiegung praktisch mit demselben Träger zu tun hat. Anders ist es beim Tragseil des Kabelkranes. Die Längenänderungen und Durchbiegungen sind hier nicht mehr so gering, daß sie vernachlässigt werden könnten. Außerdem bietet die Seillinie vor und nach der Belastung und beim Wechsel der Laststellung ein ganz anderes geometrisches Bild und damit auch geänderte statische Verhältnisse.

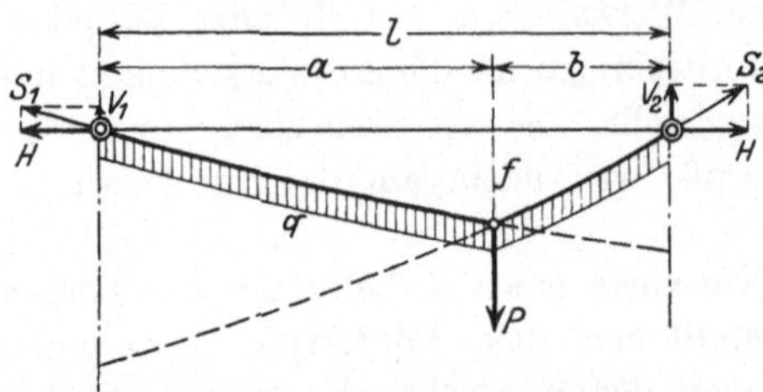

Abb. 310. Durchhang des durch Einzelkraft P und gleichmäßig verteilte Belastung q (je lfd. m) belasteten Tragseiles.

Ein an beiden Enden aufgehängtes und beiderseits fest verankertes Tragseil sei durch eine Einzelkraft P und durch das über die ganze Länge gleichmäßig verteilte Eigengewicht q belastet (Abb. 310). In dem Werte q können beim Kabelkran noch andere gleichmäßig verteilte Lasten, wie Winddruck, Eisbelastung usw., enthalten sein. Außerdem wird das Tragseil unter Vermittlung der sog. „Reiter" durch die Eigengewichte der Hub- und Fahrseile annähernd gleichmäßig belastet.

Der Horizontalzug H wird dann nach der bekannten Formel berechnet:

$$H = \frac{a \cdot b \left(\frac{q}{2} \cdot l + P \right)}{l \cdot f} \tag{1}$$

Diese Formel ist für kleine Werte der Verhältniszahl $f : l$ genügend genau. Sie ergibt sich aus der Überlegung, daß das Moment unter der Last gleich dem Momente des Horizontalzuges H, also gleich $H \cdot f$ sein muß.

Der Durchhang f und der Horizontalzug H des Seiles können bei Annahme fester Aufhängepunkte mit dieser Gleichung zunächst noch nicht berechnet werden, da sich der Wert von H für verschiedene Lasten und verschiedene Laststellungen ändert. Wird hingegen dafür gesorgt, daß H stets den gleichen Wert behält, beispielsweise durch Anbringung eines Spanngewichts ähnlich wie bei Drahtseilbahnen oder durch Aufstellung eines sog. Pendelturmes anstatt eines fest verankerten Turmes, so lassen sich die Seildurchhänge f für beliebige Lasten und Laststellungen in einfacher Weise angenähert nach Gleichung (1) berechnen. Die Lastwegkurve wird in diesem Sonderfalle eine Parabel.

Die Durchhangsberechnung wird bei fest verankertem Tragseile
weiter dadurch erschwert, daß im Seile selbst während der Belastung
Dehnungen hervorgerufen werden, deren Größe keinesfalls vernachlässigt werden darf.

Auf mehrere Arten, z. B. durch Gegenüberstellung der geometrischen
und der elastischen Längenänderung des Seiles, läßt sich folgende
Formel ableiten, die zur Berechnung der Seilspannungen bei Kabelkranen mit festen Aufhängepunkten dient:

$$\left.\begin{aligned}
H^3 + H^2\left(\frac{EF}{24}\cdot\frac{G^2}{H_m^2} + \frac{EF}{8\,H_m^2}\cdot P_m(P_m + G) - H_m\right)\\
= \frac{EF}{24}\cdot G^2 + \frac{ab}{2\,l^2}\cdot EF\cdot P(P + G)\ {*}
\end{aligned}\right\}\tag{2}$$

In dieser allgemein gültigen Gleichung bezeichnen die Werte H_m
bzw. P_m die größten Horizontalkräfte bzw. Belastungen des Seiles,
E den Elastizitätsmodul (im Mittel etwa 1600 t/cm²), F den Querschnitt
des Tragseiles und G das Gesamtgewicht aller Seile.

In der Regel ist nun f_{max} als gegeben anzusehen; es wird allgemein
als ein Bruchteil der ganzen Spannweite gewählt. Je nach den örtlichen
Verhältnissen usw. kann die Verhältniszahl $\dfrac{l}{f_{max}}$ zwischen 20 und 30
schwanken.

In jedem einzelnen Falle ist zunächst der Horizontalzug H zu
berechnen, ehe der zugehörige Durchhang f aus Gleichung (1) bestimmt
werden kann.

Aus dem Aufbau der Gleichung (2) geht hervor, daß die Lastwegkurve bei festen Aufhängepunkten des Tragseiles nicht etwa eine Parabel
ist, sondern eine Kurve
höherer Ordnung.

In Abb. 311 ist für
einen besonderen Fall
diese Lastwegkurve auf-
getragen worden. Als
Eigentümlichkeiten der
Kurve sind die steilen

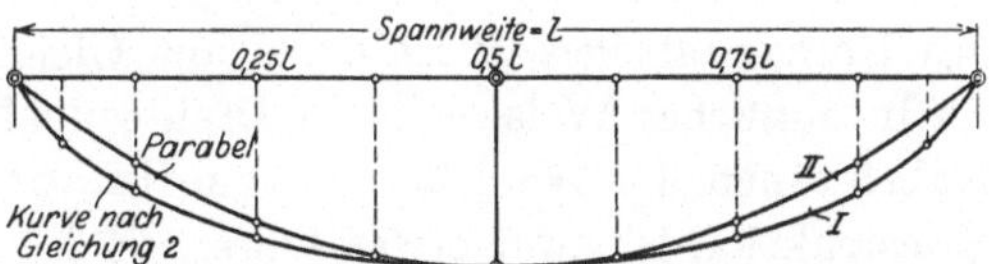

Abb. 311. Tragkabeldurchhänge von Kabelkranen
(Lastwegkurven) *I.* für Kabelkrane mit festen Aufhängepunkten, *II.* für Kabelkrane mit Pendelturm.

Anstiege in der Nähe der Aufhängepunkte und der flache Verlauf in
der Mitte der Spannweite hervorzuheben. Diese Eigenschaften treten
gegenüber der eingezeichneten Vergleichsparabel besonders hervor.

---

* Ausführliche Ableitungen und Besprechungen dieser Formel sind in der
Dissertationsschrift: „Untersuchungen an ausgeführten Kabelkranen mit be-
sonderer Berücksichtigung der Theorie des elastischen Seiles" (Dr.-Ing. Franke,
Dresden 1923) zu finden.

Bei der Bauart mit Pendelturm ändert sich bei der Fahrbewegung der Laufkatze und bei Belastungsänderung des Seiles nach Abb. 312 die Neigung des Pendelturmes, so daß z. T. ein Spannungsausgleich im Seile eintritt. Wegen des gleichmäßigeren Ansteigens ist die Lastwegkurve (Parabel) bei Pendeltürmen günstiger als bei festen Türmen.

Der Neigungswinkel der Laufkatze gegen die Wagerechte ändert sich während der Fahrt dauernd nach Maßgabe der Lastwegkurve. Da in der Nähe der Seilaufhängungen dieser Steigungswinkel w seinen höchsten Wert erreicht und damit ein entsprechender Aufwand an Kraft bzw. Motorleistung verbunden ist, so sei zur Kenntnis des Fahrwiderstandes der Laufkatze nachstehend die dafür maßgebende Formel angeführt, die sich auf geometrischem Wege ableiten läßt:

$$\operatorname{tg} w = \frac{(l - 2a)\,(G + P)}{2Hl} \pm \frac{D}{l}. \tag{3}$$

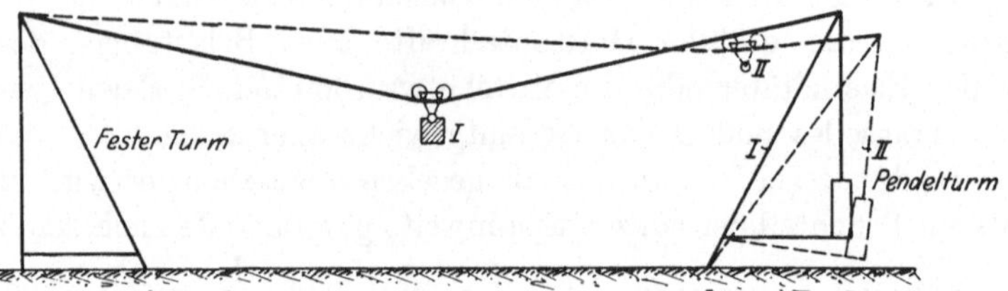

Abb. 312. Schematische Darstellung der Wirkung des Pendelturmes: *I*. Belastete Laufkatze in Mittelstellung, *II*. Unbelastete Laufkatze in der Seitenstellung.

Die Bezeichnungen in dieser Formel sind dieselben wie in den Gleichungen (1) und (2). Besteht zwischen den beiden Aufhängepunkten des Seiles noch zusätzlich ein Höhenunterschied D, so ist dies durch das Glied $\pm \dfrac{D}{l}$ in der Gleichung (3) zu berücksichtigen. Der Wert des Horizontalzuges H ist dabei aus Gleichung (2) zu bestimmen.

In ähnlicher Weise wie bei Drahtseilbahnen[1] erfolgt auch bei den Kabelkranen die Wahl der Tragseilmachart. Die vollverschlossene Konstruktion ist zwar etwas teurer, doch sind ihre Vorzüge gegenüber der Spiralkonstruktion so vielseitig, daß sie in den meisten Fällen bevorzugt wird. In der Regel wählt man die mit Trapezdrähten (Abb. 313) ausgestattete vollverschlossene Machart von 120 kg/mm² Festigkeit, während für Spiralseile im Kabelkranbau die Bruchfestigkeit von 145 kg/mm² als normal gilt. Ein wesentlicher Vorteil der vollverschlossenen Konstruktion besteht u. a. darin, daß durch das dachziegelartige Übereinandergreifen der S-förmigen Deckdrähte bei einem Bruche eines Drahtes ein Heraustreten aus dem Gefüge des Seiles vermieden wird. Aus diesem Grunde sind auch beim vollverschlossenen Seil die

---

[1] Vgl. Bd. II, 3. Aufl., 1. Teil, S. 213.

Schweißstellen der einzelnen Drähte nicht so störend wie beim Spiralseil. Die Bruchsicherheit, die der Berechnung der Tragseile zugrunde gelegt wird, beträgt in der Regel 4 bis 5, wobei die Biegungsbeanspruchungen zunächst unberücksichtigt gelassen sind. Es ist jedoch zu empfehlen, sich in einzelnen Fällen von der Gesamtbeanspruchung, d. h. Zug + Biegung, ein richtiges Bild zu machen. Bei großen Seildurchhängen, steilen Anfahrwinkeln und hohen Raddrücken können

Ø mm	Zusammensetzung		Tragender Querschnitt		Gewicht kg/m	Ges. Bruchfestigkeit kg
			d. einz. Lagen	insgesamt		
45	23 Formdrähte	7,0 hoch	759			
	20 Keildrähte	5,0 hoch	360			
	18 Runddrähte	4,2 ⌀	252	1386	11,4	157 900
	1 Runddraht	4,38 ⌀	15,1			

Abb. 313. Vollverschlossene Tragseilmachart mit Keildrähten (Bruchfestigkeit für Kabelkrane meist 120 kg/mm²).

starke Seilbiegungen (Seilknicke) auftreten; in diesen Fällen bedient man sich der Formeln von Isaachsen[1] oder von Woernle[2].

Um die im Laufe der Zeit auftretenden Längungen des Tragseiles auszugleichen, verwendet man eine Spannvorrichtung, die ein Nachspannen des Seiles — ohne Lösen — gestattet (Abb. 314). Die Spannvorrichtung besteht in der Hauptsache aus zwei kräftigen Spindeln, die durch ein Querstück miteinander verbunden sind. Nach dem Aufsetzen der Vorrichtung auf die Tragkabelmuffen werden die Spindeln durch lange Mutternschlüssel von zwei Bedienungsleuten in Drehung versetzt, wodurch das Seil nachgespannt wird. Nach Beendigung des Spannens werden neue Spannmuffen oder Zwischenscheiben in das nachgespannte Seilende eingelegt und die Spannvorrichtung abgenommen.

---

[1] Vgl. Bd. II, 3. Aufl., 1. Teil, S. 218.

[2] „Versuche über das Verhalten der Drahtseile gegenüber Biegungen“, Doktordissertation Karlsruhe.

Die Machart für Hubseil und Entleerungsseil wird nach den allgemein üblichen Gesichtspunkten des Kranbaues gewählt; meist ist die Bruchfestigkeit rd. 140 kg/mm^2, seltener 180 kg/mm^2. Anzahl der Litzen 6, mit je 37 Drähten. Bei Kabelkranen für große Hubhöhen (30 bis etwa 100 m), wie sie bei Brücken- und Talsperrenbauten zuweilen vorkommen, muß bei Wahl der Seilmachart ganz besonderer Wert auf die Drallfreiheit des Hubseiles und des Entleerungsseiles gelegt werden. So weisen z. B. die rechts- und linksgeschlagenen Seile in Spirallitzenkonstruktion schwächere Drallneigung auf, und einzelne Sondermach-

Abb. 314. Betätigung der Spannvorrichtung zum Nachspannen des Tragkabels (Bleichert).

arten führen eine noch weitgehendere Drallfreiheit herbei, so daß die störenden und gefährlichen Zusammendrehungen der herabhängenden Seilstränge fast ganz unterdrückt werden können[1].

Beim Fahrseil wählt man etwa die gleiche Festigkeitsziffer und als Machart häufig 6 Litzen mit je 19 Drähten.

Außer diesen sog. Arbeitseilen, die dauernd über Umführungsrollen laufen (Abb. 315), ist bei den meisten Kabelkranen mittlerer und größerer Spannweite noch ein feststehendes Knotenseil vorhanden, das nur zum Aufnehmen und Absetzen der Reiter dient. Die Reiter unterstützen das Hubseil, das sonst — besonders bei leerem Haken — zu sehr durchhängen würde. Das Knotenseil wird an einem der beiden Türme zwecks Stoßdämpfung häufig durch Federpuffer befestigt,

---

[1] In neuester Zeit sind auch Versuche mit den sogenannten „Tru-lay"-Seilen (mit vorgeformten Litzen) angestellt worden, die von Felten & Guilleaume (Carlswerk) in Mülheim a/Rhein nach amerikanischer Lizenz hergestellt werden.

während am anderen Turme ein Spanngewicht für gleichmäßige Seil-
spannung sorgt. Das Knotenseil kann grobdrähtig sein, z. B. aus 72
Drähten bestehen. Da es von der Laufkatze und den Türmen aus
schlecht zugängig ist und daher nicht geschmiert werden kann, so wird
es verzinkt und so den Witterungseinflüssen gegenüber widerstandsfähiger gemacht. Auf dem Knotenseil selbst sind in Abständen von
ungefähr 40 bis 60 m die zweiteiligen Knoten befestigt, die infolge
Verschiedenheit der Durchmesser die ihnen entsprechenden Reiter bei
der Fahrt der Katze aufhalten und somit die Arbeitseile an diesen Stellen
unterstützen. Die normale Anordnung der Seile geht aus Abb. 315
und 316 hervor.

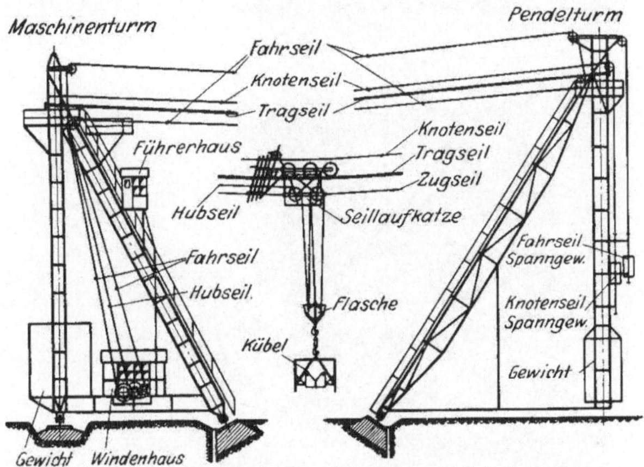

Abb. 315 u. 316. Allgemeine Anordnung eines normalen Kabelkranes mit Pendelturm.

Die Kabelkrantürme können sowohl in Holz als auch in Eisenkonstruktion ausgeführt werden. Letztere herrscht in Deutschland vor,
weil verwickeltere Turmbauarten — etwa mit Ausleger — sich in Holz
schwer ausführen lassen. Man findet daher im Kabelkranbau hölzerne
Türme — von wenigen Ausnahmen abgesehen — nur gelegentlich für
vorübergehende Betriebszwecke, und zwar als Baukabelkrane und
vereinzelt auf Holzstapelplätzen (Abb. 317). Die Durchbildung der
mechanischen Teile ist für beide Werkstoffe wenig verschieden, abgesehen von der Lagerung der Laufräder bei fahrbaren Anlagen und
der Aufhängung des Tragkabels an den Turmköpfen. Die Turmkon-
struktion kann ihrem äußeren Aufbau nach ganz verschiedenartig sein,
wie aus den Ausführungsbeispielen in den späteren Abschnitten hervorgeht. Bei Baukabelkranen finden sich auch eisenarmierte Holzmaste.

In wie einfacher Weise die Holztürme eines Baukabelkranes befördert
werden können, ist in Abb. 318 veranschaulicht. Es handelt sich um eine
für die Maaskanalisation bestimmte Schleusenkrananlage, die wiederholt

ihren Arbeitsplatz verändert hat und mehrere Kilometer auf Pontons flußabwärts gebracht wurde.

Während bei feststehenden Kabelkranen der Führerstand vielfach zu ebener Erde und nur ausnahmsweise auf dem Maschinenturme angeordnet wird, bildet dies bei kreisfahrbaren Anlagen die Regel.

Abb. 317. Maschinenturm eines Kabelkranes in Holzkonstruktion (Doppellaufkatze mit Traverse für Langholz).

Bei parallelfahrbaren Kranen wird naturgemäß der Führer auf dem Maschinenturme, in der Regel in etwa $^2/_3$ der Höhe, untergebracht.

Die Höhen der Kabelkrantürme werden nach verschiedenen Gesichtspunkten gewählt. Außer den durch die Geländeverhältnisse etwa bedingten Höhenunterschieden der Fußpunkte spielt der größte Durchhang des Tragkabels in der Mitte der Spannweite eine ausschlaggebende Rolle. Dieser Durchhang f_{max} ist nun seinerseits wieder unmittelbar von der Spannweite des Kranes abhängig (s. S. 229), so daß bei großen Spannweiten auch stets hohe Türme vorgesehen werden müssen, falls nicht etwa eine Geländevertiefung dies unnötig macht, da ja in diesem Falle die Laufkatze überall genügend freies Profil vorfindet. — In anderen Fällen kann die Höhe der Türme auch abhängig sein von Gebäuden, Eisenbahngleisen, Bunkern (Lagerplatzkabelkrane) und schließlich von der vorgeschriebenen Schütthöhe des Fördergutes. Beim Entwurfe eines Kabelkranes ist es daher die erste und wichtigste Aufgabe des Konstrukteurs, das gesamte Durchfahrtprofil mit allen Umrissen der Baulichkeiten usw. aufzuzeichnen, da erst dann eine

Abb. 318. Kabelkran-Holzturm beim Wechsel der Baustellen.

genaue Bestimmung der Turmhöhen möglich ist. Der Verlauf der Lastwegkurve muß nötigenfalls an einzelnen Punkten der Spannweite berücksichtigt werden, ebenso die Baumaße der Laufkatze nebst dem Durchfahrtprofil der Last und einem Spielraum von wenigstens 1 bis 2 m unterhalb derselben.

Die Festlegung der Turmbauart hängt von den örtlichen und baulichen Verhältnissen der Anlage und den gestellten Betriebsbedingungen ab. Je nachdem, ob Eisenbahngeleise bedient oder Schiffe entladen werden sollen, kann der Turm z. B. portalartig ausgebildet oder mit Ausleger versehen werden (Abb. 319).

Als Maschinenturm bezeichnet man denjenigen der beiden Kabelkrantürme, der entweder die Antriebsmaschine selbst enthält oder in

der Nähe derselben aufgestellt ist. Auf der gegenüberliegenden Seite
des Kranes befindet sich der Gegenturm. Einer der beiden Kabelkrantürme kann in Pendelkonstruktion ausgeführt werden, und zwar
ist dies in der Regel der Gegenturm. Auf den grundsätzlichen Unterschied der Lastwegkurven bei festen Türmen und Pendeltürmen ist
bereits auf S. 229 hingewiesen worden; in Sonderfällen empfiehlt es sich
beim Entwurf eines Kabelkranes, auf diesen Umstand Rücksicht zu
nehmen. Wenn es darauf ankommt, in der Nähe der Türme ein vor-
geschriebenes Profil (mit Rücksicht auf Bunker, Eisenbahngleise usw.)
einzuhalten, wird man unter Umständen die Anwendung eines Pendelturmes vorziehen, weil man durch die flacher verlaufende Seilkurve

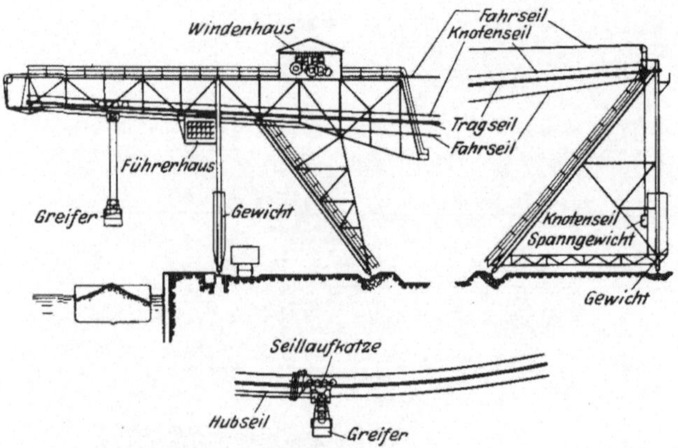

Abb. 319. Anordnung eines Greiferkabelkranes mit Ausleger für Schiffsentladung und Lagerplatzbedienung.

etwas an Turmhöhe sparen kann, falls die Profileinhaltung in der
Mitte der Spannweite nicht von ausschlaggebender Bedeutung ist.

Bei Kabelkranen, die mit Kippkübeln oder ähnlichen Fördergefäßen
arbeiten, ist die Anwendung eines Pendelturmes besonders dann nicht
zu empfehlen, wenn die Entleerung regelmäßig im mittleren Teile der
Spannweite stattfinden soll. Der Unterschied der Tragkabeldurchhänge
für den vollen und den leeren Kübel kann bei größeren Spannweiten
mehr als 6 m betragen. Bei plötzlichen Entleerungen des Kübels treten
daher Schwankungen im Tragseile auf, die sich auf die übrigen Seile
fortpflanzen. Bei Anordnung fester Türme kann diese Erscheinung
nicht in gleichem Maße auftreten, weil die Unterschiede der Tragseil-
durchhänge wesentlich geringer ausfallen.

Für den Fahrantrieb der Kabelkrantürme werden in den meisten
Fällen Elektromotoren benutzt, die in den Stützenfüßen eingebaut sind.
Die Einleitung der Fahrbewegung des einen Turmes (bei kreisfahrbaren
Anlagen) oder beider Türme (bei parallelfahrbaren Anlagen) geschieht

durchgängig vom Führerstande aus durch Einschaltung eines oder
zweier Kontroller. Bei parallelfahrbaren Kranen ist es außerdem

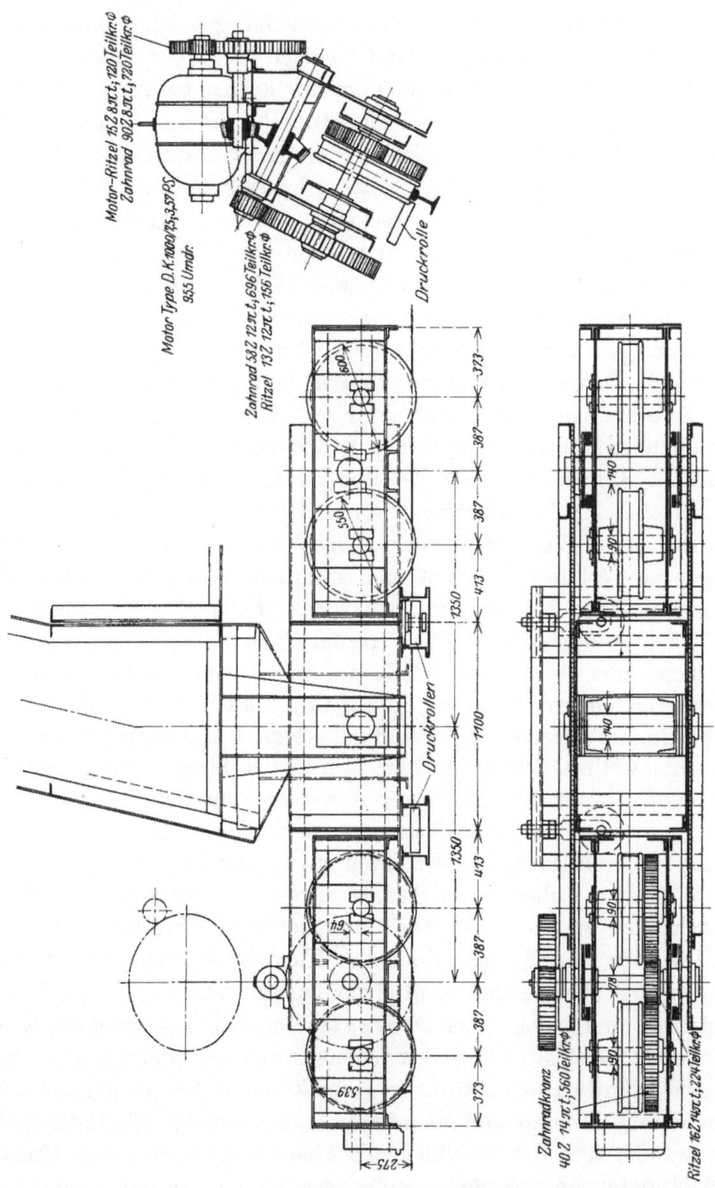

zweckmäßig, im Führerstande eine Visiervorrichtung vorzusehen, damit
der Kranführer beim Voreilen eines der beiden Türme dies rechtzeitig
bemerken und durch vorübergehendes Stillsetzen des einen Turm-

antriebes einen Ausgleich in der Fahrbewegung erreichen kann. Über die Turmfahrgeschwindigkeiten gilt das auf S. 226 Gesagte.

Bei der in Abb. 320 bis 322 dargestellten Ausbildung eines Fahrwerksantriebes ist bemerkenswert, daß die seitlich gegen den Schienenkopf sich anlegenden Druckrollen den vom Seilzuge hervorgerufenen Schub aufnehmen und damit zur Schonung der Laufkränze beitragen. Bei Pendelturmfahrwerken findet — entsprechend der Pendelung — eine geringe Wälzbewegung der Laufräder in Richtung der Achsen auf dem Schienenkopfe statt, die an die Güte des Laufradwerkstoffes hohe Anforderungen stellt.

Eine sehr einfache, aber zweckentsprechende Ausbildung der Fahrwerke findet man fast allgemein bei den amerikanischen Kabelkranen. Die hölzernen Türme werden auf einer Serie von normalen Eisenbahnradsätzen verlagert, die unter sich durch kräftige Querverbände versteift werden. Die in Deutschland üblichen, schräg gestellten Fahrwerke nach Abb. 315 und 316 kennt man in den Vereinigten Staaten nicht.

Die einzelnen Bauelemente der Kranfahrwerke sind dem allgemeinen Kranbau entlehnt, so daß sich Erläuterungen dazu erübrigen. Bei größeren Kranen kommen die Raddrücke — unter Berücksichtigung der zusätzlichen Windkräfte — bis auf etwa 20 bis 30 t. Um ein unbeabsichtigtes Verfahren oder Wegtreiben der Türme bei starkem Winde zu verhüten, versieht man sämtliche Fahrwerke mit Schienenklammern oder Zangen, die auch während der Betriebspausen und in der Nacht festgezogen werden. In einzelnen Fällen, z. B. bei Anlagen, die besonders stark dem Winde ausgesetzt sind, wendet man Sperrvorrichtungen an, die vom Führerstande aus während des Betriebes eingeschaltet werden können und bei plötzlich auftretenden Windstößen ein ungewolltes Verfahren der Türme verhüten. Auch selbsttätig wirkende Sicherheitsvorrichtungen werden angewandt.

Wenn die Kabelkrantürme nur verhältnismäßig selten und mit geringer Geschwindigkeit verfahren zu werden brauchen, so kann man bei leichteren Anlagen mit Handfahrwerken auskommen. Bei Baukabelkranen wendet man für untergeordnete Zwecke auch einfache Bockwinden an, die ans Ende der Turmfahrbahnen gesetzt werden.

Von den übrigen Einzelheiten der Turmkonstruktionen sind noch bei kreisfahrbaren Anlagen der Drehsattel und die Lagerung des Königszapfens (Abb. 323 u. 324) nebst der zugehörigen Seilführung zu erwähnen.

Die Windenbauarten der Kabelkrane stehen denen der anderen Krane nahe. In den weitaus meisten Fällen werden Einmotorenwinden angewendet und die verschiedenen Lastbewegungen durch Betätigung von Kupplungen erreicht[1]. Außer je einer bei normalen Kabelkranen

---

[1] Neuerdings gehen die Kabelkranfirmen, u. a. Bleichert und Pohlig, bei Greiferbetrieb zur Zweimotorenanordnung über. Vgl. Z. V. d. I. v. 5. Mai 1928; Franke, Verladeanlage auf Gräfin Johanna-Schacht.

notwendigen Hub- und Fahrtrommel ist bei Greiferkranen noch die Entleerungstrommel vorhanden, so daß der Kranführer hier fünf oder sechs Steuerhebel zu bedienen hat.

Die einzelnen Elemente der Winden werden nach denselben Gesichtspunkten wie bei anderen Kranen ausgebildet. Bremslüftmagnete

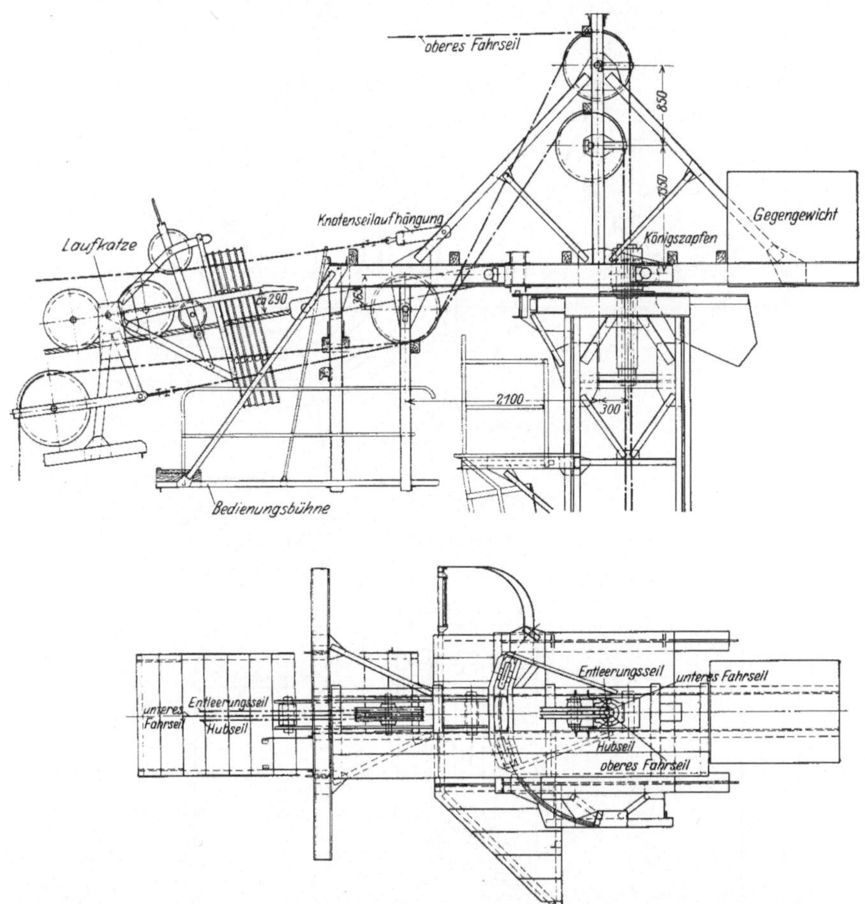

Abb. 323 u. 324. Drehsattel mit Königszapfen und Seilführung für kreisschwenkbaren Kabelkran (Bleichert).

kommen selten zur Anwendung; Handhebelbremsen schwächen die Stoßwirkungen beim Anhalten der Last merklich ab. Besonders wichtig ist dies für die Hubbewegung, da es in manchen Betrieben darauf ankommt, die Werkstücke usw. mit besonderer Feinfühligkeit millimeterweise abzusenken. Bei elektrisch betätigten Bremsvorrichtungen läßt sich, da sie ruckweise arbeiten, eine derartig genaue Einstellung schwer in gleichem Maße erreichen. Auch sind Hubwerke mit Planeten-

Umlaufgetrieben ausgeführt worden, die durch Antrieb mit zwei Motoren eine Geschwindigkeitsregelung in weiten Grenzen gestatten.

Gegenüber den mit festen Fahrbahnen ausgestatteten Kranen ist hervorzuheben, daß beim Kabelkran die schädlichen Wirkungen von

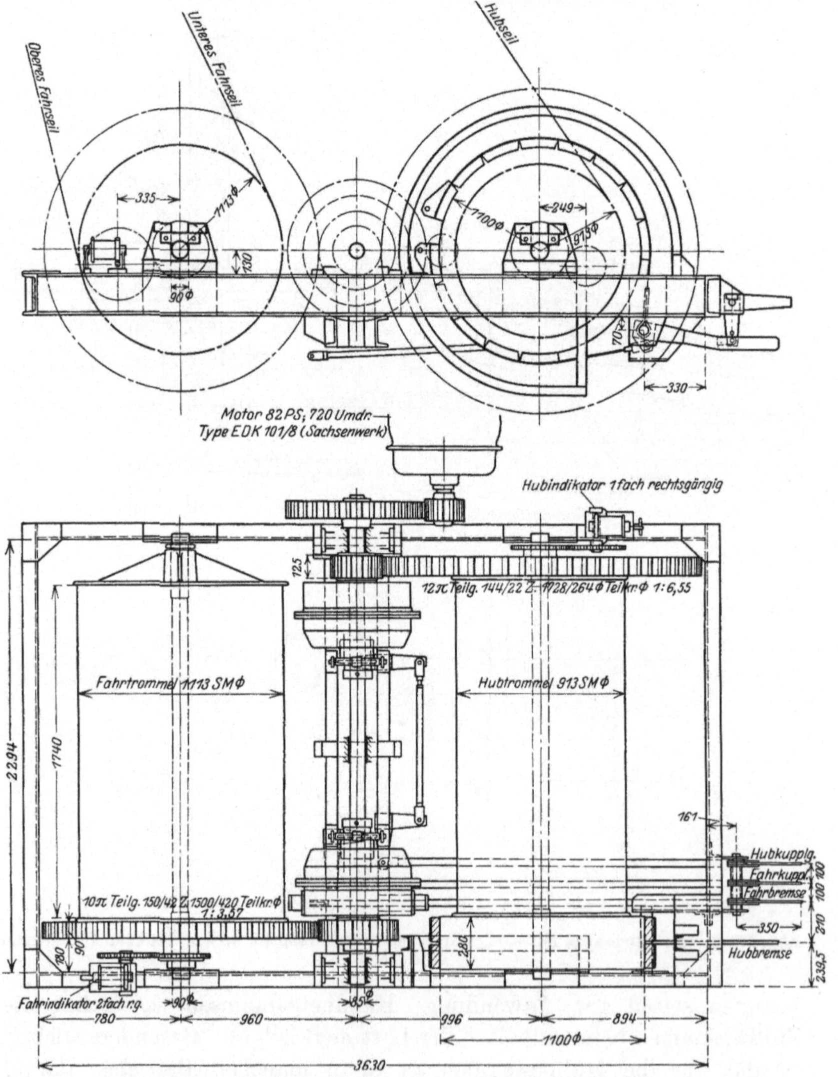

Abb. 325 u. 326. Einmotoren-Kabelkranwinde für große Hubhöhe (Doppeltes Hubbremsband).

Stößen, die beim plötzlichen Heben oder Anfahren der Last auftreten können, von der Antriebwinde zunächst ferngehalten werden, da das Tragseil und die übrigen Arbeitseile federnd nachgeben.

Bei großen Hubhöhen von etwa 50 m und mehr, die bei Kabelkranen nicht selten sind, ist besonderes Gewicht auf einwandfreies, unbedingt sicheres Arbeiten der Bremsvorrichtungen zu legen. Bei Baukabelkranen

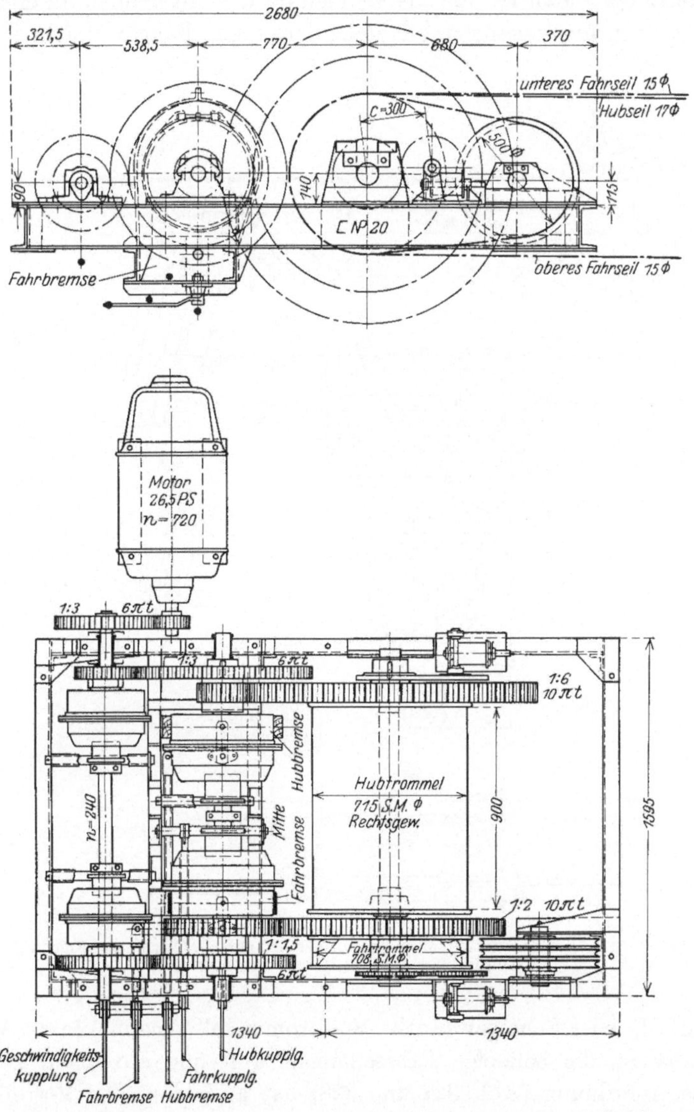

Abb. 327 u. 328. Einmotoren-Kabelkranwinde mit Reibungsantrieb für die Fahrbewegung (Steuerung durch Handhebel, Geschwindigkeitsstufe für Heben und Fahren).

z. B. besteht die Hauptförderaufgabe im Absenken der Last auf den Baugrund, wobei ein Versagen der Hubbremse zu schweren Zwischenfällen Anlaß geben könnte. Zwecks Erhöhung des Reibungsschlusses werden daher in einzelnen Fällen doppelte Hubbremsbänder nebeneinander auf die Bremsscheibe aufgelegt (Abb. 325 und 326).

Bei weitspannenden Kabelkranen erhalten die **Fahrtrommeln** sehr große Länge. Man ist, um die Winden normen zu können, in einzelnen Fällen dazu übergegangen, an Stelle der langen Fahrtrommeln schmale

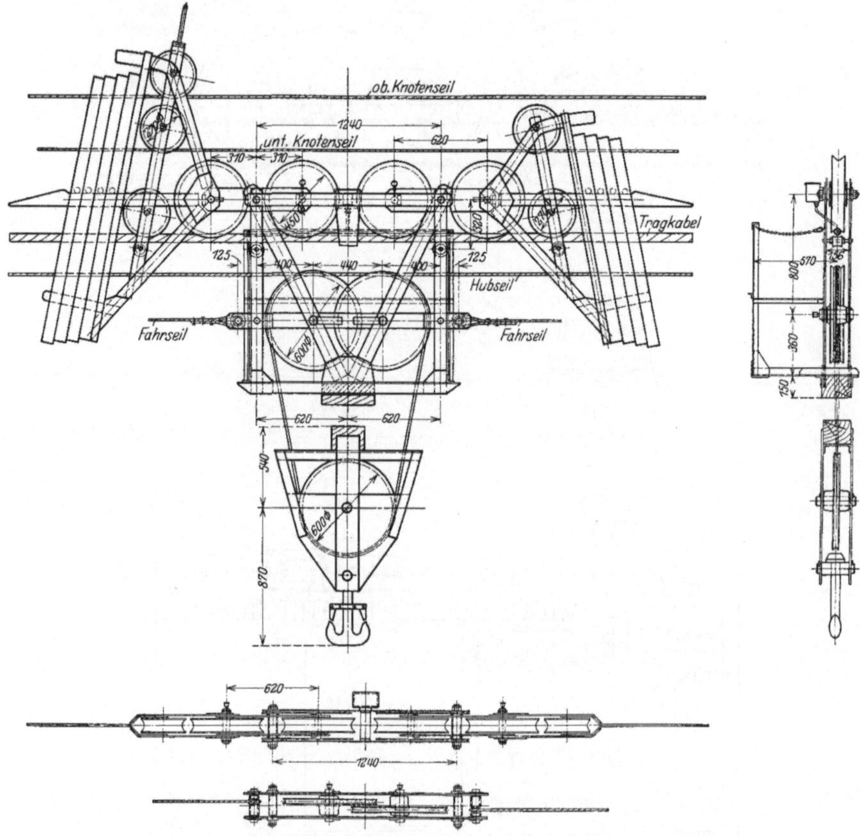

Abb. 329 bis 332. Kabelkran-Laufkatze für 6000 kg Tragkraft (Bleichert). Reiteraufspießvorrichtung doppelseitig, Hubseil durchlaufend.

Trommeln oder Scheiben (auch „Spilltrommeln“ genannt) in die Winde einzubauen, die beliebige Fahrseillängen auf- und abwickeln können. Diese Anordnung (Abb. 327 und 328) hat außerdem den Vorteil, daß es ohne weiteres möglich ist, die Seilablenkung in mäßigen Grenzen zu halten. In der Regel überschreitet man nicht eine Ablenkung von etwa 4 vH und wendet, falls größere Ablenkung nicht zu umgehen ist, zwangläufige Seilführungswagen an, die mit dem Getriebe der Winde durch Zahnräder oder Kette in Verbindung stehen.

Anderseits bringt der Spillantrieb der Winden eine Reihe von Nachteilen mit sich (langsame Gleitbewegung des Seiles auf der Trommel,
das sog. „Kriechen des"
Seiles usw.), so daß diese
Sonderbauart — nament-
lich bei Kranen hoher Leistung — nur vereinzelt vorkommt.

Die Laufkatzen der
Kabelkrane weichen in ihrer
Bauart von den auf festen
Fahrbahnen laufenden Kat-
zen wesentlich ab.

Die Anzahl der Laufräder
richtet sich nach der Tragkraft. Mit den Raddrücken
geht man im Gegensatz zu
Drahtseilbahnen ziemlich
hoch (bis 1200 kg und mehr
je nach dem Durchmesser),
da vielfach nicht dauernd
die volle Last auf dem Seile
bewegt wird. Wenn mehr als
zwei Laufräder für ein Seil
vorgesehen werden müssen,
so werden zwecks gleich-
mäßiger Verteilung der Raddrücke die Laufräder paarweise in Schwinghebeln gelagert (Abb. 329 bis 332), die
sich beim Durchfahren der
geneigten Seilstrecke selbsttätig einstellen.

Doppellaufkatzen werden
besonders bei Kabelkranen
für Holzverladung ange-
wandt; beide Katzen laufen
parallel zueinander und sind
miteinander gekuppelt. Damit innerhalb enger Gren-
zen eine gewisse Einstellung

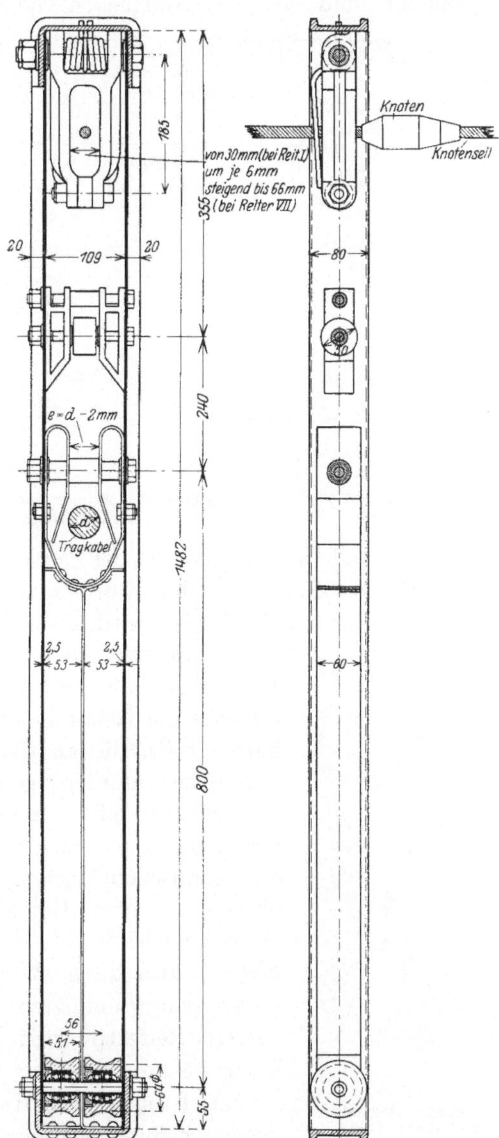

Abb. 333 u. 334. Reiter (Seilträger) zur Unterstützung
der Hub- und Fahrseile (Bleichert).

bei ungleicher Belastung möglich ist, wird diese Verbindung durch
Gelenkstücke mit Scharnieren hergestellt.

Eine sehr wichtige Rolle spielen die mit der Laufkatze zusammenarbeitenden „Reiter" (Abb. 333 und 334), da von deren ordnungsgemäßem und sicheren „Aufspießen" oder Einsammeln die Leistungs-

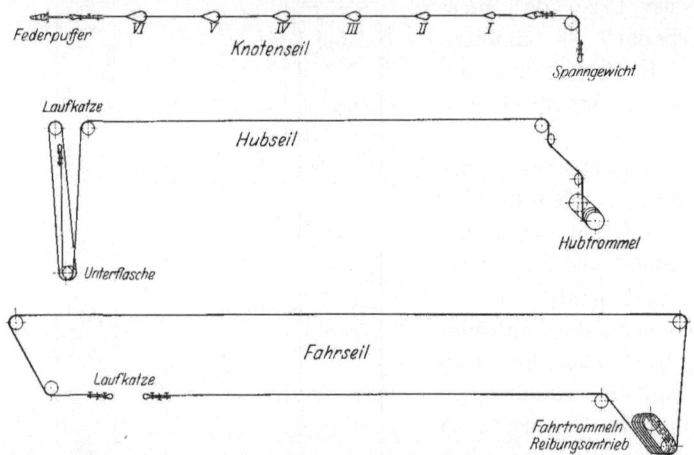

Abb. 335 bis 337. Seilanordnung eines Kabelkranes mit Reibungsantrieb für die Fahrbewegung der Laufkatze.

fähigkeit und Betriebsicherheit des ganzen Kranes abhängt (Seilschema Abb. 335 bis 337). Je nachdem ob das Hubseil an der Laufkatze oder am Gegenturme befestigt ist, wird die Katze mit einer einseitigen oder

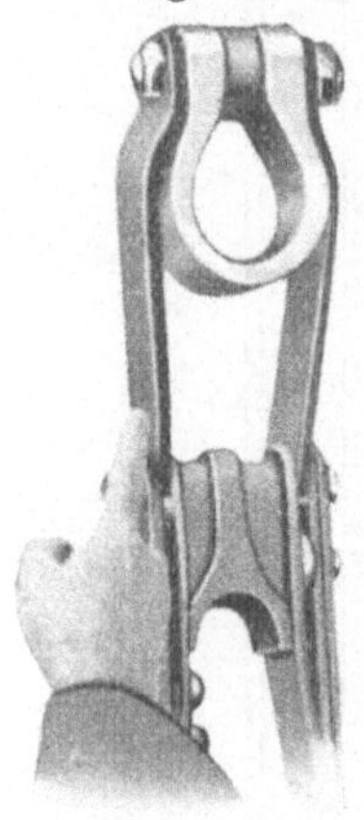

Abb. 338. Gelenkiger Reiterkopf (Lidgerwood).

einer doppelten Reiteraufspießvorrichtung versehen. Bei hohen Fahrgeschwindigkeiten (über 200 m/min) erhalten die Reiter beim Aufspießen außerordentlich harte Stöße, die an die Bauart und den Werkstoff sehr hohe Anforderungen stellen. Durch Einbau von Pufferfedern oder Gummizwischenstücken hat man versucht, diese Prallwirkungen abzuschwächen. Nach amerikanischem Muster hat man neuerdings das Reiteroberteil mit einem Gelenk versehen (Abb. 338), damit der Schlag beim Anfahren gegen die Knoten sich allmählich über die ganze Reiterlänge fortpflanzt.

In den Vereinigten Staaten werden noch zwei weitere Reiterbauarten ausgeführt, die in Europa kaum bekannt sind[1].

Die Lambert Hoisting Co. in Newark (New Jersey) benutzt ein sehr einfaches System, bei dem sowohl das Knotenseil als auch die Reiteraufspießvorrichtung an der Laufkatze in Fortfall kommen. Es wird besonders bei am Gegenturm befestigtem Hubseil angewandt, so daß die

---

[1] Vgl. „Die Entwicklung des Kabelkranes in den Ver. Staaten". Fördertechnik und Frachtverkehr, 30. Sept. und 14. Okt. 1927.

Reiter sich zu beiden Seiten der Laufkatze befinden. Die Reiter (Abb. 339) laufen mit je zwei Rollen auf dem Tragseil und werden vom Fahrseil durch eine Reibungsverbindung auf die ihnen zukommenden Plätze befördert. Je nach der Spannweite gibt es $^1/_4$-, $^1/_2$-, $^3/_4$- usw. Reiter, die sich ständig in diesem Entfernungsverhältnis zwischen Laufkatze und Türmen befinden. Wenn also die Laufkatze z. B. vom Maschinenturm abfährt, bewegen sich die Reiter mit verschiedenen Geschwindigkeiten hinter dieser her bzw. weichen auf der anderen Seite der Katze die Reiter vor dieser aus. Gleichviel an welchem Punkte

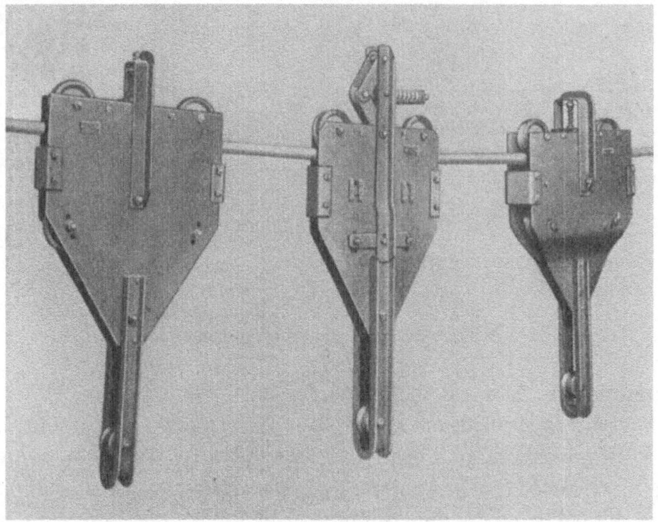

Abb. 339. Reitersatz (System Lambert).

der Spannweite sich die Laufkatze auch befindet, immer sind die Reiter zu beiden Seiten der Katze in den vorgeschriebenen Entfernungsverhältnissen verteilt.

Die verschiedenen Reitergeschwindigkeiten werden durch die Verschiedenheit der Rollendurchmesser erzielt, die vom Fahrseil angetrieben werden (Abb. 340 bis 343). Die zwischen Fahrseil und Tragkabel liegende Rolle wälzt sich auf der Unterfläche des Tragkabels ab, so daß sich nach Maßgabe der verschiedenen Übersetzungsverhältnisse die Fahrgeschwindigkeit der Reiter regelt. Bei diesem System fällt die Laufkatze sehr einfach aus; als wesentlicher Vorteil ist es zu bezeichnen, daß die Reiter mit der Laufkatze überhaupt nicht — oder nur ganz nahe an den Türmen — in Berührung kommen. Die Fahrgeschwindigkeit der Laufkatze kann daher hoch gewählt werden, weil die Stoßerscheinungen der Reiter beim Zusammentreffen mit der Katze fortfallen.

In der Regel wird bei diesem System das Hubseil am Gegenturm befestigt, wobei die Hub- und Fahrbewegung der Last gleichzeitig ausgeführt werden kann.

Die S. Flory Manufacturing Co., Bangor (Pennsylvanien), hat vor
etwa 20 Jahren begonnen, ein Reitersystem (Abb. 344) zu entwickeln, das

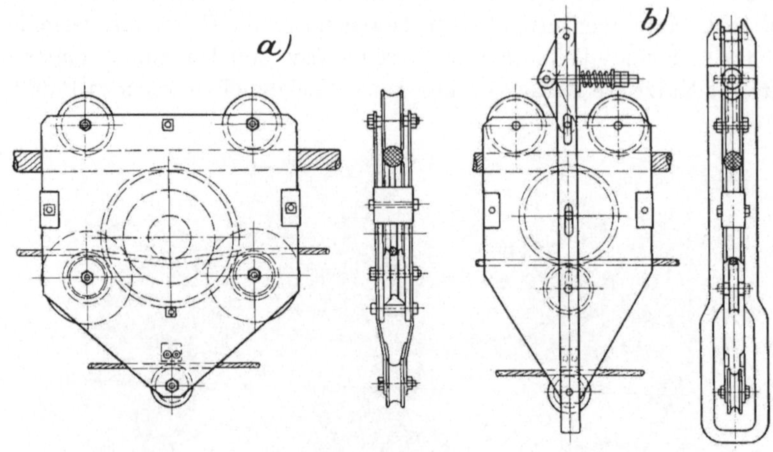

Abb. 340 bis 343.   Reiterbauart Lambert.

ursprünglich nur für die Kabelkrane zur Ausbeutung der Schieferbrüche
in Pennsylvanien bestimmt war, später aber auch auf Kabelkrane mit
anderen Förderzwecken übertragen wurde. In der Umgebung von
Bangor sind heute noch über fünfzig derartiger, äußerst behelfmäßig
gebauter Kabelkrane in den Schieferbrüchen in Betrieb; zumeist sind
es Schrägbahnen, bei denen die unbelastete Laufkatze ohne Kraft-

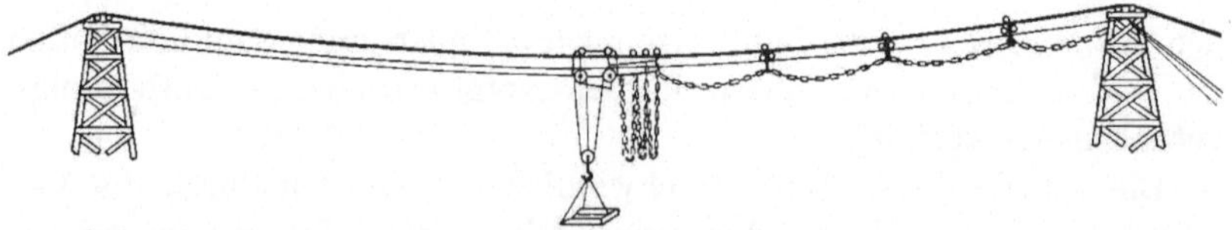

Abb. 344.   Kabelkran (Bauart Flory).

aufwand zur Aufnahmestelle zurückfährt. Während bei den übrigen
Seilsystemen das rücklaufende Fahrseil (als „oberes" Fahrseil) sich
über dem Tragkabel zwischen den beiden Türmen befindet, läßt Flory
dieses Seil unterhalb des Tragkabels durch die Laufkatze hindurch-
laufen. Die sehr zahlreichen Reiter unterstützen also bei diesem System
außer dem Hubseile die beiden Stränge des Fahrseiles. Das Hubseil
ist in der Regel am Hakengeschirr der Laufkatze befestigt (dreifache
Einscherung des Hubseiles), und die Reiter werden nur zwischen dem

Maschinenturm und der Laufkatze verteilt, während die Strecke nach dem Gegenturm ohne Reiter bleibt. Die Reiter selbst sind von sehr einfacher Bauart (Abb. 345), ebenso die Laufkatze, an der Prellhölzer angebracht sind, die sich gegen entsprechende Ansätze der Reiter legen können. Unter sich sind die Reiter durch schwache Ketten verbunden; zumeist wird das eine Ende der Kette an der Laufkatze befestigt, und während der Fahrt der Katze werden die zunächst dicht nebeneinander liegenden Reiter auseinandergezogen, soweit die Verbindungsketten dies zulassen. Der gegenseitige Abstand der Reiter beträgt dann etwa 10 bis 15 m. Wenn die Laufkatze sich am Maschinenturme befindet, hängen die Verbindungsketten etwa 6 bis 8 m lose herab, ohne eine wesentliche Beschränkung des Pro-

files herbeizuführen. Auch bei diesem System fällt die Reiteraufspießvorrichtung an der Katze fort, und das Knotenseil wird durch die Verbindungskette ersetzt. Beim Einsammeln werden die Reiter von der Laufkatze in der Richtung nach dem Maschinenturm vorwärtsgeschoben. Die Firma Flory hat wiederholt Kabelkrane bis zu etwa 700 m Spannweite mit diesem Seilsystem ausgeführt.

Abb. 345. Reiter (Bauart Flory).

In der neuesten Zeit ist man — zwecks Steigerung der Fahrgeschwindigkeit bis auf 300 m/min und mehr — dazu übergegangen, an Stelle der Reiter sog. „Klappbügel", die dauernd mit dem Tragseile verklammert sind, anzuwenden und eine Sonderbauart der Laufkatze zu entwerfen, die deren freien Durchtritt durch die Klappbügel gestattet. Die bisherigen, mit dieser Konstruktion angestellten Versuche an ausgeführten Anlagen (auch mit Greiferbetrieb) haben befriedigende Ergebnisse gezeitigt, so daß diese neuartige Bügelbauart (Patent Bleichert-Ullrich) noch weiter in die Praxis des modernen Kabelkranbaues eindringen dürfte[1].

Um überhaupt auf jede Seilunterstützung des Hubseiles bzw. Halteseiles verzichten und die Katzfahrgeschwindigkeit entsprechend erhöhen zu können, hat Pohlig neuerdings ein patentiertes Kabelkransystem zur Ausführung gebracht (Abb. 346 und 347).

Das Hubseil geht von der Hubtrommel der in der festen Stütze untergebrachten Antriebswinde nach einer Zwischentrommel in der Katze. Bei größerer Tragkraft wird dieses Seil, ebenso wie das Tragseil,

---

[1] Z. V. d. I. vom 5. Mai 1928.

doppelt ausgeführt, wodurch auch exzentrische Kräfte in bezug auf die Aufhängung der Katze vermieden werden. Bei kleineren Lasten wird die Trommel durch Seilscheiben-Reibungsantrieb ersetzt, wobei die Seilscheiben soweit wie möglich senkrecht unter dem Tragseil gelagert werden.

Von der Zwischentrommel Z führt ein zweites Seiltrum bis zum Spanngewicht an der Pendelstütze, von da zur Hauptstütze und Antriebtrommel zurück. Das Fahrseil führt von der Fahrtrommel an der Hauptwinde bis zur Katze, das rückführende Trum von der Katze über das Spanngewicht an der Pendelstütze zur Hauptwinde zurück.

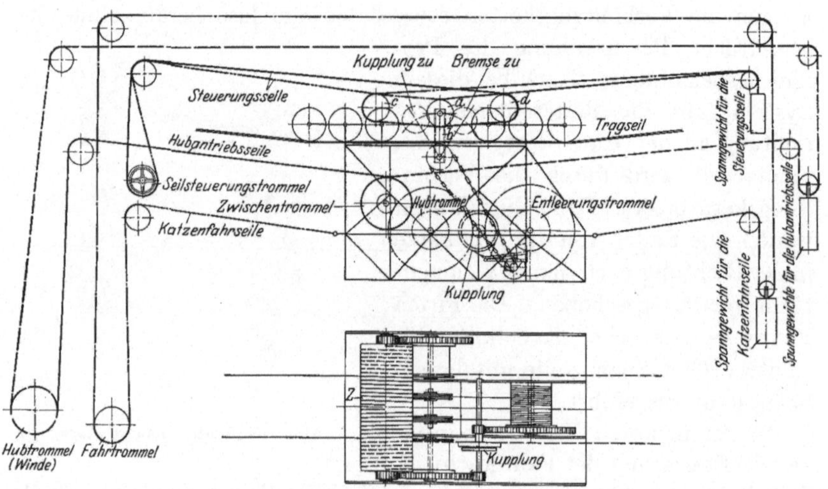

Abb. 346 u. 347. Kabelkranbauart für Greiferbetrieb (Patent Pohlig).

Das Triebwerk zur Betätigung der Greiferentleerungstrommel liegt ganz auf der Katze und wird durch eine Bremsbandkupplung an die Zwischentrommel auf der Katze angeschlossen. Die Bremsbandkupplung wird durch einen Seilzug betätigt, der im Führerstand von Hand oder durch einen kleinen Motor bewegt wird. Die Antriebtrommel dieses Seilzuges wickelt durch Rechtsdrehung den einen Seilzug auf und den anderen gleichzeitig ab. Hierdurch bewegt sich die Seilumführungsrolle a an der Katze, die an dem die Kupplung betätigenden Hebel b gelagert ist, in die gestrichelte Lage nach links. Bei umgekehrtem Drehsinn der Seilumführungstrommel im Führerhaus bewegt sich die Rolle a mit Hebel b nach rechts.

Die beiden Rollen c und d sind am Katzenrahmen fest verlagert. Eine Gefahr, daß sich der Kupplungshebel b während der Katzfahrt durch Reibungswiderstände oder Beschleunigungskräfte nach rechts oder links ungewollt verschiebt, ist nicht vorhanden, da die beiden Seilzüge infolge ihrer gleichen Spannung sich stets das Gleichgewicht halten.

Wegen der beträchtlich höheren rollenden Last trifft man im Kabelkranbau Führerstandslaufkatzen (Abb. 348 und 349) nur verhältnismäßig selten an, da in diesem Falle außer den Tragseilen auch alle kraft-

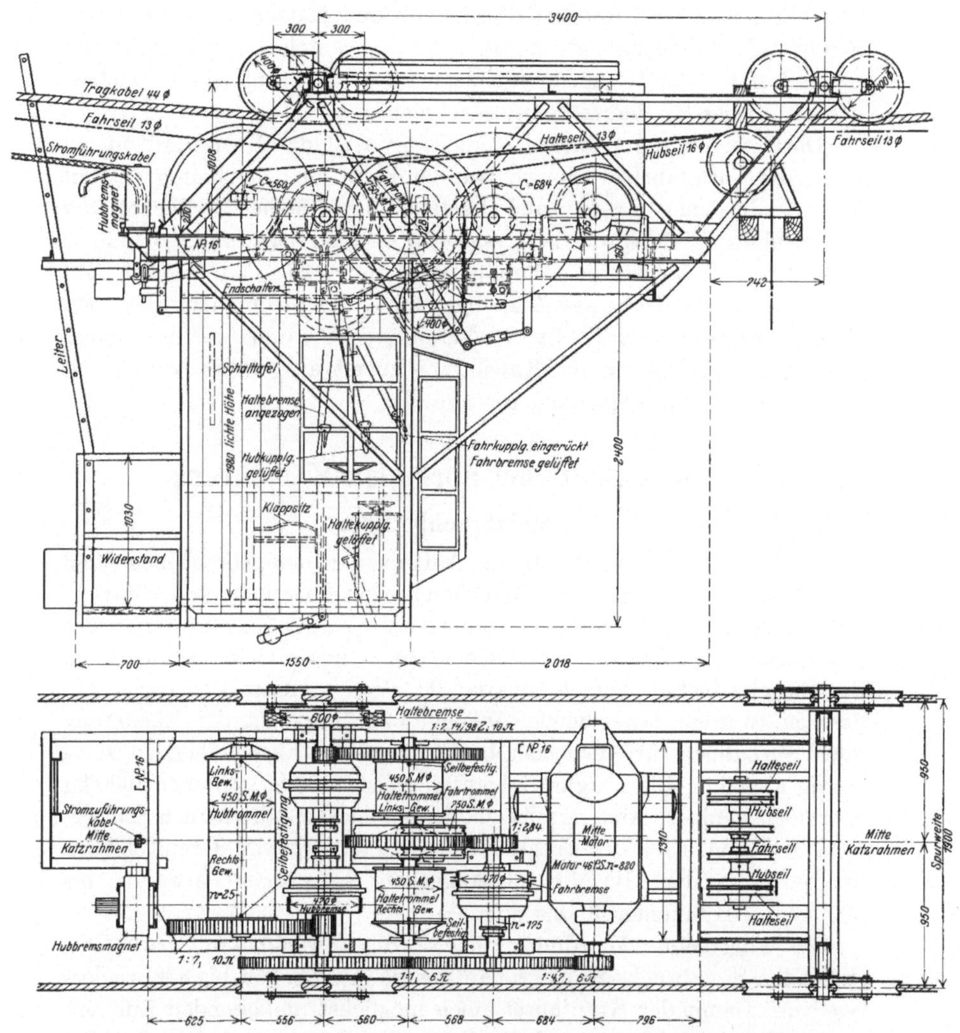

Abb. 348 u. 349. Führerstandslaufkatze mit Einmotorenantrieb für Kabelkran (Bleichert).

übertragenden Teile, Eisenkonstruktion der Türme, Laufwerke, Fahrbahnen usw., stärker und schwerer ausgebildet werden müssen, als es bei einer einfachen Seillaufkatze gleicher Tragkraft nötig wäre. Vorteilhaft ist, daß der Führer aus unmittelbarer Nähe von oben herab jederzeit den Bewegungen der Last folgen kann. Laufkatzen mit Führerbegleitung sind daher vorzugsweise bei Schiffsentladekranen anzutreffen; die Krane erhalten dann häufig aufklappbaren Ausleger, damit der Führer von dem festen Fahrbahnteil aus senkrecht nach unten in die Schiffsluken sehen kann. Das Windwerk der Führerkatzen weist gegenüber den Winden der auf festen Bahnen laufenden Katzen keine Besonderheiten auf. Eigenartig ist dagegen der Fahrantrieb, der zumeist aus zwei schmalen Spilltrommeln gebildet wird, die das Auf- und Abwickeln des fest liegenden Fahrseiles übernehmen.

Durch besondere elektrische Zuleitungen ist der Kranführer in der Lage, die Turmfahrbewegungen von der Katze aus einzuleiten. Damit bei verschiedenen Lasten und Laststellungen keine Berührung der Stromzuleitungskabel mit den Tragseilen — auch bei starkem Winde — eintritt, sind sorgfältige Durchhangsberechnungen anzustellen, auf Grund deren die Höhe der Aufhängepunkte der Stromkabel über dem Tragseil bestimmt wird. In den Vereinigten Staaten, wo die leichten Führerstandslaufkatzen für Kabelkrane zuerst ausgeführt wurden, ist man heute davon abgekommen.

B. Verwendung der normalen Kabelkrane.

1. Steinbruchbetrieb.

In Steinbrüchen liegt häufig die Aufgabe vor, den gebrochenen Stein oder Schotter von schwer zugänglichen Stellen über Felswände hinwegzubefördern. Allen übrigen Fördermitteln gegenüber löst hier der Kabelkran die Aufgabe in einfachster Weise, und er wird daher in den Steinbruchgebieten vielfach angewandt[1]. Von wenigen Ausnahmen abgesehen, werden feststehende Anlagen bevorzugt, da die Einebnung von Fahrbahnen für einen oder beide Türme im allgemeinen zu kostspielig ausfällt. Die Tragkraft beträgt meist 5000 kg, seltener 3000 kg oder noch weniger. Andererseits sind in den letzten Jahren auch Schwerlastkrane von 15000 kg Tragkraft zum Befördern von Granitblöcken aufgestellt worden. Im Mittel betragen die Spannweiten etwa 150 bis 300 m, die Hubhöhen 40 bis 80 m.[2]

Die allgemeine Anordnung einer kreisschwenkbaren bzw. feststehenden Steinbruchs-Kabelkrananlage ist in Abb. 350 bis 352 wiedergegeben. Damit der Kranführer einen möglichst umfassenden Einblick in das Bruchgelände bis auf die Sohle des Bruches erhält, wird das Führerhaus in der Regel an den Bruchrand gesetzt. Bei neueren Anlagen nimmt der Führer seine Aufstellung in einem über der Winde

---

[1] Über die Einführung der Kabelkrane in Deutschland siehe Z. V. d. I. 1910: Buhle, Kabelhochbahnkrane.

[2] Vgl. Franke, Neuzeitliche Steinbruchskabelkrane und Erläuterung der Tragseilberechnung. Zeitschrift „Die Steinindustrie" vom 19. April und 3. Mai 1928.

gelegenen besonderen Raume, bei fahrbaren Anlagen im oberen Teile des Maschinenturmes (Abb. 351 und 352).

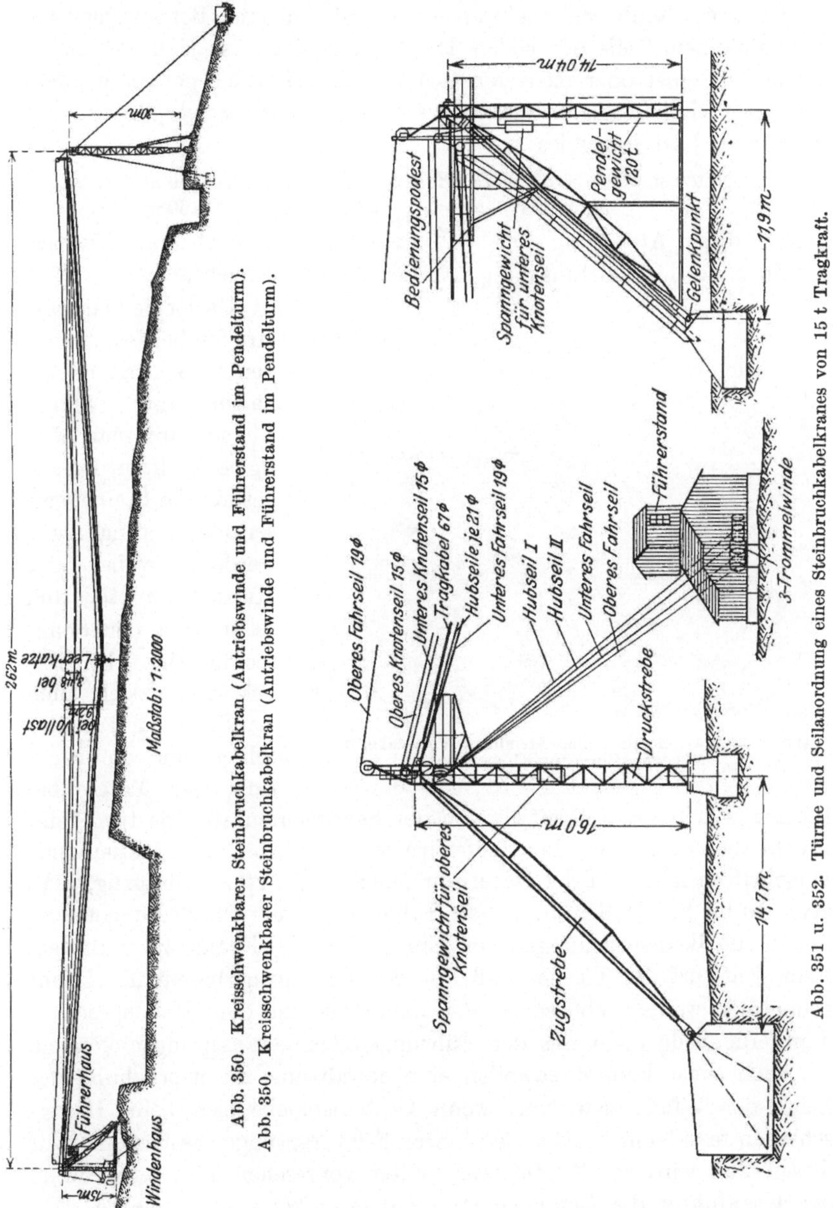

Abb. 350. Kreisschwenkbarer Steinbruchkabelkran (Antriebswinde und Führerstand im Pendelturm).

Abb. 351 u. 352. Türme und Seilanordnung eines Steinbruchkabelkranes von 15 t Tragkraft.

Häufig geschieht die Förderung von Bruchsteinen, Schotter und Abraum durch Kippwagen (Abb. 353), die entweder als Ganzes oder nur mit dem Oberteil mittels Schlingketten an das Hakengeschirr der Laufkatze angehängt werden.

Da die Steinbruchkabelkrane während längerer Betriebsperioden nur mit einem Teile der vollen Tragkraft arbeiten, so sind wiederholt Krane mit einer oder mehreren Geschwindigkeitstufen gebaut worden. Ein ziemlich häufig vorkommendes Ausführungsbeispiel (Bleichert, Neubauer) ist folgendes:

1. Nutzlast 2500 bis 5000 kg, Heben 20 m/min, Fahren 80 m/min
2.   „   unter 2500 kg,   „   40 m/min,   „   160 m/min

Durch diese Abstufung der Geschwindigkeiten wird eine günstige Ausnutzung der Leistungsfähigkeit der Anlage erreicht.

Abb. 353. Maschinenturm eines Steinbruchkabelkranes mit Absetzplattform für Kippwagen.

Da der Bedienungsstreifen bei feststehenden Kabelkranen verhältnismäßig schmal ist, so kann man häufig beobachten, daß abgesprengte Steine weit seitlich herangezogen werden, wobei das Hubseil um 45° und mehr von der Senkrechten abweicht. Dabei stellen sich auch Laufkatze und Reiter schief, und die Richtung der Tragseilbelastung weicht dann ebenfalls von der Senkrechten ab. Die für Steinbruchkabelkrane von den Lieferfirmen ausgearbeiteten Bedienungsvorschriften lassen in der Regel nur einen begrenzten Schrägzug, z. B. etwa 10 bis 20 vH der jeweiligen Hubhöhe zu, um Überlastungen und schädliche Beanspruchungen von Einzelteilen des Kranes zu verhüten. Beim Entwurf der Türme muß auf den Schrägzug bereits Rücksicht genommen werden, ebenso bei der Laufkatze und dem Hakengeschirr, damit die Seile nicht aus den Führungsrollen herausspringen können.

Auch sonst kommt zuweilen eine gewaltsame Beanspruchung der Seile, der Winde usw. vor, wenn Gesteinsblöcke sich beim Heranschleifen festklemmen oder sich hinter Felsvorsprüngen festsetzen. Für diesen Fall wird ein Maximalausschalter vorgesehen, der, selbst wenn der Kranführer die Gefahr nicht rechtzeitig bemerkt, ausgelöst wird und die Antriebswinde selbsttätig stillsetzt.

Um bei weiterer Ausdehnung des Bruches ohne Verlegung der Antriebswinde mit Fundament, Steuerorganen usw. auszukommen, baut man zuweilen Steinbruchskrane mit Zweimotorenantrieb und elektrischer Fernsteuerung, während sonst der Einmotorenkran den Regelfall bildet. Die Zweimotorenanordnung (Abb. 354 und 355) hat den Vorteil, daß der Aufstellungspunkt des Kranführers von der Winde unabhängig gewählt werden kann, da die Steuergestänge in Wegfall kommen. Der Kranführer erhält dann nur zwei Kontroller (für Heben und Fahren). Die

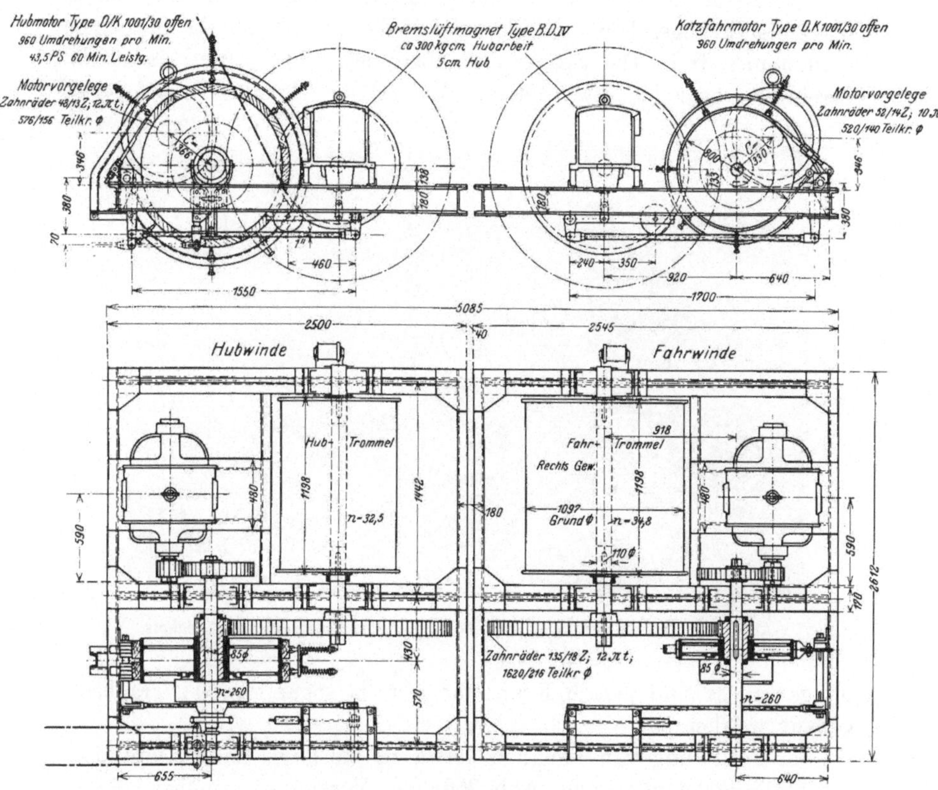

Abb. 354 und 355. Kabelkranwinde mit Zweimotorenantrieb und elektrischer Steuerung (getrennte Hub- und Fahrwinde).

Stromübertragung zwischen Führerstand und Motoren erfolgt durch Erdkabel, seltener — wegen der Gefährdung durch Steinschlag — durch über der Erde verlegte Blankleitungen. Eine spätere Verlegung des Führerstandes ist dann bei fortschreitendem Abbau verhältnismäßig leicht möglich.

Eine Förderbedingung, die im Steinbruchbetriebe in der Regel gestellt wird, ist diejenige des gleichzeitigen Hebens und Fahrens der Last. Tatsächlich ergibt sich bei mittleren und großen Hubhöhen ein beträchtlicher Zeitgewinn, wenn die Last in der Diagonale bewegt werden kann. Beim Zweimotorensystem ist das ohne weiteres möglich, dagegen bei Einmotorenanordnung immer nur in der einen Richtung, je nach Ablauf des Hubseiles von der Trommel.

2. Stapelung von Holz.

Bei größerer Ausdehnung des Lagerplatzes wird der Kabelkran viel verwendet, in den meisten Fällen in fahrbarer Anordnung. Der Lagerplatz bleibt, abgesehen vom Platzbedarf der Türme, für die Stapelung vollkommen frei. Die Spannweiten betragen nicht selten bis 300 m, vereinzelt sogar bis etwa 450 m. Als mittlere Tragkraft kann etwa

Abb. 356. Kreisschwenkbarer Doppelkabelkran zur Förderung von Langholz.

5 t gelten, es sind jedoch Krane für 12 t, ja sogar für 20 t Tragkraft gebaut werden.

Bei Förderung von Langholz (etwa 10 bis 25 m Länge) gibt man der Doppelkrananordnung (Abb. 356) den Vorzug, ebenso bei höherer Tragkraft, zwecks Verminderung der Seilbelastungen. Durch die Aufhängung der langen Hölzer an zwei Punkten des Hakengeschirres (Abb. 357) ist eine sichere Lastfahrt möglich, während bei einfacher Aufhängung die Hölzer sich leicht während der Fahrt drehen.

Als Baustoff für die Türme verwendet man häufig Holz, namentlich bei feststehenden Anlagen (Abb. 317). Elektrischer Fahrantrieb herrscht vor; der Kranführer ist dabei in der Lage, gleichzeitig mit der Lastbewegung auch die Turmfahrbewegung einzuschalten, um auf kürzestem Wege einen bestimmten Punkt des Lagerplatzes zu erreichen. Bei Stapelung von Holz für Zellstoffherstellung, mitunter auch bei Grubenholz, muß das Holz zunächst aus dem Wasser (geflößtes Holz) oder aus

Kähnen aufgenommen werden. Der wasserseitige Turm des Kabelkranes wird dann überkragend ausgebildet (Abb. 358) oder mit einem über das Wasser reichenden Ausleger versehen (Abb. 359). Bei der konstruktiven Durcharbeitung der wasserseitigen Stütze muß auf die Länge der Hölzer Rücksicht genommen werden, da in den meisten Fällen die Aufnahme senkrecht zum Tragkabel geschieht und eine freie Durchfahrt des Holzbündels durch die portalartig auszubildende Stütze möglich sein muß, zumal auch die Richtung der Hölzer beim Stapelvorgange in der Regel die gleiche ist.

Während bei Lang- und Nutzholz die Stapelhöhen nur etwa 6 bis 8 m betragen, geht man bei Zelluloseholz höher, und zwar

Abb. 357. Laufkatzen und Traverse eines Doppelkabelkranes zur Förderung von Holzstämmen (Bleichert).

bis auf etwa 12 bis 15 m. In Schweden verwendet man häufig am Wasser aufgestellte Bündelmaschinen, die maschinell die Zusammenfassung

Abb. 358. Parallel fahrbarer Kabelkran für Zellstoffhölzer. Überkragender Maschinenturm zur Aufnahme der Hölzer aus dem Wasser.

von Holzbündeln bestimmter Größe (etwa 3 bis 5 t) vornehmen, die dann an den Kabelkran zur Weiterbeförderung abgegeben werden, wodurch erheblich an Zeit gewonnen wird. — Auch Holzgreifer (Abb. 359)

können bei Kabelkranen angewandt werden, ferner Stapelrahmen in Sonderbauart (Abb. 360).

In Sonderfällen, wenn vom Besteller großer Wert auf eine getrennte Lagerung verschiedenartiger Holzsorten oder Schnitthölzer gelegt wird, kann die Transportaufgabe mittels Führerstandslaufkatze gelöst werden. Dem Kran-

Abb. 359. Parallel fahrbarer Auslegerkabelkran mit Greifer zum Aufnehmen von Grubenhölzern.

führer ist es dann ein leichtes, eine bestimmte, bezeichnete Holzsorte richtig zu erkennen, was bei großen Spannweiten vom festen Führerstande aus erheblich schwerer ist.

Abb. 360. Stapelrahmen für Zellstoffhölzer zur Beförderung durch den Kabelkran.

Bei Entladung von Kähnen sowohl wie von Eisenbahnwagen macht das Umlegen der Schlingketten um die Hölzer Schwierigkeiten. Durch ihr Eigengewicht werden die obenliegenden Hölzer gegen die unten liegenden gedrückt und ein Durchzwängen der Ketten oft unmöglich gemacht. Man hilft sich mitunter durch Verwendung von Stammzangen, die lediglich die Hölzer zwecks Durchführens der Schlingketten anzuheben haben.

Eine Abart der vorbeschriebenen normalen Kabelkrane für die bei kleineren Spannweiten verwendungsfähigen Brückenkabelkrane s. Abschnitt C.

3. Baukabelkrane.

Außerordentlich vielseitige Anwendungsmöglichkeiten hat der Kabelkran im Baubetrieb, und zwar vornehmlich beim Bau von Brücken, Schleusen, Staumauern, Hafenanlagen usw., ferner für Hochbauten mit größeren Abmessungen (Abb. 361 und 362). Bei Brücken- und Schleusenbauten wählt man fast durchgängig feststehende Türme oder seitlich schwenkbare Maste, bei Klärbecken parallel fahrbare Türme. Bei Kabelkranen für den Bau von Talsperren sind Spannweiten von 450 m und darüber keine Seltenheiten; in den Vereinigten Staaten hat man Spannweiten von 660 m ausgeführt. Für die Anordnung der Aufstellung ist der Grundriß des geplanten Bauwerkes maßgebend.

Die Aufgabe der Baukabelkrane besteht in der

Abb. 361. Kabelkran beim Bau der Techn. Hochschule Stockholm (Maschinenturm 55 m hoch).

Zubringung des Betons und der sonstigen Baustoffe — also Steinblöcke, Rüsthölzer und Verschalungsteile — an die Verwendungsstellen. Auch zum Aufstellen von Baumaschinen, Dampframmen oder Betongieß-

Abb. 362. Baukabelkrane mit seitlich schwenkbaren Masten für Schleusenbauarbeiten.

türmen wird der Kabelkran herangezogen. In einzelnen Fällen wird dem Krane bereits vor Inangriffnahme der eigentlichen Bauarbeiten die Aufgabe gestellt, den Erdaushub oder das Wegschaffen des Gerölles zu übernehmen, um damit die Gründungen vorzubereiten. Neuere Kabelkrane werden zu diesem Zwecke vielfach mit Greifern ausgestattet.

Für Kabelkrane, die zu Schleusenbauten dienen sollen, können, wie erwähnt, schwenkbare Masten in Frage kommen (Abb. 362). Diese sind bis 30 m hoch und bestehen aus kräftigen Hölzern, die mit Rundeisen armiert werden. Zu beiden Seiten eines jeden Mastes sind Spannwinden aufgestellt,

Abb. 363. Zwei kreisschwenkbare (Karussel-)Kabelkrane beim Bau einer Betonhalle.

die durch Nachlassen des einen Abspannseiles und gleichzeitiges Anspannen des anderen eine seitliche Schwenkbewegung um einige Meter nach jeder Seite zulassen und damit den Bedienungsbereich erweitern.

In jedem einzelnen Falle kann die Aufstellung der Krananlage der vorgeschriebenen Aufgabe angepaßt werden. So wurden zum Bau der Breslauer Festhalle (Abb. 363) zwei Kabelkrane benutzt, die einen gemeinsamen, im Mittelpunkte der Halle stehenden festen Turm besaßen. Mit dem Fortschreiten des Hallenbaues wurden die Krane auf einer geschlossenen Kreisbahn geschwenkt und verdienen daher die hierfür geprägte Bezeichnung „Karusselkrane".

Zum Bau der Technischen Hochschule in Stockholm wurde ein schwenkbarer Kabelkran (Abb. 361) verwendet, dessen feststehender

Abb. 364. Staumauer Wäggitäl kurz vor der Vollendung. Gießvorrichtung und Kübel in höchster Stellung.

Holzturm 55 m hoch und nach allen Richtungen durch zahlreiche Seile standsicher verankert war.

Bei Talsperrenbauten in stark zerklüftetem Gelände stellt der Kabelkran überhaupt oft die einzig mögliche Lösung der Transportaufgabe dar. So wurden beim Bau der Barberine-Talsperre (Schweiz) zwei Krane von 420 m Spannweite und 100 m Hubhöhe verwendet.

Beim Bau der Staumauer Wäggital (Schweiz) ist eine interessante Kabelkrananlage zur Zuführung des Gußbetons aufgestellt worden (Abb. 364 und 365 bis 367). Die auf zwei Tragseilen laufende Katze führt den Beton zu, und zwar nach der Gießvorrichtung, die ebenfalls auf zwei Tragseilen verfahren werden kann. Der rd. 3 m³ fassende Kübel hat ständig das Anfüllen des Gießtrichters zu übernehmen, während gleichzeitig die auf der Gießplattform aufgestellten Bedie-

17*

nungsleute den Abfluß des Betons durch die kurze schwenkbare Rinne zu regeln haben. Abb. 364 zeigt die Staumauer kurz vor ihrer Vollendung mit der Betonverteilungsanlage[1].

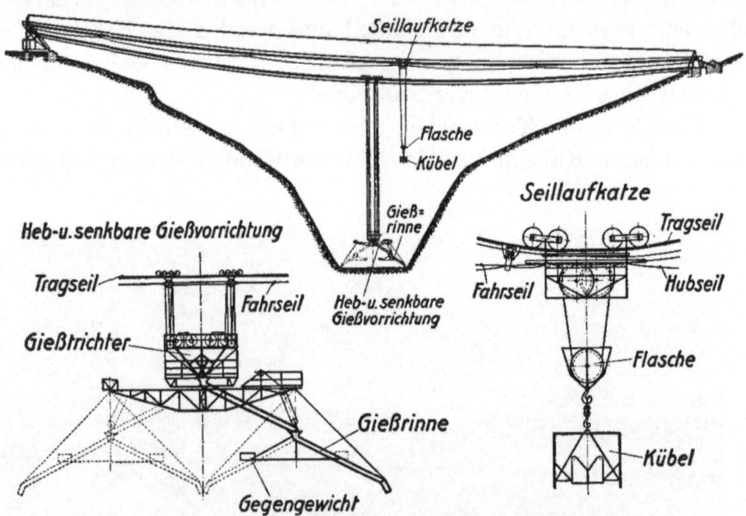

Abb. 365 bis 367. Kabelkran mit Betonkübel, sowie Gießvorrichtung mit Gießrinne beim Bau der Staumauer Wäggital (Bleichert).

4. Haldenschüttung.

Kabelkrane für Haldenschüttung finden sich z. B. in Oberschlesien und Rheinland-Westfalen. Um die Sturzflächen möglichst auszunutzen, nimmt man große Schütthöhen; die Kabelkrane erhalten entsprechend hohe Stützen.

In Abb. 368 ist eine Kokssturzanlage von etwa 320 m Spannweite mit seitlich schwenkbaren Masten dargestellt[2].

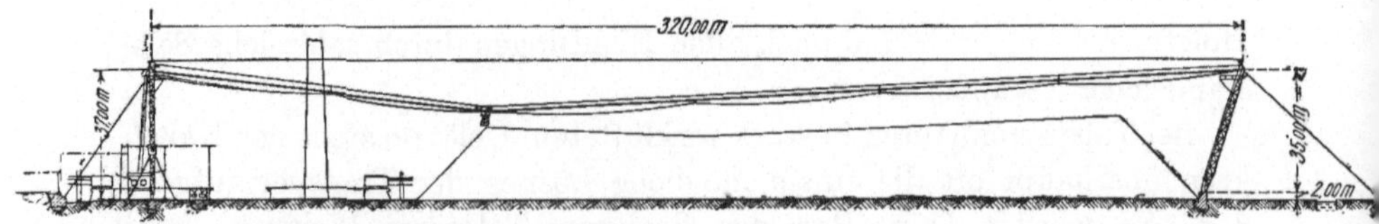

Abb. 368. Kabelkran zum Aufschütten einer Kokshalde (Türme seitlich schwenkbar).

Außer zur Haldenschüttung dient diese Anlage auch zur Rückverladung des Koks in Eisenbahnwagen.

---

[1] Wegen Einzelheiten hierüber vgl. Franke, Gießbeton-Verteilungsanlagen der Neuzeit. Zentralblatt der Bauverwaltung 1924, Nr. 7, 8, 9.

[2] Ausführliche Beschreibung nebst Rentabilitätsberechnung dieser von der Berginspektion Gladbeck i. Westfalen aufgestellten Anlage in Glückauf 1918. Nr. 25/26.

Es ist für die Konstruktion der Winde und der Seilführung wesentlich, ob der Absturz des Fördergutes aus bestimmter Höhe oder unmittelbar unter der Laufkatze erfolgen soll. Der Absturz dicht unter
dem Tragkabel kann nur in Frage kommen, wenn eine Schonung des
Gutes nicht nötig ist und wenn die große Fallhöhe keine schädliche
oder störende Staubentwicklung hervorruft. Beim Abstürzen von
Rückständen chemischer Fabriken, Asche und ähnlichen fein verteilten
Stoffen sind größere Fallhöhen ganz zu vermeiden, da ein großer Teil
des Gutes vom Winde weggeführt werden kann. In diesem Falle muß
die Antriebswinde mit einer dritten Trommel versehen werden. Das
Kippseil vermittelt dann die vom Führerstande aus eingeleitete Kippbewegung des Kübels in der gewünschten Höhenlage über der Halde.
Bei der einfachen Zweitrommelwinde ist die Ausführung der Kippbewegung durch einen besonders ausgebildeten, an der Laufkatze befestigten Anschlag möglich.

5. Schiffsentladung und Lagerplatzbedienung.

In der Regel dienen die für Schiffsentladung bestimmten Kabelkrane
auch zur Lagerplatzbedienung (Abb. 369). Zur Vermeidung hoher
Liegegelder müssen die Kohlen- oder Erzdampfer möglichst rasch
entladen werden. Der Kabelkran besorgt dann zumeist in Tag- und

Abb. 369. Aufklappbarer Ausleger an einem Kabelkran mit Führer-Laufkatze.

Nachtbetrieb den Absturz des Gutes auf den Lagerplatz oder in den
Bunker; nur ein kleinerer Teil wird zum unmittelbaren Verbrauch
weitergeleitet. Später nimmt der Kabelkran nach Bedarf das Gut
wieder auf. Bei größeren Anlagen schließen sich in vielen Fällen noch
Fernförderanlagen, wie Drahtseilbahnen oder Elektrohängebahnen, an.
In anderen Betriebszweigen, z. B. Gas- und Elektrizitätswerken, kommen

Kabelkrane.

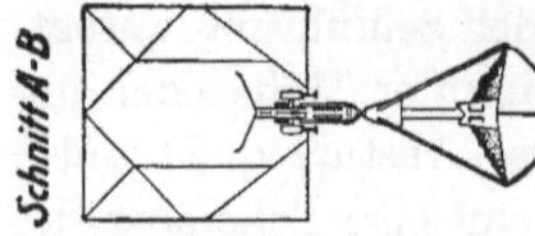

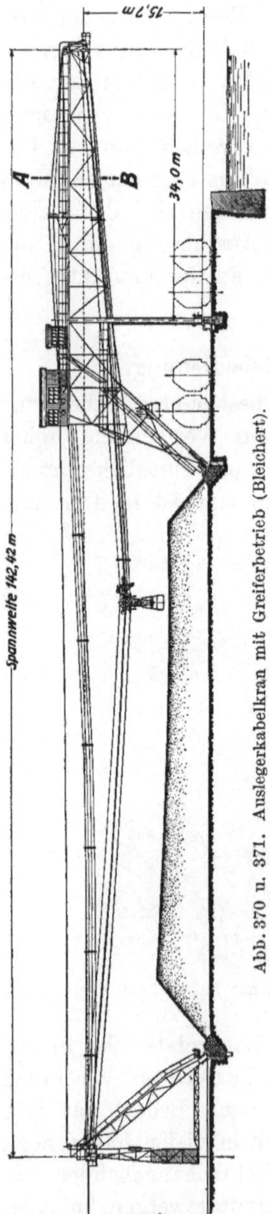

Abb. 370 u. 371. Auslegerkabelkran mit Greiferbetrieb (Bleichert).

Kombinationen mit Becherwerksanlagen oder Förderbändern zur Weiterleitung der Kohle in die Kesselhäuser vor.

Zwecks Erzielung hoher Förderleistungen werden derartige Kabelkrane fast stets mit Greifern ausgerüstet; zuweilen wird die Möglichkeit vorgesehen, bei schwer greifbarem Material vorübergehend Kübelbetrieb einzuschalten. Von wenigen Ausnahmen abgesehen sind die Krane parallel fahrbar, damit einerseits ein Verholen der Kähne vermieden wird und andererseits eine größere Lagerfläche bedient werden kann. Kommen Schiffe mit Masten zur Entladung, so müssen die über das Wasser reichenden Ausleger aufklappbar (Abb. 369) oder einziehbar sein. Es ergeben sich dann interessante Aufgaben für den Statiker, zumal wenn noch Schutzbrücken hinzutreten, die längs der Ufermauer zugleich mit der wasserseitigen Stütze verfahren müssen.

Damit der Führer sowohl beim Entladen der Kähne als auch beim Entleeren des Greifers stets die Fördervorgänge und alle begleitenden Nebenumstände aus unmittelbarer Nähe verfolgen kann, werden vielfach Führerlaufkatzen angewandt.

Die im Frankfurter Industriehafen aufgestellte Kabelkrananlage ist mit einfacher Seillaufkatze ohne Führerbegleitung ausgeführt (Abb. 370 und 371) und besitzt eine Spannweite von rd. 142 m, bei einer Auslegerlänge von 34 m. Führerstand und Windenhaus liegen dicht beieinander oben auf der wasserseitigen Stütze, so daß der Kranführer sowohl nach der Wasserseite als auch nach der Landseite hin guten Ausblick besitzt. Damit bei der Fahrbewegung der Laufkatze ein stoßfreier Übergang von dem Seil auf die Eisenkonstruktion des Auslegers stattfinden kann, ist die Laufkatze in einer Sonderbauart mit federnden Tragrollen ausgeführt worden.

6. Schiffbau.

Da die Kosten für die eisernen Gerüstbauten bei Hellinganlagen unter Verwendung von Drehkranen sehr erheblich ausfallen, ist man

Abb. 372. Helling-Kabelkrananlage der Deutschen Werft. 24 Kabelkrane mit je 280 m
Spannweite.

bei neueren Hellingen dazu übergegangen, die billigeren Kabelkrane einzuführen. Die Bedienung ausgedehnter Werkplätze wird auf einfache Weise ermöglicht, und die störende Beengung des Arbeitsplatzes durch

Abb 373. Helling-Kabelkrane der Reiherstieg-Werft.

die sperrigen Eisengerüste kommt in Fortfall, so daß eine außerordentlich gute Übersicht über das Werftgelände erreicht wird (Abb. 372).

Die erste deutsche Seilhellinganlage ist nach den Berechnungen des Zivilingenieurs Anton Böttcher auf der Reiherstieg-Schiffswerft im

Abb. 374. Parallel fahrbarer Kabelkran zum Abwracken von Schiffen (Bleichert).

Jahre 1907 entstanden[1]. Gestützt auf die günstigen Betriebsergebnisse hat die gleiche Werft auf einem benachbarten Arbeitsplatze im Jahre 1920 eine noch ausgedehntere Seilhellinganlage erbauen lassen, die im ganzen fünf Kabelkrane umfaßt (Abb. 373). Zwei dieser Krane besitzen 167 m Spannweite, die übrigen drei je 118 m. Die wasserseitige portalartige Stütze ist allen fünf Anlagen gemeinsam und besitzt eine Höhe von rd. 35 m. Die Tragkraft dieser Anlagen beträgt 2000 kg.

Fast gleichzeitig hat die Deutsche Werft in Hamburg auf dem Gelände von Finkenwärder die größte Hellingkabelkrananlage, die überhaupt besteht, nach denselben Gesichtspunkten erbaut. Die Spannweiten der vierundzwanzig im Abstande von 6,5 m parallel nebeneinander liegenden Bahnen betragen gleichmäßig 280 m. Die Höhe des wasserseitigen Portales ist 40, diejenige des landseitigen 45 m. Bemerkenswert ist, daß die Eisenkonstruktion der beiden Portale etwa $^1/_5$ des Gewichtes der bisher üblichen Hellinganordnung beträgt. Die Tragkraft der Laufkatzen wurde auf 4000 kg bemessen mit der Maßgabe, daß mehrere (bis zu vier) benachbarte Krane für die Bewältigung von Höchstlasten bis 16 t zusammen arbeiten können.

Im Gegensatz zu der sonst üblichen Aufstellung der Winden zu ebener Erde auf Fundamenten

---

[1] Ausführliche Beschreibung in Z. V. d. I. Bd. 52; Fördertechnik 1909, Heft 10/11.

wurden alle vierundzwanzig Antriebe in einer Reihe nebeneinander auf dem landseitigen Portal in gleicher Höhe mit den zugehörigen Führerständen angeordnet.

Die Hubgeschwindigkeit der Krane beträgt rd. 40 m/min, die Fahrgeschwindigkeit rd. 160 m/min. Die verhältnismäßig geringen Entfernungen der einzelnen Kabelbahnen untereinander ermöglichen ein sicheres Bestreichen des ganzen Werftgeländes. Das durch die Elastizität des Tragkabels hervorgerufene Federn der Lasten ist gering und wirkt nicht störend, sondern wird unter Umständen, beispielsweise beim Anpassen von zusammengehörigen Schiffsplatten, als Erleichterung empfunden

Die umgekehrte Arbeitsaufgabe verrichtet der in Abb. 374 dargestellte Kabelkran, dem das Abwracken von außer Kurs gesetzten Handels- und Kriegsschiffen obliegt. Die Tragkraft dieser Anlage beträgt 3000 kg, die Spannweite rd. 250 m.

7. Trajektkabelkrane.

In sehr eleganter Weise läßt sich zuweilen die Überquerung von Flüssen oder Kanälen durch Aufstellung eines Kabelkranes lösen. Namentlich dann, wenn sich ein kostspieliger Brückenbau wegen geringen Verkehres nicht lohnen würde und ein Übersetzen von Lasten nicht allzuhäufig vorkommt, ist wegen der niedrigen Anschaffungskosten der Kabelkran am Platze. Dieser Fall tritt besonders in abgelegenen oder unwirtlichen Gegenden ein. So werden mit einem Trajektkran von 380 m Spannweite schwere Maschinenteile, Schienen, Waggons und

Abb. 375. Trajektkabelkran über die Ems (Pohlig). Tragkraft 8000 kg.

Einzelteile von Lokomotiven bis zu einem Gewicht von 7000 kg über den Surinamfluß gesetzt und die Verbindung zwischen zwei Eisenbahnlinien hergestellt. Zwecks Vermeidung des zeitraubenden und kostspieligen Umladens der Güter werden geschlossene Kabinen verwendet, die an den Lasthaken angehängt und über den Fluß gebracht werden, um auf der anderen Seite des Ufers die Weiterfahrt fortzusetzen. Zur Beförderung von Personen sind Fahrkabinen vorhanden, die für 12 Personen Platz gewähren.

Eine ähnliche Aufgabe hat eine den Neckar überbrückende Kabelkrananlage zu lösen. In diesem Falle sind zwei Tragkabel vorhanden, damit lange oder sperrige Güter sicherer befördert werden können.

Eine weitere bemerkenswerte Trajektkabelkrananlage wurde bei Meppen aufgestellt, um Torfwagen über die Ems zu fördern (Abb. 375). Jeder dieser Wagen faßt etwa 5700 kg Torf, die Tragkraft der Laufkatze

Abb. 376.	Maschinenturm des Trajektkabelkranes mit Laufkatze und Kübel sowie Überladebunker (Pohlig).

beträgt etwa 8000 kg, und es können stündlich etwa 80 t nach der Staatsbahn geschafft werden. Die Fördergeschwindigkeiten sind: Heben 42 m/min, Fahren 160 m/min; die Stützenhöhen betragen rd. 25 m. Die Antriebswinde wird durch eine Zweizylinderlokomobile von 80 PS in Tätigkeit gesetzt. Das Auskippen des Torfwagens geschieht durch Aufsetzen auf einen über dem Bunker (Abb. 376) angeordneten festen Anschlag und einfaches Nachlassen des Hubseiles. Durch diese Maßnahme erübrigt sich der Einbau einer besonderen Kippvorrichtung (Dreitrommelwinde, Kippseil usw.).

C. Laufkabelkrane und Brückenkabelkrane.

Die normalen Kabelkrane (Abschnitt A und B) auch für Spannweiten unter 100 m zu verwenden, wäre wegen der für solche Zwecke zu hohen Anlagekosten und des im Vergleich mit den bekannten Laufkranen oder Brückenkranen großen Platzbedarfes für beide Türme eine verfehlte Maßnahme. In den letzten Jahren sind indessen Konstruktionen auf dem Markte erschienen, die Merkmale beider vorgenannten Krangattungen vereinigen und deren Bezeichnung als „Laufkabelkrane" und „Brückenkabelkrane" darauf hinweist, daß hier eine Übergangsbauart geschaffen ist, die sich für geringere Spannweiten eignet.

Das Neuartige dieser Krane besteht darin, daß die Katzenfahrbahn durch ein Seil gebildet wird, dessen beide Enden an einem starren Verbindungsträger befestigt sind. Dieser Träger, der in leichter Gitterwerkskonstruktion ausgeführt ist, nimmt den Tragkabelzug als Druckbelastung auf und erhält im Gegensatz zu den normalen Kranbauarten keine Biegungsbeanspruchung durch die rollende Last. Sowohl bei Lauf- als auch bei Brückenkabelkranen wird hierdurch das Gewicht der Eisenkonstruktion wesentlich vermindert, so daß die Anlage- und Betriebskosten sich erniedrigen. Der Verbindungsträger kann in ganz leichter Fachwerkskonstruktion ausgebildet werden; der Führerstand wird in an sich bekannter Weise auf der einen Seite des Trägers fest angeordnet. Infolge des geringeren Gewichtes der Eisenkonstruktion können auch die kraftübertragenden Teile, wie die Fahrwerke mit der zugehörigen elektrischen Ausrüstung, ferner die Fahrbahnen nebst Fundamenten leichter gehalten werden.

Die allgemeinen Anordnungsmöglichkeiten sind für diese Kabelkranabart die gleichen wie für die normalen Kabelkrane bzw. Brückenkrane. Die Krane können parallel fahrbar oder kreisschwenkbar ausgebildet werden. Hinsichtlich der Berechnungsweise und der konstruktiven Durchbildung der Einzelteile kann auf die normalen Kabelkrane, Laufkrane und Verladebrücken verwiesen werden.

Der in Abb. 377 dargestellte Laufkabelkran wurde in der Werkzeugmaschinenhalle der Technischen Messe zu Leipzig aufgestellt und zum Auf- und Abbau der schweren Werkzeugmaschinen, zum Heranbringen von Werkstücken usw. herangezogen. Die Spannweite dieses Kranes beträgt etwa 18 m, die Tragkraft 20 t. Die Arbeitsgeschwindigkeiten sind: Heben 2,5 m/min, Katzenfahren 25 m/min, Kranfahren 75 m/min. Diese Ziffern beziehen sich auf die Förderung von Lasten zwischen 5 t und 20 t, während für kleinere Lasten, also unter 5 t, eine Geschwindigkeitstufe die Einschaltung höherer Fördergeschwindigkeiten für Heben und Katzenfahren gestattet. Die Doppellaufkatze läuft auf zwei Tragkabeln (Spiralkonstruktion) von je 46 mm Durch-

messer und besitzt insgesamt acht Laufräder. Der Abstand der Tragkabel beträgt 0,53 m. Das Gesamtgewicht des Kranes ist nur rd. 14 t.
Auch für die Maschinenhalle eines Kraftwerkes wurde ein Laufkabelkran
ähnlicher Bauart verwendet.

Abb. 377. Laufkabelkran von 20 t Tragkraft und 18 m Spannweite.

Bei parallel fahrbaren Brückenkabelkranen erhalten die
beiden Stützenfüße getrennte elektrische Fahrwerke, und es werden
Vorkehrungen getroffen, um ein allzustarkes Voreilen des einen Stützen-

Abb. 378. Brückenkabelkran zur Langholzverladung (Bleichert).

fußes vor dem anderen zu verhüten. Durch gelenkige Ausbildung der
beiden Stützenköpfe ist zwar eine Schrägstellung möglich gemacht,
jedoch nur bis zu einem begrenzten Ausschlagwinkel, bei dessen Überschreitung die Stromzuführung selbsttätig unterbrochen wird. Wie bei

Verladebrücken müssen gegen Verfahren durch Winddruck Sicherheits-maßnahmen getroffen werden.

Da Brückenkabelkrane verhältnismäßig geringes Gewicht besitzen, können sie auch leicht durch den Wind in Bewegung gesetzt werden. Außer den normalen Schienenklammern werden deshalb vom Führer-stande aus zu betätigende Sicherheitsvorrichtungen angebracht, welche durch Klemm- oder Keilwirkung die Fahrwerke feststellen.

Die Hubgeschwindigkeit wählt man ähnlich wie bei normalen Kabel-kranen, die Fahrgeschwindigkeit der Katze jedoch wegen der kürzeren Fahrstrecken geringer. Die Tragkraft des in Abb. 378 dargestellten Brückenkabelkranes ist 3000 kg.

D. Kabelbagger.

Die Kabelbagger sind amerikanischen Ursprungs und in Europa erst in den letzten Jahren bekannt geworden[1].

Der in verschiedenen Ausführungsformen gebräuchliche Kabelbagger stellt eine Abart des Kabelkranes dar, bei der in der Regel die Hub-bewegung des Schürfgerätes durch Heben und Senken des Tragkabels selbst ausgeführt wird, während sonst die Hauptelemente aus dem Kabelkranbau übernommen sind. Seine Hauptanwendung findet er beim Abbau von Kies- und Sandgruben, bei der Ausbeutung von Torf-mooren, bei der Beförderung von Abraummassen im Braunkohlentagebau und bei Erledigung ähnlicher Aufgaben.

Ebenso wie der Kabelkran wird auch der Kabelbagger erst von Spannweiten über 100 m ab wirtschaftlich, während bei kleineren Spannweiten die bekannten Schürfbagger mit starrem Ausleger (Eimer-seilbagger) zweckmäßig Anwendung finden. Das Fassungsvermögen der Schürfkübel liegt zwischen etwa $^1/_2$ m³ und 6 m³, ohne daß die letztere Ziffer eine feste Grenze bedeuten soll. Stündlich können 25 bis 40 Förder-spiele gemacht werden. Hieraus ergibt sich die Förderleistung.

Die amerikanischen Kabelbagger erreichen noch höhere Spiel-zahlen.

In gleicher Weise wie bei Kabelkranen üblich kann der Kabelbagger entweder feststehend, parallel fahrbar oder schwenkbar aufgestellt werden. Durchgängig erhalten die fahrbaren Anlagen den Vorzug, da größere Abbauflächen bedient werden können, während der feststehende Kabelbagger nur einen sehr schmalen Schürfstreifen abtragen kann. Eine weitere, etwas primitivere, in Amerika sehr viel angewandte Auf-stellungsmöglichkeit ist diejenige mit leicht verschiebbarem Gegenblock. Beim allmählichen Fortschreiten der Schürfarbeiten kann ohne Zuhilfe-

---

[1] Vgl. Buhle: Über Kabelbaggerkrane und Schürfbagger. Die Bautechnik 1923, Heft 1.

nahme umständlicher Hilfsmittel der Gegenblock durch Flaschenzüge
seitlich versetzt werden.

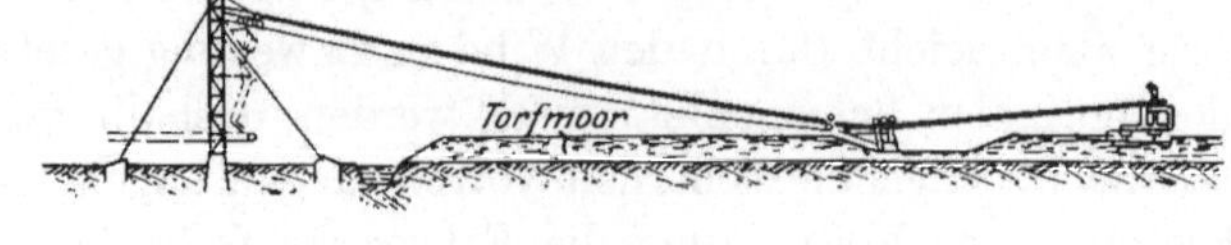

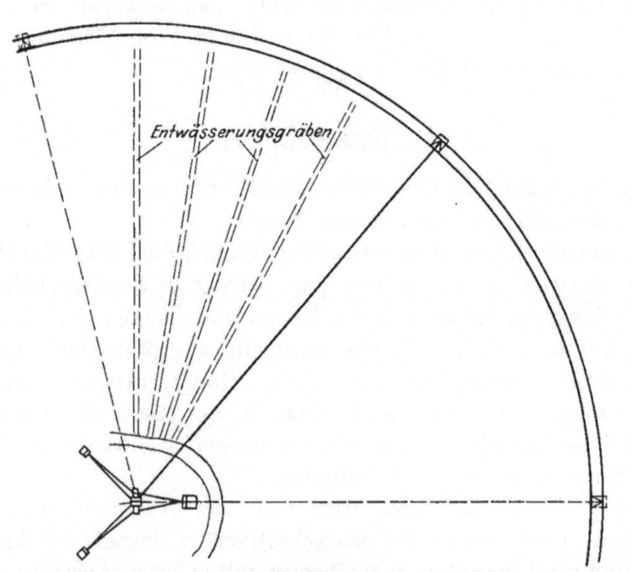

Abb. 379 u. 380. Kreisschwenkbarer Kabelbagger zum Abtragen eines Torfmoores.

Hinsichtlich Anordnung des Schürfprofiles kann man zwei grund-
sätzlich voneinander verschiedene Systeme unterscheiden. Bei der in
Amerika allgemein gebräuchlichen Bauart[1] (Abb. 379 bis 381) wird

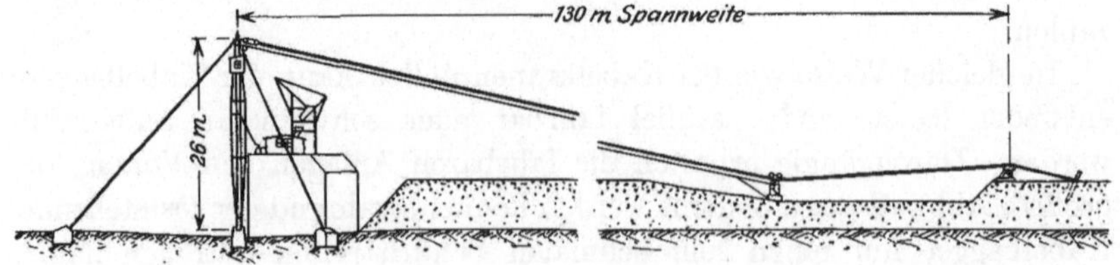

Abb. 381. Kabelbagger mit versetzbarem Gegenblock zur Ausbeutung einer Kiesgrube.

durch Schaffung eines Höhenunterschiedes zwischen den beiden Tragseil-
enden eine derartige Neigung des Seiles erreicht, daß die Laufkatze

---

[1]) Vgl. Z. V. d. I. 1927, S. 1727: Amerikanische Kabelbagger (Dr.-Ing. Franke).

ohne Zuhilfenahme einer motorischen Kraft vom Baggerturm nach dem Gegenblock bergab läuft. Bei dieser Anordnung kann auf ein besonderes Fahrseil nebst Fahrtrommel und zugehöriger Seilführung ganz verzichtet werden. Hierdurch wird die Konstruktion der Antriebswinde erheblich vereinfacht und außerdem durch das schnelle Zurückfahren des leeren Kübels die Förderleistung gesteigert.

Eine andere Anordnung, die neuerdings (Bleichert) neben der vorgenannten Anwendung findet, beruht auf der normalen Aufhängung des Tragseiles wie bei den Kabelkranen ohne die Herstellung beträchtlicher Höhenunterschiede, so daß in der Regel zwei Türme und ein besonderes Fahrseil mit Trommel und Zubehör nötig sind.

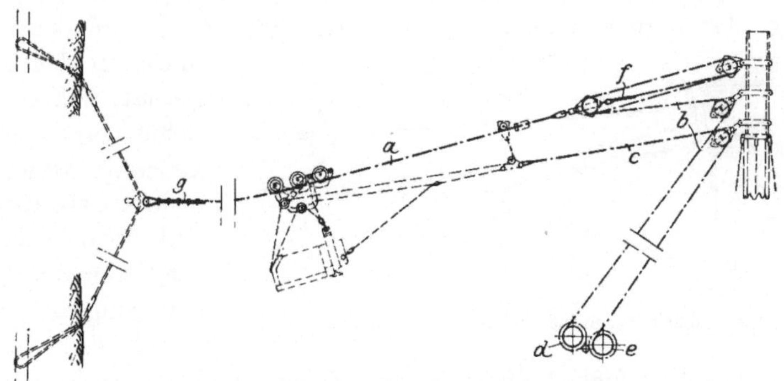

Abb. 382. Seilschema des Sauerman-Kabelbaggers.

a Tragkabel, *b* Hubseil, *c* Fahrseil, *d* Hubtrommel, *e* Fahrtrommel, *f* Flaschenzug, *g* Endbefestigung des Tragkabels.

Da nur die Kabelbagger nach amerikanischem Muster gegenüber Kabelkranen wesentliche Unterschiede aufweisen, so soll im folgenden nur diese Bauart behandelt werden.

Die Hauptbestandteile (Abb. 382) sind der Baggerturm, an dem das obere Tragseilende befestigt ist, und der niedrige Gegenblock auf der entgegengesetzten Seite. Die Höhe des Turmes wird so bestimmt, daß die Laufkatze mit leerem Kübel stromlos bergab läuft. Im allgemeinen wird dieser Zustand erreicht, wenn die Gesamtneigung zwischen den Tragkabelenden etwa 15 vH beträgt. Bei größeren Spannweiten (etwa über 200 m) ergeben sich unter dieser Voraussetzung sehr beträchtliche Turmhöhen, so daß man entscheiden muß, ob die bereits erwähnte und im folgenden kurz als „deutsche" Anordnung bezeichnete Aufstellungsweise zweier etwa gleich hoher Türme zweckmäßiger ist.

Die Antriebswinde wird in der Regel auf der im unteren Teile des Baggerturmes liegenden Plattform oder bei feststehenden Anlagen an dessen Fuß aufgestellt. Auf die eine Trommel wird das Fahrseil aufgewickelt, während die andere Trommel zur Aufnahme des Hubseiles dient, das die Hub- und Senkbewegung des Tragseiles vermittelt. Für Baggeranlagen, bei denen von vorherein damit gerechnet werden muß, daß mitunter unvorhergesehene Schürfwiderstände (durch größere Steine, Wurzelstöcke usw.) auftreten, ist durch den Einbau einer besonderen Rutschkupplung dafür zu sorgen, daß ein Brechen der Zahnräder oder der übrigen mechanischen Teile nicht eintreten kann. Auch ein Zerreißen des Schürfseiles oder des Kippgehänges kann durch diese Sicherheitsvorrichtung verhütet werden.

Bei größeren Baggeranlagen, die zur Erreichung hoher Förderleistungen große Fahrgeschwindigkeiten voraussetzen, empfiehlt sich die Einschaltung einer Geschwindigkeitstufe in die Antriebswinde, damit die einzelnen Phasen der Kübelbewegung möglichst vorteilhaft ausgenutzt werden können. Durch diese Einrichtung wird der Kranführer in den Stand gesetzt, während des Schürfvorganges die kleinere Geschwindigkeit einzustellen und daran anschließend für die Fahrbewegung des gefüllten Kübels in die

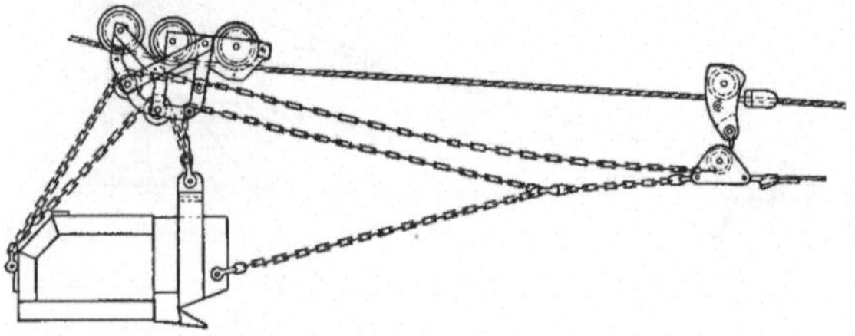

Abb. 383. Schürfkübel mit Kettenzaum (System Sauerman).

höhere Geschwindigkeit überzugehen. Ebenso wird das Auskippen des Kübels mit geringerer Geschwindigkeit vollzogen.

Als Fördergerät dient der bereits erwähnte Schürfkübel, dessen Fassungsvermögen sich nach der verlangten Leistung richtet. Je nach Beschaffenheit und Härtegrad des Fördergutes kann der Kübel mit Zähnen und Schneidlippen aus hochwertigem Sonderstahl armiert werden, welche die Zerkleinerung größerer Brocken ermöglichen. Der Kübel selbst hängt unmittelbar unter der Laufkatze und steht mit dem Schürfseil durch den sog. Kettenzaum in Verbindung (Abb. 383). Vom Führerstande aus kann durch Betätigung der entsprechenden Steuerorgane der Kettenzaum verstellt und die Kippbewegung des Kübels herbeigeführt werden.

Die Förderbewegungen des Kabelbaggers werden durch eine Zweitrommelwinde hervorgerufen, die ihrerseits durch einen Elektromotor oder eine andere Kraftmaschine in Betrieb gesetzt wird. Auf die eine Trommel wickelt sich das Schürfseil auf, das mit der Laufkatze in Verbindung steht. Von der zweiten Trommel führt das Hubseil zu einem Flaschenzuge (Abb. 382), der am maschinenseitigen Ende des Tragkabels befestigt ist. Durch entsprechende Drehung der letzteren Trommel wird das Tragseil — in der Regel während der Auf- bzw. Abwärtsfahrt der Laufkatze — gesenkt, und zwar so weit, bis der an der Laufkatze hängende Schürfkübel den Grund der Schürfstelle erreicht hat. Sobald dies geschehen ist, wird die Abwärtsfahrt der Katze gebremst und die Senkbewegung des Tragkabels unterbrochen. Durch Umschaltung der Antriebsmaschine wird nunmehr die Fahrtrommel in die umgekehrte Drehrichtung versetzt, wodurch sich die Katze mit angehängtem Schürfkübel nach dem Turme zu bewegt. Bei diesem Vorgange erfolgt die Anfüllung des Schürfkübels nach Maßgabe der Steuerbewegungen seitens des Kranführers. Nach Beendigung dieser Arbeitsperiode wird die höhere Fahrgeschwindigkeit eingeschaltet; außerdem wird in der Regel auch die Hubtrommel in Drehbewegung versetzt, worauf sich das Tragkabel mit Laufkatze und Schürfkübel hochhebt, während gleichzeitig die Laufkatze sich vorwärtsbewegt. Kurz vor der Entladestelle wird in die niedrige Geschwindigkeit umgeschaltet. Durch einen am Tragseil befestigten Anschlag wird die Laufkatze bei ihrer Aufwärtsfahrt durch ein besonderes Kipporgan des Kettenzaumes festgehalten und hierdurch der Schürfkübel in Kippstellung gebracht. Bei diesem Vorgange wird das Gut entweder auf Halde abgestürzt oder durch einen Bunker einem weiteren Fördermittel (z. B. Schmalspurwagen) zugeführt. Nach erfolgter Entladung des Kübels wird zunächst die Fahrtrommel wieder in die entgegengesetzte Drehrichtung versetzt. Der Kübel kehrt in seine normale Lage zurück und die Katze fährt zur jeweiligen Wiederaufnahmestelle, so daß sich das Förderspiel wiederholt.

Natürlich kann der Absturz des Fördergutes auch in der Nähe des Gegenblockes stattfinden. Die Laufkatze fährt dann nach Beendigung des Schürfvorganges rückwärts.

Ausführungsbeispiele von Kabelbaggern.

Kabelbagger zum Abtragen einer Kiesbank (Gegenblock verstellbar). Gemäß Abb. 381 handelt es sich um eine Anlage nach amerikanischem System, da die Höhe des Turmes 26 m beträgt und somit eine Bergabfahrt der Katze ohne Strom stattfindet. Da die verlangte Förderleistung nur etwa 10 m³/st beträgt, genügt ein Schürfkübel von etwa 0,4 m³ Fassungsvermögen. Der rd. 1 m hohe Gegenblock wird mit verankerten Flaschenzügen nach und nach seitlich weitergerückt, so daß ein Geländestück von sektorartiger Gestalt abgetragen werden kann. Die Tragkabelbefestigung am Kopfe des Maschinenturmes ist so ausgebildet, daß sie beim Versetzen des Gegenblockes sich der veränderten Seilrichtung anpassen kann. Auch die Hub- und Schürfseilumlenkrollen am Turme sind in ähnlicher Weise verlagert. Der abzubaggernde Kies (Abb. 384) ist mit großen Steinen, teilweise bis Kopfgröße, durchsetzt. Da es sich um gewachsenen, festen Kies handelt, treten bisweilen sehr erhebliche Schürfwiderstände auf.

Der Kraftbedarf beim Heben des gefüllten Kübels in der Mitte der Spannweite beträgt etwa 20 PS. Die bei der Inbetriebsetzung angestellten Versuche haben gezeigt, daß diese Motorstärke auch beim Baggern von Kies, der mäßig mit größeren Steinen durchsetzt war, ausreichte.

Kabelbagger zum Abtragen von Torf, Anordnung kreisfahrbar (Abb. 379 und 380). Dieser Bagger ist zum Abtragen eines Torfmoores bestimmt, der Gegenblock wurde fahrbar angeordnet. Die Spannweite beträgt 200 m, die Höhe des Turmes rd. 36 m, diejenige des Gegenblockes rd. 3 m. Der Schürfkübel hat ein Fassungsvermögen von 1,5 m³ (entsprechend 1200 bis 1500 kg Rohtorf, je nach Wassergehalt); die Stundenleistung ist 30 bis 40 m³. Die Fördergeschwindigkeiten sind: Schürfen 50 m/min, Fahren 200 m/min, Heben 7 m/min. Als Antriebskraft dient ein Motor von 50 PS; die Winde ist am Fuße des Turmes auf festem Boden aufgestellt, während die Fahrbahn des Gegenblockes auf der Decke der etwa 5 m starken Torfschicht verlegt wurde. Die Laufschienen selbst liegen auf breiten hölzernen Rosten, so daß der Flächendruck niedrig gehalten und ein Nachgeben der Moordecke verhütet wird. Der Torf ist verhältnismäßig leicht schürfbar, doch sind darin mitunter Wurzelstöcke oder stärkere Baumreste eingebettet, die kaum von dem Schürfkübel zerkleinert werden können. Das Gut wird am Turme abgestürzt und auf Bändern nach der Trockenanlage und den Torfpressen befördert.

Abb. 384. Laufkatze mit Schürfkübel eines kleinen Kabelbaggers für Arbeiten in einer Kies- und Sandgrube.

Abraumkabelbagger (System Bleichert), parallelfahrbar (Abb. 385). Da bei der großen Spannweite von 252 m ein selbsttätiges Bergablaufen der Katze nicht zweckmäßig ist, ist ein besonderes oberes Fahrseil vorgesehen, das durch ein am Gegenturme angebrachtes Spanngewicht dauernd unter gleichhoher Spannung gehalten wird. Der Bagger ist parallel fahrbar; der im Maschinenhaus aufgestellte Baggerführer kann die gleichzeitige Fahrbewegung der beiden Türme durch Ein-

schalten zweier Kontroller auf einfache Weise — wie bei den Kabelkranen — erreichen.

Als Laufbahn für die Katze dienen zwei Spiralseile von 45 mm
Durchmesser. Das Fassungsvermögen des Schürfkübels beträgt etwa
2,0 m³, entsprechend 3400 bis 3600 kg Abraum. Bei Zurücklegung

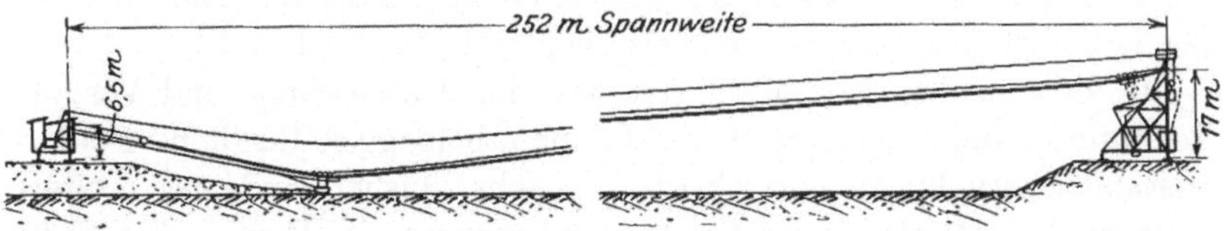

Abb. 385. Parallel fahrbarer Abraumkabelbagger in einer Braunkohlengrube, System Bleichert.

einer Fahrstrecke von etwa 200 m kann eine stündliche Förderleistung
von 40 bis 50 m³ erreicht werden.

Bei späterer veränderter Aufstellungsweise der Anlage ist eine Vergrößerung der Spannweite um 70 m, d. h. auf 320 m, vorgesehen.
Deshalb sind am Gegenturme die beiden überschießenden Tragkabel-

Abb. 386. Laufkatze mit Schürfkübel und Kettenzaum eines Kabelbaggers.

stücken mit schwacher Krümmung am Turme herabgeführt und auf
Holztrommeln gewickelt.

Arbeitsgeschwindigkeiten: Schürfen 60 m/min, Fahren 240 m/min,
Tragkabelheben 7 m/min, Turmverfahren 4,5 m/min. Beim Heben des
Tragkabels, wenn der gefüllte Kübel in der Mitte der Spannweite steht,
beträgt der Kraftbedarf rd. 130 PS, beim Schürfen von mäßig hartem

Abraum usw. 100 bis 120 PS. Die angestellten Schürfversuche haben gezeigt, daß außer Abraumschichten, die mit Steinen durchsetzt waren, auch gewachsener Ton in dünneren Spänen durch den Schürfkübel abgeschält werden konnte (Abb. 386).

Das Abkippen des Abraumes findet in der Nähe des Gegenturmes statt, so daß nach Beendigung der Schürfbewegung die sich anschließende Fahrt des gefüllten Kübels rückwärts vor sich geht.

In den beiden letzten Jahren hat die Entwicklung und Vervollkommnung der Bleichertschen Abraumkabelbagger für hohe Förderleistungen erhebliche Fortschritte gemacht; bisher sind vier weitere Anlagen in Betrieb gesetzt worden und mehrere im Bau. — Die Fahrgeschwindigkeit der Laufkatze wurde bei den neuen Anlagen auf etwa 480 m/min gesteigert, und auch sonst wurden eine Anzahl bauliche Verbesserungen vorgenommen[1].

IX. Zusammengesetzte Förderanlagen.

Bearbeitet von

Hermann Schmarje, Direktor der J. Pohlig A.-G., Köln-Zollstock.

A. Allgemeine Gesichtspunkte.

Für die Lösung einfacher Förderaufgaben, mit kleineren und mittleren Förderleistungen und verhältnismäßig kurzen Förderwegen, wird man dasjenige Element wählen, das die gestellte Aufgabe am wirtschaftlichsten löst, auch wenn es in den Anlagekosten nicht das billigste ist. Dabei muß das Bestreben des Konstrukteurs darauf gerichtet sein, solange es eben möglich ist, d. h. soweit die geforderte Leistung und die Länge des Weges es gestatten, mit einem einzigen Förderelement auszukommen, weil bis zu einer bestimmten Grenze gerade dadurch die Wirtschaftlichkeit erreicht wird, vorausgesetzt natürlich, daß das gewählte Element die gestellte Aufgabe vollständig lösen kann. Nur wenige Förderelemente genügen jedoch allen Anforderungen in dieser Beziehung und besitzen eine gewisse Universalität. Mit einem einzigen

---

[1] Einzelheiten hierüber sind zu finden in folgenden Aufsätzen:

1. Friedrich, Kabelkrane und Kabelbagger im Abraumbetrieb. Zeitschrift „Die Braunkohle vom 2. Juni 1928.

2. Bruckmann, Brückenkabelbagger für eine Braunkohlengrube. Z.V. d. I. von 2. Juni 1928.

3. Franke, Die neuen Braunkohlenförderanlagen der Gewerkschaft Friedrich. Fördertechnik und Frachtverkehr vom 23. November 1928.

Element Material aufzunehmen, sei es aus Schiffen, Eisenbahnwagen oder vom Lager, es zu heben und weiterzubefördern, läßt sich in einwandfreier Weise wohl nur durch Greiferkrane oder durch mit Greifern ausgerüstete Elektrohängebahnen bewerkstelligen. Diese werden daher auch innerhalb gewisser Grenzen stets als Universalförderelemente das Feld behaupten. Die Gründe, die zum Verlassen des an sich richtigen Grundsatzes der Einheitlichkeit zwingen und dazu führen, eine Reihe verschiedener Förderelemente miteinander zu einer zusammenhängenden Förderanlage zu verbinden, können mannigfaltiger Natur sein. Sie sollen nachstehend in ihren Grundzügen gekennzeichnet werden.

1. Örtliche Verhältnisse.

In den weitaus häufigsten Fällen hat der Konstrukteur, der eine Förderanlage entwerfen soll, nicht freie Wahl in der Gestaltung der Wege, der Lagerplätze, der Entladegleise oder des Schiffsliegeplatzes in bezug auf den Verbrauchsort. Höchstens bei Neuanlagen mag es ihm gelingen, einigen Einfluß auf die Gesamtanordnung zu gewinnen, sonst muß er sich mit den gegebenen Verhältnissen abfinden. Das bedeutet aber, daß er, um das Material vom Aufnahmepunkt zum Lager und vom Lager zum Gebrauchsort gelangen zu lassen, sich den örtlichen Verhältnissen anpassen muß. Wiederholter Richtungswechsel des Förderweges verlangt die Übergabe des Materials von einem Element, das an eine Ebene gebunden ist, an ein anderes; enge Durchgänge zwischen Gebäuden, geringe Bauhöhe im Innern der Gebäude bedingen für die Unterbringung und Lagerung der Förderelemente geringe Profilmaße, die aber im Freien keineswegs die geeignetsten zu sein brauchen, so daß auch hier verschieden geartete Elemente zusammenarbeiten müssen.

Große Entfernungen zwischen Aufnahmepunkt und Verbrauchsort verlangen Förderelemente, die vorwiegend als Fernförderer geeignet sind (wie Seilbahnen), die aber zur Aufnahme des Fördergutes als Ergänzung ein Hubelement benötigen und auch im Innern von Gebäuden sich wenig eignen, besonders wenn noch Richtungswechsel vorkommen oder wenn es sich um vorhandene Gebäude handelt, die nicht von vornherein für das große Durchgangsprofil einer Seilbahn mit ihren Umführungsscheiben eingerichtet wurden. Auch hier heißt es dann, den Weitertransport im Gebäudeinnern durch ein anderes, geeigneteres Element vornehmen zu lassen.

Auch die ungünstige Form eines Lagerplatzes in Verbindung mit einer gegebenen Entladestelle läßt zuweilen die Anwendung eines einzigen Fördermittels nicht zu, besonders wenn es sich um unregelmäßig gestaltete oder dreieckige Plätze handelt, die durch das Überspannen mit einer Lagerplatzbrücke ungünstig ausgenutzt würden. Eine Elektrohängebahn in Verbindung mit der Entladevorrichtung überwindet hier oft alle Schwierigkeiten.

Auch die Bodenverhältnisse müssen beim Entwurf der Förderanlage berücksichtigt werden. Hoher Grundwasserstand schließt die Anwendung tiefer Schüttgruben und Kanäle aus, wie sie häufig zum unmittelbaren Abziehen des Fördergutes vom Lager mit Stahlbändern oder Pendelbecherwerk benötigt werden. Hier findet sich z. B. die Kombination von Elektrohängebahn und Pendelbecherwerk.

Es ließen sich noch viele Fälle anführen, in denen die örtlichen Verhältnisse die Anwendung zusammengesetzter Anlagen erzwingen unter Beeinträchtigung der Wirtschaftlichkeit.

2. Wirtschaftliche Erwägungen.

Wie bereits eingangs erwähnt, ist die Verwendung von Einzelförderern, die die gestellte Förderaufgabe in vollem Umfange bewältigen können und bei denen das Fördergut nicht umgeladen zu werden braucht, so lange vom wirtschaftlichen Standpunkt aus zu begrüßen, als Förderweg und Förderleistung ihr keine Grenzen setzen. Aber gerade die hervorragende Eigenschaft der als Universalförderer anzusprechenden Fördereinrichtungen, wie Greiferkrane und Hängebahnen mit Greifern, nämlich daß sie das Material aufnehmen, heben und wagerecht weiterfördern können, bedingt auch ihr großes Eigengewicht und, da sie meist im Pendelbetrieb arbeiten, die Beschränkung der Leistung. Bei jedem Arbeitsspiel muß die tote Last des Greifers mit gehoben und gefahren werden, was die Stromkosten erhöht; die Stützkonstruktionen werden schwer und teuer, die Fahrgeschwindigkeiten müssen in ausführbaren Grenzen gehalten werden mit Rücksicht auf die Beschleunigungskräfte, auf das Durchfahren von Kurven, Weichen usw. Daher sind solche Förderanlagen nur innerhalb der bei vorgeschriebenen Förderwegen möglichen Höchstleistungen ausführbar. Darüber hinaus muß die Förderaufgabe unterteilt werden in die eigentliche Greif- und Hubarbeit und die Weiterbeförderung des Materials, gegebenenfalls auch in mehrfaches Heben und Wagerechtfördern.

An einem einfachen Beispiel soll gezeigt werden, wie unter bestimmten örtlichen Verhältnissen und bei vorgeschriebener Leistung eine zusammenhängende, aus verschiedenen Elementen bestehende Anlage einer solchen, die mit einem einzigen Förderelement arbeitet, wirtschaftlich überlegen sein kann.

Die in Abb. 387 und 388 schematisch dargestellte Anlage, die zur Förderung von Kohlen aus dem Schiff auf einen Lagerplatz und in die Kesselhausbunker einer Zentrale dient, ist zunächst als Elektrohängebahn mit Führerstands-Greiferkatzen geplant. Zur Versorgung des Kesselhauses, das 10 Kessel zu je 500 m² enthalten soll, müssen bei

achtstündigem Förderbetrieb, wenn der tägliche Bedarf an Kohlen
etwa 360 t beträgt und zur Auffüllung des Lagers 10 vH über den

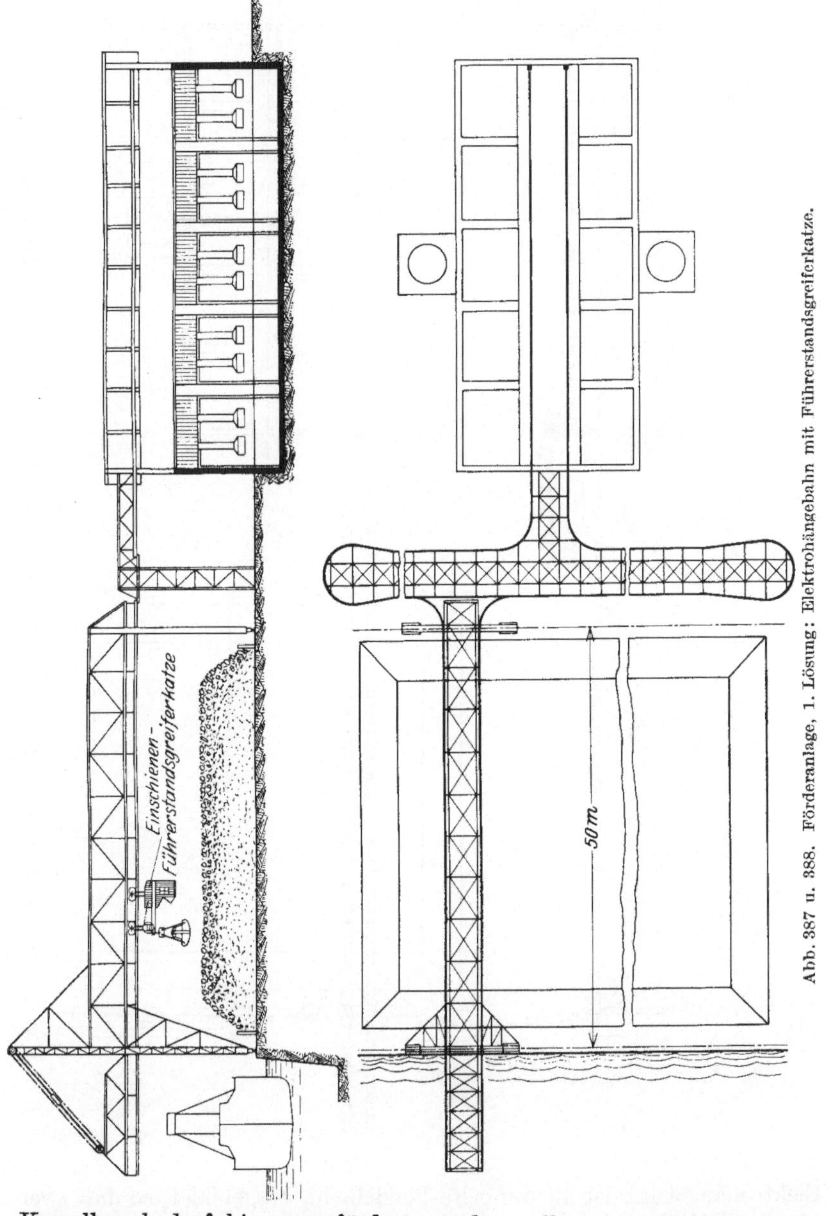

Abb. 387 u. 388. Förderanlage, 1. Lösung: Elektrohängebahn mit Führerstandsgreiferkatze.

Kesselhausbedarf hinaus gefördert werden sollen, stündlich 50 t entladen und ins Kesselhaus gefördert werden. Hierzu sind zwei Katzen

von je 5 t Tragkraft erforderlich, die eine Hubgeschwindigkeit von 0,6 m/s und eine Fahrgeschwindigkeit von 3,0 m/s erhalten. Die

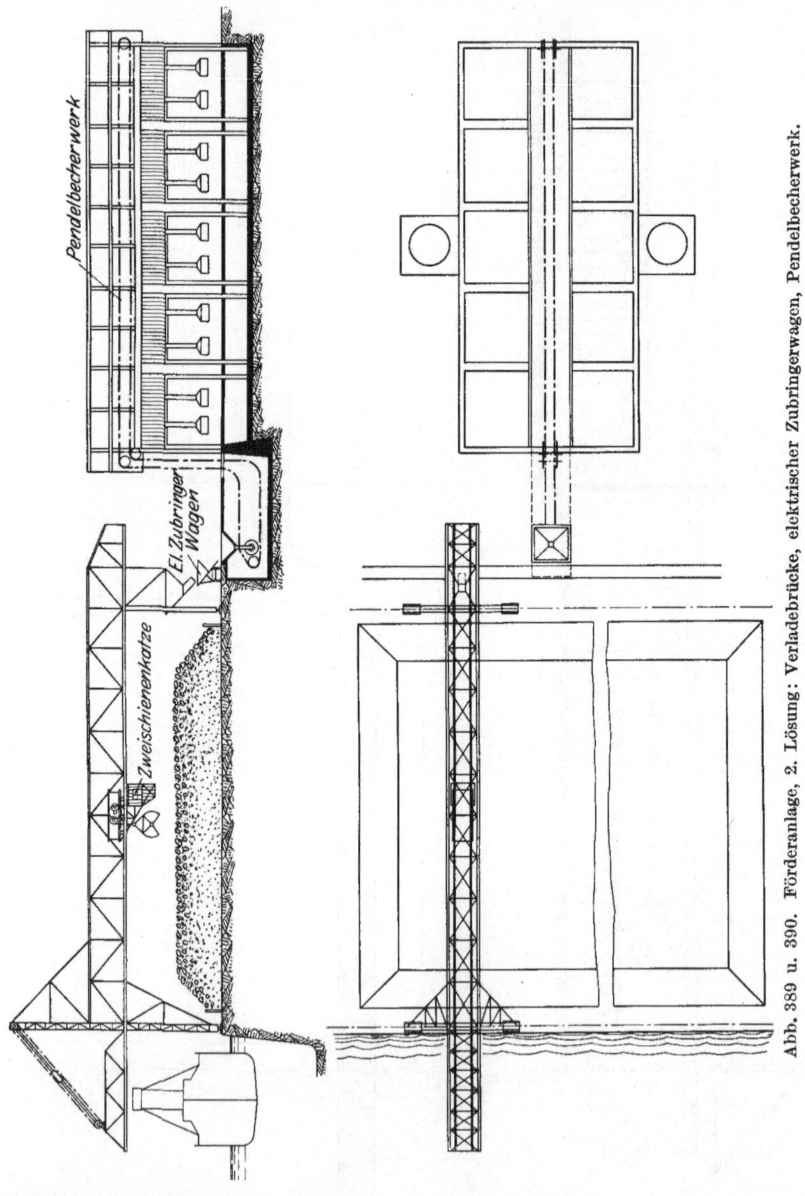

Abb. 389 u. 390. Förderanlage, 2. Lösung: Verladebrücke, elektrischer Zubringerwagen, Pendelbecherwerk.

Elektrohängebahn ist als doppelte Pendelbahn ausgebildet, so daß zwei Katzen gleichzeitig auf der Bahn arbeiten können. Die Oberkante der Kesselhausbunker liegt etwa 10 m über Flur. Hierdurch ergibt sich

eine Schienenhöhe der Elektrohängebahn und der Verladebrücke von
15 m. Für die geforderte Lagermenge von 20000 t Kohle ist bei 6 m
Schütthöhe eine Lagerfläche von 80 × 45 m nötig, so daß die Spannweite der Brücke ungefähr 50 m sein muß.

Die Anlagekosten stellen sich etwa wie folgt:

Mechanische Teile und elektrische Ausrüstung für 2 Katzen mit
    2,5 m³-Greifern, das Fahrwerk der Brücke und Einziehwerk des
    Auslegers, 2 Schleppweichen und die elektrische Streckenaus-
    rüstung, fertig montiert . . . . 130000 RM
Eisenkonstruktion zur Brücke, Fahrschienen, Elektrohängebahn-
    strecke parallel zum Lager und Aufhängung der Bahn im Kessel-
    haus, etwa 300 t Gewicht, fertig montiert . . . . 120000 „
Zusammen 250000 RM

Die Kosten enthalten nicht die erforderlichen Fundamente und etwa
notwendige Verstärkungskonstruktionen zur Aufnahme der Hängebahn-
lasten im Kesselhaus.

Die Förderkosten ergeben sich hiernach, wenn für Verzinsung und Tilgung 15 vH, Stromkosten 0,10 RM/kWst und Unterhaltungskosten 5 vH für
mechanische und elektrische Teile, 2 vH für Eisenkonstruktionen gerechnet
werden, bei 2500 jährlichen Arbeitsstunden für 1 Arbeitsstunde wie folgt:

$$\text{Verzinsung und Tilgung} \quad \frac{0,15 \cdot 250000}{2500} \quad \dots \dots \dots \dots = 15,\text{—} \; \text{RM}$$

Bedienung 2 Mann je 1 RM . . . . = 2,— „
Stromkosten 40 kWh je 0,10 RM . . . . = 4,— „

$$\text{Unterhaltung} \begin{Bmatrix} 0,05 \cdot 130000 \\ 0,02 \cdot 120000 \end{Bmatrix} = \begin{Bmatrix} 8900 \\ 2500 \end{Bmatrix} \dots \dots \dots \dots = 3,55 \; \text{„}$$

Zusammen 24,55 RM

das ist für die Tonne geförderte Kohle 0,491 RM.

Die in Abb. 389 und 390 dargestellte Anlage löst die Aufgabe mittels
mehrerer aneinandergereihter Förderelemente, und zwar

1. einer Verladebrücke mit Führerstands-Greiferkatze zum Entladen
des Schiffes und zum Fördern aufs Lager oder in einen an der Brücke
hängenden Beladetrichter,

2. eines elektrisch betriebenen Selbstentladers mit Führerstand von
3 m³ Fassungsvermögen, der seinen Inhalt in einen Erdbunker vor
dem Kesselhaus abstürzt,

3. eines Pendelbecherwerkes zum Heben der Kohle aus dem Erdbunker und Verteilung in die Kesselhausbunker.

Die Kosten dieser Anlage stellen sich bei 50 t Stundenleistung
etwa wie folgt:

Verladebrücke 50 m Spannweite . . . . 124000 RM
Elektrischer Zubringerwagen einschl. Masten und Schleifleitung . 20000 „
Pendelbecherwerk . . . . 36000 „
Zusammen 180000 RM

Zur Bedienung sind drei Mann erforderlich: ein Maschinist, zwei Hilfsleute; der Stromverbrauch beträgt stündlich rd. 45 kWst, und die Kosten, um 1 t Kohle vom Schiff bis in den Kesselhausbunker zu fördern, betragen **0,432** RM. Die Förderanlage nach Abb. 387 und 388 ergibt also Mehrkosten je Tonne geförderter Kohle von rd. 14 vH. Die Mehrkosten für die Dachkonstruktion im Kesselhaus, die bei der Anlage mit Elektrohängebahn auch als Tragkonstruktion der Hängebahn dient, dürften sich wohl ungefähr mit den Kosten für den Einwurftrichter nebst Füllstation des Pendelbecherwerkes ausgleichen.

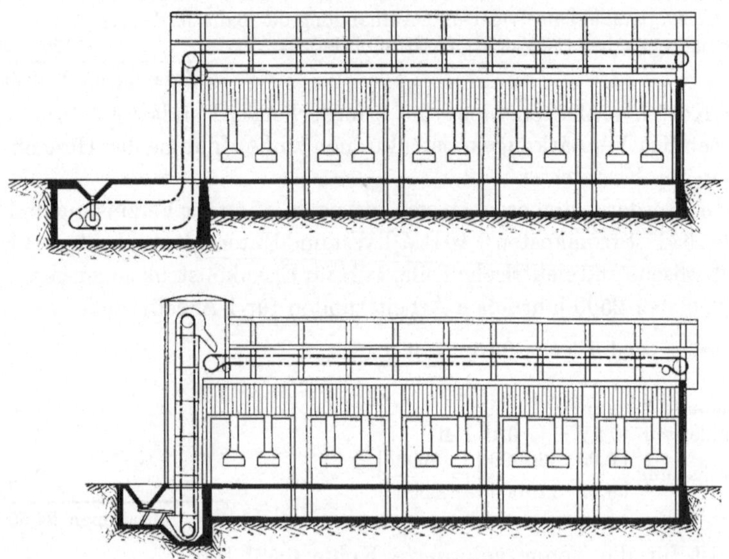

Abb. 391 u. 392. Kesselhausbekohlung. Oben: Pendelbecherwerk. Unten: Senkrechtes Becherwerk mit Gurtförderer.

Die Grundsätze, die für die wirtschaftliche Gestaltung von Förderanlagen größerer Leistung und größerer räumlicher Ausdehnung gelten, können jedoch, auf kleinere Anlagen angewandt, gerade ins Gegenteil umschlagen. Hier liegt die größere Wirtschaftlichkeit, wie schon erwähnt, auf seiten der einfachsten Anordnung, wie im folgenden Beispiel gezeigt werden soll. In den beiden schematischen Skizzen 391 und 392 ist die Bekohlung eines Kesselhauses dargestellt, die bei achtstündiger Förderung eine Leistung von 20 t/st aufweist. Während bei der Anordnung nach Abb. 391 die Förderung durch ein einziges Pendelbecherwerk bewirkt wird, dessen Anlagekosten bei 12 m Hubhöhe und 30 m Kesselhauslänge etwa 18000 RM betragen, wird die Aufgabe nach Abb. 392 durch ein senkrechtes Becherwerk in Verbindung mit einem Gurtförderer gelöst. Die Gestehungskosten dieser Anlage betragen zwar nur etwa 15000 RM; trotz des geringeren Anschaffungspreises ist aber in

diesem Falle die zusammengesetzte Anlage wirtschaftlich dem Pendelbecherwerk unterlegen. Die Förderkosten des Pendelbecherwerkes
stellen sich bei 2500 jährlichen Arbeitstunden für 1 Stunde Förderung
(20 t) wie folgt:

Verzinsung und Tilgung 15 vH . . . . 1,08 RM
Stromkosten (6 PS, 1 kWh = 0,10 RM) . . . . 0,55 „
Bedienung (1 Hilfsarbeiter) . . . . 0,75 „
Unterhaltungskosten: 5 vH von 14000, 2 vH von 4000 RM . . . . 0,32 „

Zusammen je Stunde 2,70 RM

d. h. für 1 t geförderte Kohle 0,135 RM.

Die Förderkosten von Becherwerk und Band (Abb. 392) stellen sich
demgegenüber folgendermaßen:

Verzinsung und Tilgung . . . . 0,90 RM
Stromkosten (5 PS f. d. Becherwerk, 3 PS f. d. Band) . . . . . . 0,73 „
Bedienung (1 Mann) . . . . 0,75 „
Unterhaltung: Becherwerk 8 vH von 7000, Band 18 vH von 8000 RM 0,80 „

Zusammen je Stunde 3,18 RM,

d. h. für 1 t geförderte Kohle 0,159 RM, was bei 2500 jährlichen Arbeitstunden mit 50000 t Gesamtförderung eine Mehrausgabe von 1200 RM
bei der zusammengesetzten Anlage bedeutet. Der Grund für diese
wesentlich ungünstigere Wirtschaftlichkeit ist in dem starken Verschleiß
sowohl des Becherwerkes als auch des Gurtbandes, sowie dem höheren
Stromverbrauch zu suchen. Die Unterhaltungskosten von jährlich 8 vH
für das Becherwerk und 18 vH für Gurtförderer sind nicht zu hoch
gegriffen, da die einzelnen Becher eines Becherwerkes durch das Baggern in dem untern Trog stets einem starken Verschleiß und häufigen
Reparaturen unterworfen sind und für Fördergurte von den Fabriken
durchweg nicht mehr als zweijährige Haltbarkeit gewährleistet wird.
Im Laufe der Jahre zeigt sich also trotz der höheren Anlagekosten beim
Pendelbecherwerk die wirtschaftliche Überlegenheit.

3. Konstruktive Erwägungen.

Die Eigenart der Konstruktion der einzelnen Förderelemente
mit ihrer Bevorzugung bestimmter Eigenschaften macht jedes
zu gewissen Arbeitsleistungen besonders, zu anderen weniger geeignet. Förderaufgaben, die durch die Sondereigenschaft eines
Elements voll und ganz gelöst werden können, wird man daher zwar
nie durch verschiedene Elemente ausführen. Wenn aber beispielsweise die Aufgabe darin besteht, verschiedene Materialien vom Lager
aufzunehmen und in verschiedene Bunker zu verteilen, aus diesen
Bunkern ein Gemisch abzuziehen, vielleicht gar unter Einschaltung
eines Brech- und Mahlvorganges, dann das gemischte Produkt zu heben
und nach Bedarf an den Gebrauchspunkten zu verteilen, so ist man

zur Anwendung einer Reihe verschiedener Elemente gezwungen, nämlich beispielsweise einer Kran- oder Einschienen-Greiferanlage für die Förderung bis zum Mischbunker, einer Mischschnecke oder eines Stahlbandförderers (Abzugband, Gurtförderer) mit genau einstellbarer Aufgabevorrichtung (Speiseteller, Aufgabewalze, Speiseschuh), eines Hub- und Verteilungselementes zum Fördern an den Gebrauchsort (Pendelbecherwerk, festes Becherwerk mit Band). Das Mischen und Verteilen von Materialien in bestimmt abgemessenen Mengen läßt sich eben mit kranartigen Elementen nur sehr unvollkommen ausführen, während zum Fördern auf den Lagerplatz und vom Lager die stetigen Förderer nur in beschränktem Maße geeignet erscheinen.

Auch die Stückgröße des Materials hat auf die Verwendungsmöglichkeit gewisser Förderelemente erheblichen Einfluß. Becherwerke aller Art eignen sich nicht für sehr grobstückiges Material. Ist jedoch an irgendeiner Stelle eine Brechanlage eingeschaltet, so kann man bis zu dieser Förderelemente, wie Krane, Greifer, Stahlbandförderer, auch Gurtförderer (bedingt) verwenden und hinter der Brechanlage Becherwerke, Bänder (unbedingt), Schnecken (bei weichem und kleinstückigem Material).

Der Einfluß der Verwendung verschiedener Förderelemente auf die Leistungsfähigkeit einer Anlage wurde kurz schon bei der Beleuchtung der Wirtschaftlichkeit erwähnt; aber auch in konstruktiver Hinsicht zwingen die Förderaufgaben, namentlich bei sehr großen Leistungen, zur Verwendung mehrerer ineinandergreifender Fördermittel. Beispielsweise läßt sich Waggonentladung mit Greiferkran oder Katze wegen des engen Raumes im Eisenbahnwagen nur mit Greifern bis etwa 2,5 m³ Fassungsvermögen ohne Beschädigung der Wagen ausführen; damit können Stundenleistungen bis zu 60 t (bei Kohle) erzielt werden. Darüber hinaus können kranartige Elemente ihre Leistung nur durch Vermehrung der Anzahl der gleichen Elemente erzielen. Wenn man das vermeiden will, so bietet der Wagenkipper ein ausgezeichnetes Mittel zur Erhöhung der Leistung insofern, als ein Plattformkipper bei flotter Zu- und Abfuhr der Wagen stündlich bis zu 20 Wagen, bei besonders günstigen Verhältnissen sogar 30 Wagen und mehr von je 20 t entleeren kann. Der Weitertransport muß aber dann durch andere geeignete Elemente (Stahlbandförderer, Gurtförderer, Elektrohängebahnen, Seilbahnen, Selbstentlader usw.) erfolgen.

Stetige Förderer sind allgemein geeignet zur Bewältigung der größten Förderleistungen. Während jedoch Pendelbecherwerke und Stahlbandförderer (als Zellenförderer mit Querwänden ausgebildet) beliebige Steigungen überwinden und sich dabei konstruktiv so ausbilden lassen, daß durch Gegenschienenführungen und Fangvorrichtungen eine unbedingte Sicherheit gegen Herabstürzen des Förderers bei etwaigem Kettenbruch erzielt wird, bietet der Gurtförderer, der an sich nur für Steigungen bis höchstens 30° geeignet ist, bei Steigungsstrecken keine Sicherheit im Falle eines Gurtbruches. Die starke Bevorzugung der Gurtförderer im Braunkohlenbergbau und im Aufbereitungswesen dürfte daher kaum gerechtfertigt sein und ihren Grund nur in den geringeren Kosten der Erstanlage haben.

4. Betriebstechnische Erwägungen.

Die Arbeitsbedingungen, d. h. die Art und Reihenfolge der in den verschiedenen Betrieben im normalen Arbeitsprogramm aufeinander folgenden oder nebeneinander hergehenden Arbeitsvorgänge, lassen in der Regel die Verwendung eines einzelnen Förderelementes nicht zu. Rohmaterialien und Fertigprodukte verlangen meistens anders geartete Förderelemente. Materialien, die miteinander gemischt werden sollen, verlangen hierfür geeignete Elemente wie Mischschnecken oder Trogförderer in Verbindung mit Mischtellern und anderen einstellbaren Aufgabevorrichtungen. Während also die Rohmaterialien bis zur Aufbereitung und Mischerei mit Kranen, Elektrohängebahnen usw. gefördert werden können, sind für die Weiterbeförderung andere Elemente zu verwenden.

Für die neuerdings mehr und mehr in Aufnahme kommenden Staubfeuerungen kann die Kohle nur bis zur Mahlanlage mit den üblichen mechanischen Förderelementen gebracht werden, während der Weitertransport bis zu den Kesseln auf pneumatischem Wege in staubdichten Rohrleitungen vor sich gehen muß.

Bei den großen Betrieben chemischer Werke, die eine Reihe verstreut liegender Dampferzeugungsanlagen besitzen, hat sich im letzten Jahrzehnt als typische, durch den Betrieb bedingte Anordnung die Einrichtung eines großen zentralen Kohlenlagerplatzes mit Brech-, Sortier- und Mischanlage eingeführt, von dem die Verteilung zu den einzelnen Verbrauchstellen entweder mit Terrainbahnen oder Hochfördermitteln geschieht. Bei Werken, die in unmittelbarer Nähe von Kohlengruben liegen, bildet die Grube selbst das Lager, und es bedarf dann nur eines verhältnismäßig kleinen Werkvorrates zur Regelung des Tagesbedarfes.

Das Verlangen nach Reserveeinrichtungen bei wichtigen Betrieben, die ohne Unterbrechung durcharbeiten müssen, läßt zuweilen neben der Hauptförderung eine zweite entstehen, die entweder in vollem Maße diese zu ersetzen geeignet ist oder auch, als Nebenförderung eingerichtet, mit primitiven Mitteln für kurze Zeit die Arbeit übernehmen kann, wenn auch mit verringerter Leistung. Beispielsweise findet man auf Gaswerken zuweilen, neben einem Pendelbecherwerk als Hauptförderung im Ofenhaus, als Reserve einen vertikalen Lastenaufzug und über den

Bunkern ein Schmalspurgleis, um Kippwagen auch im Handbetrieb in die Bunker entleeren zu können.

In anderen Betrieben der chemischen Großindustrie, den Superphosphatfabriken, deren Hauptarbeitsvorgang die Förderung des Rohmaterials (Phosphat, Schwefelkies, Kohle) und der Fertigprodukte (Superphosphat und Kiesabbrände) ist, verlangt die Art der Produktion besondere Förderelemente und ganz typische Ausbildung der Lagerräume, so daß sich von selbst die Ausbildung zusammengesetzter Anlagen ergibt. Schon das sehr verschiedene Raumgewicht der einzelnen Produkte (Phosphat etwa 1600, Kohle 800, Schwefelkies 3500, Superphosphat 1000 und Kiesabbrände 1200 kg/m³) und das ganz verschiedene Verhalten verlangen Fördergefäße verschiedenster Größen und Formen.

B. Beschreibung ausgeführter zusammengesetzter Förderanlagen.

Zusammenhängende Förderanlagen erhalten je nach den besonderen Betriebsbedingungen der einzelnen Industriezweige ein besonders charakteristisches Gepräge, und ihre Gestaltung sowie die Zusammensetzung der einzelnen Elemente fällt daher in der Regel, abgesehen von örtlichen Verschiedenheiten, für eine und dieselbe Gattung von Betrieben ähnlich aus. Immerhin führen stets auch innerhalb dieser Ähnlichkeit die Größe des Betriebes, die Länge des Weges und andere Umstände zu verschiedenen Lösungen bei sonst gleichen Aufgaben.

Man unterscheidet von diesem Gesichtspunkte aus:

1. Förderanlagen zur Versorgung von Kesselhäusern industrieller Werke und elektrischer Kraftwerke.

2. Förderanlagen für Gaswerke (Entladung und Lagerung von Kohle, ihre Beförderung zum Ofenhaus, Lagerung und Verladung von Koks).

3. Förderanlagen für Rohstoffe und Produkte chemischer Werke (Phosphate, Superphosphate, Schwefelkies, Kiesabbrände, Kohle usw.).

4. Förderanlagen für Hüttenwerke (Erz- und Koksförderung).

5. Förderanlagen für gemeinnützige oder besondere Zwecke.

1. Förderanlagen zur Versorgung von Kesselhäusern industrieller Werke und elektrischer Kraftwerke.

a) Anlagen in unmittelbarer Nähe des Brennstoffgewinnungsortes.

Die wirtschaftlich günstigste und in der Durchbildung einfachste Form der Beschickung von Kesselhäusern ergibt sich dort, wo Kraftwerk und Kohlengewinnungsstätte unmittelbar benachbart sind. Die Kraftwerke bedürfen stets zur ungestörten Aufrechterhaltung des Betriebes eines genügend großen Brennstofflagers, um Unregelmäßigkeiten in der Zufuhr, Streiks o. dgl. begegnen zu können. Wenn jedoch die Kohlengewinnungsstätte sich in der Nähe des Kesselhauses befindet, so kann die verteuernde Zwischenlagerung des Brennstoffes entfallen, da die Braunkohlengrube oder die Steinkohlenzeche selbst mit ihren unerschöpflichen Vorräten die stets (abgesehen von Streiks) verfügungsbereite Reserve für das Kraftwerk bildet, und es kann sich höchstens noch um Beschaffung eines kleinen Zwischenlagers handeln, das den Ausgleich zu schaffen hat, wenn der Grubenbetrieb länger als 36 Stunden ruht. Dies tritt beispielsweise ein, wenn mehrere Feiertage aufeinander folgen.

Wenn die erwähnten Verhältnisse vorliegen, wird die Kohle von der Grube (Zeche) in den Fällen, wo es sich um kleinere Mengen handelt, häufig durch Schmalspurwagen im Handbetrieb herangefahren, wobei die Wagen vor dem Kesselhaus in eine Grube entleert werden und die Kohle durch ein steigendes Becherwerk mit anschließendem Gurtförderer oder durch ein Pendelbecherwerk zum Bestimmungsort gefördert wird (s. Abb. 391 und 392). Die Wagen der Schmalspurbahn müssen hierbei, der Leistung der Förderanlage entsprechend, nacheinander angefahren und über der Grube entleert werden. Zwischen Becherwerk und Grube wird zuweilen, wenn die angefahrene Kohle zu grobstückig ist, um sie unzerkleinert dem Kesselrost zuführen zu können, eine Brechanlage eingeschaltet; das Vorbrechen der Kohle ist aber auch aus dem Grunde erforderlich, weil Becherwerke sich zum Fördern sehr grobstückigen Materials nicht eignen.

An die Stelle von Hand betätigter Schmalspurwagen für die Anfuhr des Brennstoffes treten bei größeren Förderleistungen und größerer Entfernung maschinell bewegte Zuführungselemente zunächst als Terrainbahnen — Züge von Schmalspurwagen, die durch elektrische, feuerlose oder mit Explosionsmotoren versehene Lokomotiven bewegt werden —, ferner als Hochbahnen, Kettenbahnen, Seilbahnen und Elektrohängebahnen. Am meisten haben sich Kettenbahnen, besonders in Braunkohlenbetrieben, als Zuführungsbahnen eingebürgert, trotz einer Reihe ihnen anhaftender Mängel, wie starker Verschleiß, Betriebsunsicherheit bei Kettenbruch auf Schrägstrecken und Beschränkung auf mäßige Förderhöhen. Vorteilhaft ist bei der Verwendung von Ketten- oder Seilbahnen, daß man sie bei besonders günstigen Verhältnissen bis unmittelbar über die Kesselhausbunker führen und daß man sie auf alle Fälle in einer solchen Höhe auslaufen lassen kann, daß zwischen ihrem Abwurftrichter und dem Becherwerk, Stahlbandförderer oder dergleichen, das den Weitertransport ins Kesselhaus übernimmt, eine Brecherei eingeschaltet werden kann, ohne daß man allzu tief in die Erde gehen muß.

Ein Beispiel einer Kohlenförderung, die diesen Verhältnissen ihre Entstehung verdankt, zeigt Abb. 393. Die Anfuhr der Kohle (Braunkohle) erfolgt hier durch eine doppelte Kettenbahn. In der vor dem Kesselhaus errichteten Brecherei geht die Kohle durch Walzenbrecher und gelangt dann auf schräge Stahlbandförderer, die sie zu einem zentralen Verteilungspunkt hochführen, einem Durchlauftrichter zu, aus dem verschiedene, teils wagerechte und teils steigende Gurtförderer die Weiterverteilung in die verschiedenen Kesselhausgruppen vornehmen.

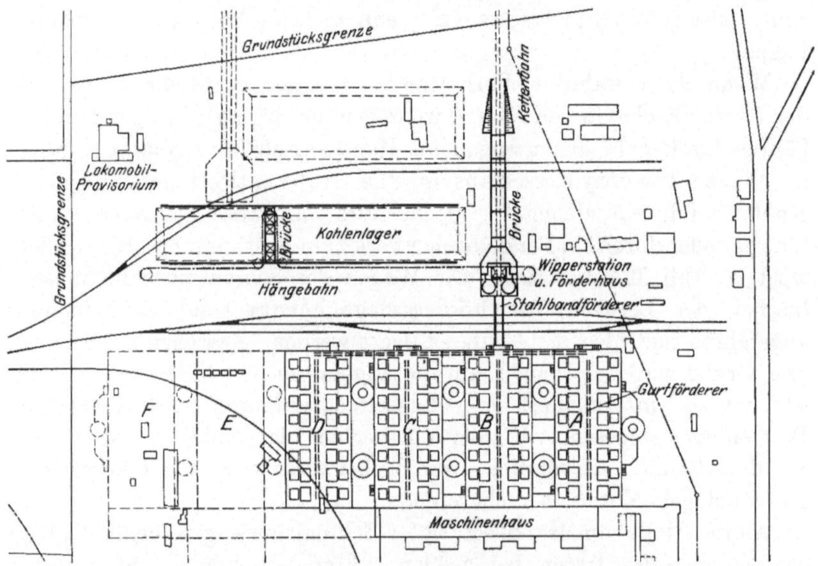

Abb. 393.   Förderanlage für Braunkohle zur unmittelbaren Verbindung von Grube und Kesselhaus, mit Zwischenlager.

Die über den Kesseln errichteten Kesselhausbunker sind so groß bemessen, daß sie den Verbrauch eines 30 stündigen Betriebes aufnehmen können (sie reichen also für den Nachtbetrieb sowie für einen Feiertag). Zur Aufnahme eines für mehrere Feiertage reichenden Bedarfs war in der Erstanlage zusätzlich eine Lagerplatzförderung ausgeführt, bestehend aus einer Seilhängebahn mit anschließender, durch Schleppweichen zu befahrender Lagerplatzbrücke, die ein Lager von 30 m Breite und 106 m Länge bestreicht, wodurch der Bedarf des Werkes für weitere 48 Stunden gesichert ist. Die Seilhängebahn empfängt das Fördergut an der Brecherei direkt aus dem Abwurfbunker der Kettenbahn zum Transport aufs Lager und gibt sie rückwärts auf die schrägen Stahlbandförderer ab. Zur Wiederaufnahme vom Lager dient ein auf der Lagerplatzbrücke verkehrender Greiferdrehkran mit 10 m³-Greifer.

Wird die Entfernung zwischen Kohlengewinnungsort und Verbrauchstelle so groß, daß sie wirtschaftlich nicht mehr durch Kettenbahnen oder Seilbahnen überbrückt werden kann, so treten an ihre Stelle Terrainbahnen, und zwar bei mäßiger Entfernung meistens zu Zügen zusammengestellte Gruppen von Selbstentladewagen, die, durch elektrische oder Dampflokomotiven bewegt, im Pendelverkehr zwischen Gewinnungs- und Verbrauchsort fahren. Im weiteren Ausbau des auf S. 288 beschriebenen Beispiels, wobei infolge Hinzufügung weiterer Kesselhäuser und entsprechend erhöhten Kohlenbedarfes einerseits, verringerter Leistung der zuerst in Angriff genommenen Grube und Erreichung der Grenze der Leistungsfähigkeit der Kettenbahnen anderseits eine Umstellung der Kohlenzufuhr sich als notwendig erwies, wurde eine Lösung durch Selbstentladezüge gefunden, die ihren Inhalt in eine Reihe von Tiefbunkern abwerfen, aus denen die Kohle mit Stahlbandförderern abgezogen und den schrägen Stahlbandförderern zugeführt wird, die die Kohle zu den Kesselhäusern bringen. Diese Umstellung konnte naturgemäß nur durchgeführt werden durch Beseitigung der erwähnten Lagerplatzbeschickung und Verzicht auf die Vorbrechung der Kohle, die sich im Betriebe als entbehrlich herausgestellt hatte. Die Kettenbahn konnte als Reserve bestehen bleiben.

Eine weitere derartige Anlage für ein kleineres Braunkohlenkraftwerk ist die des Kraftwerkes Wesseling. Die Braunkohle wird hier, bei einer Entfernung von 4 bis 5 km zwischen Gewinnungs- und Verbrauchsort, ebenfalls in Pendelzügen mit Selbstentladern angefahren, die ihren Inhalt in eine Tiefbunkeranlage abwerfen; diese ist in ganzer Länge neben der Kesselhaus-Außenmauer entlanggeführt. Eine Anzahl Beladeschurren lassen das Fördergut auf eine Förderrinne (Schwingrinne) gelangen, die es einem senkrechten Becherwerk zuführt. Dieses Becherwerk dient auch zum Rücktransport der Asche. Ein Gurtförderer mit fahrbarem Abwurfwagen teilt die Kohle den einzelnen Kesselbunkern zu. Auch hier ist eine Brechanlage nicht vorgesehen. Größere Stücke Kohle, besonders auch holzige Stücke, die sich zuweilen in der Braunkohle finden, müssen durch einen Rost über den Tiefbunkern zurückgehalten und bei Bedarf auch auf der Förderrinne ausgelesen werden.

Treten an die Stelle einzelner oder in Pendelzügen zusammengestellter Selbstentladewagen Züge mit normalen Eisenbahnwagen, so läßt sich die Aufgabe in einfacher Weise durch Zusammenarbeiten eines Wagenkippers mit einem Pendelbecherwerk lösen (Abb. 394 bis 396). Hier ist der Vorratsbehälter für Nacht- und Sonntagsbedarf im Kesselhaus selbst angeordnet. Der Kipper, als einfacher Plattformkipper mit vorgebauter Drehscheibe ausgebildet, entleert die Eisenbahnwagen in einen Erdbunker, aus dem das Pendelbecherwerk sie entnimmt, hochfördert und über den Kesselhausbunkern verteilt. Der Tagesbedarf

wird einmal täglich zugeführt, und die Wagen werden durch eine Rangier-
winde der Förderung des Becherwerkes entsprechend vom Anfuhrgleis
auf den Kipper und nach der Entleerung auf das Leergleis abgeführt.

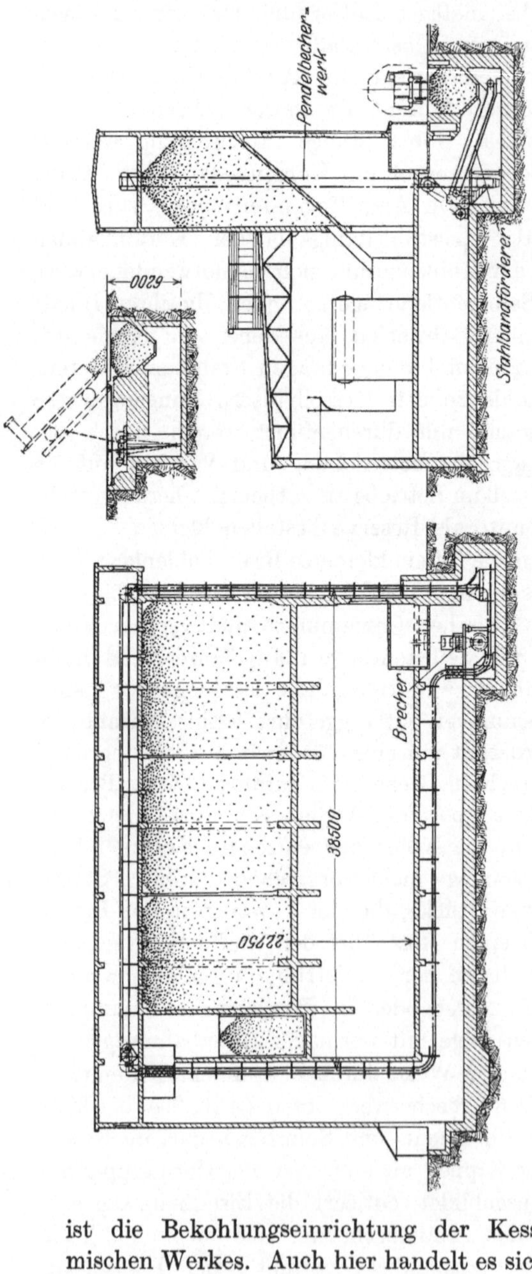

Wenn der Bedarf eines Werkes an Brennstoff sehr groß ist und eine Reihe von verstreut liegenden Kesselhäusern zu versorgen sind, was z. B. bei den Kraftanlagen großer chemischer Werke der Fall ist, so empfiehlt es sich nicht, die ankommenden Kohlenzüge in unmittelbarer Nähe der Kesselhäuser zu entladen, da sie leicht den übrigen Verkehr auf den Werkstraßen behindern oder auch selbst an der ungestörten Abwicklung des Entladegeschäftes behindert würden. Man legt in solchen Fällen die An- und Abfuhrgleise der Kohlenzüge an die Peripherie des Werkes und befördert die entladenen Kohlen durch Elemente, die sich leicht dem Gelände und den örtlichen Verhältnissen anpassen, zu den verschiedenen Verbrauchsorten.

Ein Beispiel einer solchen Anlage, bei der auf die Anlage eines auch nur für wenige Tage ausreichenden Zwischenlagers verzichtet wurde,

Abb. 394 bis 396. Kesselhausbeschickung mit Wagenkipper, Abzugstahlband und Pendelbecherwerk.

ist die Bekohlungseinrichtung der Kesselhäuser eines großen chemischen Werkes. Auch hier handelt es sich um die Förderung von Roh-

braunkohle, die in Selbstentladezügen von je 30 Wagen unmittelbar von der Grube herangefahren wird. Die Leistung der Anlage beträgt 500 t/st. Der Zug wird von der Lokomotive langsam über einen Tiefbunker gedrückt, dessen Länge so bemessen ist, daß gleichzeitig zwei Wagen von 15 t entleert werden können. Bei der Leistung von 500 t dauert die Entladung eines Zuges von 450 t Fassung nur etwa 54 Minuten. Aus dem Tiefbunker, der in ganzer Länge mit durchlaufendem Abzugschlitz versehen ist, wird das Fördergut auf einen Stahlbandförderer (Gliedertrogförderer ohne Zwischenwände) abgezogen und in der Achse des Tiefbunkers schräg ansteigend hochgeführt. Ein zweiter, senkrecht zu dem genannten Abzugband angeordneter Schrägbandförderer bringt das Gut in einen über Flur liegenden Zwischenbunker, durch den es in die Wagen einer Seilhängebahn gelangt, und zwar mittels pneumatisch betätigter Drehschieberverschlüsse. Bei einem Wageninhalt von 2,1 t ergibt sich eine Wagenfolge von 15 Sekunden, in welcher Zeit sich das Abkuppeln des Wagens, die Beladung und das Wiederankuppeln vollziehen muß. Das eigentliche Füllen des Wagens vollzieht sich hierbei in der sehr kurzen Zeit von nur 5 Sekunden.

Die beladenen Seilhängebahnwagen bewegen sich nach dem Passieren einer Seilbahnwaage auf einer schräg ansteigenden Bahn, die durch eine Fachwerkbrücke gestützt ist, bis zur Höhe der Kesselhausbunker, deren Oberkante 28 m über Flur liegt, und laufen dann, rechtwinklig nach beiden Seiten abgelenkt, in gerader Linie über die in einer Flucht liegenden Bunker verschiedener Kesselhäuser, deren Zwischenräume ebenfalls durch Fachwerkbrücken überspannt sind. Die ganze Länge der Seilhängebahn beträgt rd. 1800 m.

Für die Versorgung großer Kraftwerke in unmittelbarer Nähe von Gruben ist es von größter Bedeutung für die Aufrechterhaltung des Betriebes, daß nicht nur in Zeiten, wo die Kohlenförderung in der Grube ruht, genügend Kohlen in den Kesselhausbunkern und, wenn diese nicht reichen, in Reservebunkern oder Zwischenlagern angesammelt werden, sondern daß auch jedes Förderelement durch ein Reserveelement von gleicher Leistung ersetzt werden kann. Auch ist es erforderlich, daß bei mehreren nebeneinander oder hintereinander angeordneten Kesselhäusern Quertransporte von einem Kesselhaus zum andern bzw. von einer Gruppe zur andern geführt werden, die die Zuführung des Brennstoffes unter allen Umständen sicherstellen, auch wenn von den hochführenden Förderelementen — die in der Regel am stärksten beansprucht werden — das eine oder andere versagen sollte. Bei der Förderanlage des Kraftwerkes nach Abb. 393 waren im ersten Ausbau drei nebeneinander liegende Kesselhäuser *A*, *B* und *C* vorgesehen, mit zwei steigenden Stahlbandförderern von je 375 t Stundenleistung, die vor dem mittleren Kesselhaus *B* errichtet wurden. Jeder dieser Stahlbandförderer genügte für die Förderung der größten Kohlenmenge der drei Kesselhäuser *A*, *B* und *C*. Auch die als Gurtförderer vorgesehenen Querförderer zwischen Kesselhaus *A* und *B* sowie zwischen *B* und *C* und die Bänder über den Bunkern in den Kesselhäusern sind doppelt ausgeführt. Bei weiterem Ausbau des Werkes wurde zunächst das Kesselhaus *D* und sogar noch das Kesselhaus *E* mit denselben steigenden Stahlbändern beschickt, allerdings unter teilweisem Verzicht auf volle Reserve. Erst die zunehmende Betriebsunsicherheit, die in der starken Überlastung der steigenden Förderer lag, ließ im weiteren Ausbau eine zweite Gruppe steigender Stahlbänder entstehen, so daß jetzt unter Berücksichtigung des im Bau begriffenen Kesselhauses *F* wieder volle Reserve vorhanden ist. Hierbei ist Sorge getragen, daß die Querförderung der Gruppe *A*, *B*, *C* ebenso zu den Kesselhäusern *D*, *E*, *F* als auch umgekehrt gelangen kann.

Wenn man die Schwierigkeiten vermeiden will, die bei den Förderanlagen großer Werke durch die Gruppenanordnung der steigenden Förderer bei weiterem Ausbau entstehen und zu den oben geschilderten Unzuträglichkeiten in bezug auf die Betriebsicherheit geführt haben, so muß man jedes Kesselhaus mit eigenen steigenden Förderern nebst Reserveelementen versehen. Als weitere Sicherheit kann man dann sowohl unten als oben Querförderer anordnen. Ein typisches Beispiel dieser Anordnung bildet die große Braunkohlenkraftzentrale Goldenbergwerk bei Köln.

b) Anlagen mit Zufuhr des Brennstoffes durch Bahn oder Schiff.

Bei den im vorhergehenden Abschnitt geschilderten Anlagen wurde der Brennstoff durchweg vom Gewinnungsort her angefahren, sei es durch Kettenbahnen oder Pendelzüge aus Selbstentladern oder Züge aus normalen O-Wagen, so daß die Entladung in tiefer als Gleisoberkante liegende Gruben oder Bunker erfolgen und die Weiterförderung mittels stetiger Förderer in einfacher Weise vorgenommen werden konnte. Die Ersparung größerer Lagerplätze macht sich bei diesen Anlagen in wirtschaftlicher Beziehung besonders bemerkbar, da das Fördern zum Lager und das Wiederaufnehmen des Fördergutes in Fortfall kommt. Kraftwerke in größerer Entfernung vom Gewinnungsort mit Anfuhr durch normale O-Wagenzüge oder am Wasser gelegene Anlagen mit Schiffsanfuhr oder solche mit Schiffs- und Bahnverbindung bedürfen zur ungestörten Aufrechterhaltung ihres Betriebes eines größeren, für mehrere Monate reichenden Lagerplatzes, da die Anfuhr nicht immer so regelmäßig erfolgen kann, wie der Betrieb es erfordert. Die Förderanlage muß, da der Betrieb sich stoßweise vollzieht, in ihrer Leistung größer bemessen werden, als der regelmäßige Bedarf des oder

der Kesselhäuser es verlangt. Sie muß zur Vermeidung von Standgeldern oder Schiffsliegegeldern der größtmöglichen täglichen Anfuhr entsprechen, wobei noch zu berücksichtigen ist, daß von der Bahn in der Regel nur 6 bis 8 Stunden Entladezeit zur Verfügung gestellt werden. Auch bei Schiffen ist die Liegezeit auf wenige Tage beschränkt und darf nicht ohne Zahlung von Liegegeldern überschritten werden.

Die Förderanlagen für Kraftwerke dieser Art zeigen in der Regel eine gewisse Ähnlichkeit, wenn auch örtliche Verhältnisse und die Höhe der geforderten Leistung die Wahl verschiedener Förderelemente bedingen. Die Verwendung eines einzigen Förderelementes, das zugleich die Entladung der Waggons oder des Schiffes vornimmt,

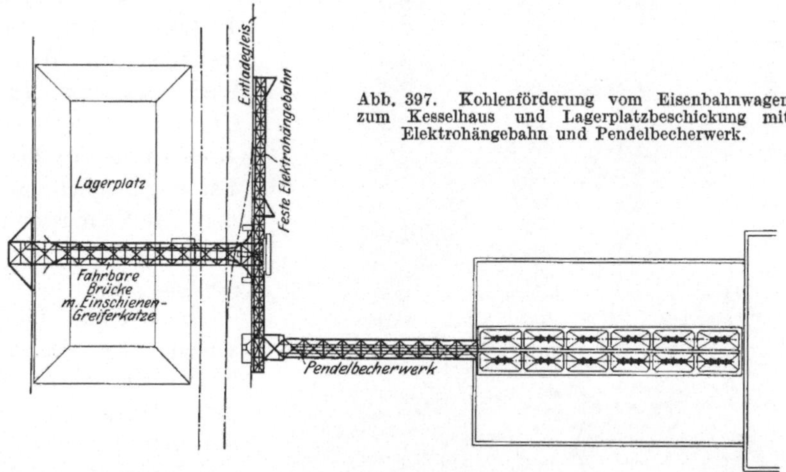

Abb. 397. Kohlenförderung vom Eisenbahnwagen zum Kesselhaus und Lagerplatzbeschickung mit Elektrohängebahn und Pendelbecherwerk.

das Lager beschickt und ins Kesselhaus fördert, kommt wohl bei kleinen und mittelgroßen Werken in Form von Elektrohängebahnen mit Führerstandsgreiferkatze vor. In den weitaus meisten Fällen, besonders bei modernen Kesselhäusern, wo die Bunkerhöhe im Kesselhaus zu große Fahrbahnhöhen für Elektrohängebahnen ergibt, muß eine Teilung der Förderaufgabe in den Transport vom Waggon oder Schiff zum Lager einschließlich Transport bis zum Kesselhaus und die eigentliche Förderung ins Kesselhaus vorgenommen werden. Erstere Teilaufgabe wird zweckmäßig durch eine Elektrohängebahn, letztere durch ein Pendelbecherwerk gelöst. Abb. 397 zeigt eine typische Anlage dieser Art. Die Waggons werden durch eine Führerstands-Greiferkatze entladen und die Kohle (im vorliegenden Falle Rohbraunkohle) entweder im Zuge des festen Hängebahnstranges oder aufs Lager abgeworfen, indem die Einschienenkatze mittels Schleppweiche von der festen Bahn auf die fahrbare Brücke übergeht. Der Vorteil einer solchen Anordnung für das Entladegeschäft liegt darin, daß ein ganzer Zug nach und nach ohne jede Rangierarbeit entladen werden kann, während ein geringer Nachteil besonders bei Hängebahnen darin zu erblicken ist, daß man nur unter der Linie der Hängebahn greifen kann und zum restlosen Entleeren des Waggons der Greifer nach rechts oder links ausgeschwenkt werden muß, vorausgesetzt, daß er in Richtung der Längsachse der Wagen greift. Wenn die Aufhängung des Greifers ein Quergreifen gestattet, kann man bei passender Klafterung des Greifers, d. h. wenn diese etwa 10 bis 15 cm weniger als die Lichtweite des Wagenkastens beträgt, ohne weiteres den Wagen restlos entleeren. Dies ist jedoch nur bei Greifern bis zu 1,25 m³ Fassung möglich; größere Greifer müssen in der Länge des Wagens greifen.

Abb. 398. Kesselhausbekohlung mit Verladebrücken und Schrägbahnen (Tigler).

Die eine Laufschiene der Verladebrücke, die den Lagerplatz überspannt, liegt auf dem Gitterträger zur Unterstützung der Hängebahn, während die andere Laufschiene ebenerdig auf durchlaufendem Fundament verlagert ist. Die Verlagerung der oberen Laufschiene auf dem Träger der Hängebahn hat den besonderen Vorteil, daß man, wenn den oberen Laufrädern nur wenige Millimeter Spiel gelassen wird, seitliche Verschiebungen der Schleppweiche verhindert, da Brückenfahrbahn und Katzenfahrbahn gegenseitig unverrückbar sind. Die Förderung der Kohle aus dem Betontrichter, in den die Hängebahn das Fördergut bringt, bis zu den Kesselhausbunkern geschieht durch ein Pendelbecherwerk, das mit seinem steigenden Strang in einem Stützgerüst vor dem Kesselhaus geführt ist und die Kohle mit einem selbsttätig fahrbaren Entladefrosch in die Kesselhausbunker verteilt. Zwischen der Füllmaschine des Pendelbecherwerkes und dem Betoneinwurftrichter ist noch ein Brecher eingeschaltet, der jedoch auch umgangen werden kann, wenn kleinstückige Kohle gefördert wird.

Wo die örtlichen Verhältnisse vor dem Kesselhaus eine allmählich ansteigende Rampe oder Schrägbahn ermöglichen, läßt sich in einfacher Weise eine Schrägbahn mit einer Verladebrücke vereinigen (Abb. 398 und 399). Der Lagerplatz ist mit zwei Drehkranbrücken überspannt, die zum Ausladen der Waggons oder Schiffe und zum Fördern der Kohle aufs Lager oder in einen parallel zur Brückenfahrbahn neben der Pendelstütze ebenerdig fahrenden Selbstentladewagen dienen. Die Dreh-

Abb. 399. Selbstentlader der Schrägbahn nach Abb. 398.

krane sind mit einer Essmannschen Kranwaage [1] ausgerüstet, die aus dem Führerstand bei jedem Hub vom Kranführer eingeschaltet wird und den Nettogreiferinhalt registriert. Der Selbstentladewagen steigt am Ende des Lagerplatzes auf einer stark geneigten Schrägbahn, die in der Mitte zwischen den Schienen mit einer Zahnstange versehen ist, bis zur Höhe der Kesselhausbunker an und läuft im Kesselhaus wieder wagerecht über die Bunker hinweg, so daß diese an jeder Stelle durch Öffnen der Seitenklappen des Wagens beschickt werden können. Der Selbstentlader wird trotz der ungeschützt liegenden Zahnstange ohne Zwischenschaltung eines Beladetrichters beladen, der das Verstreuen von Kohlenstücken beim Öffnen des Greifers wirksam verhindern würde. Der Bunkerwagen besitzt ein elektrisch betätigtes Fahrwerk, das in das Wagengerüst eingebaut ist und dessen Triebrad in die Zahnstange eingreift.

---

[1] Vgl. S. 116.

Wo die örtlichen Verhältnisse die unmittelbare Entladung der Kohle am Lagerplatz nicht gestatten, wie z. B. bei dem Elektrizitätswerk Frankfurt a. M., muß der Transport nötigenfalls über Gleise und Dächer hinweg auf einer Hochbahn geführt werden, wobei eine Abdeckung gegen Herabfallen von Kohlenstücken schützt. In Frankfurt wird die Kohle aus dem Schiff durch einen Greiferdrehkran entladen, der durch Vermittlung eines Zwischentrichters die Wagen einer Elektrohängebahn beschickt. Mit der Bahn einkommende Kohle kann mit Hilfe eines Schrägbecherwerkes ebenfalls in die Hängebahnwagen gefördert werden. Die Verteilung der Kohle auf dem Lagerplatz geschieht in der Weise, daß die Hängebahn den ganzen rechteckigen Lagerplatz umfährt und mittels Schleppweiche an jeder Stelle des Platzes auf eine Lagerplatz-brücke übergeleitet werden kann. Die Brücke fährt auf Terrainschienen und ist mit einem Greiferdrehkran zur Wiederaufnahme der Kohle ausgerüstet. Die Elektrohängebahn ist als Ringbahn im Blocksystem gebaut [1].

Die Hochbahn läuft an dem Kesselhaus vorbei; durch einen selbsttätig wirkenden Anschlag wird hier der Wageninhalt in einen Bunker abgestürzt, aus dem ein Pendelbecherwerk das Fördergut in die Kesselhausbunker weiterleitet. Die Leistung der Anlage beträgt 60 t/st.

Eine Reihe von Kesselhäusern, die nach einheitlichem Plan angeordnet sind, lassen sich in der Regel durch verhältnismäßig wenige und einfache Förderelemente beschicken. In vielen Fällen läßt sich jedoch die Entwicklung des Werkes, die mit der Entwicklung der Industrie des betreffenden Ortes meist innig zusammenhängt, nicht voraussehen. Der verfügbare Raum bzw. die Grundstückgestaltung verlangt deshalb bei Erweiterungen oft eine Anordnung der Kesselhäuser, die die Fördereinrichtung in vorher nicht beabsichtigter Weise beeinflußt und umgestaltet. Ein Beispiel für derartige Anpassungsaufgaben zeigt das Elektrizitätswerk Düsseldorf. Die ursprüngliche Kohlenförderung für die Kesselhäuser *I* und *II* bestand aus einer Verladebrücke, die die Eisenbahnwagen mit Zweischienen-Greiferkatze entleert und die Kohle entweder aufs Lager oder in einen am Ende der Brücke eingehängten Überladetrichter wirft. Aus diesem gelangt sie in einen auf Schmalspur fahrbaren, elektrisch betätigten Selbstentlader mit Führerbegleitung, der die Kohle zu zwei Einwurftrichtern vor den Kesselhäusern befördert. Aus diesen fördert sie je ein Pendelbecherwerk in die Kesselhäuser. Der Selbstentladewagen passiert auf seinem Wege zum Kesselhaus eine automatische Waage, die das Gewicht der ins Kesselhaus gelangenden Kohle feststellt, während die einlaufende Kohle auf einer Waggonwaage im Zuge des Einfahrtgleises gewogen wird. Bei der später vorgenom-

---

[1] Vgl. Bd. II, 1. Teil, S. 310 ff.

menen Erweiterung des Kesselhauses *III*, wurde der zunächst verfolgte Arbeitsplan, alle Kohle, die aus Waggons entladen wird, über die Brücke und durch den Selbstentlader zum Kesselhaus gelangen zu lassen, verlassen. Da das neue Kesselhaus unmittelbar am Einfahrtgleis lag, wurde alle Kohle, die im täglichen Bedarf benötigt wurde, mittels Drehscheibenkippers in einen Erdtrichter entladen und aus diesem durch ein Pendelbecherwerk ins Kesselhaus befördert. Nur bei unzulänglicher Anfuhr wurde Kohle vom Lager genommen, mittels der Greiferkatze in normale Eisenbahnwagen geladen und am Kipper wieder entladen. Das zuletzt entstandene Kesselhaus *IV* konnte auch in dieser Weise nicht beschickt werden. Man hat hier auf größere Kesselhausbunker verzichtet und nur einen offenen Tiefbunker vor dem Kesselhaus vorgesehen, in den die vorher erwähnte elektrische Terrainbahn mit Selbstentladern Kohle fördert und aus der eine Einschienen-Greiferkatze mit Führerstand die Kohle aufgreift, um sie ins Kesselhaus zu fahren und in die einzelnen kleinen Schütttrichter, die vor jeder Feuerung vorgesehen sind, zu entleeren. Diese Anordnung war bei den gegebenen Platzverhältnissen geboten und zeichnet sich durch sehr geringe Förderkosten aus.

Die Versorgung ganz großer Werke mit einer Anzahl verstreut liegender Kesselhäuser bietet insofern besondere Schwierigkeiten, als sich nicht in der unmittelbaren Nähe jedes Kesselhauses eine gesonderte Lagerungsmöglichkeit bietet. Man muß dann zu zentralen Lagerplätzen greifen, die möglichst sowohl in der Nähe des Wassers als auch der Bahn gelegen sein müssen, damit beide Möglichkeiten der Anfuhr gewahrt bleiben. Die verschiedenen Kesselhäuser solcher — meist chemischer — Werke werden jedoch in der Regel mit voneinander abweichenden Kesselsystemen ausgerüstet und bedürfen zu ihrer Beheizung ganz verschiedener Kohlensorten und Stückgrößen. Deshalb muß in der Nähe des Lagerplatzes eine Aufbereitungsanlage geschaffen werden, in die der Brennstoff entweder auf dem Wege vom Schiff oder vom Waggon oder auf dem Rückwege vom Lager gefördert wird. Die Förderung aus der Aufbereitung in die Kesselhäuser kann nun in verschiedener Weise geschehen, und zwar entweder durch Selbstentlader auf Werkschmalspur mit Lokomotivbetrieb — die Selbstentlader schütten dann in Tiefbunker vor dem Kesselhaus, aus denen Pendelbecherwerke weiter zu den Kesselhausbunkern führen — oder durch Hochbahnen, Seilhängebahnen oder Elektrohängebahnen, die von der Aufbereitung unmittelbar bis in die Kesselhausbunker fördern.

Ein Beispiel der erstgenannten Art zeigt die zentrale Kohlenförderanlage eines Werkes der chemischen Großindustrie (Abbildungen 400 bis 402). Die örtlichen Verhältnisse sind bei dieser Anlage insofern außerordentlich günstig, als Schiffsanfuhr und

Abb. 400. Kohlenförderanlage für ein chemisches Werk (Pohlig).

Bahnanfuhr sehr nahe beieinander liegen und sich dadurch verhältnismäßig kurze Wege für die Förderung bis in die Separation ergeben. Zur Entladung der bis zu 2500 t fassenden großen Rheinkähne dient ein Schrägentlader besonderer Bauart. Das landseitige Ende des Entladers ruht nämlich über dem hochgelegenen Einschütt-Trichter der Separation auf einem Drehzapfen, während die wasserseitige Brückenstütze auf einer bogenförmigen Stützmauer fahrbar angeordnet ist, derart, daß eine Länge von rd. 50 m des Schiffes ohne Schiffsverholung bestrichen werden kann. Der sehr lange und aufklappbare Ausleger geht über zwei Schiffe hinweg. Bei der großen Steigung und einem Förderweg von etwa 100 m sind große Fahrgeschwindigkeiten der Katze erforderlich (4,5 m/s). Auf der Katze befindet sich das Hubwerk, während das Katzenfahrwerk in einem am Brückengerüst fest gelagerten Windenhaus untergebracht ist. Das Gewicht der toten Last (Katze + Hubwerk + Greifer + halbe Last) ist durch ein in der wasserseitigen Stütze senkrecht auf- und abgleitendes Gegengewicht ausgeglichen.

Die Förderung der mit Bahnwagen ankommenden Kohle in die Aufbereitung geschieht mit Drehscheibenkipper und Stahlbandförderer. In der Aufbereitung wird die Kohle, soweit erforderlich, gebrochen und durch Schwingsiebe und Trommelsiebe in die verschiedenen Aufnahmebehälter verteilt, um, soweit sie den Kesselhäusern direkt zufließt, in Selbstentlader abgezogen zu werden, während

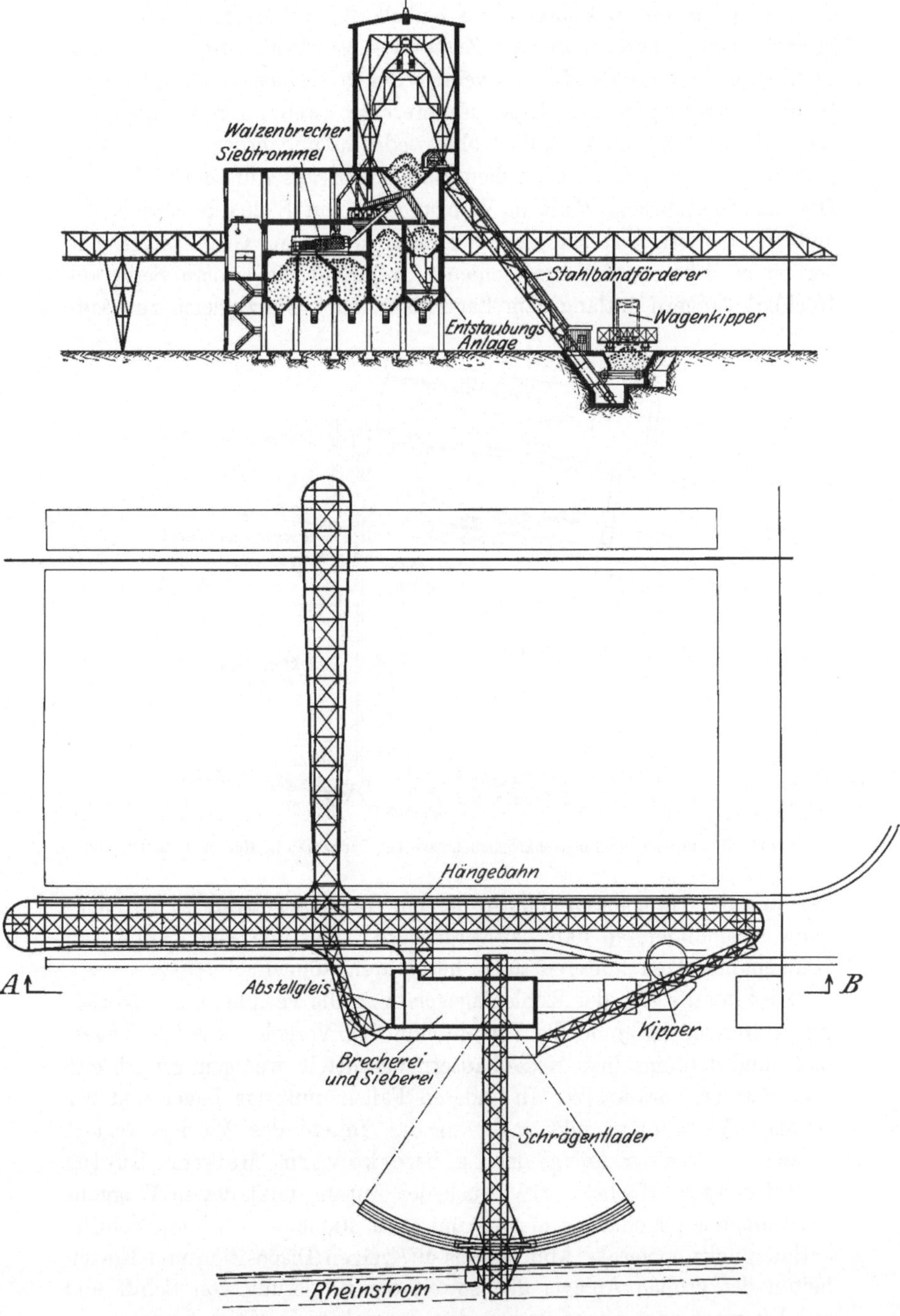

Abb. 401 und 402. Kohlenförderanlage für ein chemisches Werk (Pohlig).

der Rest mittels einer Führerstands-Kübelkatze auf Lager — und zwar
in gebrochenem und separiertem Zustand — gebracht wird. Das Lager
ist in eine Reihe Felder für die verschiedenen Kohlensorten unterteilt.
Beim Rücktransport vom Lager nimmt eine zweite, mit Greifer ausgerüstete Führerstandskatze die Kohle wieder auf und fördert sie in Selbstentladezüge, die gerade unter dem Hängebahngleis Aufstellung finden.
Die Lagerplatzbrücke läuft in Wahrung des auf S. 294 beschriebenen
und für derartige Brückenschleifen sehr wichtigen Grundsatzes mit
der einen Stütze auf Terrainschienen, während die andere Seite auf
Hochbahnträgern entlang dem Lagerplatz fährt, die zugleich zur Auf-

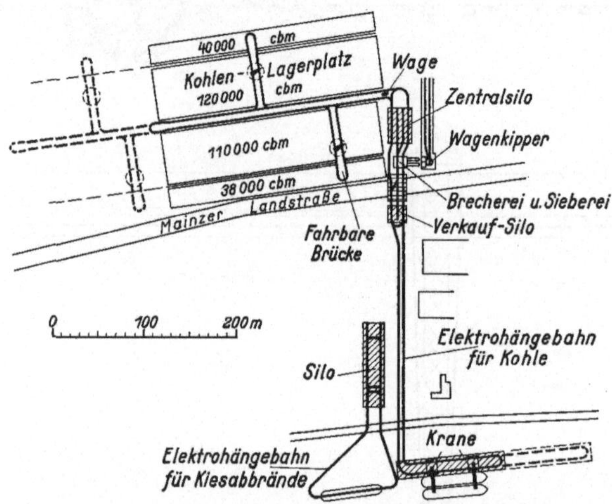

Abb. 403. Gesamtplan der Elektrohängebahnanlage der Farbwerke in Höchst a. M. (Pohlig).

hängung der Hängebahnschienen dienen. Die Hängebahn ist als Ringbahn ausgebildet, so daß bei vergrößerter Leistung eine Reihe von
Hängebahnkatzen hintereinander her fahren können.

Hier konnte also der Kohlenlagerplatz an die Peripherie des Werkes
gelegt werden, während die Terrainbahn den Verkehr zwischen Lagerplatz und den einzelnen Kesselhäusern vermittelt, was genügend breite
Werkstraßen voraussetzt. In anderen Fällen muß das Lager und der
zentrale Verteilungspunkt mehr in das Innere des Werkes verlegt
werden, wie bei der Anlage der Farbwerke vorm. Meister, Lucius
& Brüning in Höchst a. M.[1] Auch der Anfuhrpunkt der in Waggons
ankommenden Kohle lag hier — um etwa 400 m — von dem Schiffs-
entladepunkt entfernt. Abb. 403 bis 407 zeigen Disposition und Einzelheiten der großen Anlage, die, soweit die Förderung von Schiff und
aus Waggons zum Lager und in den Zentralsilo in Frage kommt, von

---

[1] Vgl. auch Band II, Teil 1, Abb. 553 und 554.

der Firma Pohlig ausgeführt wurde, während die Förderanlage von dem Zentralsilo bis in die Kesselhäuser durch die Firma Bleichert hergestellt ist. Der Zentralsilo ist bei dieser Anlage im Gegensatz zur vorgenannten von der Aufbereitungsanlage getrennt und als Gebäude für sich aufgeführt, liegt jedoch ganz in der Nähe der Aufbereitung und der Waggonentladestelle. Die Hauptmenge der Brennstoffe, Kohlen und Koks, kommt hier, wie bei der Anlage S. 298/299, in Schiffsladungen an, während die Waggonanfuhr lediglich bei anhaltend schlechten Wasserständen, ungünstigen Eisverhältnissen o. dgl. in Frage kommt

Abb. 404. Schrägentlader für Kohle (Pohlig).

und nur eine Reserve für den Schiffstransport bildet. Die Entladung der Schiffe geschieht vorläufig durch zwei, später bei vollem Ausbau durch fünf parallel zum Ufer auf einer Betonrampe fahrbar angeordnete Schrägentlader von je 100 t Stundenleistung (Abb. 404). Diese übergeben das Fördergut mittels selbsttätiger, mit Druckknopfsteuerung versehener Füllmaschinen an Hängebahn-Großraumwagen mit elektrischem Antrieb von je 10 t Fassungsvermögen mit angebautem Führerstand und Bodenentleerung (Abb. 405 und 406). Hängebahnwagen in solcher Größe sind bisher an anderer Stelle noch nicht ausgeführt worden. Sie besitzen zwei gelenkig und drehbar ausgebildete Fahrgestelle mit je einem Fahrmotor von 12 PS Leistung; die Steuerung der Motoren und die Bedienung der Bodenklappen geschieht von dem angebauten Führerstand aus. Die Fahrgeschwindigkeit der Wagen beträgt 3 m/s. Auf der ganzen, etwa 2400 m langen Strecke der Elektro-

hängebahn verkehren fünf solcher Wagen. Auf dem Wege zum Lager
bzw. zur Aufbereitung gehen die Wagen über eine automatische Wiege-
einrichtung. Alle unmittelbar zur Verfeuerung gelangende Kohle wird

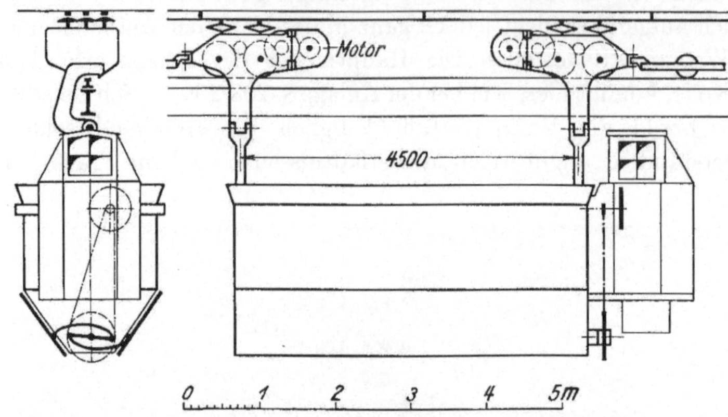

Abb. 405. Großraumwagen der Elektrohängebahn. Fassungsvermögen 10 t.

im Separationsgebäude, das sowohl auf dem Hinweg als auch auf dem
Rückweg von der Hängebahn durchfahren wird, entleert. Die Kohle

Abb. 406. Großraumwagen der Elektrohängebahn.

gelangt nun durch ein System von Brechern und Sieben am Fuße der
Separation je nach Stückgröße in die verschiedenen, aufeinander-
folgenden Becher zweier Pendelbecherwerke, die sie wieder hochfördern

und in verschiedene Sammelbehälter über der Hängebahn abwerfen, aus denen die verschiedenen Kohlensorten oder Koks nun mit einem Hängebahnwagen, der auf einer dritten Schiene im Pendelverkehr zwischen Separation und Zentralsilo verkehrt, in die Sammelbehälter des Zentralsilos gefördert werden können. Auch ein auf der anderen Seite, nahe bei der Separation errichteter Verkaufsilo für Werksangehörige kann mittels dieses Pendelverkehrs beschickt werden. Die nicht sofort zur Verwendung gelangende Kohle wird, da ein Sortenbunker vorhanden ist, in ungebrochenem Zustande auf ein Lager von sehr

Abb. 407. Fahrbare Lagerplatzbrücken der Elektrohängebahn mit Greiferdrehkranen.

beträchtlichen Abmessungen (etwa 320000 t Inhalt) gebracht, dessen Größe durch die Entfernung des Werkes vom Kohlengewinnungsort bedingt ist. Das Lager befindet sich in der Nähe der Separation und wird von einer Betonhochbahn in ganzer Länge durchzogen, die es in zwei gleiche Teile zerlegt. Die Hochbahn hat die Belastungen aufzunehmen, die von der Hängebahn und je einer Stütze der beiderseitigen Lagerplatzbrücken herrühren, deren andere Stütze auf Terrainschienen läuft (Abb. 407). Die Hängebahnwagen gehen über Schleppweichen von dem festen Mittelstrang auf die Brücke über. Zur Wiederaufnahme der Kohle dienen Greiferdrehkrane von 8 t Tragkraft und 10 m Ausladung auf dem Obergurt der Brücken; sie nehmen mit 4,5 m³-Greifer die Kohle vom Lager auf und fördern sie in einen in die Brücke eingebauten Schütttrichter, aus dem, wie bei den Uferentladern, die Hängebahnwagen durch selbsttätige Füllmaschinen beladen werden. Die Förderung derjenigen Kohle, die auf einer Hochbahn mit Eisenbahn-

wagen ankommt, in die Aufbereitung geschieht in gleicher Weise wie
S. 298 beschrieben durch Drehscheibenkipper und schräg ansteigende
Stahlbandförderer.

Die Kesselhäuser eines Hauptzweiges der Fabrikanlagen werden,
vom Zentralsilo ausgehend, mittels einer Bleichertschen Seilhängebahn beschickt. Die Kesselhäuser einer anderen Werksabteilung,
deren Beschickung durch eine zweite Seilbahn geplant aber vorläufig
zurückgestellt ist, versorgt die vorhandene Werksrollbahn (Terrainbahn
mit Lokomotivbetrieb) mit Kohle unter Verwendung der bei jedem
Kesselhaus vorhandenen Förderelemente. Die Kesselhäuser der mit
der Seilbahn beschickten Werksabteilung werden bis auf eines, bei dem
die Seilbahn vor dem Kesselhaus in einen Zwischenbunker abwirft,
von wo ein Pendelbecherwerk den Weitertransport in die Kesselhausbunker vornimmt, von der Seilbahn durchzogen und ihre Bunker durch
selbsttätiges Auskippen der Seilbahnwagen unmittelbar beschickt.

Die Linienführung der Seilbahn mußte sich den vorhandenen Kesselhäusern und Straßenzügen sowie dem Schienennetz der Werksbahn
und den meist freiliegenden Rohrleitungen anpassen, so daß größt-
mögliche Spannweite der Brückenkonstruktionen und portalartige Ausbildung der Winkelstationen geboten erschien. Die Lage der vier zu
beschickenden Kesselhäuser verlangte eine verwickelte Seilführung mit
einer großen Anzahl von Winkelpunkten, die von den Seilbahnwagen
selbsttätig durchfahren werden. Die Beladung der 15 hl fassenden
Seilbahnwagen, die in verschiedenen Strängen von Hand unter den
Zellen des Zentralsilos hindurchgeführt werden, geschieht durch fahrbare, mit Druckluft betätigte Füllmaschinen, die die Schieberverschlüsse
der Silozellen maschinell betätigen, und zwar in einer solchen Höhe über
Terrain, daß die Rollbahnwagen aus denselben Öffnungen gefüllt werden
können. Die Antriebstation der Seilbahn, die eine Gesamtlänge von
2120 m besitzt und einen Höhenunterschied von 20 m überwindet,
befindet sich neben dem Zentralsilo. Die Antriebsmaschine ist mit einem
„Ohnesorge"-Ausgleichgetriebe versehen und in einem besonderen
Maschinenraum untergebracht; im Falle der Gefahr kann sie mittels
Magnetbremse vom Maschinenraum sowohl wie von allen Winkelstationen und längeren Brückenstrecken aus stillgesetzt werden. Der
Kraftbedarf der Seilbahnanlage beträgt 35 bis 40 PS bei einer Seil-
geschwindigkeit von 1,0 m/s, einem Wagenabstand von 32 m und
einer Stundenleistung von 135 t.

Die Anordnung dieser gewaltigen Transportanlage als Hochbahn
(Elektrohängebahn und Seilbahn) wurde in erster Linie bedingt durch
die Unmöglichkeit, die Werkstraßen außer dem sonstigen Verkehr auch
noch mit dem bedeutenden Kohlenverkehr zu belasten. Obwohl die
Herstellung einer solchen Anlage so teuer ist, daß die Förderkosten je

Tonne Kohle aus dem Schiff bis zum Lagerplatz bzw. bis ins Kesselhaus infolge der Verzinsungs- und Amortisationskosten über das sonst übliche Maß hinausgehen, kann dennoch durch die vielen Vorteile, die verbilligend auf den Gesamtbetrieb einwirken, aber sich rechnungsmäßig nicht erfassen lassen, die Wirtschaftlichkeit in vollem Maße gewährleistet sein.

Solche Anlagen, die aus den Lebensnotwendigkeiten eines Werkes geboren werden, müssen mit anderem Maßstabe gemessen werden als normale Förderanlagen mittlerer Leistungen und Ausmaße.

2. Förderanlagen für Gaswerke und Kokereien.

Die Förderanlagen für Gaswerke zerfallen in der Regel in getrennte Anlagen für die Lagerung der Kohle und ihren Weitertransport ins Ofenhaus mit dazwischen angeordneter Zerkleinerungsanlage und für die Förderung des gewonnenen Kokses aus der Kokerei zur Aufbereitung, zum Lager und zur Verladung. In vereinzelten Fällen, besonders bei kleineren Gaswerken, werden auch beide Aufgaben durch ein- und dasselbe Förderelement gelöst, z. B. mittels Elektrohängebahn. Bei größeren Anlagen verbieten jedoch schon die räumliche Ausdehnung der Lagerplätze und die Natur des Gaswerkbetriebes, der die Lagerung der Kohle auf der einen Seite des Ofenhauses verlangt, während der Koks auf der anderen Seite entfällt, die Zusammenlegung beider Förderaufgaben. Aber auch die Natur des Fördergutes läßt verschiedene Förderelemente für die beiden Materialien geeigneter erscheinen; während z. B. bei Gaswerken die Kohle auf ihrem Wege vom Waggon oder Schiff bis ins Ofenhaus einer besonderen Schonung nicht bedarf, da sie ohnehin möglichst zerkleinert, neuerdings sogar fein gemahlen und innig gemischt den Retorten zugeführt wird, verlangt der Koks eine sorgfältige Behandlung während des Transportes bis zur Verladung, um Abrieb möglichst zu verhindern. Daher muß bei der Förderung des Kokses darauf geachtet werden, daß er so wenig wie möglich gestürzt wird und vor allem keine großen Sturzhöhen erfährt, die nach vorgenommener Klassierung und nach Absiebung des Feinkoks wieder neuen Abrieb erzeugen könnten.

a) Lagerung in überdachten Kohlenschuppen.

Ob die Kohle in offenen oder geschlossenen, d. h. überdachten Lagern gestapelt werden soll, ist seit Jahrzehnten eine sehr umstrittene Frage im Gasfach gewesen und kann hier im einzelnen nicht erörtert werden; die Transportanlagen gestalten sich natürlich in beiden Fällen recht verschieden. Die Förderung und Entladung der Kohle ist bei überdachten Lagern jedenfalls in den meisten Fällen ungünstiger und unwirtschaftlicher als bei offenen Lagerplätzen, wo keine begrenzenden

Umfassungsmauern ein Hindernis für die Entladung bilden, die Zufuhrgleise außerhalb des Lagerplatzes geführt werden können und die
Lagerhöhe größer sein kann, ganz abgesehen von den Kosten des Lager-
gebäudes selbst. Trotzdem sind eine große Anzahl selbst bedeutender

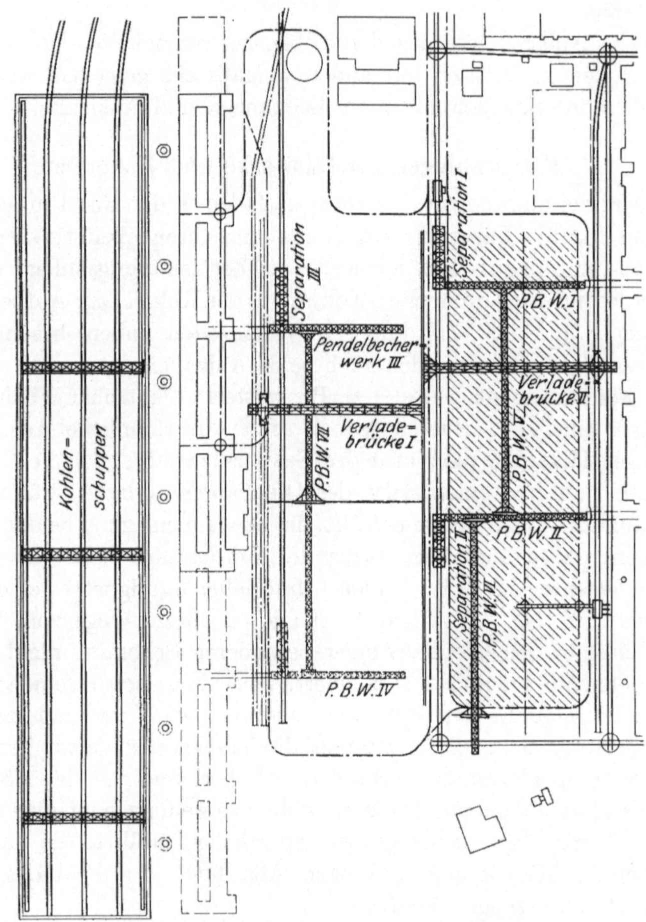

Abb. 408. Lageplan der Förderanlagen des Gaswerks Köln-Ehrenfeld (Pohlig).

Gaswerke mit überdachten Lagern ausgerüstet, da den geschilderten
Nachteilen eine höhere Gasausbeute der trocken gelagerten Kohle und
geringerer Verschleiß der Fördermittel und Bunker gegenübersteht.
Die nachfolgenden Beispiele zeigen derartige Förderanlagen.

Abb. 408 bis 410 stellen die Kohlenförderanlagen des Gaswerkes
Köln-Ehrenfeld dar. Die Kohle wird hier auf dem Bahnwege einem
Kohlenschuppen von etwa 270 m Länge und 42 m Breite zugeführt.

Die Kohlenzüge gelangen auf drei Hochbahnen in den Schuppen, wo
sie mit Greiferlaufkranen oder auch von Hand entladen werden. Der

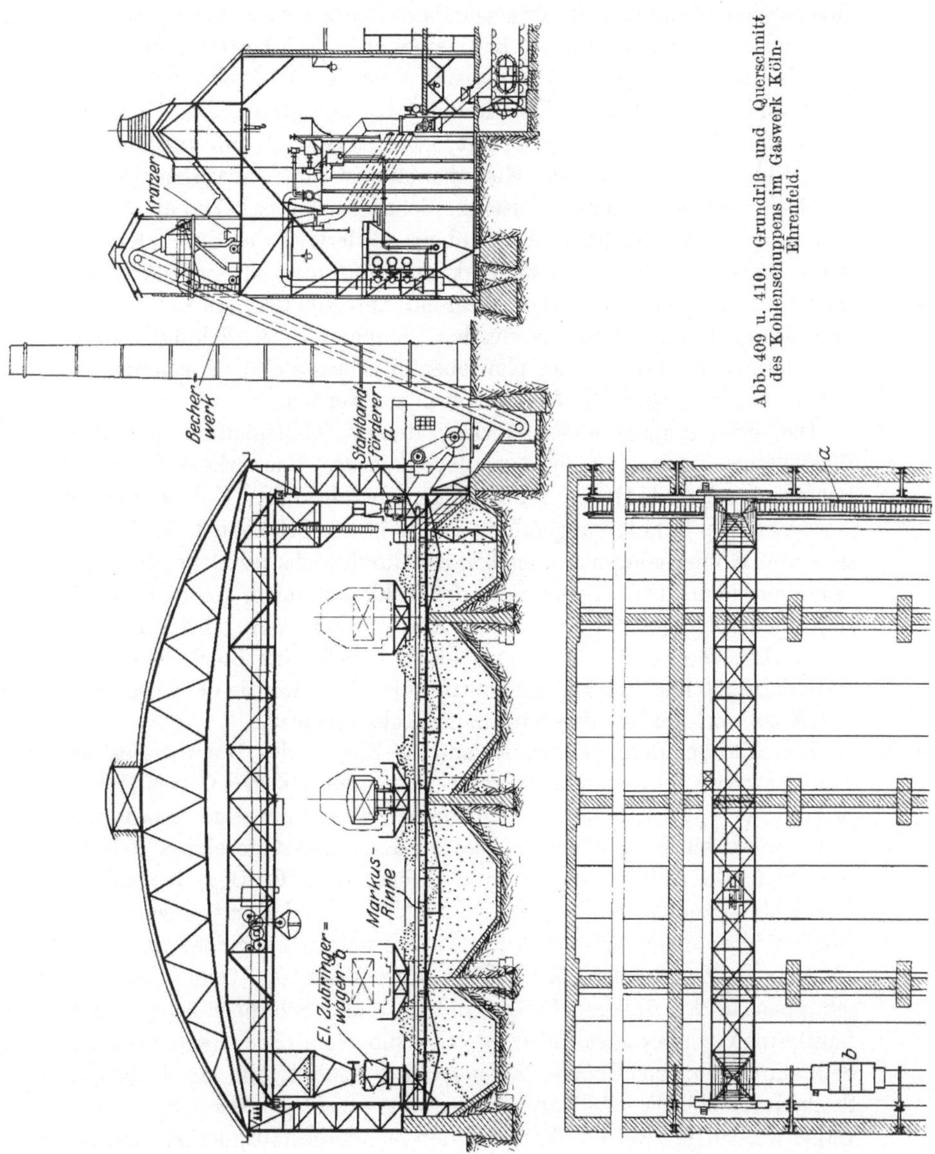

Abb. 409 u. 410. Grundriß und Querschnitt
des Kohlenschuppens im Gaswerk Köln-
Ehrenfeld.

Boden des Schuppens ist mit schrägen Flächen vertieft angeordnet,
so daß eine beträchtliche Schütthöhe erzielt wurde. Die drei Greifer-
laufkrane sind beiderseits mit angehängten Schüttrichtern versehen, aus

denen an der Ofenhausseite in der ganzen Länge des Schuppens durchlaufende, umkehrbare Stahlbandförderer *a* beschickt werden können,
die das Fördergut zu den fünf auf die Länge des Schuppens verteilten
Brechereien *c* führen. Auf der gegenüberliegenden Seite des Schuppens
ist eine auf Konsolen gelagerte Bahn eines elektrisch betriebenen Selbstentladewagens *b* angeordnet, die als Reserve für die Stahlbandförderer
dient und die aus dem Fülltrichter der Krane entnommene Kohle zu
jedem der fünf Querförderer bringt; letztere sind als Markus-Rinnen[1]
ausgebildet und fördern das Gut ebenfalls in die Einwurftrichter der
Brecher. Bei jedem Brecher ist ein Schrägbecherwerk (Bamag) aufgestellt, das das Brechgut ins Ofenhaus fördert, wo es durch Kratzer
in die Bunkerreihe über den Schrägkammeröfen verteilt wird. Abb. 408
zeigt den Lageplan des Werkes, während Abb. 409 und 410 Querschnitt
und Grundriß des Schuppens mit den Ofenbändern für Schrägkammeröfen darstellen. Die im Lageplan ebenfalls dargestellte Koksförderung
soll an anderer Stelle (S. 318) beschrieben werden.

Die Förderanlage eines Werkes, dessen Kohlenzufuhr auf dem
Wasserwege erfolgt, ist in dem Lageplan des Gaswerkes Hamburg-
Barmbeck (Abb. 411) zur Darstellung gebracht. Die Kohlen werden
hier in kleinen Schuten angefahren und in einem Stichkanal, der beiderseits von Kohlenschuppen umgeben ist, durch sechs feststehende Drehkrane entladen. Die Verteilung in die Kohlenschuppen geschieht durch
eine Elektrohängebahn, die unter Einbeziehung der fahrbaren Verteilungsbrücken in den Schuppen als Ringbahn im Blockschaltungssystem ausgebildet ist. Die Hängebahn dient gleichzeitig der Förderung
des Koks von der Aufbereitung zum Kokslagerplatz.

Bei Städten, deren Gaswerke auf die Zufuhr des Brennstoffes auf
dem Seewege angewiesen sind, was z. B. bei den meisten Ostsee-Hafenstädten der Fall ist, läßt sich nicht immer eine so günstige Anordnung,
d. h. ein so kurzer Förderweg wie bei dem zuletzt gezeigten Beispiel
erreichen. Die Anlage des Gaswerkes Königsberg (Pohlig) besitzt am
Ufer auf vorgebautem Kai zwei Ufer-Schrägentlader mit eingebautem
Brecher, die mittels automatischer Füllmaschinen die geförderte Kohle
an eine Seilbahn übergeben. Diese durchfährt die beiden Kohlenschuppen an den äußeren Längswänden. Jeder Schuppen ist mit zwei
Laufkranen ausgerüstet, über welche die vom Seil losgekuppelten
Seilbahnwagen, im Gefälle laufend, hinweggehen, um an beliebiger
Stelle durch einen verstellbaren Entleerungsanschlag entleert zu werden.
Dabei werden je zwei Laufkrane hintereinandergestellt, derart, daß die
Wagen ohne weiteres wieder an das Leerseil an der jenseitigen Schuppen·
seite angekuppelt werden können. Zur Wiederaufnahme der Kohle

─────────────

[1] Vgl. Bd. I, 3. Aufl., S. 231.

dient auf jedem Kran eine Führerstand-Greiferkatze, die unter Vermittlung eines Schüttrichters, der am Kran hängt, eine zweite Seilbahn, die sog. Ofenhausbahn, beschickt, deren tiefliegender Beladestrang die beiden Schuppen in ihrer Trennungslinie durchläuft. Diese Bahn führt nach Verlassen des Kohlenschuppens im rechten Winkel umbiegend in starker Steigung zur Bunkerhöhe des Ofenhauses hinauf, wo die Wagen ihren Inhalt abgeben. Auch Bahnkohle kann von Hand aus

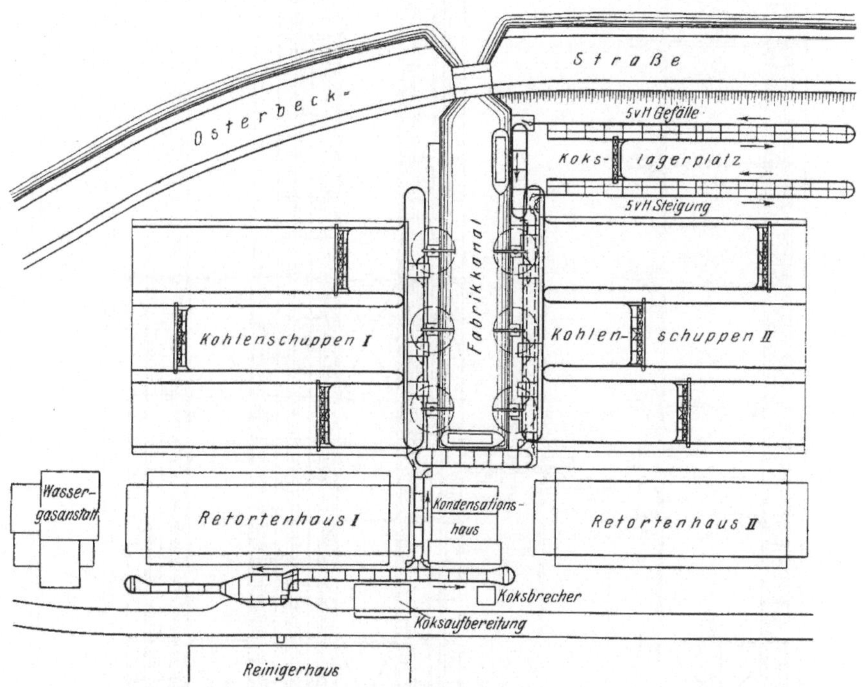

Abb. 411. Lageplan der Förderanlage im Gaswerk Hamburg-Barmbeck (Bleichert).

Waggons (in Reserve zur Hauptförderung) entladen und durch Vermittlung eines Schrägbecherwerkes an den Vollstrang der Ofenhausseilbahn übergeben werden.

Eine sehr einfache Kohlenförderung aus dem Schiff in den überdachten Kohlenschuppen hat sich für das Gaswerk Haag ergeben (Abb. 412 bis 414), wenn auch, wie der Grundriß zeigt, die Achse des Kohlenschuppens zur Kaikante nicht senkrecht lag, sondern schräg dazu geneigt war und eine ungewöhnliche Ausbildung der Uferentlader verlangte, damit die zweischienige Förderbahn in gerader Linie durchgeführt werden konnte. Die Entladung der Schiffe geschieht durch Führerstands-Greiferkatzen. Diese laufen von den parallel zum Ufer

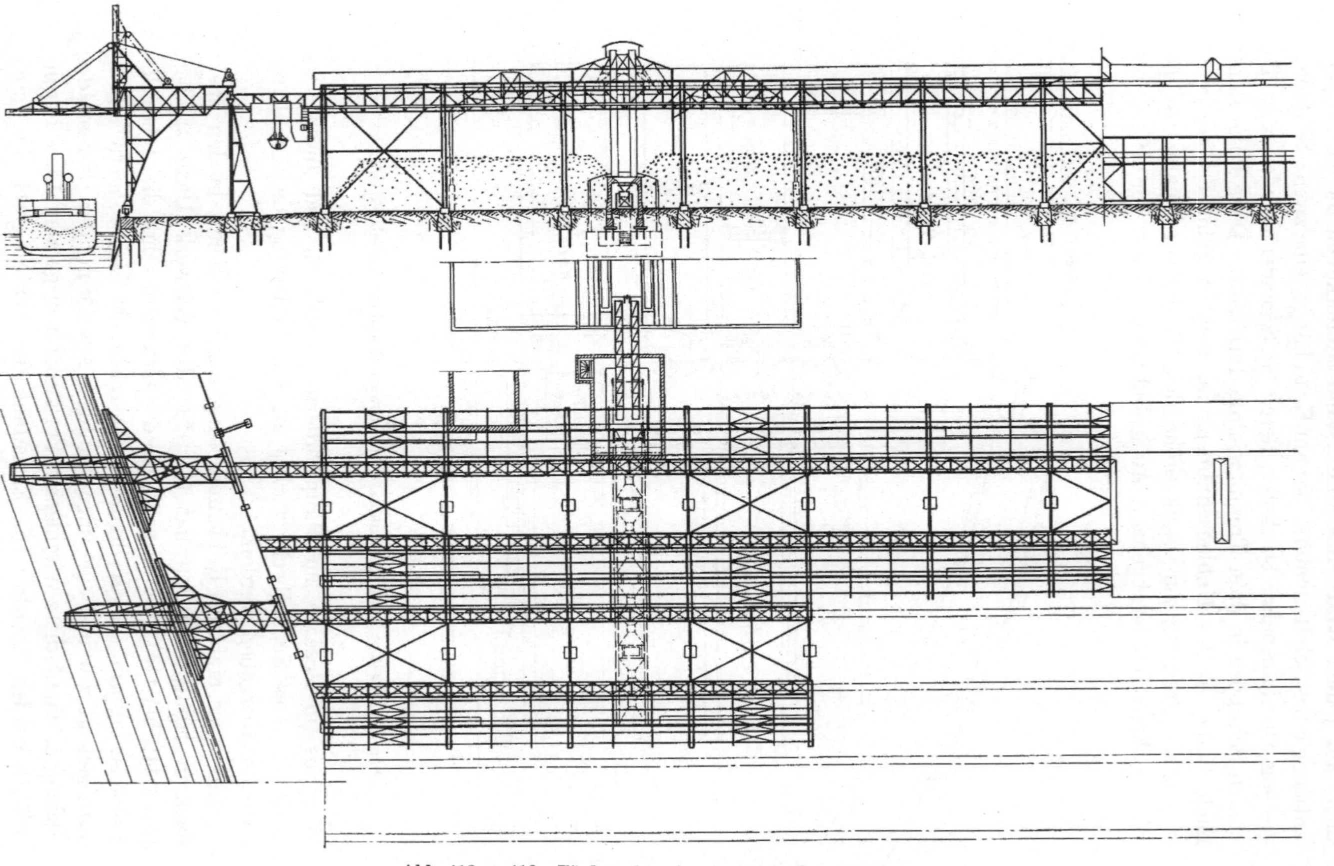

Abb. 412 u. 413. Förderanlage im Gaswerk Haag (Pohlig).

verschiebbaren Entladern, die einer der vier festen Fahrbahnen im Schuppen gegenübergestellt und verriegelt werden, in den Schuppen und verteilen hier die Kohle. Am landseitigen Schuppenende ist senkrecht zur Schuppenachse ein Gleis vorbeigeführt, um auch Bahnkohle entladen und durch die Greiferkatzen in den Schuppen fördern zu können. Zu ihrer Entladung dient ein fahrbarer Aumundscher Kurvenkipper.

In einem Betonkanal quer zur Schuppenachse ist ein — im späteren Ausbau ein zweiter — Stahlbandförderer angeordnet, dem mittels der Greiferlaufkatzen durch Öffnungen in der Kanaldecke die Kohle zum Weitertransport zugeführt wird. Dieses Band wirft die Kohle in den Schütttrichter über der Brecherei, aus der die zerkleinerte Kohle durch Schrägbecherwerk und Verteilungsgurtförderer in die Bunker des Ofenhauses gelangt.

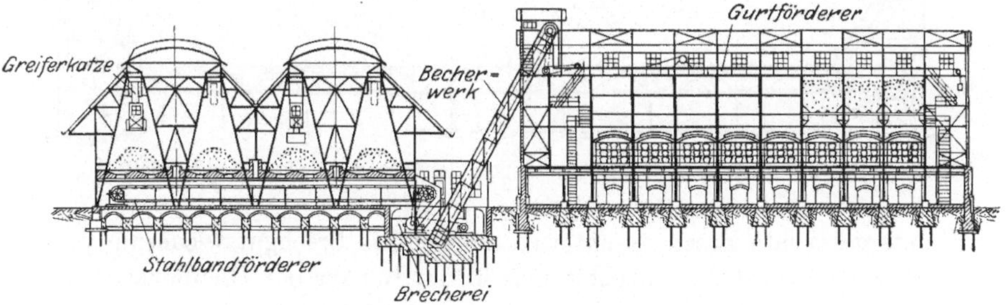

Abb. 414.   Querschnitt durch den Kohlenschuppen im Gaswerk Haag.

Eine andere Anlage mit langgestrecktem Kohlenschuppen, an dessen wasserseitigem Ende die Schiffsentladestelle liegt, ist die des Gaswerkes Berlin-Tegel. Die Entladung der Schiffe geschieht hier durch vier fahrbare Entlader auf einem Hochgerüst, die das Fördergut an eine Seilhängebahn übergeben. Jeder der beiden Ausladekrane besitzt zwei wagerechte Ausleger, sodaß gleichzeitig mit zwei Greifern aus einer Schiffsluke gefördert werden kann. Die Verteilung im Schuppen erfolgt automatisch durch Vermittlung von fahrbaren Brückenschleifen (Abb. 415), über die der Seilzug der Hängebahn abgeleitet wird. Der Boden des Schuppens ist unterkellert und mit einer großen Zahl von Auslauföffnungen versehen. Eine zweite Seilhängebahn, die zum Abtransport der Lagerkohle dient, führt an den Seitenwänden im Schuppenkeller entlang. Querstränge in kurzen Abständen, über welche die zu füllenden Seilbahnwagen im Gefälle laufend geführt werden, stellen die Verbindung zwischen Voll- und Leerstrang her. Diese untere Hauptbahn kann auch am Ufer von den Entladern unmittelbar beschickt werden. Bahnentladung durch einen Wagenkipper kann ebenfalls an einem allerdings räumlich weit entfernten Punkt des Werkes vorgenommen werden, wobei der Transport zu den Ofenhäusern gleichfalls durch eine Seilhängebahn geschieht, die die Kohle aus der Kippergrube abzieht und sie allmählich ansteigend auf ein Kohlenverteilungsgerüst bringt, zu dem auch die beiden Seilbahnen im Kohlenschuppen geleitet werden. Auf diesem Verteilungsgerüst werden die Seilbahnwagen in die dort

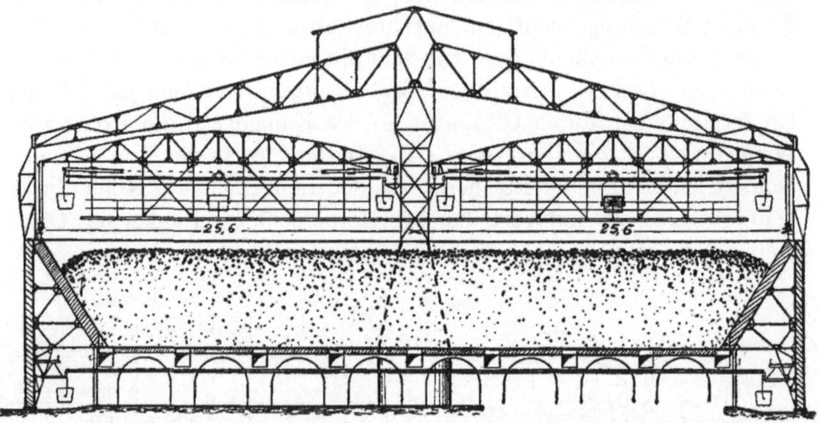

Abb. 415. Förderanlage im Kohlenschuppen des Gaswerks Berlin-Tegel (Bleichert).

untergebrachte Brecherei entleert, aus der das Brechgut wiederum von einer Seilhängebahn abgeholt und in die Bunker der Ofenhäuser verteilt wird.

b) Kohlenlagerung auf offenen Lagern in Gaswerken.

In den letzten Jahrzehnten sind die Kohlenlager für Gaswerke in den weitaus meisten Fällen als offene Lager ausgeführt worden. Die Beschickung dieser Plätze, besonders wenn die örtlichen Verhältnisse ihre Ausbildung als regelmäßige Rechtecke gestatten, gestaltet sich vom fördertechnischen wie auch vom wirtschaftlichen Standpunkt aus günstiger als die der geschlossenen Lager. Breite und Höhe des Lagers können im Freien größer gewählt werden, da das Lager mit Verladebrücken überspannt werden kann; auch in bezug auf die Wiederaufnahme vom Lager ist der Konstrukteur freier, weil nach oben ungehindert.

Das Gaswerk Mariendorf b. Berlin (Abb. 416 und 417) liegt am Teltowkanal und erhält die Kohle auf dem Wasserwege. Am Entladekai sind zwei Paar Krane aufgestellt, deren Unterbau am Kai entlang fahrbar ist. Die Krane arbeiten mit Führerstands-Greiferkatzen und übergeben ähnlich wie in Tegel die Kohle an eine Seilhängebahn, die in geringer Höhe am Kai entlangführt, dann abbiegend schräg ansteigt zu einer Winkelstation, wo die Seilbahnwagen abgekuppelt und auf eine zweite Seilbahn überführt werden. Diese ist wagerecht

in einer solchen Höhe zwischen zwei Lagerplätzen angeordnet, daß die
Wagen über Schleppweichen beiderseits auf die das Lager überspan-

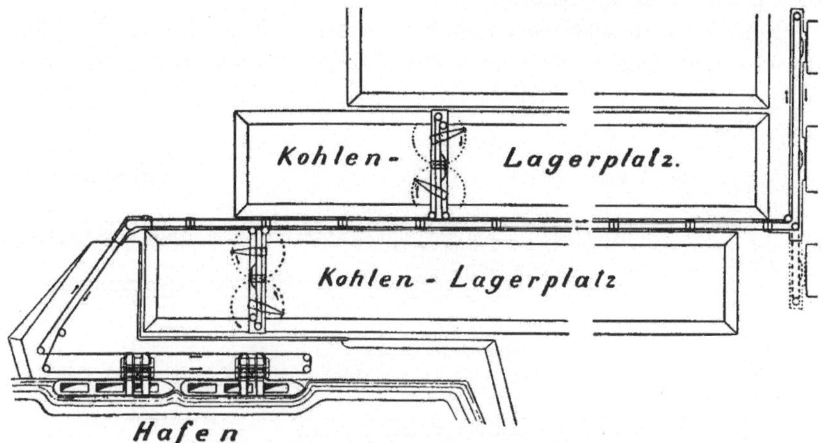

Abb. 416. Lageplan der Kohlenförderung im Gaswerk Berlin-Mariendorf (Bleichert).

nenden Lagerplatzbrücken (Abb. 417) übergehen können. Die Kohle
kann entweder unmittelbar zum Retortenhaus gefördert werden, wo
die Wägung und Entleerung der Wagen stattfindet, oder sie wird auf

Abb. 417. Ansicht der Verteilungsbrücken im Gaswerk Mariendorf.

Lager gebracht. Auf jeder Lagerbrücke sind zwei feststehende Drehkrane
mit Greifern angeordnet, die in einen Fülltrichter in der Mitte der

Brücke fördern. Die Trennung der Seilbahn an der Winkelstation hat
den Zweck der Kraftersparnis; man kann beim Fördern vom Lager
die Hafenstrecke abschalten.

Eine der vorbeschriebenen ähnliche Anlage zeigen Abb. 418 bis 420,
die das Kohlenlager des Gaswerks Rotterdam-Keilehaven dar-

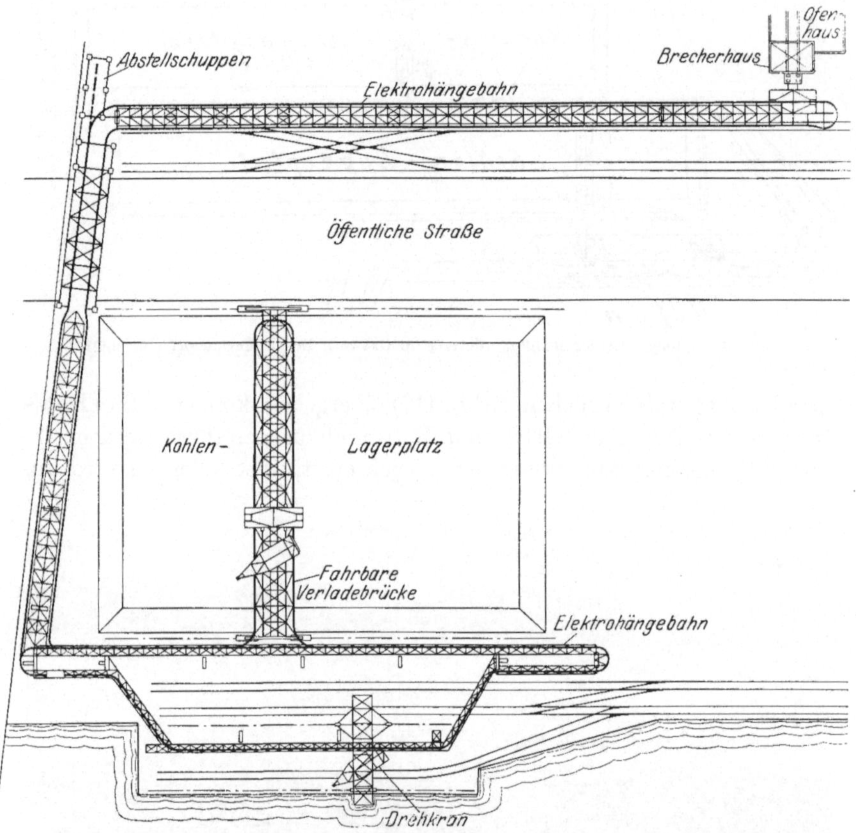

Abb. 418. Lageplan der Kohlenförderanlage des Gaswerks Rotterdam-Keilehaven (Pohlig und
Figée).

stellen. Hier geschieht die Entladung mittels Drehkrans aus dem
Seeschiff oder aus Rheinkähnen, die Verteilung aufs Lager und die
Beförderung zum Ofenhaus durch eine Elektrohängebahn mit selbst-
tätigen Bodenentleerern von 3 m³ Fassung. Zur Wiederaufnahme vom
Lager, das mit einer Verladebrücke überspannt ist, dient ein auf dem
Obergurt der Brücke fahrbarer Greiferdrehkran. Die Elektrohängebahn
muß, da die Ofenhäuser hinter dem Lager angeordnet sind, das ganze
Lager umfahren, wodurch ziemlich ungünstige Weglängen entstehen.

Vor den Ofenhäusern ist je eine Brecherei angeordnet, aus der die gebrochene Kohle in ein Pendelbecherwerk gelangt, um in einen Verteilungsbunker gefördert zu werden, aus dem die Retorten beschickt werden.

Eigenartig, aber wohl nur selten bei Gaswerken anwendbar, ist die von **Bleichert** für das **Gaswerk Ostende** gebaute Kabelkrananlage in Verbindung mit einem Gurtförderer (vgl. Seite 261 und 262). Die wasserseitige Stütze ist am Ufer entlang fahrbar; sie ragt, mit aufklappbarem Ausleger versehen, weit über die Uferkante hinaus und dient zugleich zur Aufnahme der Antriebswinde und des Führerhauses. Der Kabelkran arbeitet mit Greifer und besitzt bei 128 m Spannweite eine Leistung von 65 t/st, die bei einer Tragkraft von 5 t mit einem 2,5 m³-Greifer erzielt wird.

Die landseitige Stütze ist portalartig ausgebildet und mit einem Fülltrichter versehen, aus dem der unter dem Stützenportal gelagerte und am ganzen Lagerplatz entlang geführte Gurtförderer beladen wird. Dieser fördert die Kohle zur Brecherei, aus der sie mittels Becherwerks dem Ofenhaus zugeführt wird.

Gaswerke, denen die Kohle nur auf dem Landwege zugeführt werden kann, müssen, besonders wenn große Förderleistungen in Frage kommen, auf rasche Waggonentleerung eingerichtet werden. Hierfür eignen sich besonders **Wagenkipper** in Verbindung mit anderen Fördermitteln. Die Förderanlage des **Gaswerkes München** (Abb. 421 und 422) bietet hierfür ein gutes Beispiel. Die Kohle wird auf einem hoch gelegenen Bahngeleise angefahren, das

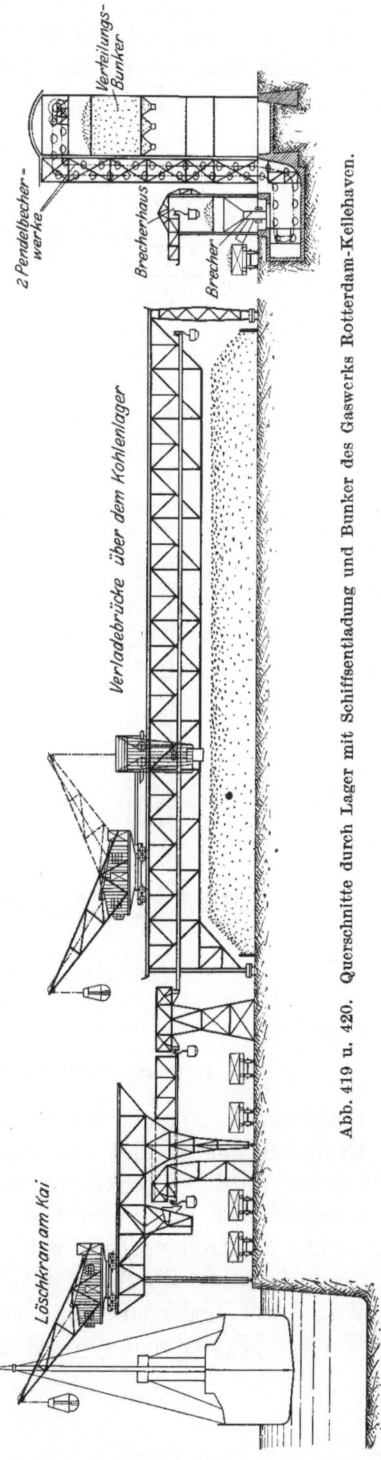

Abb. 419 u. 420. Querschnitte durch Lager mit Schiffsentladung und Bunker des Gaswerks Rotterdam-Keilehaven.

parallel zur Längsachse des Lagers liegt. Zwischen Gleis und Lager
zieht sich in ganzer Länge des Lagers eine Grube, in die ein fahr- und
drehbarer Wagenkipper die ankommenden Kohlenzüge entleert[1]. Das
Lager selbst ist wiederum mit einer Verladebrücke mit oben fahrendem

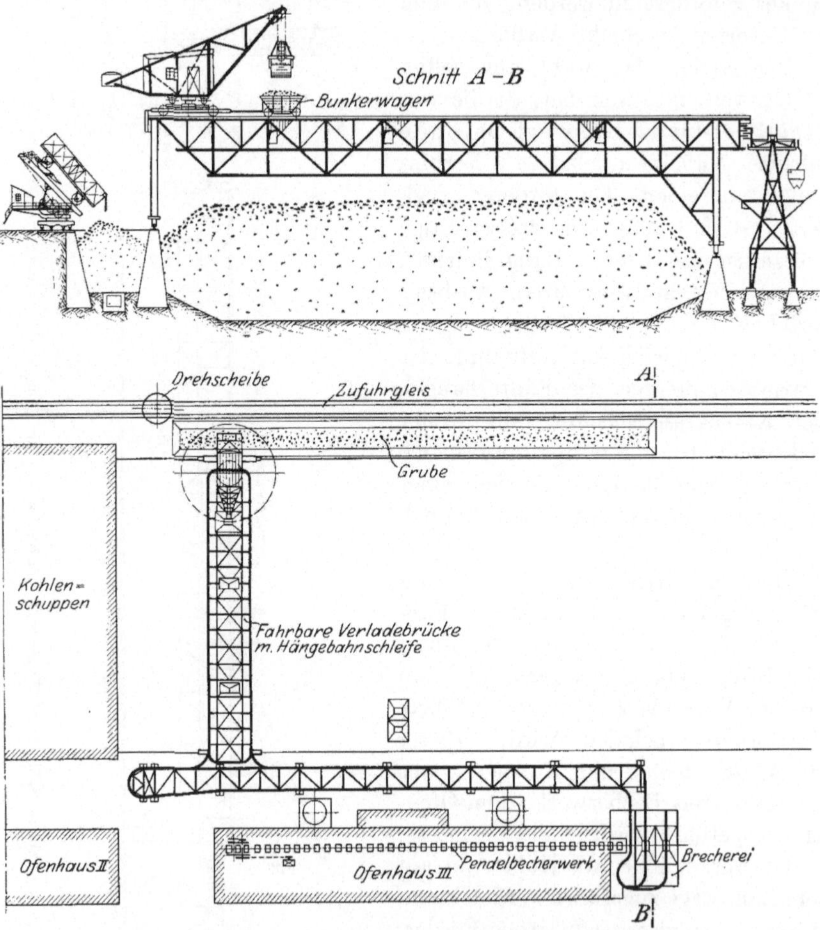

Abb. 421 u. 422. Kohlenförderanlage des Gaswerks München (Pohlig).

Drehkran überspannt, der mit seinem 4 m³-Greifer die Kohle aus der
Grube entnimmt und sie entweder durch einen Beladetrichter, der
fahrbar an den Drehkran angelenkt ist, an eine Elektrohängebahn
übergibt oder aufs Lager legt.

Die Elektrohängebahn geht ofenhausseitig auf einen festen Strang
über; sie ist als Ringbahn mit Blocksystem ausgebildet und mit 3 m³-
Wagen mit Bodenentleerung versehen. An der Giebelseite des Ofen-

____
[1] Vgl. Band II, Teil I, S. 106 und 107.

hauses, das mit seiner Achse parallel zum Lager angeordnet ist, befindet sich eine Brecherei, die von der Elektrohängebahn beschickt wird und ihrerseits die gebrochene Kohle an ein Pendelbecherwerk übergibt, das die Bunker über den Ofenkammern füllt.

c) Koksförderung.

In älteren Gaswerken wird der Koks im Innern des Ofenhauses in der Regel durch die vor den Retorten gelagerten Brouwerschen Löschrinnen [1] aufgenommen und in abgelöschtem Zustand aus einem Sammelbunker am Ende des Ofenhauses entweder durch Hängebahnen mit Hubwerk oder mittels stetiger Förderer der Aufbereitung zugeführt. Hier wird meist durch Schwingsiebe die Klassierung und die Verteilung in die verschiedenen Sammelbehälter vorgenommen, während der nicht sofort zum Versand gelangende Koks zunächst aufs Lager gestürzt wird. Ein Beispiel einer solchen Koksförderung ist die Anlage der Stadt Lüttich, wo der in drei Ofenhäusern gewonnene Koks durch Brouwer-Rinnen vor die Giebelmauern gebracht und dort durch einen in einem Kanal verlegten Stahlbandförderer aufgenommen wird, um schräg ansteigend der Aufbereitung zugeführt zu werden. Während der Tagesbedarf an Koks hier separiert und durch Siebe in die verschiedenen Sammelbehälter gebracht wird, kann der Rohkoks aus einem besonderen Rohkoksbehälter in Kippkübel abgezogen werden, die durch eine Verladebrücke mit Führerstandskatze auf Lager gekippt werden, und von hier rückwärts entweder unmittelbar in Waggons und Fuhrwerke oder durch Vermittlung des Stahlbandförderers erst der Aufbereitung zugeführt und dann verladen werden.

Bei der Koksförderanlage des Gaswerks München wird der Koks aus den Schrägkammeröfen in einen vor dem Ofenhaus fahrbaren Kokslöschturm gestoßen und fällt aus diesem nach dem Ablöschen in eine Grube, die das Ofenhaus in seiner ganzen Länge begleitet. Parallel zum Ofenhaus erstreckt sich der Kokslagerplatz. Der abgelöschte Koks wird aus der Grube durch eine Verladebrücke mit Koksgreiferkatze herausgehoben und entweder auf Lager gelegt oder der Aufbereitung zugeführt, die in der rückwärtigen, auf zwei Schienen ruhenden Stütze eingebaut ist. Die Schwingsiebe sind auf einem Ausleger an der Stütze gelagert und lassen den separierten Koks in vier außen am Ausleger angebrachte Fülltrichter fallen, während der Feinkoks aus dem vordersten Teil der Siebe in Bunker gesammelt wird, die in die Stütze eingebaut sind. Parallel zum Kokslager sind Verkaufsbunker und Eisenbahnversandbunker aus Beton in einer Reihe aufgestellt, die auf zwei Gleisen von elektrisch betriebenen Selbstentladern

---

[1] Vgl. Bd. I, 3. Aufl., S. 56.

befahren werden. Diese ziehen den separierten Koks aus den erwähnten
vier Fülltrichtern ab und verteilen ihn in die Zellen des Verkaufs- bzw.
Versandbunkers. Ein Teil des Rohkokses, der für die Beheizung der
Retorten benötigt wird, wird durch einen in der ofenseitigen Stütze
eingebauten Fülltrichter in einen elektrischen Plattformwagen mit
darauf ruhendem abhebbarem Kippkübel abgezogen und am Ende des
Ofenhauses mittels eines Kübelschrägaufzuges in einen Hochbunker
gefördert, aus dem elektrisch betriebene Selbstentladewagen mit seitlicher Bodenentleerung ihn entnehmen und den Füllöffnungen der
Generatoren zuzuführen.

Das Gaswerk Köln-Ehrenfeld besitzt eine ausgedehnte Koksförderanlage (Abb. 408), der von drei Ofenhäusern der Koks zugeführt
wird, von denen zwei auf der einen Seite des Kokslagerplatzes liegen,
während das dritte auf der gegenüberliegenden Seite angeordnet ist.
Der auf einem Stahlband bzw. in Brouwer-Rinnen gelöschte Koks
wird durch Pendelbecherwerke zugeführt, die ihn entweder in drei feste
Separationen abwerfen, von denen je eine vor jedem Ofenhaus steht,
oder durch Weiterführung des oberen Becherwerkstranges auf je einer
hochgelegenen Brücke quer zum Lagerplatz an Verteilungsbrücken
übergeben; diese sind ebenfalls mit Pendelbecherwerken sowie mit je
einem Ablaß-Gurtförderer zur Schonung des Kokses ausgerüstet, der
fahrbar ist und jede nennenswerte Fallhöhe des Kokses vermeidet.
Über die ganze Breite des Lagerplatzes sind zwei Verladebrücken gespannt, die über die Verteilungsbrücken hinweggehen und mittels
Greiferkatzen den Koks wieder aufnehmen können. Die Brücken können
auch hintereinander gestellt werden, so daß die Katze der einen Brücke
auf die andere Brücke übergeleitet werden kann. Jede Brücke besitzt
in der festen Stütze eine Separation, in welcher der vom Lager zurück-
geförderte Koks gebrochen und gesiebt bzw. separiert werden kann.
Die Verwendung von Pendelbecherwerken und Stahlbändern für Koksförderung bringt gewisse Betriebschwierigkeiten mit sich, weil der
Koksstaub stark schmirgelnd wirkt und die aus dem frischgelöschten,
noch warmen Koks ausströmenden schwefelsäurehaltigen Gase und
das Tropfwasser das Eisen der Becher und Zellen leicht angreifen.
Man kann diesen Übelständen jedoch einigermaßen abhelfen durch
Verwendung von Fettschmierung für die Rollen und Gelenke der
Becherwerke und durch größere Blechstärken und Verzinkung der
Becher und Zellen.

In neuester Zeit geht man dazu über, den Koks möglichst in den
Gefäßen, in denen er auf nassem oder trockenem Wege gelöscht wurde,
die dann aber durchweg sehr groß ausfallen, da sie den Inhalt einer
ganzen Kammer aufnehmen müssen, der Schonung wegen bis zur
Aufbereitung oder zum Lager weiter zu fördern.

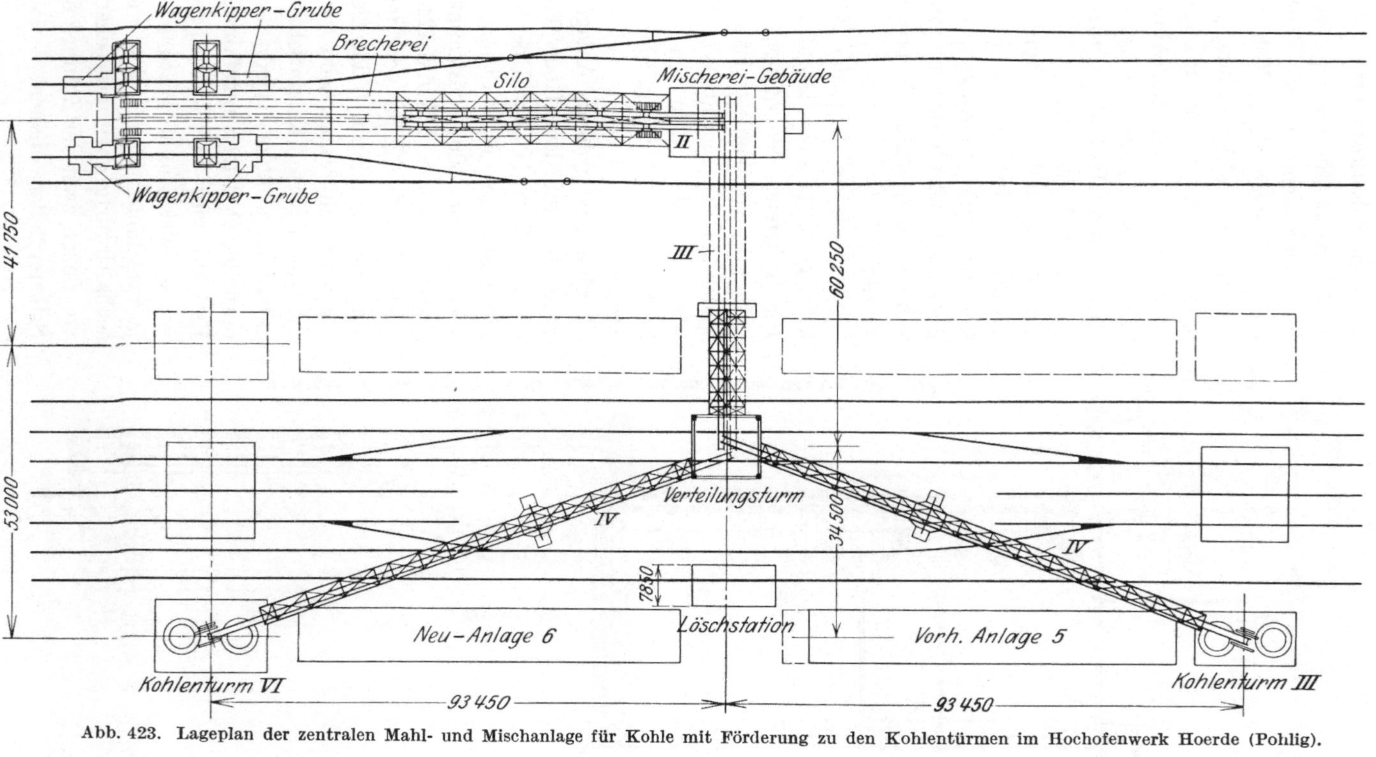

Abb. 423. Lageplan der zentralen Mahl- und Mischanlage für Kohle mit Förderung zu den Kohlentürmen im Hochofenwerk Hoerde (Pohlig).

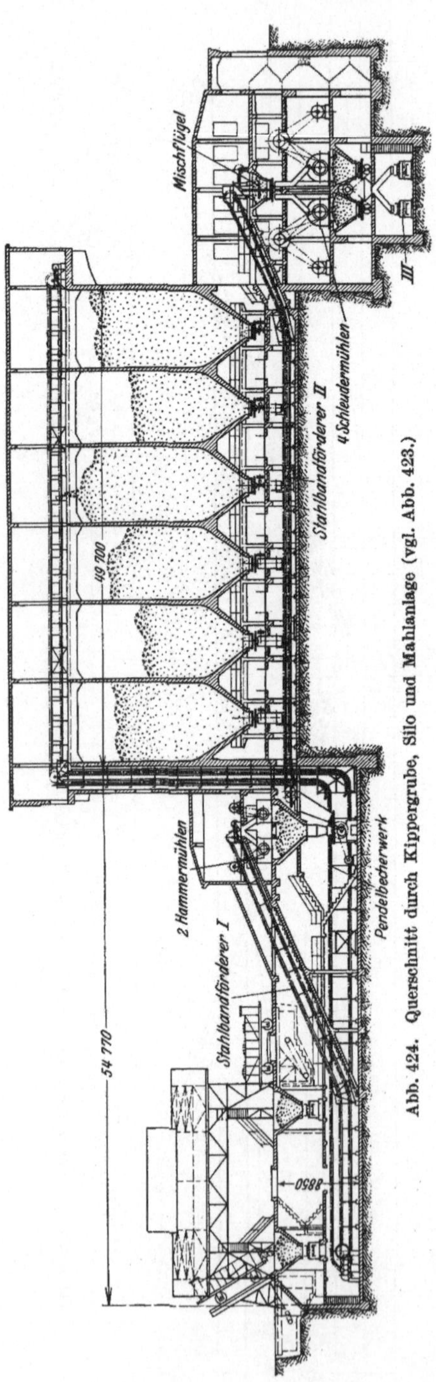

Abb. 424. Querschnitt durch Kippergrube, Silo und Mahlanlage (vgl. Abb. 423.)

d) Kohlenförderanlagen für Kokereien.

Die Kohlenförderanlagen für Kokereien dienen in der Regel dazu, die verschiedenen Kohlensorten, die zur Verkokung gelangen sollen, auf einem Lager oder Silo in getrennten Abteilungen zu lagern, sie einer Misch- und Mahlanlage zuzuführen und aus dieser fertig zum Verkoken den Kokskohlentürmen zuzuführen, aus denen sie durch die Füllwagen, die über den Ofenbatterien verkehren, in die Öfen befördert werden.

Je nach der Lage der Kokerei gestaltet sich die Zufuhr. Die Kokereien der Zechen erhalten die Kokskohle meist entweder aus der eigenen Wäsche oder aus den dem eigenen Zechenbetrieb angegliederten Zechen.

Eine der größten Anlagen stellt die auf dem Hochofenwerk des Phönix (Abt. Hoerde) errichtete, für eine Stundenleistung von 500 t bestimmte Anlage dar (Abb. 423 und 424). Hier wird die Kohle von den verschiedenen Zechen der Gesellschaft, in bis zu zehn verschiedenen Sorten, teils in Selbstentladern, größtenteils jedoch in normalen O-Wagen angefahren. Es sind vier Plattformkipper von je 250 t Stundenleistung — je zwei hintereinander — und sechs Abwurfgruben vorgesehen, von denen zwei der Zufuhr mit Selbstentladern dienen.

Aus diesen Gruben ziehen quer zu den Anfahrgleisen vier kurze Stahlbandförderer die Kohle ab und übergeben sie unter Zwischenschaltung von Magnetwalzen, die zum Abscheiden des Eisens dienen, entweder zwei Pendelbecherwerken von je 250 t Leistung oder einem Stahlbandförderer *I* derselben Leistung. Im ersteren Falle handelt es sich um Feinkohle, die ohne Vorbrechung den Silos zugeführt werden kann, im anderen Falle um Kohle, die noch gebrochen werden muß und von dem Stahlband zur Brecherei, bestehend aus zwei Hammermühlen großer Leistung (Humboldt), führen. Diese geben das Mahlgut wiederum an die vorerwähnten Pendelbecherwerke weiter, die es in die Silozellen fördern. Das Silogebäude enthält zwei Reihen von je sechs Zellen zu 500 t Fassung, hat also insgesamt 6000 t Kohleinhalt. Aus diesen Zellen gelangt die zu mischende Kohle über Mischteller, die jedes Mischverhältnis mit genügender Genauigkeit herstellen können, auf einen (später zwei) Stahlbandförderer *II* von 500 t Stundenleistung, der die vorgemischte Kohle den vier Schleudermühlen (Desintegratoren) von Schüchtermann & Kremer zur Feinmahlung und Mischung zuführen. Aus diesen fördert ein Stahlbandförderer *III* von 500 t Leistung in schräg ansteigender Richtung das fertige Produkt zu einem Verteilungsturm, von dem zwei schräg ansteigende Stahlbandförderer *IV* in divergierender Richtung zu zwei Kohlentürmen über den Ofenbatterien führen. Die Verteilung in die Kammern des Kohlenturmes geschieht durch Verteilungsteller großen Durchmessers. Von dem Kohlenturm *III* führt mit einer Brücke von etwa 85 m Spannweite ebenfalls ein Stahlbandförderer zum Kohlenturm *II* hinüber, während später zu bauende Kohlentürme von dem Kohlenturm *IV* aus beschickt werden.

3. Förderanlagen für chemische Werke.

Chemische Werke besitzen im allgemeinen, abgesehen von den Werken der Stickstoffindustrie, wenig Förderanlagen für Massengüter. Förderanlagen größeren Stils findet man jedoch bei den Superphosphatfabriken. Als Rohstoffe kommen hier Phosphat und Schwefelkies, außerdem Kohle für das Kesselhaus in Frage, während als Fertigprodukt Superphosphat und als Abfallprodukt aus der Schwefelsäurefabrikation Kiesabbrände zur Verladung gelangen. Da die Phosphate und der Schwefelkies in den europäischen Ländern meist aus dem Auslande bezogen werden, finden sich die Superphosphatwerke in der Regel an Wasserstraßen. Je nach der Stückgröße der zur Verwendung gelangenden Phosphate empfiehlt sich die Ausladung der Schiffe im Kübelbetrieb oder durch Selbstgreifer. Bei den ganz feinen, griesigen bis mehlartigen Florida-Phosphaten lassen sich zweckmäßig Becherwerke (wie bei Getreide) verwenden, da Greifer für solche Stoffe schwer dicht

zu bekommen sind und beim Entleeren große Staubentwicklung entsteht. Auch Schwefelkies kann, wenn großstückig angeliefert, wegen
seines hohen spezifischen Gewichtes schwer mit Greifer entladen werden;
meist wird er jedoch körnig bis zu Walnußgröße angefahren.

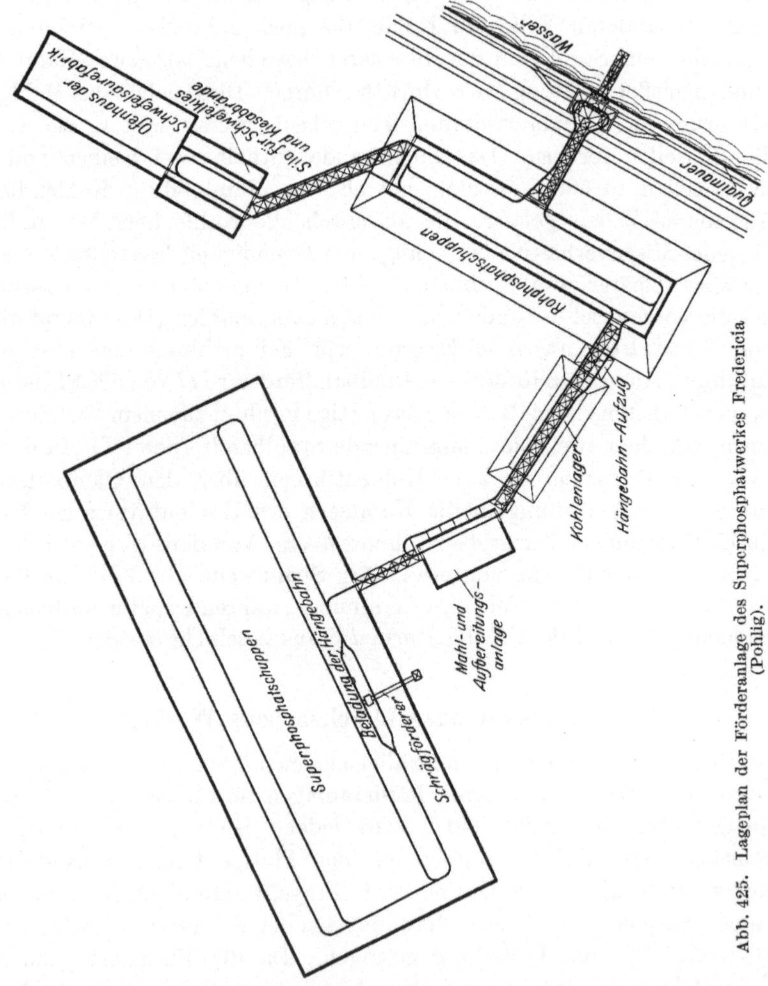

Abb. 425. Lageplan der Förderanlage des Superphosphatwerkes Fredericia (Pohlig).

Die Förderanlagen eines ganz modernen, größeren Werkes (Fredericia) zeigen Abb. 425 und 426. Die Rohstoffe einschließlich Kohlen
kommen auf dem Wasserwege in Seeschiffen an. Ein feststehender
Entlader mit aufklappbarem und wagerecht um einen hinteren Drehpunkt schwenkbarem Ausleger fördert mit Greifer das Material aus dem
Schiff in einen Fülltrichter, aus dem unter gleichzeitiger Wägung

Elektrohängebahnwagen gefüllt werden. Die Bahn ist als Ringbahn im Blocksystem gebaut und fördert die Phosphate entweder in den Rohphosphatschuppen oder zur Mahl- und Aufbereitungsanlage. Eine Abzweigung der Bahn läuft zum Schwefelkiesschuppen, während die Kohle über einem Lagerplatz abgestürzt wird. Der Schwefelkiesschuppen ist in eigenartiger Weise mit schrägliegenden, übereinander angeordneten Silozellen ausgebildet, so daß die oberen Zellen mit Kiesabbränden, die unteren mit Schwefelkies gefüllt werden. Die aus der Schwefelsäurefabrik mit Kippwagen angefahrenen Kiesabbrände werden an der Giebelwand des Silogebäudes von einer Elektrohängebahn, die mit einer Katze mit selbsttätigem Windwerk versehen ist, hochgefördert und im Pendelverkehr in die Silozellen gebracht. Die Entnahme der Rohphosphate aus dem Schuppen geschieht durch Kippwagen, die von Hand gefüllt und bis zu einem Elektrohängebahnaufzug gefahren werden; hier werden die Wagenkästen durch das mit der Aufzugplattform herabgesenkte Wagengehänge von dem Unterwagen abgehoben. Der Aufzug ist in das Blocksystem der Phosphatbahn eingeschaltet derart, daß die Kippkübel, oben angelangt, selbsttätig aus dem Aufzug ausfahren können und auf dem Rückweg von der Mühle wieder in den Aufzug hineinfahren.

Der Transport des Superphosphats geht so vor sich, daß das gewonnene Superphosphat, das fertige Düngemittel, aus der Aufbereitung kommend, durch einen eigenartigen Becherförderer mit einander überlappenden Bechern hochgefördert und von einer den Superphosphatschuppen in mehreren Strängen durchziehenden Elektrohängebahn aufgestapelt wird. Diese Bahn ist mit einer Abzweigung auch an die Phosphatbahn angeschlossen, so daß das Fertigprodukt, das zwar zur Hauptsache aus dem Schuppen unmittelbar in Eisenbahnwagen verladen wird, teils lose, größtenteils jedoch in Säcken, auch an die Elektrohängebahn unter Vermittlung von Aufzügen übergeben und zur Verladung in Schiffe zum Ufer zurückbefördert werden kann.

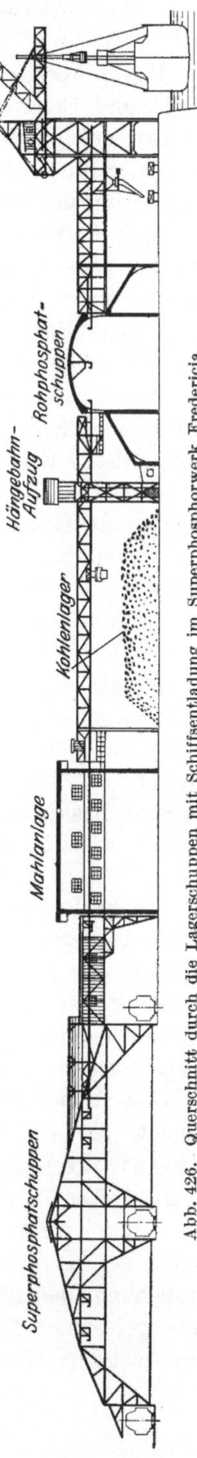

Abb. 426. Querschnitt durch die Lagerschuppen mit Schiffsentladung im Superphosphorwerk Fredericia.

4. Förderanlagen für Hüttenwerke und Erzbergwerke. Erzverladung.

Hüttenwerke benötigen als Rohstoffe in erster Linie Kohle bzw. Koks und Erze. Wenn ein Hüttenwerk eigene Zechen mit Kokereien besitzt, erfolgt die Zufuhr des Koks entweder in offenen Eisenbahnwagen, Selbstentladern oder zur Vermeidung jeder Umladung in den Begichtungskübeln selbst, die je 4 bis 6 t Koks fassen und zu drei oder vier auf Plattformwagen herangefahren werden. Diese letztere, wirtschaftlichste Art der Anfuhr des Kokses läßt sich allerdings nur durchführen, wenn die Kokerei sich auf dem Gelände des Hüttenwerkes oder in geringer Entfernung befindet, so daß der Verkehr zwischen Kokerei und Hochofen mit Pendelzügen aufrechterhalten werden kann. Die Anfuhr des Erzes geschieht in allen Fällen, wo die Hütte sich nicht in der Nähe einer Erzgrube befindet, entweder auf dem Wasserwege, soweit ausländische Erze zur Ausladung und Lagerung gelangen, oder auf dem Landwege in Eisenbahnwagen. Bei geringeren Entfernungen zwischen Grube und Hütte kommen auch vielfach Seilbahnen zur Verwendung, die besonders im Siegerländer und Lothringen-Luxemburger Bezirk größere Verbreitung gefunden haben. Eine Aufstapelung des Koks in größeren Lagern findet auf den in der Nähe von Kokereien gelegenen oder mit eigenen Kokereien ausgerüsteten Hüttenwerken in der Regel nicht statt, sondern es wird lediglich ein gewisses Reservelager in meist hochgelegenen Bunkern gehalten, um bei etwaigen Störungen im Kokereibetrieb keinen Förderausfall zu erleiden. Der normale Tagesbedarf wird, soweit möglich, unter Vermeidung vielen Umladens in die Begichtungskübel gebracht und durch diese in den Ofen gefördert oder in anderen Fällen mittels Seilbahn unmittelbar von der Kokerei auf die Gicht gefördert und in die Gichtschüssel abgestürzt.

Die Erzförderung geschieht bei Anfuhr des Erzes mit der Bahn bei vielen modernen Anlagen in der Weise, daß die Eisenbahnzüge über Hochbunker gefahren werden, soweit eben die örtlichen Verhältnisse dies zulassen. Wo die Ausbildung einer längeren Anfahrrampe sich verbietet, kann das Erz durch Kipper in eine Grube entleert und durch geeignete andere Transportmittel in die Hochbunker gefördert werden.

Eine Anlage, bei der die normale Kokszufuhr in Begichtungskübeln erfolgt, die auf Plattformwagen herangefahren werden, ist die der Rheinischen Stahlwerke (Abb. 427). Die Kokskübel werden hier mittels eines Laufkrans von den Wagen abgehoben (und zwar allein durch den Kranführer) und in eine Grube gesenkt, die in der verlängerten Achse des Hochofenaufzuges, hinter dem Erzbunker, liegt. Der Laufkran hängt den beladenen Kübel in den leeren Arm eines zweiarmigen Auslegers einer Drehlaufkatze und entnimmt von dem anderen Arm des Auslegers einen leeren Kübel, der wieder auf den Plattformwagen

gesetzt wird. Die Drehlaufkatze fährt parallel zur Hochofenaufzugs-
achse und somit senkrecht zur Achse der Erzbunker bis zum Fuße des
Schrägaufzuges, hebt zunächst mit ihrem leeren Auslegerarm einen

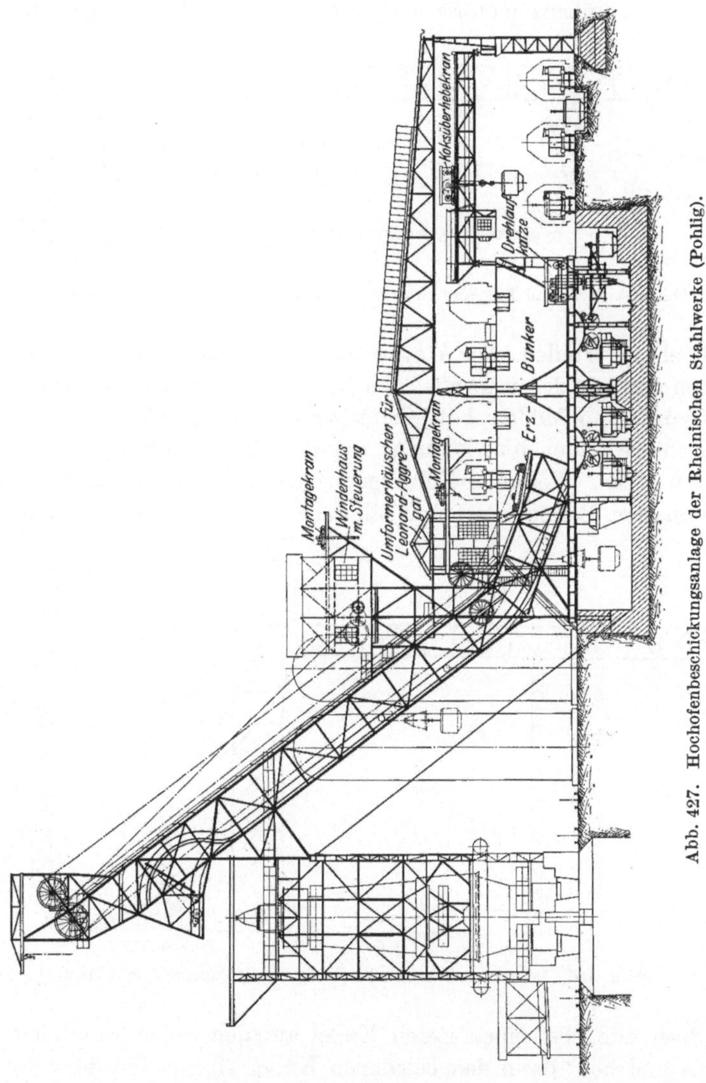

Abb. 427. Hochofenbeschickungsanlage der Rheinischen Stahlwerke (Pohlig).

leeren Kübel von der Kübelkatze des Aufzuges ab und hängt nach
einer halben Umdrehung des Auslegers einen vollen Kübel ein. Hierauf beginnt das Spiel des Schrägaufzuges, der den Kübel zentral
über der Gichtschüssel entleert, ein Arbeitsvorgang, dessen Einzelheiten
hier nicht näher beschrieben werden sollen. Das Erz wird in denselben

Begichtungskübeln befördert, die für Bodenentleerung eingerichtet sind und auf Zubringerwagen herangebracht werden. Diese verkehren auf mehreren Zubringergleisen unter den Hochbunkern und sind mit zwei Drehtellern zum Aufsetzen der Kübel ausgerüstet. Diese Teller werden während des Füllens motorisch gedreht, um das Material gleichmäßig

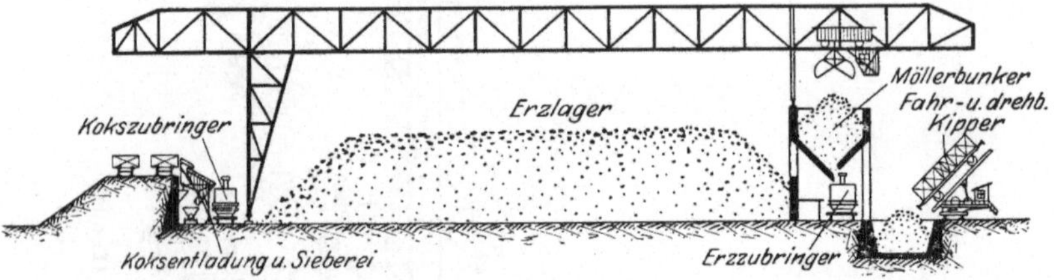

Abb. 428. Erz- und Koksförderung mit Möllerbunker in einem Hochofenwerk.

im Kübel zu verteilen. Die Wagen sind ferner mit Wiegevorrichtungen versehen, um aus den verschiedenen Bunkerabteilungen zur Herstellung des gewünschten Möllers bestimmte Mengen verschiedener Erze sowie die Zuschläge abziehen zu können. Der Begichtungsvorgang ist derselbe wie beim Koks. Wenn der Zubringerwagen mit einem fertig beladenen Kübel in den Bereich der Fahrbahn der Drehlaufkatze gebracht ist,

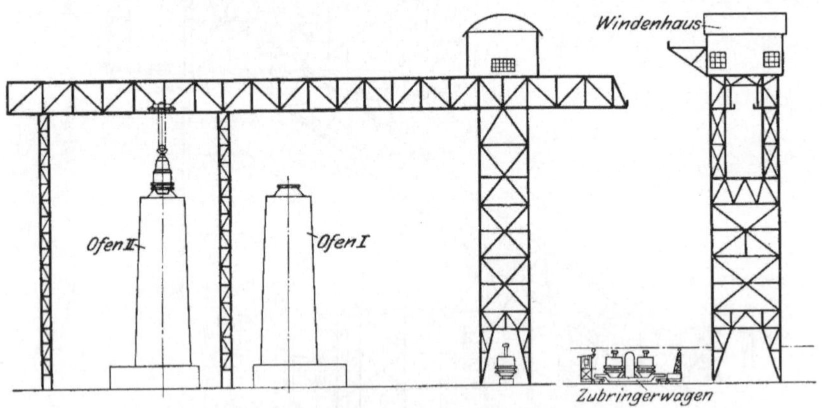

Abb. 429 u. 430. Beschickung der Hochöfen mit Vertikalaufzug (vgl. Abb. 428).

setzt diese zunächst einen leeren Kübel auf den freien Drehteller des Wagens und hebt dann den beladenen Kübel ab, um ihn dem Aufzug zuzuführen.

Ein typisches Beispiel einer Anlage, bei der die Erzanfuhr ebenfalls durch Eisenbahnwagen erfolgt, diese jedoch nicht über den Erzbunkern entladen werden können, zeigen Abb. 428 bis 430. Die Erzbunker sind hier nur so groß gewählt, daß sie den Bedarf der Hochöfen für einen oder zwei Tage aufnehmen können. Sie enthalten die verschiedenen Erztaschen zur Herstellung des Möllers. Unter den Erztaschen verkehren die Erzzubringerwagen, die den fertigen Möller zu den Hochöfen befördern. Ein offenes Erzlager ist neben dem Möllerbunker angeordnet und von einer Verladebrücke mit Greiferkatze überspannt. Die Eisenbahnwagen werden hierbei zweckmäßig durch einen fahr- und drehbaren Wagenkipper neben dem Erzbunker entladen, so daß die Erze, soweit sie unmittelbar zur Verwendung gelangen können, auf kürzestem Wege in den Möllerbunker gelangen, während der Rest auf das Lager gelegt und der Bedarf an anderen Erzsorten vom Lager in den Möllerbunker gebracht wird. Die Anfuhr des Kokses geschieht, wenn der Koks von einer entfernt liegenden Kokerei herangebracht werden muß, auf der anderen Seite des Erzlagers ebenfalls in normalen Eisenbahnwagen; der Koks wird von Hand in die auf Plattformwagen in einer Grube aufgestellten Begichtungskübel umgeladen, möglichst unter Zwischenschaltung eines Siebes zwecks Entfernung des auf der Bahnfahrt und beim Umladen entstandenen Koksgruses. Die Zubringerwagen für Koks sowohl wie für Erz fahren entweder als Selbstfahrer mit elektrischem Antrieb oder werden durch Benzollokomotiven gezogen und zu dem als Vertikalaufzug mit wagerechter Katzenfahrbahn und feststehender Winde ausgebildeten Gichtaufzug gefahren, der zur Bedienung mehrerer, in einer Reihe stehender Hochöfen dient. Die Arbeit geht so vor sich, daß, wie vorher beim Schrägaufzug beschrieben, zunächst ein leerer Kübel auf den Wagen abgesetzt und dann der beladene Kübel abgehoben, in dem senkrechten Aufzugschacht ohne seitliche Führung bis über die Gichtbühne gehoben und nun seitlich gefahren wird bis zu dem zu begichtenden Ofen, auf dessen Gichtschüssel er abgesenkt und entleert wird. Vor dem Aufsetzen des Kübels auf die Gicht wird der den zweiten Gichtverschluß bildende Deckel selbsttätig auf den Kübel gesetzt und bei der Rückfahrt wieder abgehoben. Dieser Kübeldeckel bleibt während der Hub- und Senkbewegung des Kübels an der Katze hängen oder er wird in gewisser Entfernung vom Kübelrand mit dem Kübel zugleich gehoben und gesenkt.

In das Gebiet der Erzförderanlagen gehören auch die zum Verschiffen der Erze an den Gewinnungsorten oder deren Hafenplätzen dienenden Einrichtungen. Hier stellt in der Regel, besonders da, wo die Erzgrube nicht sehr weit von der Küste entfernt liegt, eine Schleppbahn mit Selbstentladezügen oder eine Seilbahn die Verbindung her. Da jedoch die Schiffe in unregelmäßiger Folge zur Beladung ankommen, muß in der Nähe des Kais ein Zwischenlager geschaffen werden. Eine derartige Anlage ist z. B. von Pohlig in Sommorostro gebaut. Die von der Grube ankommenden Züge werden hier von einer Hochbahn in einen Bunker entleert, aus der eine Seilhängebahn das Erz abzieht und auf Lager befördert. Unter dem Lager befinden sich parallel zum Ufer Kanäle mit Stahlbandförderern, die zum Abtransport des Lagererzes dienen und das Material an einen Querförderer (senkrecht zum Ufer) abgeben, dessen Kopf in einem schwenkbaren Ausleger über dem Schiff endet, so daß den verschiedenen Wasserständen und Schiffshöhen Rechnung getragen werden kann.

Von einer Erzverladeanlage, die zur Verladung der gewonnenen Erze in Flußschiffe und gleichzeitig zur Rückförderung von Kohle aus dem Schiff zur Grube dient, gibt Abb. 431 einen Teil wieder. Das in Grubenwagen aus der Grube geförderte Erz wird hier mittels eines Sechswagen-Kreiselwippers in einen Betonbunker gestürzt, aus dem eine Seilbahn es abzieht, um es über einen Gebirgsrücken zum Flußufer zu befördern. Die Seilbahnwagen entleeren

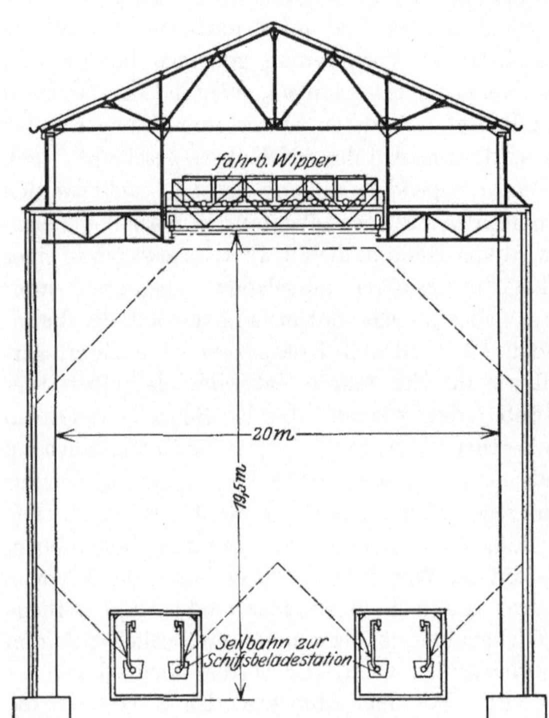

Abb. 431. Lager- und Verladeanlage für Erz mit fahrbarem Wipper und Seilbahn.

in einen Fülltrichter, der in das Gerüst eines Verladers eingebaut ist. Dieser ist als Schrägentlader ausgebildet. Das Erz wird aus dem Fülltrichter in Kippkübel gefüllt, die ins Schiff gesenkt werden. Wenn Kohle aus dem Schiff gefördert und der Seilbahn zugeführt werden soll, wird statt der Kübel ein Selbstgreifer eingeschert, der sich in einen über der Seilbahnstation angebrachten zweiten Fülltrichter entleert.

5. Förderanlagen für besondere Zwecke.

In Sonderfällen werden der Fördertechnik die verschiedenartigsten Aufgaben gestellt, z. B. ergeben sich zuweilen für die kommunale Müllabfuhr und Müllverwertung Aufgaben sehr interessanter und wegen der ungleichmäßigen Beschaffenheit des Materials schwieriger

Art, die jedoch selten größere zusammenhängende Förderanlagen bedingen.

Eine eigenartige, sehr bedeutende Anlage, die trotz der privatwirtschaftlichen Ausnutzung von großem öffentlichen Interesse ist, bildet die von Pohlig ausgeführte Kohlenförderanlage für den Hafen von Savona, die zur Entlastung einer bestehenden, in ihrer Leistungsfähigkeit jedoch unzureichenden und wegen des gebirgigen Charakters der Strecke nicht erweiterungsfähigen eingleisigen Eisenbahnlinie dient. Sie besteht aus einer Zubringerseilbahn in Verbindung mit Ausladevorrichtung und Speicherung am Ufer sowie Lagerungsvorrichtungen an der etwa 17,3 km landeinwärts gelegenen Entladestation, wo der Anschluß an eine bestehende leistungsfähige zweigleisige Eisenbahnlinie gefunden wurde[1]. Die Drahtseilbahn hat einen Höhenunterschied von 520 m zu überwinden und ist für eine Leistungsfähigkeit von 900000 bis 1200000 t jährlich eingerichtet.

Die eigenartigen Hafenverhältnisse in Savona, die infolge der geringen Wassertiefe das Entladen der Seeschiffe erst in größerer Entfernung vom Ufer gestatten, führten dazu, den Verkehr zwischen den Seeschiffen und dem am Ufer errichteten Silogebäude mittels flachgehender kleiner, elektrisch mit Akkumulatoren betriebener Leichterfahrzeuge zu bewerkstelligen, deren jedes zur Aufnahme eines großen Klappkübels von 30 t Fassungsvermögen eingerichtet wurde. Die Beladung dieser Kübel erfolgt durch die Hilfsmittel der Seeschiffe, die Entladung durch drei über den oben offenen Silos fahrbar angeordnete Bockkrane von 45 t Tragkraft, die mit Laufkatzen nach Art der Zweiseilgreiferwindwerke ausgerüstet sind und die Klappkübel in die einzelnen Silozellen hinabsenken können, um sie nach Bedarf ohne nennenswerten Sturz des Materials zu entleeren. Die 24 Zellen des Silogebäudes besitzen ein Fassungsvermögen von zusammen etwa 10000 t Kohle; das Gebäude ist wasserseitig mit konsolartigen Auslegern in Beton versehen, die es gestatten, die Bockkrane bis über das Leichterfahrzeug auszufahren.

Unter dem Silogebäude ist ein ausgedehntes System von Handhängebahnen angeordnet, die das Material aus den einzelnen Silozellen entnehmen und der Beladestation der Seilbahn zuführen. Diese läuft von der Beladestation in Savona über vier Zwischenstationen bis zur Entladestation in San Giuseppe. Sie ist wegen der großen Leistung mit Seilbahnwagen auf Vierradlaufwerk von 1000 kg Wageninhalt ausgerüstet.

An der Entladestation befindet sich ebenfalls eine große Siloanlage von etwa 5000 t Fassung und überdies ein offenes Lager von 60 m Breite und 900 m Länge, entsprechend etwa 300000 t Fassungsvermögen.

---

[1] Vgl. auch Z. V. d. I. 1913, S. 568.

Die Beschickung der Silozellen geschieht nach Abkupplung der Wagen
von der Seilbahn durch eine Handhängebahn, die die einzelnen Silozellen überfährt. Aus dem Silogebäude werden die Eisenbahnzüge der
Staatsbahn beladen. Das Silo bildet hier also einen stets arbeitsbereiten
Akkumulator, aus dem ohne mechanische Mittel die Züge in kürzester
Zeit abgefertigt werden können. Das Hauptsammellager stellt jedoch
der mit zwei Verladebrücken überspannte offene Platz dar. Zur Beschickung dieses Lagers ist eine Hängebahn mit Seilbetrieb entlang dem
Lager auf einer Betonhochbahn verlegt; die von der Hauptseilbahn
abgekuppelten Wagen werden auf die Lagerplatzbahn überführt. Der
geschlossene Seilzug dieser Bahn führt die Wagen auch über die beiden
Lagerplatzbrücken, die durch Schleppweichen an die Hochbahn angeschlossen sind, zwecks Entladung der Wagen an beliebiger Stelle.
Zur Schonung der Kohle sind über dem Lager fahrbare, an der Brücke
hängende Schüttrichter mit Ablaufrutschen angeordnet. Zur Wiederaufnahme vom Lager dienen Greiferkatzen normaler Bauart, die die
Lagerplatzkohle in Eisenbahnwagen verladen unter Vermittlung von
Fülltrichtern und Rutschen, die an der Brücke hängen.

Verzeichnis der im Buche genannten Firmen.

Bamag-Meguin A.-G., Berlin.
Maschinenbau-A.-G. vorm. Beck & Henckel, Cassel.
Benrather Maschinenfabrik, Benrath (mit Demag vereinigt).
Adolf Bleichert & Co., Leipzig-Gohlis.
Düsseldorfer Baumaschinenfabrik Bünger & Leyrer, Düsseldorf.
Carlshütte, Altwasser i. Schl.
Deutsche Maschinenfabrik, A.-G., Duisburg (Demag).
Duisburger Maschinenbau-A.-G., Duisburg (mit Demag vereinigt).
Düsseldorfer Kranbau-Gesellschaft Liebe-Harkort, A.-G., Düsseldorf-Obercassel.
Elektrotechnische Industrie, Duisburg.
A. Eßmann, Hamburg.
Maschinenbau-Anstalt Humboldt, Köln-Kalk.
C. H. Jaeger & Co., Leipzig-Plagwitz.
Duisburger Maschinenfabrik J. Jäger, Duisburg.
Eisenwerk (vorm. Nagel & Kaemp) A.-G., Hamburg 39 (Kampnagel).
Friedr. Krupp, Grusonwerk, Magdeburg-Buckau.
Eisenwerk Lauchhammer, Lauchhammer i. Sa.
Düsseldorfer Maschinenbau-A.-G., vorm. J. Losenhausen, Düsseldorf-Grafenberg.
Maschinenfabrik Augsburg-Nürnberg, Augsburg und Nürnberg.
Menck & Hambrock, G. m. b. H., Altona-Hamburg.
Mannheimer Maschinenfabrik Mohr & Federhaff, Mannheim.
Louis Neubauer, Maschinenfabrik, Chemnitz.
J. Pohlig, A.-G., Köln-Zollstock.
Schüchtermann & Kremer, Dortmund.
Maschinenbau-A.-G. Tigler, Duisburg-Meiderich (mit Demag vereinigt).
Maschinenfabrik J. M. Voith, Heidenheim a. Brenz.
Simmeringer Maschinen- und Waggonfabrik A.-G., Wien.
Brown Hoisting Machinery Co., Cleveland, Ohio.
S. Flory Manufacturing Co., Bangor Pa.
C. W. Hunt & Co., New York.
Lambert Hoisting Co., Newark N. J.
Temperley Transporter Co., London.
Wellmann-Seaver-Morgan Co., Cleveland, Ohio.
G. H. Williams Co., Cleveland, Ohio.

Sachverzeichnis.

(Die Zahlen sind Seitenzahlen.)

Druck der Spamerschen Buchdruckerei in Leipzig.

Hebe- und Förderanlagen. Ein Lehrbuch für Studierende und Ingenieure. Von Dr.-Ing. e. h. **H. Aumund,** ordentl. Professor an der Technischen Hochschule Berlin. Zweite, vermehrte Auflage. In vier Bänden.

Erster Band: **Allgemeine Anordnung und Verwendung.** Mit 414 Abbildungen im Text. XX, 444 Seiten. 1926. Gebunden RM 33.—

Zweiter Band: **Anordnung und Verwendung für Sonderzwecke.** Mit 306 Abbildungen im Text. XVIII, 480 Seiten. 1926. Gebunden RM 42.—

Dritter Band: **Berechnung und Bau der Hebe- und Förderanlagen.**
In Vorbereitung.

Kran- und Transportanlagen für Hütten-, Hafen-, Werft- und Werkstattbetriebe. Von Dipl.-Ing. **C. Michenfelder,** Direktor der Ingenieur-Akademie Wismar. Zweite, umgearbeitete und vermehrte Auflage. Mit 1097 Textabbildungen. VIII, 684 Seiten. 1926. Gebunden RM 67.50

Aus den Besprechungen:

Das bereits bei seiner ersten Auflage im Jahre 1911 an dieser Stelle eingehend gewürdigte Buch hat in seiner zweiten Auflage entsprechend der Entwicklung der Fördertechnik in den letzten 15 Jahren eine erhebliche Vergrößerung seines Umfanges erfahren. Die alte Einteilung, nicht nach Bauarten, sondern nach Anwendungsgebiet und Arbeitszweck, ist mit Recht beibehalten. Neu aufgenommen entsprechend dem heutigen Stande der Technik sind u. a. die Abschnitte über Elektrokarren, Wandertische, Kabelkrane und -bagger. Das Buch ist mit seiner offenen und gerechten Kritik ein vorzüglicher Ratgeber für den Werkleiter bei der Frage der zweckmäßigsten Ausstattung seiner Betriebe.
„Zeitschrift des Vereins Deutscher Ingenieure."

Der neuzeitliche Aufzug mit Treibscheibenantrieb. Charakterisierung, Theorie, Normung. Von Dipl.-Ing. **F. Hymans,** New York und Dipl.-Ing. **A. V. Hellborn,** Stockholm. Mit 107 Abbildungen im Text. VI, 156 Seiten. 1927. Gebunden RM 15.90

Aus den Besprechungen:

Die Verfasser geben eine sehr eingehende Darstellung des Gebietes, auf dem die Literatur nur sehr spärlich vorhanden ist. Die Verwendung der Treibscheibe statt einer Trommel ermöglicht, in weitem Maße Normungen vorzunehmen. Mit Einführung der Treibscheibe bieten sich aber mannigfache völlig neuartige Probleme mechanischer und konstruktiver Art dar, und es ist die besondere Aufgabe des Buches, diese Probleme einer streng mathematischen Untersuchung zu unterziehen. Die sehr elegante und sorgsame, dabei aber doch überall äußerst leicht faßliche Darstellung zeichnet sich durch große Übersichtlichkeit aus... Die Ausstattung des Buches und die Ausführung der Zeichnungen und Autotypien sind gediegen.
„Maschinenbau."

Die Drahtseilbahnen (Schwebebahnen) einschließlich der Kabelkrane und Elektrohängebahnen. Von Professor Dipl.-Ing. **P. Stephan.** Vierte, verbesserte Auflage. Mit 664 Textabbildungen und 3 Tafeln. XII, 572 Seiten. 1926. Gebunden RM 33.—

Deutsches Kranbuch. Im Auftrage des Deutschen Kran-Verbandes (e. V.) bearbeitet von **A. Meves.** 104 Seiten. 1923. RM 2.—; gebunden RM 3.—
Englische Ausgabe. 1924. Gebunden RM 3.—

Der Verkehrswasserbau. Ein Wasserbau-Handbuch für Studium und Praxis. Von Professor **Otto Franzius,** Hannover. Mit 1022 Abbildungen im Text und auf einer Tafel. XII, 839 Seiten. 1927. Gebunden RM 78.—

Aus den Besprechungen:

Das Werk soll nach der Absicht des Verfassers für den entwerfenden und ausführenden Ingenieur eine möglichst kurz gefaßte Darstellung des Wasserbaues geben, soweit er dem Verkehr dient. Die Hauptabschnitte sind: Der Wasserverkehr, das Wasser, Flußbau, Strommündungen, das Meer, Seeuferbau, Deichbau, Wehre, Talsperren, Wasserkraftanlagen, Schiffschleusen, künstliche Wasserstraßen und Hafenbau. Die Schrift bekundet ein umfassendes Wissen des gesamten Wasserbaues und eine geschickte Behandlung. Jedes Buch über Verkehrswasserbau sollte vor allem die Bedeutung von Art und Größe des Verkehrs für die Ausbildung der Verkehrswege, der Abmessungen der Fahrstraße, der Schleusen, Häfen usw. erörtern. Diese wichtigste Grundlage des Entwurfs wird in der Praxis leider noch viel zu wenig erkannt und beachtet, und man sollte unausgesetzt darauf hinwirken, wie das hier geschieht. Zu begrüßen ist, daß an vielen Stellen des Buches auf die Kosten und Preisverhältnisse, sowie die Wirtschaftlichkeit aufmerksam gemacht wird, so daß der junge Ingenieur auf die Kernpunkte z. B. im Vergleich von Wärme- und Wasserkraftwerken und dgl. hingewiesen wird ... *„Elektrotechnische Zeitschrift."*

Die Grundbautechnik und ihre maschinellen Hilfsmittel. Von Baurat Dipl.-Ingenieur **G. Hetzell** und Oberbaurat Dipl.-Ingenieur **O. Wundram.** Mit 436 Textabbildungen. VI, 399 Seiten. 1929. Gebunden RM 35.—

Inhaltsübersicht:

Einleitung. Erster Teil: Gründungsbauten. Von Baurat Dipl.-Ing. G. Hetzell-Hamburg. I. Technische Grundlagen. — A. Der Baugrund. — B. Die Baustoffe. — C. Erddruck und Tragfähigkeit. II. Die verschiedenen Gründungsarten. A. Flachgründung. — B. Pfahlgründung. — C. Die Spundwand. — D. Brunnengründungen. — E. Senkkastengründungen. — F. Druckluftgründungen. — G. Die Taucherglocke. — H. Grundwassersenkung. — I. Das Gefrierverfahren. — K. Gründungen auf wandelbarem Boden. — L. Einrichtung von Gründungsbaustellen. Literaturverzeichnis.

Zweiter Teil: Die Maschinen für Gründungsbauten. Von Oberbaurat Dipl.-Ing. O. Wundram, Hamburg. Einleitung. I. Kraftquellen und Antriebsmaschinen. A. Grundsätzliches über Betrieb und Wirtschaftlichkeit. — B. Belebte Motoren. — C. Dampfantriebe. — D. Verbrennungskraftmaschinen. — E. Elektrischer Antrieb. — F. Wasserkraftanlagen. — G. Windkraftanlagen. — H. Druckwasser- und Preßlufterzeugung. — I. Schlußbetrachtung über Baumaschinenantriebe. II. Baumaschinen. A. Allgemeines. — B. Hebezeuge. C. Horizontalförderer. — D. Wasserhebemaschinen. — E. Baggereimaschinen. — F. Bauwerkstatt und sonstige Hilfseinrichtungen. — G. Maschinen zur Bereitung und Verteilung von Beton. — H. Ramm-Maschinen. — I. Maschinenanlagen für Druckluftgründungen. — K. Hilfsmittel zur Grundwassersenkung. — L. Kälteerzeugung für Gefriergründungen. Literaturverzeichnis.

See- und Seehafenbau. Von Reg.- und Baurat Professor **H. Proetel,** Magdeburg. (Aus der „Handbibliothek für Bauingenieure". III. Teil „Wasserbau", 2. Band.) Mit 292 Textabbildungen. X, 221 Seiten. 1921.

Gebunden RM 7.50

Nordamerikanische Seehafentechnik. Von Dr.-Ing **E. Foerster.** (Sonderabdruck aus „Werft—Reederei—Hafen". 1925 und 1926.) Mit 195 Textfiguren. 74 Seiten. 1926. RM 7.50

Die Bagger und die Baggereihilfsgeräte. Ihre Berechnung und ihr Bau. Von **M. Paulmann,** Regierungs- und Baurat, Emden, und **R. Blaum,** Regierungsbaumeister, Direktor der Atlas-Werke A.-G., Bremen.

Erster Band: **Die Naßbagger und die dazu gehörenden Hilfsgeräte.** Bearbeitet von **M. Paulmann** und **R. Blaum.** Zweite, vermehrte Auflage. Mit 598 Textabbildungen und 10 Tafeln. VIII, 281 Seiten. 1923.

Gebunden RM 32.—

Zweiter Band: **Die Trockenbagger.** In Vorbereitung.

V e r l a g   v o n   J u l i u s   S p r i n g e r / B e r l i n

Grundlagen des Aufzugsbaues. Mit Berücksichtigung der Aufzugsverordnung vom Jahre 1926. Von Dr. **M. Paetzold,** Oberregierungsrat, Mitglied des Reichspatentamts. Mit 165 Abbildungen im Text. V, 172 Seiten. 1927.
Gebunden RM 20.—

Ⓦ **Lastenbewegung.** Bauarten, Betrieb, Wirtschaftlichkeit der Lasthebemaschinen. Leichtfaßlich dargestellt von Ing. **Josef Schoenecker.** Mit 245 Abbildungen im Text nach Zeichnungen des Verfassers. VI, 160 Seiten. 1926.
RM 5.70

Beförtertechnik. Von Dipl.-Ing. **H. R. Müller,** Studienrat. Mit 34 Abbildungen im Text und 92 Aufgaben nebst Lösungen. (Technische Fachbücher, Bd. 5.) 116 Seiten. 1928. RM 2.25
(C. W. Kreidel's Verlag / München)

Hebetechnik. Von Dipl.-Ing. **H. R. Müller,** Studienrat. Mit 44 Abbildungen und 118 Aufgaben nebst Lösungen. (Technische Fachbücher, Bd. 8.) IV, 124 Seiten. 1927. RM 2.25
(C. W. Kreidel's Verlag / München)

Berechnung elektrischer Förderanlagen. Von Dipl.-Ing. **E. G. Weyhausen** und Dipl.-Ing. **P. Mettgenberg.** Mit 39 Textfiguren. IV, 90 Seiten. 1920.
RM 3.—

Die Drahtseile als Schachtförderseile. Von Dr.-Ing. **Alfred Wyszomirski.** Mit 30 Textabbildungen. IV, 94 Seiten. 1920. RM 3.—

Das Kleinförderwesen bei Verwendung von Elektrokarren. (Herausgegeben von der Allgemeinen Elektrizitätsgesellschaft.) Mit 26 Abbildungen. 34 Seiten. 1925. RM 2.40

Ruhrkohlenbergbau, Transportwesen und Eisenbahntarifpolitik. Eine geschichtliche Betrachtung. Von Dr. jur. **E. Adolph,** Oberregierungsrat a. D., Reichsbahnoberrat, Essen. (Sonderdruck aus „Archiv für Eisenbahnwesen". 1927. Heft 1—5.) Mit einer Karte. II, 236 Seiten. 1927.
RM 10.—

Tiefbohrwesen, Förderverfahren und Elektrotechnik in der Erdölindustrie. Von Dipl.-Ing. **L. Steiner,** Berlin. Mit 223 Abbildungen. X, 340 Seiten. 1926. Gebunden RM 27.—

Das mit einem Ⓦ bezeichnete Werk ist im Verlag von Julius Springer / Wien erschienen